KB235546

고지도의 우주관과 제도원리의 비교연구

─〈곤여만국전도〉에서 〈대동여지도〉까지 ─

정 기 준

景仁文化社

서 문

이 프로젝트는 처음부터 이렇게 벌려놓으려는 것이 아니었다. 다만 리마두의 〈곤여만국전도〉와 관련된 계량적인 측면의 해설이 필요하다는 인식이 있었을 뿐이었다.

나의 〈곤여만국전도〉에 대한 관심은 서울대학교 규장각 한국학연구원에 소장된 사진판으로부터 시작되어, 그것이 한국전쟁 중에 소실된 奉先寺 藏本의 사진이라는 것을 밝히는데 있었다. 그 뒤 실학박물관이 이를 복원하는 일을 담당하고, 복원기념 학술발표회에서 그 해설의 일부를 내가 맡으면서, 특히 〈곤여만국전도〉의 계량적인 측면을 강조하게 되었다.

과거 국내외의 여러분들이 리마두의 〈곤여만국전도〉/〈양의현람도〉를 연구해 왔으나, 수리경제학, 계량경제학, 수학, 통계학의 배경을 가지고 있는 나의 문제의식은, 기존 연구의 문제의식과는 차별이 있는 것으로 인식되었던 듯하다. 나는 실학박물관으로부터 이 측면에서의 연구를 좀 더 진행시켜주기를 요청받기에 이르렀다. 이 요청을 수락하고 연구를 진행시키는 과정에서 나는 리마두 지도뿐 아니라 몇몇의 고지도를 동시에 같은 방법으로 분석하면서 비교해 보는 것이 유용하겠다는 생각을 가지게 되었다.

이 비교 분석에서는 각 지도의 제도원리와 그 배경이 되는 우주관이 중요한 것으로 인식되면서, 나에게는 이를 하나로 꿸 수 있는 표준모형의 아이디어가 떠오르게 되었다. 표준모형은 내가 수십년 간 가르치고 연구해 온 계량경제학에서는 매우 익숙한 개념이다. 계량경제학의 "표준선형모형"은 단순한 모형이지만 계량경제학의 기본 골격을 체계적으로 이해할 수 있게 해 줄뿐 아니라 이를 조금씩 변형하면, 보다 현실적인 모형으로 변형될 수 있다. 이 표준모형이라는 아이디어를 고지도의 제도원리에도 일관성 있게 적용할 수 있다는 생각을 하면서 비교분석의 대상이 되는 고지도와 연구대상이 늘어나게 되었다. 또 부수적으로 여러 가지 새로운 사실이 계기적으로 떠오르면서, 이런 사실도 언급해 보겠다는 욕심이 생겼다. 이렇게 해서 일이 커지게 되었고, 곁가지가 더 붙게 되었다.

이 프로젝트를 완성하는 데는 많은 분들의 격려와 도움이 있었다. 실학박물관 초대 관장인 안병직 교수, 현 관장인 김시업 교수는 내가 가지고 있던 아이디어를 적극 고취해 주었다. 고려대학교의 이재창 교수는 내 아이디어를 펼치는데 동행해 주었다. 서울대학교 규장각 한국학연구원 원장 노태돈 교수는 규장각 소장의 〈곤여만국전도〉 사진의 원본이 지금은 사라진 봉선사장본임을 밝히는데 필요한 온갖 도움을 주었고, 또 〈동여도〉 영인본 한 질을 기증해 주어 마음대로 연구할 수 있게 해 주었다. 숭실대학교 한국기독교박물관 관장 최병현 교수와 동박물관 한병근 박사는 〈양의현람도〉 및 3가지 〈곤여전도〉 모두의 근접 정밀 스캔 자료를 제공해주어, 이들을 판독가능하게 해 주었다. 서울대학교 철학과 송영배 교수는 〈리마두중문저역집〉을 구해 주었을뿐 아니라, 〈곤여만국전도〉 관련 중문 해석을 적극 도와주었다. 서울대학교 화학과 과학사 전공의 임종태 교수는 〈리마두세계지도연구〉를 비롯한 문헌을 대여해 주었을뿐 아니라 여러 귀찮은 자문에 응해줌으로써 나의 연구를 가능하게 했다. 제주대학교의 오상학 교수는 그의 저서 〈조선시대 세계지도와 세계인식〉을 기증해 주었고, 아마추어적인 질문에도 친절하게 응대해 주었다. 오상학 교수는 또 한국교원대학교의 권정화 교수와 함께, 장정부 지도의 판독 가능한 이미지를 제공해 주었다. 고지도 연구가인 오길순 선생은 장정부 지도의 프랑스국립도서관 장본의 사본을 제공해 주어, 다른 판본으로는 확인이 어려웠던 여러 가지 사항들을 밝힐 수 있었다. 서울대학교 중앙도서관 고문헌자료실의 안기택 선생은 〈당빌지도집〉의 원본을 찾아내 주고, 필요한 부분을 스캔해 주었다. 도서관의 〈청정삼대실측전도집〉의 복잡한 스캔작업도 멋지게 처리해 주었다. 고지도연구가 오길순 선생으로부터는 〈청정삼대실측전도집〉의 세 지도 〈황여전람도〉, 〈옹정십배도〉, 〈건륭십삼배도〉의 종합도의 이미지를 제공받아, 전체를 한눈에 파악할 수 있었다. 국립중앙도서관 이기봉 박사는 김정호지도 연구의 일인자로서 나에게 유용한 코멘트를 해 주었다. 고려대학교박물관 학예사 배성환 박사는 혼천시계의 실물을 자세히 관찰할 수 있게 배려해 주었을 뿐만 아니라, 지구의의 정밀사진도 마련해 주었다. 실학박물관의 정성희 박사는 이 프로젝트의 카운터파트로 처음부터 끝까지 인내심을 가지고 나를 도와주었다.

2013년 12월 일,
관악산 서울대학교 생명경제연구실에서 정 기 준

<목 차>

서문

Ⅰ. 序論 – 要約편

1. 프롤로그
2. 지도에 관한 사실들 요약
3. 이 연구에서 밝힌 기타 사실들 요약

1. 프롤로그

　내가 고지도에 관심을 가진지는 그리 오래 되지 않았다, 그러나 계량학자로서 고지도를 들여다보면서 나는 고지도에 계량적으로 다룰 가치가 있는 측면이 많다는 것을 깨닫게 되었다. 예컨대, 〈곤여만국전도〉를 잘 들여다보면, 그 속에는 계량적/수학적으로 다루어야만 그 의미가 분명히 드러나는 사항들이 많이 있는 것이다. 그 의미를 알아내기 위하여 나는 내 나름대로 널리 문헌조사를 해 보았다. 그러나 만족스러운 답을 얻을 수가 없었다.

　김정호의 〈대동여지도〉/〈동여도〉를 보면서도 비슷한 경험을 하였다. 〈청구도제〉, 〈여도비지〉, 〈대동지지〉 등이 지도의 이해에 도움을 주는 것은 사실이지만, 김정호 자신의 해설은 충분하지 못하고, 기존의 연구들도 계량적/수학적 측면의 분석은 만족스럽지 않다고 나는 느꼈다.

　〈황여전람도〉는, 강희황제의 전폭적인 지원 아래, 당시 일급의 지도제작능력을 구비한 서양 선교사들이 주축이 되어, 완성한 세계적인 작품이다. 그러하기 때문에, 그 지도는 분명히 계량적 수학적으로 흥미를 끌 수 있는 측면들이 많을 수밖에 없다. 그러나 이 지도 역시 계량적 수학적으로 다룬 연구가 만족스럽지 못하다고 나는 느꼈다.

　이런 여러 가지 경험을 통하여, 나는 고지도의 계량적/수학적 분석에 직접 뛰어들게 되었다. 나의 기존의 계량적 연구는 경제학에 국한되어 있었다. 그러나 계량경제학적 연구방법은 이를 고지도 연구에 확장할 때, 의미 있는 성과를 거둘 수 있을 것이란 확신이 들었다. 이 연구는 이러한 나의 확신이 과연 객관성을 인정받을 수 있는지를 세상에 물어보기 위한 일차적 결과물이다.

고지도의 계량적/수학적 연구과정에서 나는 부수적으로 고지도 및 그 관련 사항에 관한 여러 가지 落穗를 얻을 수 있었다. 이 연구 속에는 이러한 성과들도 포함되어 있다.

2. 지도에 관한 사실들 요약

1) "표준모형"편

지도제작에는 제작자의 우주관이 중요하다. 동아시아에서처럼 "천원지방"의 우주관을 가진 경우에는 하늘과 땅의 대응이 문제가 되지 않는다. 그러므로 지도의 제작은 평평한 땅을 평평한 지도에 그리는 것이 되므로, 배수의 "제도육체"라는 지도제작의 원리만 잘 운용하면 그것으로 끝났다. 그러나 서양처럼 일찍이 구중천적 우주관을 가진 경우에는 하늘과 땅의 대응관계도 중요하고, 지구의 투영법 역시 처음부터 중요했다.

서양의 우주관은 구중천을 "천구"로 환원한 상태에서는 동양의 天圓 내지 渾天 사상과 모순됨이 없다. 그러므로 나는, 적어도 하늘에 관해서 그 둘을 포괄할 수 있는 "표준모형"을 구상해 보았다. 그 모형의 수학적 성질을 고찰한 다음, 우리가 다루려는 고지도 각각에 그 "표준모형"을 대비시켜, 유용한 결과를 얻을 수 있었다. "표준모형"에서 얻은 중요 수학적 결과는 다음과 같다.

(1) 위도 1도의 거리는 어디서나 같다. 이 거리를 1이라 하고, 위도 y에서의 경도 1도의 거리를 g라 하면, 우리는 g를 y의 함수로 나타낼 수 있다.

(2) 황도상의 황경 s인 점의 적도좌표인 적경 x와 적위 y는 둘 다 s의 함수로 나타낼 수 있다. $s - x$의 값은 춘분 하지 추분 동지에 0이

다. 이 값에 4분을 곱한 값, $4\times(s-x)$분은, 우리의 "표준모형"에서, 해
시계의 시각과 평균태양시의 시각의 차와 같다. 이 값은, 입하 입추
입동 입춘에 각각 약 +10분, -10분, +10분, -10분의 극값을 가진다.(우
리의 표준모형은 지구공전궤도의 이심률을 고려하지 않았기 때문
에 실제와는 오차가 있다.) 리마두는 곤여만국전도에서 "아날렘마"
라는 단어를 도입하고 있는데, 이는 $s-x$와 y와의 관계가 나타내는
"8"자형의 그래프를 의미한다.

(3) 위도 y인 특정 지점의 일출과 일몰의 방위편각 a는, 그 지점
의 위도 y의 함수로 나타낼 수 있다.

(4) 위도 y인 특정 지점의 일출과 일몰의 y위도환 편각 b는, 그
지점의 위도 y의 함수로 나타낼 수 있다. 그 지점의 하주장은 b만의
함수다.

(5) 위도 90도 $-y$인 특정지점의 장주/장야 현상의 일출/일몰 황도
편각 s는 y의 함수로 나타낼 수 있다. 그 지점의 장주장/장야장은
그 장주/장야의 중심을 포함하는 반년의 길이 h와, s만의 함수다.

2) 리마두 지도편

利瑪竇의 〈곤여만국전도〉/〈양의현람도〉는 그 투영법이 타원도
법과 비슷하나, 엄밀하지는 않은 편의적인 도법을 사용하고 있다.
지도의 중심점에서의 동서남북 방향으로만 거리가 보존된다. 그러
나 가장자리에 그려진, 양극을 각각의 중심으로 하는 남북 양반구
도는, 극에서의 방위와 거리가 보존되는 "방위정거도법"을 쓰고 있
다. 리마두 지도의 분석에서 얻은 중요 결과는 다음과 같다.

(1) "총론횡도리분"표는 우리의 "표준모형"의 결과와 일치한다.

(2) "태양출입적도위도"표는 황경 s와 적위 y 간의 관계를 나타내
는 표로, "표준모형"의 결과와 일치한다.

(3) 하주장, 동주장; 하야장, 동야장의 수치들은 "표준모형의 결과와 일치한다.

(4) 장주장, 장야장의 수치들은 "표준모형"의 결과와 일치하지 않는다. 그러나 표준모형으로 그 이유를 설명할 수 있다.(지구의 공전속도가 등속도가 아니라는 점을 두고, 리마두는 일종의 "마음의 갈등"이 있었음을 "표준모형"으로부터 추론할 수 있다.)

(5) "태양출입적도위도"표 옆의 기하학적 도형은 황경 s를 적위 y로 변환하는 완벽하고 정밀한 도형이다.

(6) "天地儀"의 그림은 "표준모형"과 일치한다.

3) 남회인 지도편

南懷仁 지도 〈坤輿全圖〉는 정신적으로는 리마두 지도를 계승하였으나, 형식은 동서 양반구도다. 북경을 지나는 경선을 본초자오선으로 경도체계를 구성하였다. 우리의 분석에서 다음 결과를 얻었다.

(1) 양반구도의 각 반구도의 양정값들은 엄밀한 수학적 "평사방위도법"의 수치와 일치한다.

(2) 하주장, 동주장; 하야장, 동야장의 수치들은 "표준모형"의 결과와 일치한다.

(3) 장주장, 장야장의 수치들은 "표준모형"의 결과와 일치한다. 그러나 리마두의 심적 갈등을 회피했다는 흥미 있는 유보사항이 있다.

4) 장정부 지도편

장정부 지도의 투영법은, 지도 중심점에서의 방위와 거리가 보존되는 "방위정거도법"이다. 형식은 동서 양반구도다. 북경을 지나는 경선을 본초자오선으로 삼는다고 도설에서는 설명하고 있으나, 지도 자체는 그런 표지가 없다. 우리의 분석에서 다음 결과를 얻었다.

(1) 하주장, 동주장; 하야장, 동야장의 수치들은 "표준모형"의 결과와 일치한다.

(2) 장주장, 장야장의 수치들은 "표준모형"의 결과와 일치하지 않는다. 그러나 지구공전의 궤도가 원궤도가 아니라 타원궤도라고 보는 "수정 표준모형"으로 완벽하게 설명된다.

5) 〈황여전람도〉/〈건륭십삼배도〉편

이 두 지도는 기본적으로 서양의 투영법인 "사인곡선도법" sinusoidal projection을 사용하고 있다. 그러나 각 排에서 경선을 직선으로 나타냈기 때문에 "사다리꼴"의 "제형도법"이라는 오해를 사기도 한다. 우리는 그 두 지도의 정밀 분석을 통하여 다음 결과를 얻었다.

(1) 〈황여전람도〉는 거의 완벽한 사인곡선도법의 지도다. 각 排의 중간위도에서 量定한 경선의 기울기는 수학적으로 계산한 기울기와 1도 정도의 오차범위 안에서 일치한다.

(2) 〈건륭십삼배도〉 역시 사인곡선도법을 쓰고 있으나, 작도의 정밀성에서 〈황여전람도〉에 크게 뒤진다.

(3) 표준모형의 적용으로 두 지도의 구조적 "결함"를 찾아낼 수 있다. 예컨대:

(4) 〈황여전람도〉는 3배5호와 5배5로가 맞바뀌었다.

(5) 〈황여전람도〉 경도체계는 8배에서 구조적인 오류가 있다.

(6) 〈건륭십삼배도〉의 경도체계는 10배, 11배, 13배에서 구조적인 오류가 있다.

6) 〈옹정십삼배도〉편

〈옹정십삼배도〉는 시간적으로는 〈황여전람도〉와 〈건륭십삼배도〉의 중간이지만 그 도법은 중국의 전통적 도법인 "方格法"으로 되돌아 간 지도다. 지도의 가로의 中線은 북위 40도의 위선이고, 세로의 중선은 북경을 지나는 자오선이다. 그러나 그 이외의 측면은 서양의 경위도체계와 관계가 없다. 그 두 중선을 중심으로 상하좌우로 "200리" 간격의 방격망을 구성하고 있기 때문이다. 그런데 그 "200리"의 의미가 지도의 구역에 따라 다르다. 그 의미의 차이는 다음과 같다.

(1) 북위 40도 가로 중선을 따라서 작도된 1방격의 거리는, 위도 0.8도의 거리다.

(2) 북위 40도 가로 중선 최근방에 작도된 상하 1방격의 거리 역시, 위도 0.8도의 거리다.

(3) 그 중선 이북인 1배에서 5배까지 사이의 상하 1방격의 거리는, 위도 1도의 거리다.

(4) 그 중선 이남인 6배에서 10배까지 사이의 상하 1방격의 거리는, 위도 0.66도의 거리다.

이 세 종류의 "200리"는 각각 위도 1도를 250리, 200리, 300리로 볼 때의 "200리"다. 나는 이 事案의 중요성을 감안하여, 거리단위 "리"에 관한 본격적인 연구를 시도하였다.

7) 김정호 지도편

김정호의 〈청구도〉, 〈동여도〉, 〈대동여지도〉 등은 전형적인 동아시아의 방격도다. 김정호는 배수의 "제도 6원칙"인 "六體"를 창조적으로 해석하여 "地圖式"이라는 製圖틀을 개발하였다. "지도식"은 "6원칙" 중 "기본 3원칙" 分率, 準望, 道里를 창조적으로 포괄하여, "極座標"의 형식을 띠게 했다. 그리고 "보조 3원칙"인 高下, 迂直, 方斜 역시 그 속에서 쉽게 적용할 수 있게 했다. 또 김정호는 방위체계 역시 창조적으로 정밀화했다. 즉, 전통적인 24방위 각각을 15개로 나누어 360방위화 함으로써, 근대적인 360도 체제와 일치시킬 수 있도록 했다. 김정호 지도의 분석에서 얻은 중요 결과는 다음과 같다.

(1) 지도의 方位가 획기적으로 개선되었다. 기존의 지도보다 우수한 측면이 바로 이것이다.

(2) 방격이 나타내는 거리와 현행 지도의 거리를 비교하여 얻은 김정호의 1리는 405m다. 즉 10리는 약 4km인 것이다.

(3) 김정호 지도 北 방위는 眞北 방위에서 시계방향으로 4도 가량 偏向되어 있다. 이는 당시 한반도의 地磁氣의 편각이 그만한 크기였다는 것을 반영하는 것으로 보여진다.

3. 이 연구에서 밝힌 기타 사실들 요약

이 연구는 광범위한 사안을 다루게 되는 연구다. 따라서 새로 밝힌 사실들도 광범위하다. 중요한 것들을 간추려 본다.

1) "표준모형"에 관련된 사항들

(1) "표준모형"은 서양 모형이 아니다. 동양의 혼천의 구조와도 완벽하게 일치한다.

(2) 동양의 앙부일구의 구조는 "표준모형"의 관점에서 합리적인 설명이 가능하다. "앙부"는 표준모형의 천구의 반쪽과 같다. 영침의

위치는 천구의 중심이다. 시간선들은 천구의 적도좌표의 경선들이며, 1시진 차는 경도 30도의 간격이다. 절기선들은 천구의 위선들이며, 각 절기에 대응하는 적경 s를 "표준모형"의 이론에 따라, 적위 y로 환산한 y값이 바로 대응하는 위선의 위도값이다.

2) 리마두 지도에 관련된 사항들

(1) 리마두의 〈곤여만국전도〉는 여러 판본들이 전한다. 그 판본들의 "優劣"을 우리의 분석으로 판정할 수 있다. 그 결과, 1602년 북경판이 가장 우수함이 판명되었다.

(2) 리마두의 논설조의 글들은 당시 중국 사대부들을 대상으로 쓴 글이기 때문에, 현대의 지식인들이 이해하기 어려운 부분들이 많다. 번역과 함께 "해설"을 추가하여 이해를 돕고자 하였다.

3) 남회인 지도에 관련된 사항들

(1) 남회인의 〈곤여전도〉는 여러 판본들이 전한다. 그 판본들의 "우열"을 우리의 분석으로 판정할 수 있다. 그 결과, 1678년 북경판이 가장 우수한 것으로 판명되었다.

(2) 남회인 지도는 일본지명을 한자로 음역하여 표기하고 있다. 이 연구에서는 그 음역의 원지명을 추적하였다.

4) 장정부 지도에 관련된 사항들

(1) 장정부의 〈만국경위지구도〉는 여러 판본들이 전한다. 그 판본들의 "우열"을 우리의 분석으로 판정할 수 있다. 그 결과, 1800년 북경판 중, 프랑스국립도서관 藏本이 가장 우수한 것으로 판명되었

다. 〈지구전후도〉는 김정호/최한기의 기여가 없다는 점에서 독립된 이름을 가질만한 지도가 아니다.

(2) 장정부의 "圖說"은 장정부의 서양천문지리에 대한 이해의 수준이 높았음을 알 수 있게 해준다. 李圭景은 그 가치를 인정하여, 그의 『五洲衍文長箋散稿』의 "만국경위지구도변증설" 속에 그 도설 전문을 轉載해두고 있다. 그러나 오탈자가 많다. 심지어 20~30여 자씩 무더기로 빠진 곳도 세 군데나 된다. 이 책에서는 最善本을 발굴하여 전문을 다시 전재하고, 또 번역하였다.

5) 김정호 지도에 관련된 사항들

(1) 김정호는 製圖에 『기하원본』을 참고했다고 했다. 『기하원본』을 자세히 검토한 결과, 나는 그것이 『기하원본』 6권의 "相似形"에 관한 부분임을 알았다. 이 부분은 도형의 닮음을 유지한 채로 크기를 바꾸는 것에 관한 내용이다. 김정호에게 이 이론은, 축척이 다른 지도들을 같은 축척으로, 확대 또는 축소하는데 직접 이를 사용했다. 그리고 이는, 클라비우스를 통하여, 간접적으로 "지도식"의 아이디어를 제공하는데도 영향을 미쳤을 것이라고 나는 생각한다. (본문에서 자세히 논의한다.)

(2) 24방위를 360방위로 확장하는 김정호의 방법은 예를 들면 다음과 같다. 24방위에서 方은 정북이다. 그러나 점으로서의 방위가 아니라 범위로서의 방위이기 때문에 子方은 정북을 중심으로 하는 15도의 범위다. 그런데 김정호는 자1 자2 …… 자14 자15로 방위를 세분하였기 때문에, 그 중간인 자8의 방위가 正北이다. 나는 김정호의 방위를 360도 체제로 변환하여, 삼각함수를 적용하여, 그가 제시하는 직교좌표의 자료와 극좌표의 자료를 비교함으로써 나의 생각이 옳음을 확인하는 동시에, 김정호가 얼마나 방위에 민감하였는

지를 확인할 수 있었다.

　(3) 김정호는 제도원칙으로 배수의 "六體"를 중요시하고 그 내용을 인용하고 있다. 『晉書』에 나오는 이 내용을 김정호의 인용과 대조해보니, 오탈자가 많았다. 그러나 『진서』의 내용도 의미가 순통하지 않았다. 여러 해설서들 역시 블완전하고, 의미해석이 청초하지 않았다. 그러나 마침내 葛劍雄의 책 『中國古代地圖測繪』(1998)를 통해서 전모를 파악할 수 있었다. 그리고 그 의미를 논리적으로 정리할 수 있었다.

II. "標準模型"편

1. 古地圖와 宇宙觀
2. 분석의 틀: 우주의 "標準模型"
3. "標準模型"과 天文儀器들

1. 古地圖와 宇宙觀

지도를 제도한다는 것은 기본적으로 땅모양을 평면에 그리는 일이다. 그러므로 제도의 대상인 땅과, 그 땅을 포함한 우주 전체에 대해서 제도자가 가지고 있는 견해 즉 우주관이 지도제작에 직접 또는 간접으로 영향을 주게 된다. 특히 세계지도에 관해서 그 영향은 뚜렷하다. 이 글에서는 지도 일반에 관해서가 아니라 17세기에서 19세기까지 사이에 동아시아에서 그려지고 현재에도 큰 주목의 대상이 되고 있는 주요 지도들에 관해서, 그 지도 제작자들의 우주관과 제도원리에 관해서 고찰하려 한다. 특히 그 제도원리의 수학적 구조에 주목하고자 한다.

1) 우주관: 하늘과 땅을 보는 눈

동아시아에 서반구의 존재를 최초로 소개한 리마두(마테오 리치)의 우주관은 구중천적 우주관이다. 구중천적 우주관은 땅이 공모양의 구체로서 우주의 중심에 정지해 있고, 아홉 겹의 하늘들이 지구를 공전하고 있다는 우주관이다. 여기서 하늘들 역시 완전한 球體다. 이 우주관에서, 하늘과 지구를 대비하는 분석적인 관점에서는, 구중천은 천구의 개념으로 축약된다. 천구는 완전한 구체이며, 특히 태양의 운동은 천구면에서 이루어진다.

동아시아의 전통적 우주관은 天圓地方이란 말로 요약된다. 천원지방이란 "하늘은 둥글고 땅은 모나다"라고 표현되는 것이 보통인데, 그러나 이 표현의 뜻이 그리 청초하지는 못하다. "둥글다"라는 말이 평면도형으로 둥글다는 것과 입체도형으로 둥글다는 것을 모두 의미할 수 있기 때문이다. 여기서 입체로서 둥글다는 말이고, 따라서 "天圓"은 天球의 의미다. 그렇다면, "모나다"라는 말도 입체로서 모난 도형이라야 의미가 통한다. 평면도형인 "사각형"을 의미하는 것으로 설명되는 경우가 많으나, 그래서는 의미가 통하지 않는다. 특히 동아시아의 지도 제작법인 "方格法"을 염두에 둔다면, "地方"은 "바둑판처럼 생긴 입체" 즉 윗면이 정방형인 6면체를 의미한다고 보는 것이 타당하다고 본다. 즉 우리가 사는 땅덩어리는 바둑판처럼 생긴 입체이며, 사람이 사는 부분은 그 윗면인 正方形이라는 것이 동아시아인들의 전통적인 관념이었던 것이다. 그러므로 땅덩어리에서 우리가 사는 부분은 평평하다. 그리고 지도를 그릴 때는 그 평평한 부분만 그리는 것이므로, 바둑판의 方格을 모방하여 방격법을 쓰는 것은 너무나도 당연하고 자연스럽다.

　　서양인들에게나 동아시아인들에게 모두 땅은 과연 어떤 모양일까라는 의문이 생겼을 때, 그것이 둥글다고 보기도 하고 평평하다고 보기도 했을 것이다. 그런데 서양인들에게는 둥글다는 견해가 우세해서, 이것이 정설로 굳어지고, 동아시아인들에게는 평평하다는 견해가 우세해서 그것이 정설로 굳어졌을 것이다. 그러면 서양에서는 왜 둥글다는 견해가 우세하게 되고, 동아시아에서는 평평하다는 견해가 우세할 수 있었을까? 그것은 아마도 서양은 문명중심지가 해변이고, 동아시아는 해안에서 떨어진 내륙이었다는 사실과 관련이 있지 않을까?

　　해변 또는 바다에서는, 멀리서 접근하는 배는 위가 먼저 보이고, 접근함에 따라 아래가 보이는 현상을 쉽게 관찰 할 수 있다. 그러므로 수면은 평면이 아니라 곡면임을 알 수 있는 것이다. 그리고 배들 타고 바다로 나아갈 때 멀리 있는 육지는 높은 곳부터 보이고, 접근함에 따라 낮은 곳이 보이기 시작한다. 이는 땅덩어리 역시 둥글다는 증거가 된다. 서양의 문명중심지인 지중해에서는 이 현상을 쉽게 관찰할 수 있었다.

　　한편 동아시아에서는 내륙의 강변이 문명의 중심지였기 때문에,

지식인들은 해변에서 볼 수 있는 그런 현상들을 쉽게 관찰할 수 없었다. 그리고 땅은 해면처럼 고르지 않기 때문에, 땅의 모양이 곡면이라는 인식을 하기가 어려웠다. 그러므로 땅이 평평하다는 주장에 반대되는 주장을 설득력 있게 밀고 나가기가 어려웠을 것이다.

2) 천구와 혼천의

전통적인 동아시아인들과 서양인들은 하늘을 구체로, 즉 天球로 보는 점에서 동일하다. 그러므로 하늘을 모형화한 천구의 내지 渾天儀의 모양은, 동서양이 기본적으로 차이가 없다. 그리고 천구의 중심이 땅덩어리로 보는 점에서도 차이가 없다. 다만, 서양에서는 그 땅덩어리의 모양이 球體라고 보고, 동아시아에서는 方體라고 본 것이 다르다.

3) 地球설과 球面投影法

땅덩어리를 구체이므로 지구설을 믿는 사람들이 지구의 구면을 평면인 지도에 그려내는 데는 여러 가지 문제가 있다 기본적으로 구면을 평면에 "정확히" 나타내는 것은 불가능하다. 여기서 제기되는 문제의 종류는 거리의 문제, 면적의 문제, 각도의 문제로 분류할 수 있다. 그 각각을 희생하면 지도에는, 거리의 왜곡, 면적의 왜곡, 각도의 왜곡이 나타난다.

(1) 등거리 도법(equidistant projection) 또는 正距도법이란, 두 지점 간의 거리가 지도상에서 올바른 비례로 표현되는 도법이다. 그러나 모든 점에서 이 성질을 가지는 지도는 없다. 구면인 地球儀만이 이 성질을 갖는다. 그렇기 때문에, 다음 셋 중의 한 성질을 가지면 등거리도법을 충족한다고 말하기도 한다.

      A. 한 특정점으로부터 모든 점까지의 거리

      B. 모든 경선 또는 모든 위선의 길이

      C. 접점을 중심으로 하는 동심원들의 원호의 길이

(2) 등면적 도법(equal-area projection) 또는 正積도법이란, 지면상의 어떤 부분이라도 그 면적비율이 지도상에 올바로 표현되는 도법이다.

(3) 等角 도법(isogonal projection) 또는 正角 도법(conformable/ ortho-graphic projection)이란, 지상의 어떤 한 지점에서 바라보는 두 방향선 간의 각이 대응하는 지도상의 각과 같은 도법을 말한다. 이는 방향이 올바로 표현된다는 말이 아니다. 지상의 작은 원이 지도상에서도 원으로 나타내진다는 의미에서 좁은 범위에 한해서는 모양이 유지된다는 이유로, conformable 또는 similar 라는 단어로 이 도법을 표현하기도 한다.

이 문제에 직면하여 어떤 측면을 살리고 어떤 측면을 희생할 것인가의 선택문제가 생긴다. 모든 측면을 살릴 수는 없기 때문이다. 이런 선택문제에 직면하여 구면을 평면에 그려내는 방법들이 지도 작도법 또는 투영법이다.

지구 구체설을 믿는 서양의 지도제작자들은 처음부터 이 문제를 인식하고 있었고, 어느 측면을 살리고 어느 측면을 희생할 것인가의 선택을 강요당했다. 그리하여 여러 가지 도법들이 창안 되었는데, 그 구체적인 예들은 우리가 다룰 지도를 논할 때 등장한다.

3) 地方설과 裵秀의 "六體": 製圖 6原則

동아시아의 지도제작자들에게 지도란 평면인 지형을 평면인 천, 종이, 또는 평평한 돌 위에 옮겨 그리는 작업이 된다. 3세기 사람인

裵秀는 이 작업을 위한 지도제작의 원칙을 정리하여 제시한 사람이다. 그의 지도제작 6원칙 즉 "六體"는 16개 세기가 지난, 19세기의 지도제작자 김정호에게도 여전히 제도의 기본원칙이었다.

배수는 투영법을 고민할 필요가 없었다. 기본적으로 평면을 평면에 그리는 일이 지도 제작이었기 때문이다. 일정한 축척의 지도로서 방위와 거리가 보존되는 지도를 제작할 수 있으면 되는 것이다. 그의 첫째 원칙 "分率"은 그 縮尺을 의미한다. 둘째 원칙 "準望"은 方位를 의미한다. 셋째 원칙 "道里"는 거리를 의미한다. 이것이 기본 3원칙이다.

그러나 현실의 지형은 완전한 평면이 아니고, 또 장애물이 있을 수 있다. 그 어려움을 극복하는 방법을 제시하는 것이 나머지 세 원칙이다. 첫째, 두 지점 을 지도에 나타내려 할 때, 그 두 지점에 高低의 차이가 있다면 두 지점 사이의 실측거리를 그대로 나타낼 수 없다. 수평거리를 구해야 한다. 이는 일종의 "加工 과정"을 거치지 않으면 얻을 수 없다. 배수는 그런 가공과정을 "校"라는 動詞로 표현하고, 이 경우에 필요한 "교"를 "高下"라고 표현하고 있다. 이것이 그의 넷째 원칙이다.

둘째, 두 지점 사이의 거리를 측정하려 해도 그 두 지점 사이에 장애물이 있다면 에둘러서 간접적으로 거리를 측정할 수밖에 없다. 이 경우에 필요한 "校"를 배수는 "迂直"이라고 표현하고 있다. 이것이 그의 다섯째 원칙이다.

셋째, 두 지점 사이가 장애물로 가로막혀 있어서 바라볼 수 없는 경우, 이 두 지점을 둘 다 볼 수 있는 第三의 지점을 찾는다. 특히 그 제삼의 지점에서 두 지점을 바라보는 夾角이 직각이 되도록 그 제삼의 지점을 잡는다. 그러면 그 세 점은 직각삼각형을 이루게 되는데, 직각을 낀 두 변은 알 수 있고, 우리가 알고자하는 변은 빗변이다. 이 경우에 필요한 "校"를 배수는 "方邪"라고 표현하고 있다.

이것이 그의 여섯째 원칙이다.

4) 우주관과 "眞實"의 相對性

우리는 보통 객관적 진실이 있다는 것을 당연한 것으로 받아들인다. 그러나 그렇지 않다는 것을 명쾌히 표현한 말이 우주물리학자 스티븐 호킹의 "model-dependent realism"이란 표현이다. 그는 "*The Grand Design*"(2010)에서, 이 말을 쓰고 있는데, 진실이란 독립적으로 존재하는 것이 아니라 어떤 이론에 의존해서 존재할 수 밖에 없다는 주장을 하고 있다. 즉 "진실의 상대성"을 이야기 하고 있는 것이다. 우주에 관한 하나의 간단한 진실을 파악하는데 있어서 "진실의 상대성"이 어떤 형태로 나타나는지를 유명한 예를 가지고 설명해 보자. 해그림자가 말해주는 진실에 관한 것이다.

기원전 3세기에 살았던 그리스의 에라토스테네스 Eratosthenes는 에집트의 알렉산드리아에서 약 5000 스타디아 남쪽에 있는 시에네에서는, 하지 정오에 해가 수직으로 비치기 때문에 해그림자가 생기지 않지만 그 시각에 알렉산드리아에서는 해그림자의 각도가 7도 남짓 즉 원주의 50분의 1이라는 사실을 관측하였다. 이 관측자료로부터 지구의 둘레를 계산해 냈다는 사실은 2008년 한 물리학자가 선정한 "물리학사상 가장 아름다운 실험 10개" 중의 첫 번째로 꼽혔다.

그러면 에라토스테네스는 이 관측자료로부터 어떻게 지구의 둘레를 추정할 수 있다고 생각했을까? 그것은 그가 "지구설"을 믿었기 때문이다. 즉 지구는 구체이며 우주의 중심에 자리잡고 있다. 태양은 지구의 크기에 비해 엄청나게 멀리 있기 때문에, 사실상 무한원점에서 지구에 도달하는 태양광은 평행광선이다. 그는 이렇게 믿었다. 그러므로 5000 스타디아는 지구 둘레의 50분의 1이며, 지구의 둘레는 25만 스타디아가 된다. 당시 1 스타디아가 얼마만한 거리였는지에 관한 정설은 없다. 하나의 설은 緯度 1분의 거리인 1852m 의 10분의 1 즉 185m 정도라는 설이 있는데, 이 설에 의하면 지구의 둘레는 약 4.6만 km가 된다. 또 하나의 설은 당시 에집트의 1스타디 아가 158m 정도였다는 설인데, 이 설에 의하면 지구의 둘레는 약 3.9만 km가 된다. 지구 둘레의 현재의 추정값은 4.0만 km다.

地球說이 아니라 地平說을 믿는 동아시아 사람이 그 당시 알렉산드리아에서 이 관측자료를 보았다면 그는 이로부터 무엇을 알 수 있다고 생각했을까? 『明史』志 第8 曆2의 "句股測望"條에는 "本地去戴日下之度"라는 표현이 나온다. 이는 북경에서 하지 정오에 태양의 고도를 측정한 값을 이용하여, 북경에서 "戴日下의 지점", 즉 "태양을 天頂에 이고 있는 지점"까지의 거리를 추정하는 문제를 다루면서 사용하고 있는 말이다. 직각삼각형의 성질을 이용하고 있다. 이 방법을 알렉산드리아의 예에 적용해 보자.

지평설에서는 알렉산드리아와 시에네는 동일평면상의 점이다. 태양은 시에네의 천정에 있으므로, 이 경우 시에네는 戴日下 즉 "태양을 이고 있는 지점"이 되며, 시에네와 태양을 잇는 선분은 알렉산드리아와 시에네를 잇는 선분과 직각을 이룬다. 그러므로 태양과 알렉산드리아와 시에네 세 점은 직각삼각형을 이룬다. 위의 관측결과는 이 직각삼각형의 밑변이 5000스타디아이고 꼭지각이 7.2도임을 보여준다. 그 동아시아 사람은 상황을 이렇게 파악하게 되는 것이다. 그러므로 그는 시에네에서 태양까지의 거리 즉 지면에서 태양까지의 거리를 추정할 수 있다. 동아시아에서도 고구법 즉 피타고라스의 정리와 탄젠트의 개념을 이미 알고 있었기 때문이다. 그 거리는

(5000/tan(7.2도)) = 3.968만 (스타디아)

즉, 약 4.0만 스타디아다. 동일한 관측자료로부터 지구의 둘레가 25만 스타디아라는 추론을 한 에라토스테네스와 얼마나 다른 추론

인가? "믿는 이론"의 차이가 "사실인식"에 얼마나 엄청난 차이를 가져오는가?

2. 분석의 틀: 우주의 "標準模型"

1) 분석의 틀로서의 "표준모형"의 가능성

우리는 앞에서, 천구와 혼천의의 개념은, 전통적인 동양과 서양에서, 기본적으로 차이가 없고, 다만 천구의 중심인 땅덩어리를 球體라고 보느냐, 아니면 方體라고 보느냐에 차이가 있음을 보았다. 우리가 천구를 분석하려 할 때, 땅덩어리를 취급하는 방법은 간단하다. 그것이 구체든 방체든 상관없이 천구의 관점에서 땅덩어리는 단순히 기하학적인 점으로 취급할 수 있는 것이다. 땅덩어리는 천구에 비하면 사실상 無限小이기 때문이다. "기하학적인 점"은 유클리드의 정의대로, "부분을 갖지 않는다". 『기하원본』의 표현을 빌리면, "點者無分"이다. 우리는 이런 관점에서 우리의 표준모형에서의 천구에 관한 공리체계를 구성한다.

여기서 우리는 "天球와 地球에 관한 標準模型"을 구상한다. 우리가 자유롭게 다룰 수 있는 분석의 틀로서의 모형이다. 그러므로 그것은 동서양의 우주관을 가능한 한 아우를 수 있는 추상적인 모형이다.

2) "표준모형"의 구조

우리의 표준모형에서 천구는 다음과 같은 구조를 가진다.
(1) 천구는 완전한 기하학적 球體이고 그 중심은 지구다.
(2) 천구는 고정된 지구를 중심으로, 南北極을 축으로, 하루에 한

바퀴씩 等速圓運動한다.

(3) 남북극축과 직각인 천구의 대원은 赤道環이고, 적도환과 23.5 도의 교각을 이루는 대원은 黃道環이다. 태양은 黃道를 따라, 1년 에 한 바퀴씩 천구상을 等速圓運動한다.

(4) 적도와 황도는, 두 점 즉 춘분점과 추분점에서 교차한다. 춘 분점은 적도좌표계와 황도좌표계의 共通原點이다.

(5) 천구와 지구 南北極은 서로 대응하며, 또 천구와 지구의 좌 표는 서로 대응한다.

(8) 지구상의 북위도 y인 한 지점의 天頂과 天底는, 그 천구상의 위도가 각각 북위도 y 및 남위도 y다.

(9) 북위도 y인 한 지점에 대응하는 地平環은, 그 천정 천저를 잇 는 선분을 수직이등분하는 천구의 大圓이다. 그러나 이 지평환은 旋轉하지 않고, 지구와 함께 고정되어 있다.

(10) 북위도 y지점의 지평환과 천구의 북극이 이루는 각, 北極高 는, 그 값이 위도 y와 같다.

(11) 천구와 지구의 크기를 비교할 때, 지구는 無限小로 본다.

이상이 우리가 상정하는 천구와 지구에 관한 "표준모형의 구조"다. 이러한 구조를 가진 표준모형의 천구와 지구로부터 우리는 여러 가지 명제들 도출할 수 있다. 먼저 천구 자체의 성질을 보자.

3) 태양의 赤道座標와 黃經 간의 관계

표준모형의 천구에서 가장 중요한 두 대원은 적도와 황도다. 태양은 황도를 따라 등속원운동을 하는데 그 황도가 적도에 대해서 23.5도 기울어져 있기 때문에, 적도의 남북 23.5도 사이를 1년을 주기로 왕복하게 된다. 이 현상이 지구상에서 계절의 변화를 가져오고, 주야시간의 변화를 가져온다.

〈천구 상의 황도와 적도의 상호관계〉

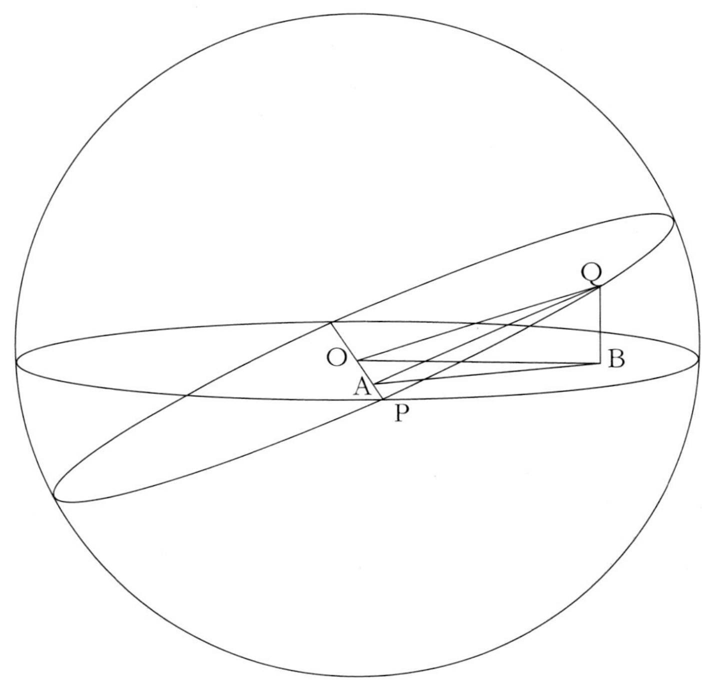

O   천구의 중심
P   춘분점 (적도좌표와 황도좌표의 공통 원점)
Q   황도상의 임의의 점
A   Q에서 OP에 내린 수선의 발.　(각OAQ)=직각
B   Q에서 적도면에 내린 수선의 발.　(각QBA)=(각QBO)=(각BAO)=직각
(각QOP)=(Q의 황경)=s
(각QAB)=(황도면과 적도면이 이루는 각)=23.5도
(각BOA)=(Q의 적경)=x.
(각QOB)=(Q의 적위)=y

우리는 천구면의 위치를 적도좌표와 황도좌표 어느 쪽으로도 나타낼 수 있다. 그러나 지구의 경위도와 직접적으로 대응관계를 가지는 것은 천구의 적도좌표다. 태양은 황도를 따라 등속원운동을 하기 때문에 태양의 위치는 황도좌표의 經度 즉 黃經 s로 나타내는 것이 편리하다. 그러나 지구상에서 일어나는 일과 태양과의 관계를 알아보는 데는 태양의 위치를 적도좌표의 경도와 위도인 적경 x와 적위 y로 나타내는 것이 편리하다. 그러므로 황경 s를 알 때, 적도좌표 (x, y)를 구하는 방법을 먼저 논의하고자 한다. 더 구체적으로 말하면, 황도 상의 황경 s인 점의 赤道座標 (x, y)를 계산하는 법을 유도한다. 즉 태양의 赤經 x와 赤緯 y를 태양의 황경 s의 함수로 나타내려 하는 것이다.

(1) 필요한 直角三角形들의 作圖

천구는 하나의 구체다. 이제 천구의 중심을 O라 하고, 천구의 반지름을 1이라 하자. 그러면 모든 천구의 대원은 중심이 O이고, 반지름이 1이다. 적도와 황도는 둘 다 대원이므로, 중심 O를 공유하고, 반지름이 1이다. 그리고 그 두 원의 교각은 23.5도다. 이 두 원은, 서로 두 점에서 만나는데, 그 한 점이 춘분점 P다(춘분점에서 중심을 건너 반대편의 교점은 추분점이다). 다음은 황경 s인 황도상의 한 점을 Q라 할 때, 이 점의 적도좌표 (x, y)를 s의 함수로 나타내는 것이 우리의 과제다.

먼저, 황도환과 적도환은 둘 다 大圓이므로 그 반지름은 둘 다 1이다. 그림 (1)은 황도환의 그림이다. 이 그림에는 천구의 중심 O와 춘분점 P, 그리고 황도상의 황경이 s인 점 Q가 그려져 있다. 즉, 각QOP가 s인 것이다. 선분 OP는 적도환과의 交線이기도 하다.

그림 (2)는 적도환의 그림이다. 이 그림에는 황도환과 공유하는 선분 OP가 그려져 있고, 황도환의 점 Q를 적도환에 투영한 투영점

B가 그려져 있다. 점 Q의 적경 x는 바로 이 그림에서의 각BOP로 정의된다. 점 Q의 적위 y는 각QOB로 정의되는데, 이는 그림 (3)에 표시되어 있다. 즉, 세 점 Q, O, B를 지나는, 적도면에 수직인 천구환 속에 그 각을 실물 크기로 나타낼 수 있다. 그리고 각QBO는 作圖에 의해서 직각이므로, 삼각형 QOB는 직각삼각형이다.

우리는 삼각함수의 기법을 써서 문제를 해결하려 한다. 그러하기 위해서는 우리의 관심대상인 각을 낀 직각삼각형들을 고려하는 것이 편리하다. 그 직각삼각형들을 작도해 보자.

그림 (1)의 점 Q에서 선분 OP에 수선을 내려 그 발을 A라 하자. 점 A는 그림 (2)에서 보면, 점 B에서 OP에 내린 수선의 발이기도 하다. 이렇게 하면 우리는 네 직각삼각형 QOA, BOA, QOB, QAB를 얻는데, 이 넷은 각각, 角 s, x, y 및 23.5도를 끼고 있다. 이제 우리는 네 개의 직각삼각형을 가지게 되었고, 이를 써서 s를 알 때 x와 y를 구하는 과제를 해결해야 한다.

우선 우리는 s를 낀 황도환의 직각삼각형 QOA에서, OQ=1임을 알고 각 QOA=s 임을 알기 때문에, 나머지 두 변의 길이를 다음과 같이 표현할 수 있다.

$$OA = \cos(s),$$

$$QA = \sin(s).$$

선분 QA는 그림 (4)의 직각삼각형 QAB의 빗변이다. 그리고 그 삼각형의 낀각의 크기가 23.5도인 것을 우리는 이미 안다. 그러므로 이제 우리는 나머지 두 변, AB와 QB의 길이를 $\sin(s)$로 나타낼 수 있다. 즉,

$$AB = QA \times (\cos(23.5)) = \sin(s) \times \cos(23.5)$$

$$QB = QA \times (\sin(23.5)) = \sin(s) \times \sin(23.5)$$

이 결과를 종합하면, 우리는 우리가 원하는 Q의 적경 x와 적위 y를 s의 함수로 나타낼 수 있다.

(2) 태양의 적경 x를 황경 s의 함수로 표현

먼저 x를 낀 직각삼각형 BOA를 보자. 이 삼각형에서 우리는 이미 두 변 OA와 AB가 s의 함수로 나타내 짐을 안다. 즉,

$$OA = \cos(s)$$

$$AB = \sin(s) \times \cos(23.5)$$

그러므로 우리는 다음 표현을 얻을 수 있다.

$$\tan(x) = AB/OA = \cos(23.5) \times \sin(s)/\cos(s).$$

여기서, ($\cos(23.5)$=0.90706, 및 삼각함수의 恒等式 $\sin(s)/\cos(s)$=$\tan(s)$을 감안하면,

$$\tan(x) = 0.90706 \times (\tan\ s)$$

로 되며, 역삼각함수 기호로 나타내면, x를 다음과 같이 명시적으로 나타낼 수도 있다. 즉,

$$x = \arctan\{0.90706 \times \tan(s)\}.$$

이리하여 황경 s인 점 Q의 적경 x가 s의 함수로 표현되었다.

(3) 태양의 赤緯 y를 黃經 s의 함수로 표현

황경 s인 점 Q의 적위 y를 s의 함수로 표현하기 위하여 y를 포함하는 직각삼각형 QOB를 보자. 이 삼각형에서 빗변 OQ는 천구의 반지름 1이고, 낀 각 y의 맞변 QB는,

$$QB = \sin(y)$$

로 표현된다. 그런데 우리는 이미,

$$QB = \sin(s) \times \sin(23.5도)$$

임을 알고 있다. 그리고 $\sin(23.5도) = 0.39875$ 이므로 다음 표현이 얻어진다.

$$\sin(y) = \sin(s) \times \sin(23.5도) = 0.39875 \times \sin(s)$$

즉

$$y = \arcsin\{0.39875 \times \sin(s)\}$$

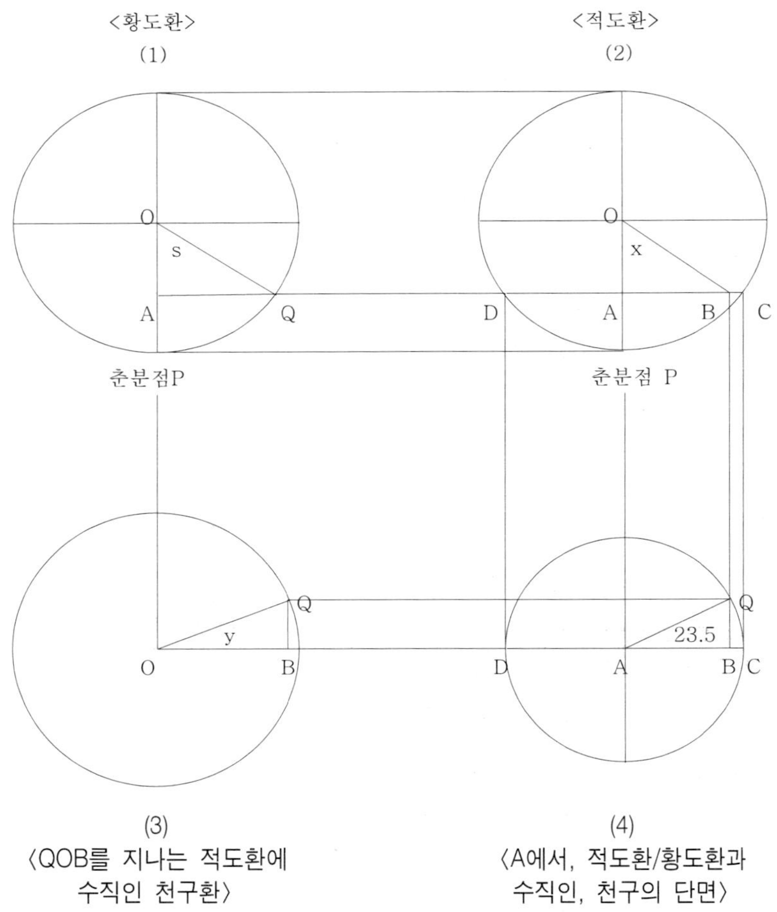

(3)
〈QOB를 지나는 적도환에
수직인 천구환〉

(4)
〈A에서, 적도환/황도환과
수직인, 천구의 단면〉

이리하여 황경 s인 점 Q의 적위 y가 s의 함수로 표현되고, 이로써 우리는 Q의 적도좌표 (x, y)를 모두 구하였다.

(4) 計算의 例

이상의 관계를 s가 0도에서 90도까지 수치로 보이면 다음 표와 같다. 이는 춘분에서 하지까지 태양이 황도를 따라 운동하는 경로에 해당한다. 그 경로를 적도좌표 (x, y)로 나타낸 것이다.

計算例: 春分에서 夏至까지; s=0도, 90도

황경 s	적위 y	적경 x	s - x	4×(s - x)분
0 춘분	0.000	0.000	0.000	0.00
5	1.992	4.587	0.413	1.65
10	3.970	9.186	0.814	3.26
15 청명	5.924	13.805	1.195	4.78
20	7.838	18.458	1.542	6.17
25	9.702	23.153	1.847	7.39
30 곡우	11.500	27.900	2.100	8.40
35	13.221	32.706	2.294	9.18
40	14.851	37.579	2.421	9.68
45 입하	16.377	42.523	2.477	9.91
50	17.786	47.542	2.458	9.83
55	19.065	52.637	2.363	9.45
60 소만	20.202	57.807	2.193	8.77
65	21.186	63.047	1.953	7.81
70	22.006	68.352	1.648	6.59
75 망종	22.654	73.713	1.287	5.15
80	23.122	79.116	0.884	3.54
85	23.405	84.550	0.450	1.80
90 하지	23.500	90.000	0.000	0.00

표의 마지막 列에는 s - x의 값을 제시하였다. 이 값에 4分을 곱하면, 그 절기에 태양이 南中하는 시각이 평균보다 빠른 정도를 분단위로 보여준다. 이 표에 의하면, 우리의 "표준모형"에서는, 立夏에는 남중 시각이 10분 정도 더 빠르다. 그 이유는 다음과 같다. 즉, s는 태양이 황도를 따라 이동할 때 그 동쪽 성분의 "평균 거리"를 나타낸다. 그런데 x는 그 동쪽 성분의 "실제 거리"를 나타낸다. 그런데 황도와 적도의 편각 때문에, 동쪽으로의 실제 이동속도는 춘분점 근방에서 느리고, 입하 근방에서 평균과 같고, 하지점 근방에

서 빠르다. 그러므로 입하 근방에서 평균보다 "지체된 누적 거리"가 가장 크다.

그것이 입하에 s - x가 최대로 되는 이유다. 그리고 동쪽으로의 이동이 느리다는 것은 태양이, 시간적으로, 평균보다 "빨리" 남중한다는 것을 의미하며, 이는 평균시로 12시보다 빨리 해가 남중함을 의미한다. 즉 평균시보다 해를 기준으로 하는 "태양시"가 빠르다는 것을 의미한다. 그리고 우리의 표는, 입하에 그 빠른 정도가 9.91분이라는 것을 보여주고 있다.

4) 地球의 緯度와 經度 간의 관계

이 小節에서는 지구만을 다룬다. 천구와의 관련에서는 지구가 한 점에 불과한 것으로 우리의 표준모형에서 상정하였으나, 천구와의 관련 없이 지구만을 다룰 때는 지구 자체만으로 하나의 기하학적 球體다. 그리고 표준모형에서 지구와 천구는 대응하기 때문에 남극, 북극, 적도, 위도, 경도, 대원 등의 용어를 지구에 한정해서 쓸 수 있다.

우리의 표준모형에서, 지구의 위도가 0도인 基線은 적도다. 적도로부터 남북으로 양극까지를 90도로 나누므로, 위도 1도의 거리는 지구 대원 즉 지구 둘레의 360분의 1이다. 이는 지면 어디에서나 똑같다.

지구의 경도의 基線은 위도의 경우와는 달리, 자연스러운 기준이 없다. 인위적으로 정할 수밖에 없다. 현재 세계적으로 공인되는 기선 즉 본초자오선은 영국의 그리니치 천문대를 지나는 자오선이다. 이 선의 경도를 0도로 하여 적도를 360등분하고, 동쪽으로 센 것을 동경도, 서쪽으로 센 것을 서경도로 하여, 동경 180도와 서경 180도가 일치하게 한다. 그런데 경선간의 간격은 적도에서는 위선

간의 간격과 같으나, 양극으로 갈수록 점점 줄어들어, 양극에서는
0으로 된다. 즉 경도 1도차의 거리는 위도 y가 높아짐에 따라 줄어
든다. 위도 y에서의 경도 1도차의 거리를

$$g = g(y)$$

로 표현하면, 수학적으로 g는 y의 감소함수다. 편의상 지구의 반지
름을 1이라하고, y를 북반구의 위도 즉 북위도로 인식하기로 하자.

지구 위도 y의 緯度環이란, 위도 y의 점들을 이어서 얻어지는 環
을 말한다. 그 위도환은 y=0인 경우는 적도환이므로 대원이고, 그
반지름은 1이다. 그리고 일반적으로 그 반지름은 cos(y)임을 다음과
같이 보일 수 있다.

위도 y인 위도환 위의 한 지점을 P라 하고, 地心 O와 P를 이은 線
分 OP를 적도면에 투영할 때, 점 P의 투영점을 Q라 하면, 삼각형
POQ는 직각삼각형이다. 그리고 이 삼각형의 빗변 OP는 지구의 반지
름이므로 1이고, 각 POQ는 점 P의 위도인 y다. 이 직각삼각형에서
OQ는, 그 y위도환의 반지름 g다. 그런데 삼각함수의 정의에 따라,

$$g = OQ = OP \times (\cos\ y) = \cos\ y$$

이므로. 우리가 구하는 반지름은,

$$g = \cos(y)$$

가 된다. 함수 cos(y)는 y가 0도에서 90도까지 변할 때, y의 감소함수다.

緯度 y에 따른 경도 1도의 값(위도 도, 분, 초 단위)

위도y	g=cos y	분초단위
0	1.00000	60분00초
5	0.99619	59 46
10	0.98481	59 05
15	0.96593	57 57
20	0.93969	56 23
25	0.90631	54 23

30	0.86603	51	58
35	0.81915	49	09
40	0.76604	45	58
45	0.70711	42	26
50	0.64279	38	34
55	0.57358	34	25
60	0.50000	30	00
65	0.42262	25	21
70	0.34202	20	31
75	0.25882	15	32
80	0.17365	10	25
85	0.08716	5	14
90	0.00000	0	00

5) 夏晝長을 위한 수학적 분석

夏晝長/冬晝長은 각각, 하지의 낮의 길이, 동지의 낮의 길이를 의미한다. 그런데 하주장과 동주장은, 우리의 기본모형에서는 서로 대칭관계에 있기 때문에 따로 설명할 필요가 없다. 그와 대칭이 되는 하주장/동주장도 마찬가지다. 그러므로 이들을 구하기 위한 설명은 하주장으로 족하다. 어느 지점의 하주장은 그 지점의 위도 y에만 의존한다. 그 이유는 다음과 같다(여기서는 y가 북위 66.5도 이하인 북반구에 한정하여 설명한다).

(1) 夏晝長 분석의 수학적 예비작업

지구상에서 北緯 y도의 한 지점을 상정하자. 천구의 반지름을 1로 놓은 도형에서는 지구 자체가 한 점 즉 천구의 중심점 O라는 한 점으로 나타내지기 때문에, "북위 y도의 한 지점"이라고 해도 그 점 자체는 점 O일 수밖에 없다. 다만 그 지점의 天頂이 천구상의 한

점 G로 나타내질 뿐이다. 천정 G의 적위도는 y다. 그리고 선분 GO와 수직인 대원이 그 지점의 지평환이 된다. 아래 그림의 위에 〈北緯 y도의 특정지점의 地平環〉이라고 한 원이 그것이다.

이 지평환의 남북축 EF를 축으로 하여 90도 회전한 그림이 가운데의 〈投影天球環〉이다. 이 그림에 지평환이 선분 EF로 투영되어 있고, 그 선분의 수직이등분선 GO상에 천정 G가 있다. 지평환 EF와 교각이 y인 선분 NS가 천구의 남북축이며, N과 S는 각각 천구의 북극, 천구의 남극이다. 이 축과 수직이등분선이 되는 선분 AB는 投影赤道環이다. AB와 GO의 교각은 y다. 지평환 EF와 천구의 남북축 NS와의 교각 y와 같다.

투영적도환 AB와 교각이 23.5도인 선분 C'D는 투영황도환이다. 이 황도환의 북쪽 끝점 D가 북위 23.5도의 하지점인데, 하지 날 태양은 이 점에 있다. 그리고 그날, 태양은 지구에서 볼 때 적도에 평행한 선분 CD를 "왕복"하게 된다.

여기서 "왕복"이라고 했지만, 실은 "원운동"이다. C'D는 천구의 북위 23.5도 위도환의 투영도이기 때문이다. 위도환 자체를 아래 그림 (3)으로 나타냈다. 이 위도환의 중심은 선분 C'D와 남북축 NS의 교점인 O'다. 그림 (1)의 지평환과 그림 (3)의 위도환은 두 점 P1과 P2를 공유한다. 하지 날 子正에 D를 출발한 태양은 P1을 지나 正午에 C에 오고, 다시 P2를 지나 1晝夜 후 子正에 다시 D에 복귀한다. P1과 P2는 각각 일출과 일몰에 대응한다. 그 일주하는 모습이 지평환 그림 (1)에서 보면, P1에서 해가 떠서 P2로 지는 것처럼 보인다. 여기서 P1, P2는 각각 일출과 일몰의 방위다.

그러면 여기서 P1, P2는 무엇인가? 이는 그림 (2)의 점 P에 의해서 유도된다. 그리고 가운데 그림의 점 P는 삼차원공간에서의 C'D 선분과 삼차원공간에서의 EF 선분의 교점이다. 따라서 P는 위의 그림에서는 선분 EF상에 있고, 아래 그림에서는 C'D상에 있다. 이 작도가정에서 나타나는 점이 P1과 P2다.

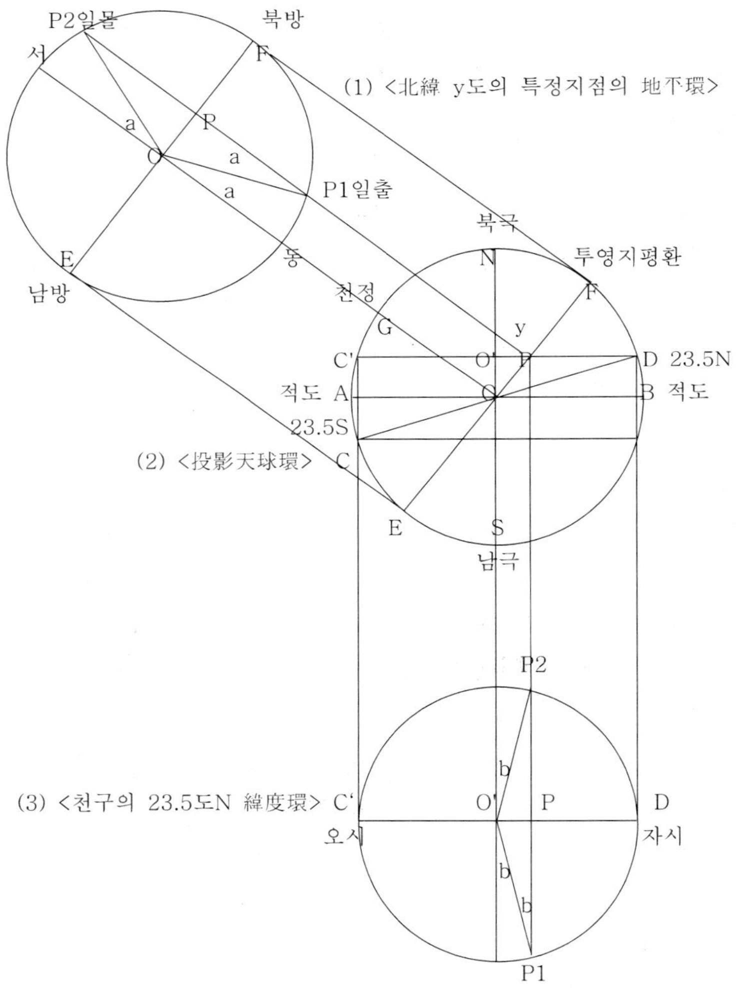

(2) 地平環에서의 日出의 偏角 a

우리는 위의 지평환 그림에서 일출점이 正東에서 a도만큼 북쪽
으로 치우쳐 있음을 알 수 있고, 일몰점 P2 역시 正西로부터 a도만

큼 북쪽으로 치우쳐 있음을 알 수 있다. 이 편각 a는 우리의 특정지점의 위도 y에 의존함을 보이고자 한다. 즉, 우리는 a를 y의 함수로 표현하려는 것이다. 우리는 이 경우에도 삼각함수의 기법을 써서 문제를 해결하려 한다. 이를 위해서 우선 우리의 관심대상인 각, a, y, 및 23.5도를 낀 직각삼각형들을 찾아보자.

편각 a를 낀 직각삼각형은 그림 (1)에서 삼각형 OP1P가 있다. 이 삼각형에서, 빗변 OP1의 길이는 1이고 각 P가 직각이다. 그러므로 우리는 다음 관계를 얻는다.

$$OP = \sin(a).$$

그림 (2)에서는 OP를 빗변으로 하고 y를 낀 직각삼각형 OPO'을 찾을 수 있다. 각O'이 직각이므로, 우리는 그 삼각형에서 다음 관계를 얻는다.

$$OO' = OP \times \cos(y)$$

즉,

$$OP = OO'/\cos(y).$$

여기서 우리는 OO'만 알면 OP가 y에 의하여 표현될 수 있음을 안다. 그런데 우리는 그림 (2)에서, OP를 품고 23.5도를 낀 각으로 하는 직각삼각형 ODO'을 발견한다. 더군다나 그 빗변은 천구의 반경으로 길이가 1이므로, 바로 다음 관계가 얻어진다.

$$OO' = \sin(23.5)$$

이를 위의 식에 대입하면, OP는 y의 함수로 다음과 같이 표현된다.

$$OP = \sin(23.5)/\cos(y).$$

이를 지평환 (1)의 직각삼각형에서 구한 OP의 표현과 결합하면 다음식이 얻어진다.

$$\sin(a) = \sin(23.5)/\cos(y).$$

즉,

$$a = \arcsin\{\sin(23.5)/\cos(y)\}.$$

여기서 y의 변동범위는 0도에서 66.5도 사이다. 이로써 日出의 偏角 a가 위도 y의 함수로 표현되었다.

여기서 우리는 이 함수를 일반화하여, 춘분과 하지 사이의 임의의 계절의 일출 일몰 편각을 구하는 식을 구할 수도 있다. 그것은 다음과 같다.

$$a = \arcsin\{\sin(y0)/\cos(y)\}.$$

y0는 계절에 대응하는 황경의 적위로서, 그 변동범위는 0도에서 23.5도 사이이며, y의 변동범위는 0도에서 (90도-y0) 사이이다. 대칭성을 고려하면서, 이 식에서 y를 고정시키고 y0를 변수로 보면, 특정 지역에서 모든 계절의 일출 일몰의 방위를 계산할 수 있다.

(3) 23.5도 緯度環에서의 日出의 偏角 b

위의 그림 (3)은, 천구의 적위 23.5도의 위도환을 그린 것인데, 이는 가운데 그림의 선분 C'D를 90도 회전하여 얻어진 것이다. 하지 날에 태양은 이 위도환을 따라 등속으로 한 바퀴 돌게 되는데, 점 D에서 P1까지가 오전의 아침 밤이고, 점 P1에서 C'을 지나 P2까지 갈 동안이 낮이고, 점 P2에서 D까지 갈 동안이 오후의 저녁 밤이다. 태양이 360도를 도는 시간은 하루 즉 100각이므로, 1각당 회전속도는 3.6도다. 正東에서 일출점 P1, 또는 正西에서 일몰점 P2까지의 偏角을 b라 하면, 각으로 표시한 하지의 낮의 길이 즉 夏晝長은 (180도 +2b)다. 이를 3.6으로 나누면, 刻으로 표시한 하주장이 얻어진다. 즉,

$$夏晝長 = (180+2b)/3.6각 = (50 + b/1.8)각$$

그러면 편각 b는 어떻게 알 수 있을까? 그림 (3)의 직각삼각형 P1O'P를 보자. 이 삼각형의 빗변 P1O'은 그 위도환의 반지름이다. 그리고 角 O'P1P는 우리가 구하려는 편각 b와 같다. 그러므로 다음 관계가 성립한다.

$$\sin(b) = O'P/P1O' = O'P/DO'$$

그런데 이 식의 분모와 분자는 가운데의 그림 (2)의 두 직각삼각형, OPO'과 ODO'을 이용하여 旣知의 量으로 나타낼 수 있다.

직각삼각형 OPO'에서 직각을 낀 변 O'P는

$$O'P = OO' \times \tan(y)$$

로 표현된다. 한편, 직각삼각형 ODO'에서, 빗변 OD는 천구의 반지름이므로 1이고, 직각을 낀 두 변은 각각 다음과 같이 표현된다.

$$DO' = \cos(23.5도)$$

$$OO' = \sin(23.5도)$$

이상의 결과들을 종합해 보자. 즉,

$$\sin(b) = O'P/DO' = OO' \times \tan(y)/(\cos(23.5도) = \{(\sin(23.5도) \times \tan(y)\}/(\cos(23.5도)$$

그런데, 삼각함수 간에는 $\sin(23.5도)/\cos(23.5도)=\tan(23.5도)$의 항등식이 성립한다. 그러므로 이 결과는 다음과 같이 간단하게 표현된다.

$$\sin(b) = \tan(23.5도) \times \tan(y)$$

$$b = \arcsin\{\tan(23.5도) \times \tan(y)\}.$$

이리하여 b는 y만의 함수로 표현되었다.

(4) 夏至의 일출/일몰과 夏晝長

하지에 위도 y인 지점의 일출과 일몰의 방위는 지평환 편각 a를 보면 알 수 있다. 그리고 하주장은 23.5도 위도환 편각 b를 써서 계산할 수 있다. 하지 날, 태양은 이 위도환을 따라 등속원운동하기 때문에, 100분의 1일의 시간으로 정의되는 "刻"을 단위로 하는 하주장 d는 다음과 같이 계산된다.

$$d = \{50 + b/1.8\}$$

위의 식을 이용하여 북반구의 하주장/동주장을 계산한 예를 들어본다.

북위 y도에서의 지평환 일출편각a와, 하주장/동주장

북위도y	a	b	하주장	동주장
60도	52.89도	48.86도	77.14각	22.86각
50	38.34도	31.21도	67.34각	32.66각
40	31.37도	21.40도	61.89각	38.11각
30	27.42도	14.54도	58.08각	41.92각
20	25.11도	9.11도	55.06각	44.92각

주: 1각은 100분의 1일이다.

(5) 특정 하주장 d에서의 위도 y 구하기

우리는 특정 위도 y에서 하주장을 구할 필요도 있다. 이 경우에는 위 문제의 逆問題를 풀어야 한다. 우선 편각 b를 y로 나타내려면 위의 식을 변형하면 된다. 즉

$$\tan(y) = \sin(b)/\tan(23.5도)$$

그리고 편각 b를 하주장 d로 나타내면 다음과 같다. 즉

$$b = (d - 50) \times 1.8$$

이 둘을 결합하면, 하주장 d(각)를 알 때 그에 대응하는 위도 y를 구할 수 있다.

6) 長晝長을 위한 수학적 분석

(1) 長晝長/長夜長 현상

長晝란 極地方에서 해가 지지 않고 지속되는 "긴 낮"을 의미하며, 장주장이란 그 長晝의 길이를 말한다. 장야장은 그 반대인 긴 밤 즉 長夜의 길이를 말한다. 낮 또는 밤의 지속시간이 하루를 넘는 장주/장야의 현상은 위도 66.5도 이상에서 일어난다.

우리는 수리적 분석을 통하여 이들 수치를 확인하고자 한다.

(2) 장주장의 수학적 分析

북반구의 장주장이 일어나는 지역은 위도가 66.5도를 넘는 북극권 내의 지역이다. 북극권 내의 지점의 지평환은 적도환과의 交角이 23.5도를 넘지 않는다. 우리는 이 교각을 y로 나타낸다. 이때 그 지점의 북위도는 $(90-y)$도다. 북극권 내의 지점의 위도는 66.5도와 90도 사이이므로, y는 0과 23.5 사이의 크기를 가진다.

우리가 여기서 y라는 각을 사용하는 이유는 그 지점에 대응하는 황도상의 한 점 Q1의 적위를 y로 나타내는 것이 편리하기 때문이다. 이러한 이유로 위도 $(90-y)$인 그 지점을 "y지점"이라고 부르기로 한다. "그 지평환과 적도환의 교각이 y인 지점"이라고 이해하면 된다. 그리고 우리가 관심을 가지는 황도상의 점 Q1은, 황도의 적위의 값이 y보다 커지기 시작하는 점이다. 그리고 우리가 점 Q1에 관심을 가지는 이유는, 태양이 이 점에 올 때, "y지점"의 장주장이 시작되기 때문이다.

태양은 황도를 따라 등속원운동을 한다. 1년에 360도를 같은 각속도로 원운동하는 것이다. 그러므로 시간은 황경의 변화에 비례한다. 다음 그림에서, 그림 (1)은 황도환을 나타낸 것이다. 황도환은 천구의 大圓으로 반지름은 1이다. 그림 (2)는 앞에서의 그림 (2)와 마찬가지로 "投影天球環"이다.

황도환의 두 점 C와 D는 각각 동지점과 하지점이며, 춘분점 P와 추분점 P'은 거기서 90도 떨어져 있다.

여기에서의 투영천구환을 앞에서의 그림 (2)와 비교하면, 지평환 EF는 극지방의 지평환이므로, 적도와의 교각 y가 23.5도보다 작다는 점이 다르다. 점 F에서 적도에 평행한 직선을 그려, 그 직선이 황도 CD와 남북축 NS와 만나는 점을 각각 Q, O1이라 한다. 그리고 Q에서 적도에 수선을 내려 그 발을 B1이라 하자. 그림 (1)에서, 그림 (2)의 Q에 대응하는 점은 셋인데, Q 자체는 선분 CD 상에 있고, 나머지

두 점, Q1과 Q2는 황도 상에 있다. 이 두 점의 공통점은 그 점에서 황도의 적위가 y로 같다는 점이다. 태양이 춘분점 P를 출발하여 Q1을 지나 하지점 D까지 가는 동안에, 황경은 0도에서 90도까지 증가하며, 적위는 0도에서 23.5도까지 증가한다. 그러므로 Q1은 태양의 황경과 적위가 모두 증가하는 국면의 점이다. 하지점 D를 지난 태양의 황경은 계속 증가하면서, Q2를 지나 추분점 P2에서 180도가 된다. 그러나 적위는 23.5도에서 계속 감소하여 0이 된다. 그러므로 Q2는 적위가 감소하는 국면의 점이다. 그리하여 Q2에서의 적위는 Q1의 수준으로 감소하는 것이다. 그리고 태양이 P에서 출발하여, D를 지나 P2까지 가는 데는 "半年"이 걸린다. 그리고 이 운동을 그림 (2)에서 보면, 선분 OD상의 왕복운동이다.

황도상의 Q1DQ2 구간의 운동은, 그림 (2)에서는 QDQ의 왕복운동이다. 이 동안에 "y지점"에서는 낮이 계속되는 것이다. 태양이 지평 아래로 내려가는 일이 없기 때문이다. 이것이 장주현상이다.

그러면 그 장주현상의 지속시간, 즉 장주장은 얼마나 될까? 우리 체계에서, 태양은 황도를 따라 等速/等角運動한다. 그림 (1)의 춘분점 P로부터 Q1까지의 각도를 s라 하면, Q1에서 Q2까지의 각도는 (180-2s)도다. 그러므로, 우리는 다음관계를 얻는다. 즉,

(y지점에서의 장주장) = (반년의 길이) × (180-2s)/180.

그러면, y를 알 때, s를 구할 수 있는가? 다시 말하면, 황도상의 한 점의 적위를 알 때, 그 점의 황경을 알 수 있는가? 우리는 앞에서 황경 s를 알 때, 적위 y를 구하는 문제를 풀어본 바 있다. 거기에서 우리는

$$\sin(y) = \sin(23.5\text{도}) \times \sin(s)$$

라는 관계를 얻은 바 있다. 이 식은 변형하여, y를 알 때 s를 구하는 데 이용할 수 있을 것이다. 그러나 우리는 이 식에 의존하지 않고, 직접 y로부터 s를 구해보고자 한다.

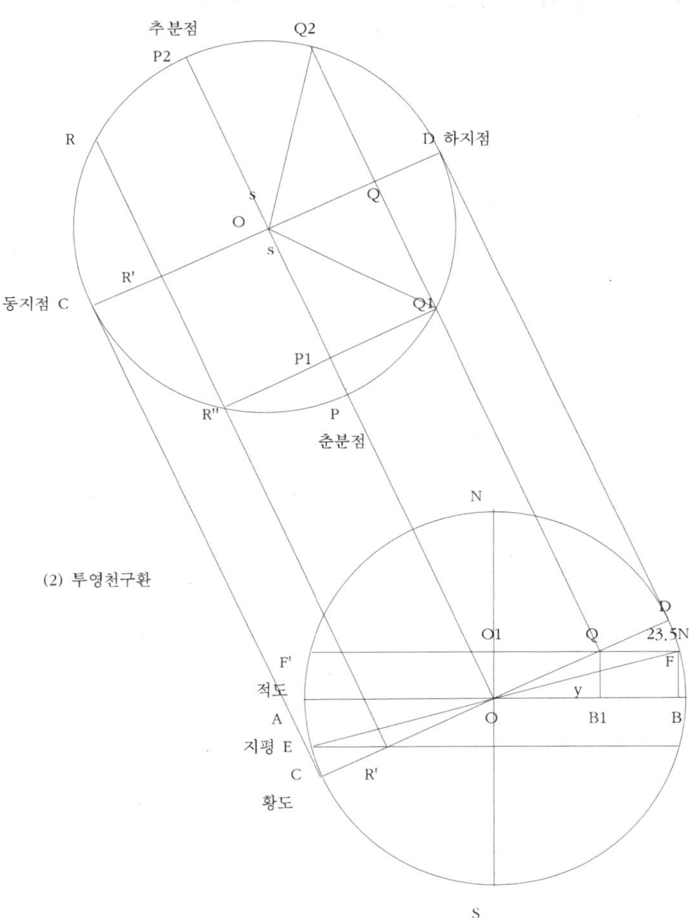

 황도환의 그림 (1)에서 각 s를 낀 직각삼각형 Q1OP1을 보자. 이 삼각형의 빗변 Q1O는 1이다. 천구의 반지름이기 때문이다. 그러므로 다음 식을 얻는다.

$$Q1P1 = \sin(s)$$

이제 그림 (2)를 보면, 작도에 의하여,

$$Q1P1 \;=\; QO$$

이고, 이는 각23.5도를 낀 직각삼각형 QOB1의 빗변이다. 그러므로
그 각의 맞변 QB1은 다음과 같이 표현된다.

$$QB1 \;=\; \sin(s) \times \sin(23.5도)$$

그런데 그림 (2)에서, 역시 작도에 의하여,

$$QB1 \;=\; O1O$$

이다. 이 변을 포함하고 각 y를 낀 직각삼각형 OFO1을 보면, OF=1이
므로, 다음 식이 성립한다.

$$O1O \;=\; \sin(y)$$

위의 결과를 종합하면 다음 관계가 얻어진다.

$$\sin(s) \times \sin(23.5도) \;=\; \sin(y)$$

이 식은 과연 우리가 이미 아는, s를 알 때 y를 구하는 식과 같다.
그러나 여기서는 y를 알 때, s를 구하는 식이 필요하다. 변형하면,

$$\sin(s) \;=\; \sin(y)/\sin(23.5도)$$

로 된다. 우리는 이 식에서 y를 알 때 s를 구할 수 있다. 그리고 역
삼각함수를 쓰면, s의 명시적 표현을 얻을 수 있다. 즉,

$$s \;=\; \arcsin\{\sin(y)/\sin(23.5도)\}$$

이 s를 앞에서 구한 式

$$(y지점에서의\ 장주장) \;=\; (半年의\ 길이) \times (180-2s)/180.$$

에 대입하면 장주장이 구해진다.

북극권(북위 66.5도) 이북의 장주장 계산의 예

관심 북위도 90도 - y: 도	90	85	80	75	70	66.5
대응하는 황도의 적위 y: 도	0	5	10	15	20	23.5
대응하는 황경 s : 도	0.0000	12.625	25.816	40.472	59.063	90.000
장주장 (h=182.62일): 일	182.62	157.00	130.24	100.50	62.77	0.00
(참고) 리마두의 장주장[1]: 일	187.26	161.21	134.20	104.04	64.55	0.00

---

1) 리마두의 장주장이 북위 90도에서 187.26일이라는 것은 "h=187.26일"로 보았음

(3) 특정 장주장에 대응하는 위도 y 구하기

장주장을 f일, 반년의 길이를 h일이라 하면, 위의 식은 다음과 같이 된다.

$$f = h \times (180\text{-}2s)/180 = h \times (90\text{-}s)/90$$

단,

$$\sin(s) = \sin(y)/\sin(23.5\text{도})$$

우리는 이 두 식을 결합하여 f를 알 때 y를 계산하는 식을 만들 수 있다. 즉,

$$\sin(y) = \sin(s) \times \sin(23.5\text{도})$$

단,

$$s = 90 \times (1 - f/h)$$

3. "標準模型"과 天文儀器들

1) "표준모형"이 示唆하는 천문의기/혼천의의 구조

우리의 "표준모형"은 천체의 구조에 대한 특정한 가정에 입각하고 있다. 그러므로 표준모형은 특정한 구조의 천문의기를 시사할 수밖에 없다.

우선 표준모형에서 시사하는 혼천의에는 적도가 있다. 이것은 적도환으로 표현된다. 적도환의 둘레를 따라서는 360도 경도 즉 적경이 표시된다. 적도와 직각이 되는 환은 자오환이다. 자오환은 적도의 경도 90도와 270도의 두 점에서 적도와 직각으로 만나게 하는 것이 편리하다. 자오환을 따라서는 좌우 모두, 위도 즉 적위가 표시된다. 적도로부터 위는 북위도, 아래는 남위도를 표시하여, 북위 90

을 의미할 수 있다(리마두편 참조).

도는 천구의 북극, 남위 90도는 천구의 남극으로 삼는다.

황도환은 적도환과 위도환 모두와 교차하는 대원환이다. 교차점은 차례로, 적도의 경도 0도, 경도 90도의 자오환의 북위도 23.5도, 적도의 경도 180도, 경도 270도의 자오환의 남위도 23.5도 등의 4점이다. 그러므로 적도환과 황도환은 교각이 23.5도인 대원이다. 황도환의 둘레를 따라서는 360도 경도 즉 황경이 표시된다. 황경 0도는 적도좌표의 원점과 일치하게 한다. 황경을 따라 태양이 일주하는 시간이 1년이기 때문에, 황경 30도마다 24절기를 배치할 수 있다. 이때 위의 4개 교차점은 차례로, 춘분점, 하지점, 추분점, 동지점이 된다.

혼천의에서 지구의 위치는 천구의 중심이다. 즉 천구의 북극과 남극을 잇는 축의 중점이다. 이 점에 지구의를 설치할 수도 있고 아니 할 수도 있다. 이처럼 지구의는 없어도 좋지만, 지평환은 있어야한다. 그리고 지평환은 그 혼천의가 설치되는 곳의 위도에 따라 그 자세가 결정된다. 즉 지평환은 설치장소의 천정과 직각을 이루어야 하기 때문이다. 그리하여, 지평환과 천구의 북극이 이루는 각, 즉 북극고는, 한양의 경우 약 37.5도다. 지평환을 따라서는 방위가 표시된다. 북극의 방향인 북을 0도로 하면, 동은 90도, 남은 180도, 서는 270도가 된다.

이상이 우리의 "표준모형"에 입각한 혼천의의 모습이다. 이하에서는 실제의 혼천의와 혼천의 관련 의기들이 우리의 표준모형을 어느 정도 반영하고 있는가를 검토해 보려한다.

2) 국보 〈혼천시계〉의 渾天儀 부분

고려대학교 박물관의 국보 〈혼천시계〉는 정교한 시계장치와 計時 장치에 혼천의를 결합한 독창적 디자인을 평가받아 국보로 지정되었다. 현재 만원권 지폐의 도안 속에 이 지구의를 포함한 혼천의가 도안되어 있다.

혼천의 부분은, 관측용이 아니라 전시용의 혼천의이기 때문에, 규모가 작다. 혼천의 자체에도 독창적인 디자인이 추가 되었다. 즉, 지구의를 혼천의의 회전축의 가운데에 장치한 것이다. 비록 크기는 작지만 정교하게 제작된 지구의다.

천체관측에 쓰는 혼천의인 璇璣玉衡의 환의 지름은 8척 전후다. 2m 가까이 되는 크기인 것이다. 혼천시계의 혼천의 천체 관측용이 아니다. 그러므로 크기도 작다. 환들의 지름이 40cm 전후이고, 가장 큰 地平環도 바깥 지름이 41cm밖에 안된다.

이 혼천의의 기본구조는 우리의 표준모형과 일치한다. 북극고 역시 한양의 북극고와 같아서, 표준모형에서 예상하는 각도와 일치한다. 그러나 보조적인 구조는 복잡하다. 달의 궤도인 백도는 물론 해와 달의 모형까지도 있다. 한마디로 천체의 운행모습을 시각적으로 볼 수 있게 된 모형이다. 해와 달이 시간의 경과와 함께 운행하는 모습을 직접 보여준다. 기계식 시계와 연결하여 해와 달이 日周운동을 하고 年周운동을 한다. 쉽게 말하면 윗분 특히 임금을 위한 "눈요기 감"이다.

눈요기 감은 "재미"가 중요한 요소일 수밖에 없다. 그런데 문제의 혼천의는 빨리 움직이는 해와 달이라고 해도 하루에 한 바퀴라는 느린 속도다. 들여다보는 동안에는 움직임이 거의 감지되지 않을 정도다. 가령 시침만 있는 시계를 상상해보자. 이 시계는 하루에 두 바퀴를 돌지만 시계를 들여다보는 동안에는 거의 움직임을 느낄 수 없을 것이다. 혼천의의 움직임은 그 속도의 반 밖에 안된다. "윗분"은 흥미를 잃었을 것이다. 기계는 거의 서 있었을 것이다. 지금도 기계의 상태가 좋은 것은, 역설적이게도, 가동시간이 극히 짧았기 때문일 것이다.

이 혼천의에는 원래 지구의가 부착되지 않았을 것이라는 것이 통설인 듯하다. 만든지 수십 년이 지나 이 기계를 重修할 때가 되었을 때, 중수자는 이 기계의 눈요기 기능을 개선할 방법을 궁리해 보았을 것이다. 이때 지구의를 부착할 생각을 했을 수 있다. 단지 부착에 그칠 것이 아니라, 지구의가 자동으로 돌아가게 하면 더 재미있는 물건이 되겠다는 생각을 했을 수 있다. 그러나 여기서 유의해야 할 것은, 우리 표준모형의 원리에 비추어 보면, 그래서는 안 된다는 것이다. 그 혼천의는 원래 땅이 고정되어 있고 하늘이 돌아가는 천동설에 근거를 둔 설계인 것이다. 그러하기 때문에 바깥 지평환이 고정되어 있는 한, 지구의가 추가로 부착된다고 해도, 지구의는 지평환과 靜動을 같이 해야 하는 것이다. 지구의가 돌아가려면 지평의도 돌아가야 한다. 그런데 중수된 現傳의 혼천시계에서는 지구의가 움직일 수 있게 되어있다. 이는 원리를 무시하면서까지 "재미"를 살리려 한 무리한 시도의 결과라고 보아야 할 것이다.

3) 璇璣玉衡

국보 혼천시계의 혼천의는 明代의 『書傳大全』의 璇璣玉衡 그림을 보고 제작되었다고 레드야드는 본다(Ledyard, p. 250). 이를 확인해 보자. 그 선기옥형의 그림에는 다음과 같은 부품의 설명이 붙어 있다.

〈宋史〉의 璇璣玉衡 부품 설명

명칭	부속명	外圍(寸)	直徑(寸)	눈금 설명	書傳大全
六	陽經雙環	232.8	77.6	周天度	天經雙環=六合儀
合	陰緯單環	232.8	77.6	10干12支 8掛等 方位	地平單環=地平
儀	天常單環	204.6	68.2	10干12支4維時刻 測辰刻	天常不動赤道
三	璇璣雙環	195.6	65.2	周天度	四遊雙環=四遊儀
辰	赤道單環	196.8	65.6	周天度 28宿距度	赤道單環=赤道

	黃道單環	190.2	63.4	周天度　　24氣72候64掛360策	黃道單環=黃道
儀	白道單環	186.3	62.1	交度　入黃道6度	해당 없음
	璇樞雙環	182.1	60.7	周天度, 東西回轉	四遊雙環=四遊儀
	橫簫望筒		57.0	璇樞直距中, 南北回轉	玉衡

　　여기에는 白道의 설명이 있다. 그리고 함께 旋轉하는 삼진의들과 그렇지 않은 육합의들을 확실하게 구분해 놓았다. 이 모형이 국보 혼천의의 모습에 더 가깝다.

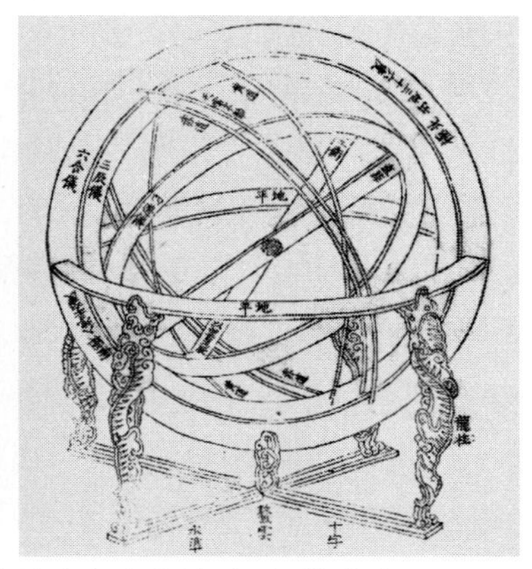

장상훈(2011), p.66의 국보 혼천시계의 혼천의 사진(좌)과,
p.67의 『서전대전』 속의 "선기옥형" 그림(우).
* 혼천의에는 白道環이 있으나, 이 선기옥형그림에는 白道環이 없다. 『宋史』의 선기옥형에는 "白道單環"이 있다.

　　宋代나 明代의 선기옥형은 여러 개의 환으로 천구의 모습을 모형화하고, 그 움직임을 형상화한 부분과, 천체관측의 부분으로 되어 있는데, 전자는 璇機, 후자는 玉衡이라는 장치가 맡는다. 우리의 "표준모형"과 관련되는 부분은 선기부분이다. 이 부분은 육합의와 삼신의로 나누어 지는데, 전자는 지평환에 고정되어 천구의 경도와 위도를 측정하는 天常不動環과 天經環으로 이루어지며, 후자는 천구를 따라 선전하는 적도환, 황도환, 자오환으로 이루어진다. 명칭을 비교하여 다음 표로 정리해 본다.

璇璣玉衡의 명칭 비교

	宋史	書傳大典	通名	說明
六合儀	陽經雙環	天經雙環	천경환	부동의 자오환
	陰緯單環	地平單環	지평환	지평환
	天常單環	天常不動	천상부동환	부동의 적도환
三辰儀	璇璣雙環	三辰儀	자오환	선전하는 자오환
	赤道單環	赤道單環	적도환	선전하는 적도환
	黃道單環	黃道單環	황도환	황도환

(1) 땅에 연결된 不動環들

明代 혼천의에서, 땅에 고정된 부동환은, 地平단환, 天經쌍환, 天緯단환이다. 지평환은 수평의 환으로 혼천의의 가장 바깥에 있다. 땅의 방위에 따라 동서남북이 표시되는데, 明代의 〈선기옥형〉의 사진을 보면 24방위가 표시되어 있다. 12地支 즉 "자축인묘진사오미신유술해"로 12방위를 표시하고, 10天干 중 8천간 즉 "갑을 병정 경신 임계"로서 동남서북의 挾侍方位 8개를 표시하고, 8卦 중 4괘 즉 "간손곤건"으로 間方인 4維 즉 동북 동남 서남 서북을 표시하고 있다. 고려대학교의 〈혼천시계〉의 혼천의 부분도 마찬가지다.

天經雙環은 하늘의 경도를 재는 환으로, 지평환의 남북에서 지평환과 수직으로 만난다.[2] 지름은 수평환과 같다. 천경쌍환은 〈천기옥형도〉에서는 "六合儀"라는 이름을 쓰고 있다. 이 천경쌍환은 천구의 經線의 하나로, 거기에 새겨진 눈금은 赤緯를 나타낸다. 이

---

2) 실학박물관 개관도록의 〈중국혼천의〉 설명에 "天元子午圈"이라고 한 것이 이 것이다.

천경雙環에 위치한 천구의 북위 90도는 천구의 북극으로 유일하고, 남위 90도의 점은 천구의 남극이다.(여기서 도라는 단위는 원주를 360도로 볼 때의 단위다. 명대에는 원주를 365.25도가 되도록 度를 정의했다.) 천경雙環과 지평환은 모두 대원이므로 두 점에서 서로 만난다. 그림에는 북극에 "出地 36度", 남극에 "入地 36도"라고 쓰여 있는데, 이는 그 두 대원의 교점으로부터 양극까지의 거리다. 이 "度"는 명대의 도로서, 현재의 도로는 약 35도다. 중국의 중심 즉 "地中"의 위도다. 이 선기옥형이 설치되었던 하남성 登封부근의 緯度일 것이다. 이처럼 璇璣玉衡의 地平環은 설치지점의 위도에 따라 다른 環들과의 교각이 달라진다.

天緯單環은 천경雙環의 위도가 0도인 두 점을 지나면서 천경雙환과 수직인 천구의 환이다. 즉 천구의 赤道環이다. 〈선기옥형도〉에는 이 천위단환에 "天常不動"이란 註記를 달아놓고 있다. 지상에서 볼 때 이 하늘의 환은 절대로 움직이지 않는다는 의미다. 즉 부동의 적도환이다. 그런데 지평환 역시 대원이므로 (그리고 대원끼리는 반드시 두 점에서 만나게 되어 있으므로) 천위단환과 지평환은 역시 두 점에서 만난다.(어떤 형태로 만나는지에 관한 설명은 뒤로 미룬다.) 天緯單環 즉 天常赤道環은 百刻環이라는 이름으로도 불리운다. 그 환에는 周天角이 표시되지만 또한 하루의 시간이 표시되기도 하기 때문이다. 그리고 授時曆이 사용되던 明代에는 하루의 길이를 100각으로 나누었기 때문이다.

이처럼, 땅과 함께 고정되어 不動인 환은, 地平單環, 天經雙環, 天緯單環이다. 선기옥형에서도 이 세 환은 항상 不動이다.[3]

지평환의 남쪽에서 천경雙환을 따라 90도 위에 있는 점은 바로 天頂이다. 천경雙환을 따라 90도 아래에 있는 점은 바로 천정의 대

---

3) 실학박물관 개관도록에 소개된 일본 伊能忠敬의 혼천의에는 이 셋을 각각 地平環 子午環 赤道環으로 표현하고 있다.

척점인 天底다.

(2) 하늘에 연결된 回轉環들

선기옥형에는 땅에서 볼 때 북극과 남극을 축으로 하여 하늘을 회전하는 환들이 있다. 三辰雙環, 赤道單環, 黃道單環이 그것이다.

삼신쌍환은 자오환의 하나로서, 해, 달, 별 三辰을 대동하고 돌기 때문에 이 이름이 붙었다. 회전과정에서 不動인 육합의와 겹칠 수 있다. 이 환을 따라 새겨진 눈금은 천구의 적도좌표의 위도 즉 적위를 나타낸다.

적도단환은 현상적으로는 앞에서 설명한 "不動의 적도환"과 같으나, 부동이 아니라 회전하는 점에서 다르다. 따라서 이를 遊旋赤道環"이라고 부르기도 한다. 이 환을 따라 새겨진 눈금은 천구의 적도좌표의 경도 즉 적경을 나타낸다.

삼신쌍환과 적도단환은 모두 대원이기 때문에 두 점에서 만나는데 두 환은 서로 직교한다. 이 두 환은 적도좌표계의 두 축을 이다.

황도단환은 적도단환과 낀각이 23.5도인 환이다. 1년을 주기로 하는 태양의 궤도이다. 두 대원인 황도단환과 적도단환이 만나는 두 점은 각각 춘분점과 추분점이다 삼진쌍환은 춘분점 추분점에서 90도 되는 위치에서 적도단환과 직각을 이루며 서로 고정되어 있다. 황도좌표의 경도 즉 황경은 춘분점으로부터 황도를 따라 일주가 360도가 되도록 정의한다. 이렇게 정의하면 황도상의 황경 0도는 춘분점, 90도는 하지점, 180도는 추분점, 270도는 동지점이 된다. 황도단환은 하지점과 동지점에서 삼진쌍환과 만나서 서로 고정되어 있다.

더 나아가서 우리는 황도를 따라 24절기를 표시할 수 있다. 태양이 1년을 주기로 하여 황도를 회전한다고 보면, 우리는 천구상에서 황도의 북극을 정할 수 있다. 적경 270도, 적북위 66.5도의 점이다. 마찬가지로 황도의 남극인 적경 90도, 적남위 66.5도의 점을 정할 수 있다. 서로 대척점이다. 태양은 이 양극을 축으로 하여, 1년에 1회전한다. 天球儀에서는 태양의 모형을 매단 와이어의 반대쪽 끝을 황도의 북극에 고정시키고 태양이 황도를 따라 1년에 한 바퀴씩 회전하도록 할 수 있다.

이렇게 볼 때, 동양의 선기옥형 내지 혼천의는 우리의 "표준모형"과 잘 어울림을 알 수 있다. 그리고 명대의 〈선기옥형도〉에는 백도가 없는데,『宋史』의 선기옥형에는 백도가 명시적으로 나타나는 것을 보면, 백도가 있는 〈혼천시계〉의 혼천의는『송사』의 선기옥형에 더 가깝다고 볼 수 있다.

4) 仰釜日晷

앙부일구를 모르는 사람은 없다. 세종때 장영실이 만들었다는 이 해시계는 우리 민족의 과학적 우수성을 상징하는 대표적 유물이다. "仰釜"란 솥이 위를 쳐다보는 솥이란 뜻이다. "日晷"란 단순히 해시계 sundial란 말이다. 그러므로 앙부일구는 솥 모양의 의기로, 햇빛을 받아 시간을 알 수 있는 해시계란 말이 된다. 사실, 앙부일구는 해그림자로 시각을 알아낼 뿐만 아니라, 더 나아가서 절기도 알 수 있는 멋진 의기다.

그러나 세종때의 것은 現傳하지 않고, 17세기에 만든 것이 남아있어 보물로 지정되어 있고, 그 사진이 널리 퍼져 있다. 잘 만들어진 실물모형들 중의 하나는 세종로 세종대왕 동상 앞에도 있다. 나는 그 솥전에 새겨진 "漢陽北極高三十七度二十分"이라는 글자를 보았다. 이 말은 이 해시계가 설치된 한양의 북극고가 37도 20분이란 말인데, 북극고는 그 곳의 北緯度와 같으므로, 이는 그 해시계가 설치된 곳의 위도가 북위 37도 20분이란 말이다. 나는 그 후, 정밀사진을 구하여 그 구조를 연구하였다.

(1) 앙부일구의 형태

먼저 전반적인 형태를 보자. "앙부"라고 하지만, 내 눈에는 정확하게는 기하학적인 半球로 보였다. 그러면 이 반구는 무엇을 나타내는 것인가? 그리고 그것은 어떻게 시간과 절기를 알 수 있는 구조가 되는 것인가? 나는 우선 이런 초보적인 의문에 대한 답을 찾아보고자 하였으나, 만족스러운 문헌을 찾을 수 없었다. 나는 스스로 답을 얻기 위하여, 앙부일구를 혼천의와 관련시키는 것이 옳다는 생각을 하게 되었다. 더 나아가서 우리의 표준모형의 틀 속에서 이해하고자 하였다.

앙부일구의 솥이 반구라면, 그 반구를 포함하는 "全球"는 무엇인가? 天球일 수밖에 없다. 그러므로 앙부의 반구는 천구를 반으로 자른 반구다. 이때 그 단면은 지평면이고, 솥전은 그 지평면의 大圓인 지평환이다. 우리는 이하에서, 그 앙부일구가 우리의 "표준모형"에 맞게 설계되었다고 가정하고, 그 구조를 분석한 다음, 실제의 앙부일구가 과연 우리의 추론과 일치하는가를 확인하는 방법으로 그 구조를 고찰하고자 한다.

(2) 앙부일구의 자세와 구조

표준모형에 맞는 앙부일구의 구조는 기본적으로 혼천의와 같아야 한다. 지평환은 가장 바깥의 테를 구성하고, 그 가장자리에는 그 설치장소의 방위가 표시된다. 앙부일구에는 시계의 12시 방향인 북쪽으로부터 시계방향으로, 24방위가 새겨진다. 즉, 북쪽인 子方으로부터, 子癸丑艮寅甲卯乙辰巽巳丙으로 이어지며, 계속하여 남쪽인 午方으로부터, 午丁未坤申庚酉辛戌乾亥壬 이렇게 하여 24방위다. 그러므로 앙부일구는 우선 子方과 午方을 남북축에 맞추어 설치되어야 한다. 혼천의의 지평환의 설치원리와 같다.

혼천의에서 지평환은 절대적으로 수평을 유지해야한다. 그리고 이때, 그 수평과 북극이 이루는 각 즉 북극고는 그 설치지점의 위도와 같아야 한다. 한양의 위도는 약 37.5도이지만, 앙부일구에는 37도20분이라고 되어 있다. 각도로 10여분의 오차가 있다. 이는 앙부일구의 시각선과 절기선을 설계하는데 필수적으로 감안해야할 사항이다.

앙부일구에는 시각선과 절기선이 있다. 이들은 해그림자에 의해서 시각과 절기를 알 수 있도록 그려진 것인데, 어떻게 설계하면 그 목적을 달성할 수 있을까?

〈앙부일구〉 솥전의 바깥에 24방위, 안쪽에 절기선에 맞추어 24절기가 표시되어 있다. 또 "한양북극고37도20분"는 이 〈앙부일구〉가 놓일 장소의 위도/북극고다. 솥 안에는 시각선에 맞추어 시진이 솥 안에 표시되어 있다.

기본적으로 천구의 좌표를 결정하는 경선과 위선에 대응한다. 그러므로 천구의 ½인 앙부일구의 반구면에 좌표를 부여할 수 있으면 그 문제는 해결된다. 이는 혼천의에서의 적경 적위의 부여방법과 같다. 한양의 북극고가 37도20분이라는 것은 천구의 북극이 지평환 出地 37도20분이라는 말이기 때문에 이는 앙부일구의 반구에 표시될 수 없다. 그러나 이는 또 천구의 남극 入地 37도20분이란 말이므로, 이 앙부일구의 반구에 천구의 남극을 지정할 수 있다는 말이 된다. 그러면 천구의 남극은 어디에 있는가? 남북극축 위에 있다.

(3) 天球의 南極

半球의 단면인 지평환은 천구의 중심을 포함한다. 그리고 그 중심은 지평환의 중심이다. 이 중심에서 垂線을 내려 반구의 바닥과 만나는 점을 정한다. 이 점이 天底다. 천구에서 天頂과 대척점이 된다.(실제 앙부일구에서는 천저에 구멍을 뚫어 빗물이 빠질 수 있게 되어 있다.) 반구 바닥에 남북을 가로질러, 즉 子方과 천저와 午方을 이어, 중심 자오선을 긋는다. 이 자오선은 반구에 그려진 것이므로 "길이"가 180도다. 즉 반원이다. 이 중심 자오선을 따라 午方에서 37도20분 떨어진 곳이 천구의 남극이다. 앙부일구에서는 이 천구의 남극에 表 즉 그노몬(gnomon)을 세웠다. 그리고 그 표의 끝이 천구의 중심에 오도록 설계되어 있다.

(4) 赤緯와 節氣線

천구의 남극에서 자오선을 따라 90도 올라오면 위도가 0도인 적도상의 한 점에 이른다. 이 점에서 자오선과 직각이 되게 반원을 그린다. 이것이 적도이고 위도의 기준선이다. 즉 이 선을 따라 모든 점에서 적위는 0도다. 이 적도면과 평행한 평면으로 반구를 자르면 그 단면들이 위선이 된다. 그러면 이 반구에서 자오선의 북쪽 끝의 위도는 얼마일까? 즉 적도에서 몇도 떨어져 있을까? 52도40분이다. 거기서 천구의 북극 90도까지 37도20분이기 때문이다.

앙부일구에는 적도에서 아래 위로 23.5도 떨어져 있는 두 위선에 동지와 하지라는 표시를 해 놓았다. 이는 해그림자가 동지에는 북위 23.5도 하지에는 남위 23.5도의 위선을 따라간다는 뜻이다.(해가 가는 길과 해그림자가 가는 길의 남과 북이 반대다) 앙부일구는 이 사이에 위선들을 더 그려, 24절기 각각에 해그림자가 움직이는 절기선들을 그려 놓았다.

각 절기선들의 적도로 부터의 "거리"는 그 절기에 대응하는 태양의 황도상의 적위에 의하여 결정된다. 구체적으로는 황경 s의 함수인 적위 y에 의존하는데, 이를 표로 제시하면 다음과 같다.

각 24절기의 黃經 s와 赤緯 y

節氣	黃經s	赤緯y
춘분	0	0.000
청명	15	5.924
곡우	30	11.501
입하	45	16.377
소만	60	20.202
망종	75	22.654
하지	90	23.500
소서	105	22.654
대서	120	20.202
입추	135	16.377
처서	150	11.501
한로	165	5.924
추분	180	0.000
한로	195	-5.924
상강	210	-11.501
입동	225	-16.377
소설	240	-20.202
대설	255	-22.654
동지	270	-23.500
소한	285	-22.654

대한	300	-20.202
입춘	315	-16.377
우수	330	-11.501
경칩	345	-5.924
춘분	360	0.000

주: s로부터 y를 계산하는 데는, "표준모형"의 sin(y)=sin(23.5도)×sin(s)의 관계를 이용하였다.

(5) 赤經과 時刻線

해시계는 태양의 一日一周運動이 等速으로 이루어진다는 믿음에 기초를 두고 있다. 태양이 南中한 시각으로부터 다음날 남중하는 시각까지가 一日이다. 세종 때는 이 일일을 100각으로 나누었을 터인데. 현재 유통되고 있는 앙부일구 모형은 모두, 일일을 96각으로 나눈 時憲曆 체제를 따르고 있다. 시헌력이 실시되기 시작한 것은 孝宗 때이므로, 그 모형이 세종 때의 것의 모형이 아닌 것이 이것에 의해서도 확인된다.

일일 12시진/96각 체제에서는 8각이 1시진이다. 24시간체제에서는 4각이 1시간이다. 앙부일구에서는 12시진체제를 쓰면서도 24시간체제도 배려한 듯하다. 中心子午線에 해그림자가 올 때의 시각 午正을 중심으로 적경 30도 간격의 경선을 時辰을 나타내는데 사용하고 있다. 남극에서 이 30도 간격의 경선 12개가 모두 출발하고 있다. 그러나 반구 안에 한정해서 그릴 수밖에 없기 때문에, 중심자오선이 가장 길고, 중심에서 멀어 질수록 점점 짧아진다. 솥바닥의 중심자오선 좌우에는 각경선의 시진을 표시하고 있다. 卯辰巳午未申酉 7개의 경선이다. 그 30도 경선 중간의 적경 15도 간격의 경선들은 남북위도 30도 정도까지의 선분으로 그려, 시진의 初時를 나타내어, 24시간제를 배려하고 있다. 1시진당 8개의 각을 나타내는 경선은 해그림자의 변화범위인 남북위도 23.5도 안에만 표시하였다.

(6) 앙부일구의 절기에 따른 日出/日沒

절기선의 끝점은 각절기의 일출 일몰의 방위와 시각을 나타낸다. 특히 앙부일구의 솥전을 따라서 방위를 읽을 수 있다. 표준모형에 따라 계산된 방위편각과 읽은 편각을 비교해 보면 다음 표와 같다. 일출입 편각의 계산값과 읽은 값이 잘 어울린다.

앙부일구의 절기에 따른 일출/일몰의 방위편각

	춘분	청명	곡우	입하	소만	망종	하지
태양의 적위도y	0.00	5.92	11.50	16.38	20.20	22.65	23.50
37도20분 일출편각a도	0.00	7.46	14.52	20.77	25.74	28.97	30.10
37도30분 일출편각a도	0.00	7.47	14.55	20.82	25.80	29.04	30.17
앙부일구의 편각 도	0	8	15	21	26	29	30

주: $a = \arcsin\{\sin(y)/\cos(37.5\text{도})\}$

또, 시각선들을 따라 일출/일몰의 시각을 읽을 수 있다. 그러므로 한 절기선의 길이를 일출/일몰 사이의 시간으로 읽으면, 해당 절기의 낮의 길이가 읽혀진다. 특히, 춘분과 추분의 절기선의 "길이"는, 앙부일구에서 48각으로 읽힌다. 대원의 반인 것이다. 그러므로 하루의 절반인 48각이 낮이다. 동지의 절기선을 따라 일출/일몰의 시간차를 읽어보면 37.6각으로 읽힌다. 현재의 시간단위로는 9시간 24분에 해당한다. 우리의 "표준모형"에 따라 동주장 즉 동지의 낮의 길이를 계산해 보면, 37.67각이 얻어진다. 앙부일구에서 읽은 값에 매우 가깝다. 둘 사이에 有意差가 없다. 표준모형에 따라, 추분에서 동지까지의 각 절기의 낮의 길이를 계산한 것이 다음 표다. 앙부일구에서 얻은 값과 비교해 보면, 그 둘이 잘 어울리는 것을 볼 수 있다.

이상의 검토에 의하면, 앙부일구의 설계는 우리의 "표준모형"의 구조와 완전히 일치한다. 표준모형이 동서양 공통의 모형임을 다시 한번 입증한다. 그리고 특히 시각선과 계절선으로 표현된 천구의 경위선 구조는 현행의 천구의 경위선 구조와도 일치한다.

앙부일구의 절기에 따른 낮의 길이

	추분	한로	상강	입동	소설	대설	동지
태양의 적위도y	0.00	-5.92	-11.50	-16.38	-20.20	-22.65	-23.50
37도20분일출시각편각b도	0.00	4.54	8.93	12.95	16.30	18.56	19.37
낮의 길이 d 각	48.00	45.58	43.24	41.10	39.31	38.10	37.67
앙부일구의 낮의 길이 각	48.0	45.6	43.4	41.2	39.4	38.0	37.6

주: b=arcsin{tan(y)×tan(37.33도)} d(각)=48×(1-b/90). 단 시간단위 "각"은 96분의 1일.

(7) 앙부일구와 丁若銓의 地球儀

茶山 丁若鏞의 형인 정약전은 다산에게 보낸 글에서 다음과 같이 말하고 있다.

> 경위도법에 관해서 말하면, 위선은 지극히 이해하기 쉬우나, 경선을 이해하기는 매우 어렵다. 경선은 양극에서 적도로 가면서 점점 넓어진다고 하는데, 그 원리를 이해할 수 없다. 그래서 나는 집에서 나무를 공 모양으로 깎아 지구의를 만들어 거기에 經緯線을 그려 넣고 지도를 옮기고 가운데를 갈라 적도를 삼는 등, 여러 가지로 시도해 보았으나, 뜻을 이루지 못했다. (凡經緯之法 緯線至易 經線最難 蓋自極至赤道漸豊之勢 有難執定 故余於在家欲削木爲地球儀 劃經緯線 移摸坤輿圖 中剖爲赤道 以使要覽 有志未就耳(『與猶堂全集』 24책 續集4, 答茶山))

이 글을 보면 정약전은 지구의에서 위선이 어떤 모양이어야 하는지는 잘 이해했지만, 경선의 모양을 이해하지 못한 것이 분명하다. 이 글 역시 방격도에 세뇌된 사람의 사고방식을 보여준다. 지구의에서도 위선은 방격도에서처럼 평행으로 그리면 되지만, 경선은 평행이 아니라 양극으로 갈수록 폭이 좁아지는 원리를 이해하지 못했던 것이다. 정약전이 앙부일구의 시각선의 원리가 경선의 원리가 같고, 계절선의 원리가 위선의 원리와 같음을 알았더라면, 그런 고민은 하지 않았을 것이다. 그는 앙부일구의 원리를 몰랐을까?

5) 세종실록의 定南日晷

정남일구는 세종실록의 설명대로, 지남침 없이도 정확한 남북을 스스로 결정하는 儀器다. "定南日晷 雖不用定南針 南北自定者也". 『세종실록』의 설명으로부터 니덤 등은 정남일구의 복원도를 완성하였다(J. Needham et al.(1986, 2004, p. 91.). 『세종실록』과 이 복원도를 중심으로, 우리의 표준모형 및 앙부일구와 관련하여, 우리는 여기서 정남일구를 분석해 보고자 한다.

(1) 세종실록의 내용
『세종실록』 77권, 定南日晷 조의 내용은 다음과 같다.

欲驗天知時者, 必用定南針, 然未免人爲, 作定南日晷, 蓋雖不用定南針, 而南北自定者也. 跌長一尺二寸五分, 兩頭廣四寸, 長二寸, 腰廣一寸, 長八寸五分. 中有圓池, 經二寸六分. 有水渠通于兩頭, 環于柱旁. 北柱長一尺一寸, 南柱長五寸九分. 北柱一寸一分下, 南柱三寸八分下, 各有軸以受四游環, 環東西運轉. 刻半周天, 度作四分, 自北十六度至一百六十七度, 中虛如雙環樣, 餘爲全環, 內刻一畫於中心. 底有方孔, 橫設直距, 距中六寸七分, 虛以持窺衡. 衡上貫雙環, 下臨全環, 低昂南北. 平設地平環, 與南柱頭齊, 以準夏至日出入時刻. 橫設半環於地平之下, 內分畫刻, 以當方孔. 跌北畫十字, 懸錘於北軸端, 與十字相當, 亦所以取平也. 用窺衡當每日太陽去極度分, 透入日影正圓, 卽據方孔, 俯視半環之刻, 則自然定南知時矣. 器凡十五, 以銅造者一十.

이 부분의 "국사편찬위원회" 번역이다.(인터넷 판)

하늘을 징험하여 시각을 알고자 하는 자는 반드시 定南針을 쓰나, 사람이 만든 것을 면치 못하여 정남일구를 만드니, 대개 정남침을 쓰지 아니하여도 남북이 스스로 정하는 것이다. 밑바탕의 길이는 1척 2촌 5분이고, 양쪽 머리의 넓이는 4촌, 길이는 2촌이며, 허리의 넓이는 1촌, 길이는 8촌 5분이다. 가운데 둥근 못(池)이 있는데 지름은 2촌 6분이고, 물 도랑이 있어 양쪽 머리로 통하여 기둥 가를 돌게 하였다. 북쪽 기둥의 길이는 1척 1촌이고, 남쪽 기둥의 길이는 5촌 9분인데, 북쪽 기둥의 1촌 1분 아래와, 남쪽 기둥의 3촌 8분 아래에는 각각 축이 있어서 四游環을 받는다. 사유환이 동서로 운전하여 1각 반에 하늘을 한 바퀴 돈다. 도는 4분으로 만들고, 북쪽의 16도로부터 1백 67도에 이르기까지 중간이 비어서 쌍환의 모양과 같고, 나머지는 全環으로 되었다. 안에는 한 획을 중심에다 새기고 밑에는 네모난 구멍이 있는데, 直距를 가로 설치하고 거 가운데 6촌 7분을 비워서 窺衡을 가지게 하였다. 규형은 위로는 쌍환을 꿰고, 아래로는 전환에 다달았다. 남쪽과 북쪽을 낮추고 올려서 地平環을 평평하게 설치하되, 남쪽 기둥의 머리와 같게 하고, 夏至날 해가 뜨고 지는 시각에 준하여, 半環을 지평아래에 가로 설치한다. 안에는 낮 시각을 나누어서 네모난 구멍의 밑바탕에 닿게 하고, 북쪽에는 십자를 그리고, 북쪽 축 끝에 추를 달아 십자와 서로 닿게 하니, 또한 수평을 취하게 한 것이다. 窺衡을 쓰는 법은, 매일 태양이 極度分에 갈 때를 당하여, 햇볕을 통해 넣어서 正圓이 되게 하고, 곧 네모난 구멍으로 반환의 각을 굽어보면, 자연히 남쪽의 위치가 정하고 시각을 알 것이다. 그릇이 무릇 열 다섯인데, 구리로 만든 것이 열이다.

(2) 정남일구의 구조

정남일구가 남쪽 방위를 스스로 정할 수 있는 기능을 요구하는 일구라면, 그것은 앙부일구보다 간단한 구조로서 족하다. 앙부일구 역시 스스로 남쪽 방위를 결정할 수 있는 기능을 가지고 있기 때문이다. 예를 들면, 앙부일구로 하지에 일출방향과 일몰방향을 알 수 있다. 솥 전에서 하지의 일출점과 일몰점을 잡아, 이 선분의 수직이등분선을 그리면, 그 선으로 남북의 방위가 정해진다. 정남일구는 이 문제를 지평환과 사유환과 규형으로 해결하고 있다. 우리의 표준모형의 가정 하에서 이 셋은 어떻게 결합되어야 하는지를 검토해 보자.

지평환은 앙부일구의 지평환과 같은 구조이면 충분하다. 사유환이 도는 남북 회전축은, 지평환의 중심인 천구의 중심을 지나야 한다. 그리고 회전축의 남쪽은 낮고, 북쪽을 높게 설계하는 것이 편리하다. 이 회전축을 중심으로 천구의 대원인 사유환은 좌우로 자유롭게 회전한다. 사유환은 위쪽 일부는 쌍환으로 되고 반대쪽은 단환으로 되어 있다. 쌍환부분은 사유환에 길게 홈을 파서 만들어지는데 이 홈을 따라 규형이 상하로 자유롭게 움직인다. 사유환의 쌍환부분과 마주보는 부분에는 길게 중선을 그어 해그림자가 맺히도록 한다.

햇빛이 들어와 반대방향으로 나가게 되어 있는 규형은, 사유환 홈 쪽의 겨자씨만한

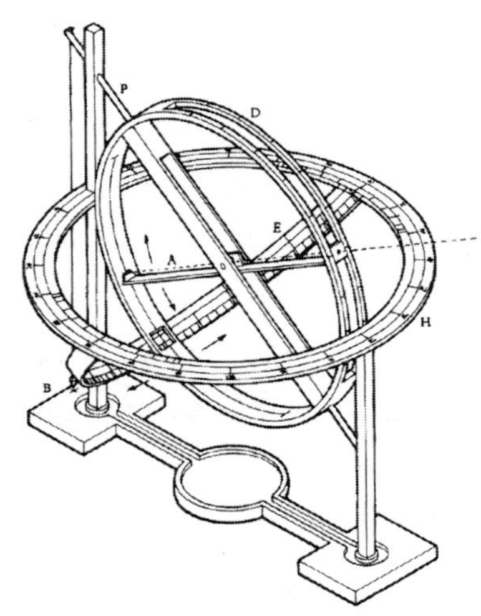

Needham et al.(1986, p.91)의 〈정남일구〉 복원도

작은 구멍으로 햇빛이 들어와 반대쪽의 사유환 중심선에 작은 원의 상이 맺히도록 되어 있다. 일출입은 지평면에서 일어나는 현상이기 때문에, 일출/일몰의 방위각도는 수평환에서 읽을 수 있도록 조치하면 된다. 그리고 이것을 할 수 있으면, 방위를 정하는 "定南"의 역할은 다 끝난다. 그러나 정남일구에는 시간을 알 수 있는 약간의 추가적인 구조를 가지고 있다.

정남일구의 赤道半環은 지평환 아래쪽의 적도환이다. 적도환의 위쪽 반은 없다. 적도반환에는 시각을 읽을 수 있도록 눈금이 새겨져 있다. 적도반환과 교차하는 사유환의 단환부분에는 작은 사각형의 창이 나 있어, 춘분 추분에는 해그림자가 그 창을 통하여 적도반환에 직접 맺힐 수 있다. 이 때 시각은 직접 적도반환에서 읽힌다. 다른 절기에는 사유환의 중심선에 해그림자가 맺히는 시각을 사유환의 중심선을 따라 적도반환에서 읽을 수 있다.

(2) 정남일구의 지평환의 눈금

지평환에는, 앙부일구와 마찬가지로, 둘레를 따라 24방위가 새겨진다. 12지로 12방위를 나타내고, 간, 손, 곤, 건으로 4유 즉 동북, 동남, 서남, 서북방향을 각각 나타낸다. 동, 서, 남, 북 4방의 전후 15도의 방향은 10간 중의 8개, 즉, 갑을, 병정, 경신, 임계를 써서 나타낸다.

정남일구의 절기에 따른 일출/일몰의 방위편각

	춘분	청명	곡우	입하	소만	망종	하지
태양의 적위도y	0.00	5.92	11.50	16.38	20.20	22.65	23.50
37도30분 일출편각a도	0.00	7.47	14.55	20.82	25.80	29.04	30.17
앙부일구의 편각 도	0	8	15	21	26	29	30
니덤 등의 정남일구 도	0	7.5	14	21	26	28	29

주: $a=\arcsin\{\sin(y)/\cos(37.5도)\}$

지평환에는 또, 일출입 방위가 새겨진다. 이 역시 앙부일구와 같다. 그런데 니덤 등의 복원 그림을 보면, 그 눈금의 오차는 앙부일구의 경우보다 약간 크다.

(3) 정남일구의 적도반환의 눈금

적도환 중에 지평환의 아래쪽 부분만으로 이루어지는 적도반환에는, 낮의 12시간이 표시된다. 니덤 등의 복원도에는 30도 간격의 時辰을 가장 긴 선분으로 표현하고, 그 반인 24시간제의 시간을 약간 짧은 선분으로 표시하였다. 니덤 등은 이 정남일구가 세종 때라는 것을 감안하여, 1일을 100각으로 정의되는 시간단위 각을 사용하고 있다. 그리하여 1시간을 4각과 10분의 합으로 나타냈다. 단 60분은 1각이고, 10분은 6분의 1각이다. 이 6분의 1각을 4각의 앞에 두느냐 뒤에 두느냐의 문제가 있는데, 니덤 등은 뒤에 두는 쪽을 택하고 있다.[4]

정남일구의 적도환에 시각 눈금 매기는 방법이 이러하기 때문에 낮 시간이 12시간보다 긴 날 즉 오전 6시 이전에 해가 뜨고 오후 6시 이후에 해가 지는 여름날에는 적도반환의 눈금의 범위를 벗어나서 시각을 읽을 수 없다.

(4) 정남일구의 사유환과 窺衡

사유환의 적도부근의 남북으로 길이 150도의 부분은 쌍환으로 되어있고, 그 반대편은 단환이다. 그 단환 부분의 안쪽 중앙에는 세로로, 길이 150도의 경선이 하나 새겨져 있다. 규형은 사유환을 가

---

4) 리마두의 〈곤여만국전도〉에는 "午時初四正一刻之交"라는 표현이 있는데, 니덤의 해석을 따르면, 午時初刻은 午初 끝의 불완전한 6분의 1각을 말하고, 午時正一刻은 오정午正 앞에서 두 번째의 온전한 1각을 말한다. 지금의 시간으로 말하면, 낮 12시 직전에서부터 약 15분간의 시간이 午時初四正一刻之交다.

로질러 설치되며 사유환의 회전에 따라 함께 동서로 회전한다. 그리고 사유환의 중심이기도한 천구의 중심을 축으로 하여, 사유환의 쌍환의 틈 사이를 남북으로 회전할 수 있다. 규형의 위쪽이 되는 사유환의 쌍환 쪽에는 햇빛이 들어오는 겨자씨만한 구멍이 있다. 우리는 사유환과 규형을 적당히 돌려서, 이 구멍으로 들어온 햇빛이 천구의 중심을 지나 사유환의 맞은편 단환부분에 세로로 새겨진 경선에 둥근 점으로 맺히게 할 수 있다.

(5) 지평환과 천구 회전축이 이루는 협각

〈정남일구〉의 설명을 보면 의기의 받침대의 諸元과 남북의 기둥, 기둥에서의 천축의 위치가 자세히 제시되어 있다. 이들 자료를 이용하면, 이 의기가 설치되었다고 보이는 한양의 위도 값 37.5도가 제대로 반영되어 있는지를 확인할 수 있다. 그 값은 한양에서의 북극고의 값과 같기 때문이다. 주어진 자료는 다음과 같다:

의기 받침대의 길이: 12.5촌; 븍쪽 기둥 길이: 11촌; 북쪽 축: 기둥 위에서 1.1촌 아래. 그러므로 바닥으로부터의 축 높이: 9.9촌

남쪽 기둥 길이: 5.9촌; 남쪽 축:기둥 위에서 3.8촌 아래. 그러므로 바닥으로부터의 축 높이 2.1촌

양축의 높이 차: 9.9-2.1=7.8촌; 남북 기둥사이의 거리: 12.5-2=10.5촌

이 자료로부터 축의 기울기를 구할 수 있다. 기울기는 높이 7.8촌, 밑변 10.5촌인 직각삼각형의 밑변과 빗변이 이루는 각이기 때문이다. 따라서

(축의 기울기) = arctan(7.8/10.5) =36.6도

이는 한양의 북극고 37.5도와 0.9도 차이가 난다. 이 계산은 기둥 사이의 거리를 추정할 때, 기둥이 받침대의 가장자리에서 1치씩 떨어져 있다는 가정하에서 행해진 것이다. 1.2치씩 떨어져 있다고 가정하면, 남북 기둥 사이의 거리는 12.5-2.4=10.1치가 되고, 축의 기울

기는 다음과 같이 계산된다.

(축의 기울기) = arctan(7.8/10.1)= 37.7도

이는 한양의 북극고 37.5도에 육박하는 값이다. 이로부터 우리는 그 儀器가 우리의 표준모형에 맞게 설계되었음을 확인할 수 있다.

(5) 사유환의 쌍환부분의 설계

『세종실록』 77권, 1437년, 定南日晷조에서 사유환 관련 부분을 재록한다.

[四游]環東西運轉. 刻半周天, 度作四分, 自北十六度至一百六十七度, 中虛如雙環樣, 餘爲全環

국사편찬위원회 번역: [四游]環이 동서로 운전하여 1각 반에 하늘을 한 바퀴 돈다. 도는 4분으로 만들고, 북쪽의 16도로부터 1백 67도에 이르기까지 중간이 비어서 쌍환의 모양과 같고, 나머지는 全環으로 되었다. (인터넷 판)

니덤 등의 영역: ...to receive a Component-of-the Four-Displacements ring [mobile declination ring], which could rotate from east to west. Half of it was graduated with the degrees of the celestial circumference, each degree having four fen. From North 16 degrees to 167 degrees there was a slot in the ring (so that it was) like the double rings (in armillary spheres). The rest was a solid ring. (Needham, 1986, p.89.)

이 영역의 이성규 번역: 사유환은 동에서 서로 회전한다. 사유환의 절반은 주천도로 눈금이 새겨져 있는데, 각 도는 4분을 가진다. 북에서부터 16도에서 167도에 이르기까지 고리 속에 슬롯이 있어서, 마치 혼의 속에 있는 쌍환의 모양과 같다. 나머지 부분은 전환(全環)이다. (이성규, 2010, p.148)

여기서 나는 국사편찬위원회의 번역이 전혀 의미가 통하지 않는다고 보았다. 니덤 등의 영역은 의미가 통한다. 그 이유는 『세종실록』의 기술이, 당시 지식인들을 위한 것이지 현재의 보통 지식인을 위한 글이 아니라는데 근본적인 이유가 있다. 당시 지식인들은 사유환이 무엇인지, 규형이 무엇인지에 대한 기본적인 지식이 있었다고 볼 수 있다. 그러하기 때문에 『세종실록』의 간략한 설명으로도 그 내용이 전달될 수 있었을 것이다. 그러나 현재의 보통 지식인들은 그렇지 않다. 적어도 우리의 표준모형과 관련하여 사유환의 내용을 이미 알고 있는 독자여야만 어느 정도 이해가 될 수 있는 것이 실록의 기술이다.

우리는 혼천의의 설명에서 사유환의 구조를 알고 있다. 자유롭게 상하좌우로 움직일 수 있는 자오환으로, 그 쌍환 사이에 끼워놓은 옥형 즉 규형을 통하여 星辰을 관찰 할 수 있게 되어있는 쌍환이었던 것이다. 그리고 그 환을 따라서, 지금 같으면 적위가 표시되겠지만, 세종 때는 宋代 明代와 마찬가지로 周天度가 새겨졌던 것이다. 주천도는 원주를 365.25도로 보는 방법의 눈금으로 0.25도를 1분으로 정의하여 사용하였던 것이다. 즉 1도를 4분으로 정의하여, 365.25도를 1461분이란 정수로 표현했던 것이다. 그리고 지금 같으면 위도를 적도에서부터 극으로 세지만, 세종 때에는 북극에서부터 세었던 것을 이 인용문에서 알 수 있다.

그리고 또, 정남일구의 사유환은 쌍환이 아니라 단환으로 되어 있었다. 그렇지만 쌍환의 역할 을 할 수 있도록 고안되었다. 정남일구는 혼천의와는 달리 해시계 "일구"이기 때문에, 규형으로 태양광이 들어올 수 있는 범위 내에서 남북으로 움직일 수 있으면 충분하다. 그러므로 필요한 부분만 쌍환 모양으로 만들면 충분했던 것이다. 현재의 관점에서 말하면, 그 최소범위는 적도를 중심으로 남북으로 23.5도다. 그러나 정남일구의 설계자의 마음은, 그 범위에 좀 여유를 두자는 쪽이었을 수 있다.

이 정도의 고려를 하면서 『세종실록』의 기술을 보면, 기술하고자 하는 내용이 무엇인가를 파악할 수 있다.

우선 "刻半周天度作四分"의 의미를 생각해 보자. 정남일구의 사유환은 태양의 고도를 나타낼 수 있으면 충분하기 때문에, 사유환의 한 쪽만 눈금을 매기면 충분하다. 그러므로 刻半이란 사유환의 절반만 눈금을 새긴다는 뜻이다. 무엇을 새기는가? 주천도다. 사유환의 태양광과 마주하는 반쪽에 주천도를 새기는 것이다. 그런데 주천도의 소수부분을 없애기 위하여 1도를 4분으로 한다. 그러므로 사유환에는 度의 눈금과 함께 촘촘한 分의 눈금도 새겨졌을지 모른다.

다음은 "自北十六度至一百六十七度中虛, 如雙環樣. 餘爲全環."의 의미를 보자. 앞부분은 사유환의 북으로부터 세어서, 16도에서 167도까지를 가운데를 파내서 쌍환모양이 되게 한다는 뜻임이 분명하다. 앞에서 이야기한대로 赤道 남북의 일정부분을 파내는 것이다. 얼마나 파내는가? 16도에서 167도까지다. 우리의 추론에 의하면, 이 파낸 부분은 적도와 대칭이 되어야한다. 여기서 16, 167 등의 숫자는 맹랑해 보이지만 이 추론에 의하면, 167도 아래도 16도가 남아 있어야 대칭의 조건이 충족된다. 그러면 파낸 부분과 파내지지 않아서 전환의 상태에 있는 부분을 모두 합하면 몇 도가 되는가? 더한 결과는 다음과 같다.

16 + (167-16) + 16 = 183(도)　(반원주=182.625도, 원주=365.25도)

이 설명에서 1도는 1天周 360도의 1도가 아니라, 365.25도의 1도다. 1천주가 365.25도일 때 半天周는 그 반인 182.625도다. 우리가 더해 얻은 183과 너무 흡사하다. 우리는 이것이 반천주의 값이라고 믿는다. 그러면, 반천주 중에 쌍환 모양으로 만들지 않은 부분은 남쪽에도 16도가 있다는 말이 된다. 즉 남쪽 역시 북쪽과 마찬가지로 16

도만큼을 남겨놓았다.

이 수치에 360/365.25 를 곱하여 현행의 각도로 나타내면 다음과 같다.

$$15.8 + 148.8 + 15.8 = 180.4(도) \quad (반원주=180도, 원주=360도)$$

북극에서 세어서 16도라는 것은 북극을 1이라고 놓고 세었을 가능성을 생각할 때, 파내지 않은 16도는 현행각도로 15도를 의미할 수 있다. 그렇다면 이 변환된 수치들을 보면서 우리는 다음과 같이 해석할 수 있다고 생각한다. 즉 사유환의 설계자는, 양극에서 각각 12분의 1씩을 남겨놓고, 가운데 부분 12분의 10을 쌍환 모양으로 만든 것이라고. 즉, 현행의 각으로 말하면, 양극에서 각각 15도씩을 남겨놓고, 가운데 부분 150도를 쌍환 모양으로 만든 것이다.

(6) 적도환의 눈금

적도환은 百刻環이라고도 부르는데서 알 수 있듯이, 기본적으로 시간의 눈금이 새겨진다. 적도환 전체 360도에 시간을 새길 때에는 지금 같으면 24등분하여 시간을 새기겠지만, 조선시대에는 12로 나누어 시를 나타내거나, 100으로 나누어 刻을 나타냈다. 백각환이라는 말은 이로부터 유래했다.

그런데 100은 12로 나누어 떨어지지 않는데 문제가 생긴다. 나눈 몫이 8각이고 4각이 남는다. 그러나 100과 12의 최소공배수는 600이므로, 전체 적도환을 600으로 나누고 그 하나의 단위명을 "分"으로 정의하면 분이란 단위를 써서 이들 관계를 설명하는 것이 편리하다. 정남일구의 적도환은 이런 배경을 깔고 다음과 같이 눈금이 매겨져 있다. 즉,

$$半圓周 = 6時; \quad 1時 = 2半時; \quad 1半時 = 4刻+1分$$

그림에서 1반시 (=현행 1시간)를 4각과 1분으로 나누어 놓았는데, 명시적인 설명은 없으나, 실은 1분은 1각의 6분이 1의 길이인 것

이다.

Needham(p.57)의 그림 2.11은 조선시대의 백각환의 하나라는 사진을 제시하고 있는데,[5] 이 사진의 눈금은 다음과 같다.

1원주=12시=600분; 1각=6분; 1시=2반시=50분; 1반시=(4각+1분)=25분.

이 그림에서는 600개의 분이 모두 그려져 있고, 1분이 1각의 6분의 1이라는 것, 1각이 6분이라는 것 역시 그대로 그림에 나타나 있다.

(7)『세종실록』의 정남일구 설명문의 번역/해석 문제

『세종실록』에는 정남일구의 지평환과 관련해서 다음 표현이 있다:

"平設地平環 與南柱頭齊 以準夏至日出入時刻."

이 부분의 국사편찬위원회의 번역은 다음과 같다:

"(남쪽과 북쪽을 낮추고 올려서) 지평환을 평평하게 설치하되, 남쪽 기둥의 머리와 같게 하고, 하지날 해가 뜨고 지는 시각에 준하여, (반환을 지평 아래에 가로 설치한다.)"

Needham 등의 번역은 다음과 같다:

There was set up a (fixed) horizon ring, level with the top of the south column, used for equalising (the instrumental azimuths of) sunrise and sunset at the summer solstice.

이의 한글번역은 다음과 같다.(이성규(2010), p.149.)

---

5) 이 사진의 실물은 1950~1953년 사이 한국전쟁까지 손상되지 않고 남아 있었다고 p.58에서 언급하고 있다.

고정된 지평환이 설치되었는데, 남쪽 기둥의 꼭대기와 수평을 이루고 있으며, 하지에 일출과 일몰의 '의기상의 방위각'을 균등하게 하는데 사용한다.

이 번역들에서 공통으로 우리가 얻을 수 있는 정보는, 지평환이 남쪽 기둥 꼭대기와 같은 높이에서 수평을 이루는 환이라는 사실뿐이다. 그러나 그 다음 부분은 번역마다 서로 다를 뿐 아니라 의미도 순통하지 않다. 국사편찬위원회의 번역은 전혀 의미가 통하지 않는다. 심지어 앞과 뒤에 다른 문장의 성분들이 들어와 혼란을 가중시키고 있다.(위의 괄호 안의 부분이 그것이다.) 그래서 나는 우선 근본적으로 지평환의 용도가 무엇인지를 따져보기로 했다.

우리의 표준모형에 준해서 해설해 보면, 지평환은 지평을 천구까지 연장할 때 얻어지는 가상의 원반이다. 그 중심은 의기가 설치되는 장소 자체이며, 그 점을 중심으로 24방위가 정의된다. 그러므로, 우리가 이미 혼천의에서 확인한 바와 같이, 그 가장자리에는 기본적으로 24방위가 새겨지게 되어 있다. 그런데 이 인용구절에서는 "하지"와 "일출입"이 거론되고 있다. 이 두 개념은 지평환과 어떤 관계를 가질 수 있을까? 우선 일출입 시의 방위가, 지평환 가장자리의 방위표시로부터 읽힐 수 있다. 그리고 그 방위는 절기마다 달라진다. 북반구에서는 여름의 일출방위는 정동보다 북쪽이 되고, 그 편각은 하지 때 가장 크다. 일몰방위도 역시 정서보다 북쪽이 되고 그 편각은 그 날의 일출의 편각과 같다. 즉, 하지 때의 일몰의 편각은 하지 때의 일출의 편각과 같다. 겨울의 일출방위는 정동보다 남쪽이 되고, 그 편각은 동지 때 가장 크다. 일몰방위도 역시 정서보다 남쪽이 되고 그 편각은 그 날의 일출의 편각과 같다. 즉, 동지 때의 일몰의 편각은 동지 때의 일출의 편각과 같다. 일출과 일몰의 편각이 0이 되는 것은 춘분과 추분 때다. 이때 해는 정동에서 떠서 정서로 진다.

이러한 사실을 염두에 두고, 후반부의 표현, “以準夏至日出入時刻”의 의미를 생각해 보자. 우선 “刻”은 새긴다는 의미라고 보아야 한다. 과거 시대에는 “時刻”의 의미가 지금과는 달랐다. “시각”은 “時와 刻”을 의미했다. 그러므로 시각 두 자를 붙여 읽으면 안 된다고 생각된다. 그러면 刻의 목적어를 日出入時로 볼 수 있을까? 새기는 것은 지평환에 새기는 것인데, 지평환에는 방위가 새겨질 수 있는 것이지 時가 표시될 수는 없다. “일출입시의 ‘방위’”가 표시될 수 있다. 우리는 이 문장에서 “방위”라는 말이 생략됐다고 보는 것이 옳을 것이다. 그러므로 “以準夏至日出入時刻”은 “하지의 일출입 시를 기준으로 하여 (방위를) 새긴다.” 라고 해석하는 것이 자연스럽다.

이러한 해석은 그 후반부를 “以準夏至日出入時刻(方位)” 라고 보면 가능하다. 그런데 정남일구의 기능으로 보아, 새긴 것이 하지의 일출입 시의 방위뿐 아니라 24절기의 일출입 시 방위 전체였을 가능성이 크다. 그러므로 약간 의역을 한다면 다음과 같이 된다.

“하지의 일출입 시를 기준으로 하여 방위를 새기는 등, 24절기 모두의 일출입 시의 방위를 새긴다.”

니덤 등은, 바로 이러한 취지에서, 〈정남일구〉 북원도의 해설에서 다음과 같이 말하고 있다:

“The fixed horizontal ring ······ is graduated to indicate the twenty-four Chinese azimuth directions as well as the azimuths of sunrise and sunset during the twenty-four Fortnightly Periods."

이성규 번역: “고정된 지평환은 중국의 24방위지점과 함께 24(절)기동안의

일출과 일몰의 방위를 가리키기 위해 눈금이 새겨졌다."
정기준 번역: "旋轉하지 않는 지평환에는, 중국의 전통적 24방위명이 새겨지고, 동시에 24절기의 일출과 일몰의 방위의 눈금이 새겨진다."

Ⅲ. 利瑪竇 地圖편: 〈坤輿萬國全圖〉/〈兩儀玄覽圖〉

1. 리마두의 宇宙觀과 地球投影法
2. 리마두의 천문/지리
3. 리마두의 論說 및 跋文
4. 리마두 小論說 모음
5. 李之藻 등의 跋文
6. 天下五總大洲

1. 리마두의 宇宙觀과 地球投影法

1) 리마두의 우주관

(1) 프롤로그

〈坤輿萬國全圖〉는 傳敎士로 중국에 온 예수회 神父 리마두(마테오 리치)가 중국의 士大夫들을 위해 그린 최초의 서양식 세계지도다. 이 지도는 중국 및 한국, 일본의 지식인들의 세계관 내지 우주관을 바꾸는데 지대한 공헌을 하였다.

리마두는 〈곤여만국전도〉의 남회귀선 바로 아래에 실린 발문에서, "나는 위대한 중국을 흠모해 왔다." "중국은 손님인 나에게 분에 넘치는 호의를 베풀어 주었다." 등의 말을 하고 있다. 그러나 〈곤여만국전도〉는 그러한 중국에 대해서 단순히 감사의 표시로 그린 것은 아니다. 그 지도는 리마두의 傳敎 및 외교활동의 일환이기도 하다. 즉 그는 천주교와 이탈리아 문화의 위대성을 중국의 士大夫들에게 확인시키는 수단으로 이 지도를 그렸던 것이다. 그는 어디까지나 예수회 신부로서 전교의 의무를 지고 있던 사람이다. 중국의 사대부들을 종국적으로 천주교로 개종시키는 것이 자신의 사명이었다. 그는 이 세계가 그리고 이 우주가 하나님의 창조물이라는 것을 굳게 믿었다. 그러므로 중국의 사대부들에게 이 하나님의 창조물에 대한 이해의 수준을 높여줌으로써, 그의 사명을 보다 쉽게 달성할 수 있을 것으로 믿었다.

이처럼, 〈곤여만국전도〉의 제작이 "예수회 사업"의 연장이었기 때문에, 리마두는 그 지도가 자신의 주장하고 싶은 바를 뒷받침할 수 있어야한다고 생각했다. 당시 서양지도에서 볼 수 있는 화려한 장식물로 치장한 지도는 그에게는 필요 없었다. 철저히 합리적이고 과학적인 지도를 만들었다. 〈곤여만국전도〉에는 현재의 눈으로 보면, 황당하다고 느껴지는 내용이 들어있는 것은 사실이다. 그러나 그것은 리마두 당시의 권위있는 문헌에 근거를 둔 내용들이었다.

리마두는 당시 중국의 사대부들에게 생소했던 經度와 緯度에 관해서 상세히 설명하고 있다. 해가 달보다 크다는 것도 증명해 보인다. 地球中心說에 따라, 지구를 중심으로 하는 해와 달과 행성들의 공전주기도 제시한다. 지구에서 행성들까지의 거리도 제시한다. 위도가 달라짐에 따라, 지구상의 각 지점에서 하지 또는 동지 때의 낮과 밤의 길이가 달라지는 모습도 보여주고 있다. 절기에 따라 태양의 고도가 달라지는 모습을 기하학적으로 보여주기도 한다. 지구가 그야말로 둥근 구체라는 것을 확실히 보여주기 위하여, 리마두는 본 지도 외에 북극과 남극을 각각 중심에 둔 두 半球圖를 그려, 그것이 본지도와 어떤 보완관계를 가지는지도 설명한다. 리마두는 이러한 사실 모두가, 天地를 관장하는 하나님이 지극히 선한이요, 지극히 위대한 이요 지극히 하나이신 분임을 증거한다고 말한다(主宰天地者之至善至大至一也).

그리고, 〈곤여만국전도〉는 또 두 개의 위대한 문명의 교차점을 묘술하고 있다. 그의 지구의 기술은, 중국의 사대부들에게 예수회 신부들의 문명관, 지구관을 보여줄 수 있도록 기술하고 있다. 그리하여 그 서술방법은 겸손하면서도 자신에 차있는 모습으로, 상대방을 존경하면서도 자신의 신념을 굽히지 않는 모습으로, 진실된 고마움을 표하면서도 자기긍정적인 모습으로 나타나 있다. 〈곤여만국전도〉에서 유럽을 설명한 것을 보면, 당시 활발하던 대항해시대의 모습을 될수있는대로 축소하고, 당시 종교개혁에 따른 종교적 갈등을 숨긴채, 유럽인들은 모두 독실한 천주교신자이며, 천문학과 철학에 정통하며, 유럽 각국의 왕들은 모두 부유한 것으로 기술하고 있다. 유럽과 중국을 제외한 다른 지역에 대한 기술 속에는 〈걸리버 여행기〉를 읽는 듯한 느낌을 주는 기괴한 기술들이 많다. 난

쟁이 나라, 식인의 나라 몬도가네 같은 나라 등등, 이 기술들은 물론 리마두의 창작이 아니라 당시 믿을만한 문헌에 근거를 두고 있음은 의심의 여지가 없다. 그러나 이러한 문명권과 비문명권의 차별적 기술에서 리마두가 의도하는 바는 분명하다. 리마두의 조국인 이탈리아를 비롯한 유럽의 문명과 리마두가 개종하려는 중국의 문명의 수준이 이 세계에서 얼마나 대단한 성취인가를 과시하고 싶은 것이다. 즉 자존심이 극히 강한 중국의 사대부들의 비위를 건드리지 않으면서, 유럽의 과학과 천주교의 높은 성취도를 이들에게 설명함으로써, 천주교 전교의 기초를 닦는데 이 지도를 이용하고 싶은 것이다. 사실 그는 예수회 본부에 수시로 보내는 보고서 중의 하나에서 다음과 같이 기술하고 있다.

> "중국인들은 자국의 위대성에 대해서 강한 자부심을 가지고 있습니다. 다른 모든 세계를 야만으로 여기고 있을 정도입니다. 이런 믿음을 바꾸지 않고서야 어찌 傳敎가 가능하겠습니까? 이러한 중국인들로 하여금 우리 천주교를 신뢰하게 하는 수단으로서, 이 지도는 우리가 사용할 수 있는 가장 유용한 물건입니다." (*Catholic Encyclopedia*의 Matteo Ricci 항에서)

그러므로 〈곤여만국전도〉는 단순한 지도가 아니라, 리마두가 가지고 있는 우주관과 목적이 그대로 표출되어 있는 귀중한 자료다. 이 글에서는 리마두의 우주관이 〈곤여만국전도〉에서 어떻게 표출되어서, 그의 공리적 접근에 의한 천문지리체계를 이루고 있는지를 보고자한다. 그는 이 면에서 서양의 과학문명의 우수성을 유감없이 과시하고 있고, 이는 중국의 士大夫들에게 문명적 충격을 주기에 충분했다. 우리의 17세기 이후의 실학운동은 이러한 문명적 충격이 가져온 현상이다.

(2) 구중천적 우주관과 "표준모형"

리마두는 철저한 구중천적 우주관을 가지고 있음을 그의 〈곤여만국전도〉/〈양의현람도〉는 보여주고 있다. 그는 지도의 설명 자체를 구중천도/십일중천도의 설명으로부터 시작한다. 그의 우주관에 의하면, 천구와 지구는 동심구이며, 그 공통의 중심은 지구의 중심이다. 천구의 북극과 남극은 지구의 북극과 남극에 대응하며, 적도를 비롯한 위도 역시 천구와 지구가 대응한다.

태양의 궤도인 천구의 황도는 적도와 23.5도의 교각을 이루며, 이 때문에 태양은 1년을 주기로 적도의 상하를 왕복한다. 이 교각 때문에 지구상에서는 위도에 따라 기후가 달라지며, 지구는 5帶로 나누어진다.

황도와 적도가 23.5도의 교각을 이룬다는 사실은 지구상의 여러 현상을 惹起한다. 위도에 따라 기후대가 달라짐은 물론이고, 위도에 따라 하주장 동주장이 달라진다. 일출입 시각이 위도에 따라 달라지기 때문이다. 또 극지방에서는, 장주 장야의 현상이 나타나는데, 장주장 장야장도 위도의 차이로 설명된다.

지구상의 위도는 천구와 지구의 대응관계에 의해서 결정된다. 북반구의 특정 지점의 위도는 그 지점의 머리 위에 있는 천정의 천구상의 위도와 같다. 천구와 지구의 공통중심인 지심에서 천정을 잇는 선분 상에 그 지점은 있고, 이 선분과 적도면이 이루는 각이 천정의 위도인 동시에 그 지점의 위도이기 때문이다.

북반구에서 이 위도의 크기는 그 지점에서의 北極高의 값과 같다. 天頂과 地心을 잇는 선분이 북극과 이루는 천구의 중심각에 북극고의 값을 더하면 직각이 되고, 그 중심각에 위도의 값을 더한 값도 직각이기 때문이다. 북극고는 동아시아인들이 잘 알고 있는 개념이기 때문에, 리마두는 북극고의 값이 위도의 값과 같음을 여러 번에 걸쳐서 강조하고 있고, 위도의 측정방법으로 "看北極法" 즉 북극고를 측정하여 위도 값을 알아내는 방법을 자세히 설명하고 있다.

이러한 리마두의 우주관은 우리의 "표준모형"의 우주관과 차이기 없다. 그러므로 리마두의 천구 및 지구에 관한 추론은 우리의 표준모형으로부터의 추론과 일치할 것으로 기대할 수 있다.

(3) 리마두의 "看北極法"과 象限儀

리마두는 "간북극법"의 설명에서, 북극고를 측정하기 위한 儀器, 즉 상한의의 제작방법을 자세히 설명하고 있다. "量天尺" 즉 "하늘을 재는 자"의 설명을 포함하는 이 의기의 제작방법과 사용방법을 이해하려고만 했더라면, 조선의 천문학자들은 일찍이, 自國 주요 지점의 북극고를 자체적으로 측정할 수 있었을 것이다. 『增補文獻備考』에 의하면, 조선에서는 19세기 말에도 북극고의 자체적 측정을 하지 못하고 있었던 것이다. 그 『備考』에 의하면, 세종 때 주요 지점의 북극고 측정이 있었으나, 그 측정치는 남아있는 것이 없고, 그 후에는 "의기가 없어서" 측정을 못했다고 변명하고 있는 것이다. 그러면 세종 때에는 어떻게 측정했을까? 아마도 세계제국인 元으로부터 전수된 기술이 남아 있었을 것이다. 특히 해시계인 "仰釜日晷" 등을 만들려면, 그 설치지점의 북극고를 알아야 하기 때문에 북극고의 측정은 필수 전제였다. 그 후 북극고 측정 기술은 湮滅되고, 숙종 때 淸의 何國柱가 "象限大儀"를 가지고 와서 종로에서 측정한 값 "37도 39분 15초"가 조선조 말까지 유일한 북극고 관측치로 중시되었다.

그러면 하국주의 상한대의는 얼마나 컸기에 "大儀"라고 했을까? 각도를 "15초"까지 측정하려면 아무리 눈이 좋아도 각도 1분의 폭이 1mm는 되어야 하지 않을까? 상한의의 둘레를 따라 각도 1분의 폭이 1mm라고 가정하면, 1도는 6cm의 폭이 된다. 그러면 1象限 90도는

360cm가 된다. 그렇다면 그 상한의의 반지름은 얼마인가?

(반지름) = 2 × 360cm/pi = 229cm

가 된다. 이처럼 어른 키보다 훨씬 큰 상한의라면 과연 상한대의라고 할만 했을 것이다. 그런데 Cordell Yee(1994, p. 181)에 의하면, 예수회신부들이 중국에서 사용한 상한의는 반지름이 "2피트 2인치"짜리였다고 한다. 이는 26인치를 의미하므로,

(반지름) = 26in × 2.54cm/in = 66cm

즉, 이 상한의는 우리의 가상적인 大儀의 30%도 안된다. 그러나 반지름 66cm 정도의 크기라도 크게 느껴졌을지 모른다. 그리고 중국에서 가져오는 것인데 2m가 넘는 상한의를 가져왔을 것 같지도 않다. 하국주가 가져온 것이 66cm 짜리 상한의였다면, 각도 3분의 폭이 1mm 정도였을 터이니 각도 15초까지 측정한다는 것은 무리라고 보아야 한다. 과연 종로 종각 부근의 북극고는 37도 34분 정도이니, 하국주의 角測定値는 5分 정도의 측정 오차가 있다.

리마두가 〈곤여만국전도〉에서, 그 제작방법을 설명하는 상한의도 꽤 큰 것을 상정했음이 틀림없다. 눈금을 分의 수준까지 새기면 더욱 좋다고까지 말하고 있기 때문이다.

2) 리마두의 地球投影法

리마두는 지구의 구면을 평면에 지도로 그려내는 방법, 즉 투영법을 고안하느라 여러 가지 궁리를 했다.

(1) 經線과 緯線의 기준

우선 적도의 길이가 9만리이고 북극과 남극을 잇는 자오선의 길이는 그 반이라는 점에 착안하여, 같은 크기의 두 원을 서로 접하도록 작도하고, 각 원의 지름을 자오선의 길이와 같게 하면, 접점

을 지나는 지름의 두 배의 길이가 되는 선분(그림의 EH)은 적도의 길이가 된다. 리마두는 그 선분 EH를 지도의 적도로 삼았다. 그리고 그와 직각인 두 원의 공통접선 NS를 지도의 중심을 지나는 자오선으로 삼았다. 그리고 지도 전체의 모습에 대한 배려와, 중국을 될 수 있는대로 중심에 오게 하려는 배려로, 중심자오선 NS는 福島 동쪽 170도의 자오선으로 삼았다. 복도는 현재의 카나리아군도를 말하는데, 2세기 프톨레미 시대에 유럽세계의 가장 서쪽에 있는 육지로 인식하여, 여기를 지나는 자오선을 본초자오선으로 삼았는데, 리마두 시대에도 이 전통이 이어지고 있었다. 리마두는 이 자오선을 지도의 가장 서쪽이 되게 작도할 생각을 했겠지만, 그보다 10도 서쪽의 350도 경선을 지도의 서쪽 끝으로 하는 것이 낫다고 판단한 것같다. 그래서 중심자오선이 170도 경선으로 된 것이다.[1] 그러면 그 중심자오선에서 180도 떨어진 350도의 자오선은, 지도의 동쪽 끝인, 점 H를 지나는 반원 BHD로 나타내지거나, 또는 지도의 서쪽 끝인, 점 E를 지나는 반원 AEC로 나타내진다. 그 반원으로 나타내지는 자오선의 실제 길이는 지름 NS로 나타내지는 170도 자오선의 길이와 같은 것이지만, 지도에서는 이처럼 길이가 달리 표현되는 것은, 리마두의 투영법에서는 불가피한 일이었다.

(2) 緯線과 經線의 作圖

가능한 한, 실제의 축척에 충실하게 지도를 그리기 위하여 리마두는 여러 가지 궁리를 하였다. 우선 위도간의 간격은 위도에 관계없이 같다는 사실을 지도에 반영하기 위하여, 리마두는 선분 NS를 18등분하여 각등분점에서 적도에 평행한 직선을 그려, 그것이 10도

---

1) 알레니는 1623년에 리마두의 구도와 거의 같은 세계지도, 〈萬國全圖〉를 그리면서, 福島를 지나는 본초자오선을 지도 양단의 자오선으로 삼고 있다. 그러므로 알레니의 〈만국전도〉에서는 중심자오선의 경도가 180도다.

간격의 위선이 되게 했다. 그리고 이 간격 각각을 다시 10등분하여 검은색과 흰색을 번갈아 표시한 띠를 선분 NS와 반원 AC 및 BD에 그려 넣음으로써, 1도 간격의 눈금 역할을 하게 했다.

또, 적도를 따라서 경도 1도간의 간격은 어디에서나, 위도 1도간의 간격과 같다는 사실로부터 리마두는 안심하고 赤道 EH를 36등분하여 10도 간격의 經線이 지나가게 했다. 그리고 이 간격 각각을 다시 10등분하여 검은색과 흰색을 번갈아 표시한 띠를 적도 EH를 따라 그려 넣음으로써, 1도 간격의 눈금 역할을 하게 했다.

리마두 세계지도의 전체구도

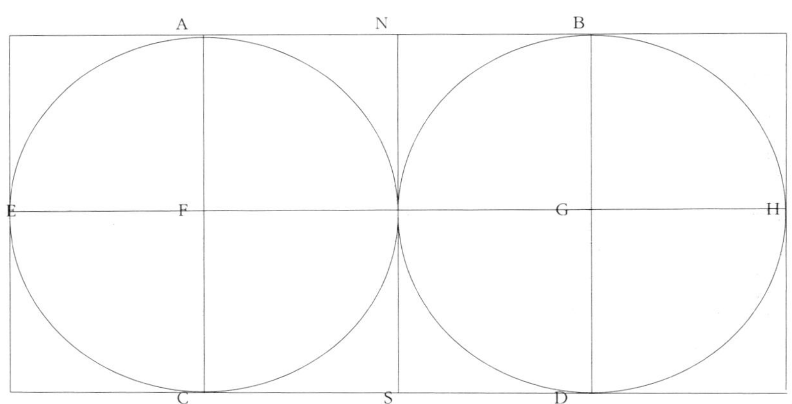

(3) 兩極點, 北極과 南極의 처리

리마두의 지도를 보면, 점 A, B, C, D 각각에 해당하는 점에 "九十"이란 글자가 또렷하다. 북위 90도 또는 남위 90도란 뜻이다. 점 A와 B는 경도가 350도에 북위 90도이니 원래 같은 점이다. 마찬가지로 점 C와 D도 같은 점이다. 원래 지구에는 북위 90도인 점은 북극뿐이고, 남위 90도인 점은 남극뿐이니, 이 이외에 따로 북극이 있고, 남극이 있을 수 없다. 그런데 리마두 지도를 보면, 점 N에 해당하는 점이 "북극"이라고 표시되어 있고, 점 S에 해당하는 점이 "남극"이라고 표시되어 있다. 더 나아가서, 리마두는 극지방에서 모든 자오선을 N 또는 S라는 한 점에 수렴하는 것으로 그리고 있다. 이 때문에 극지방에서는 불가피하게 자오선간의 간격에 왜곡이 생긴다. 즉 "북극"과 "남극" 근방의 자오선간의 간격은 지나치게 조밀하고, 지도의 좌우 가장자리의 자오선들간의 간격은 지나치게 넓다. 이는 리마두가 자신의 세계지도에서 점 A, N, B가 모두 북극이고, 점 C, S, D가 모두 남극이라는 사실을 망각(?)하고 저지른 무리라고 보일 정도다.

현대의 지도투영법에는 "平極法"이라는 것이 있다. 리마두의 경우처럼 A, N, B가 모두 북극인 경우에는 지도에서 북극을 무리하게 어느 한 점으로 보지 않고, 그 세 점을 포함하는 선분 ANB를 "平平한 북극으로 보는 法"인 것이다. 마찬가지로 선분 CSD를 평평한 남극으로 본다. 그렇게 보는 평극법의 지도에서는 극지방에서 자오선을 무리하게 한 점으로 수렴시키지 않고, 선분인 북극과 남극에 等分散시키는 것이다. 이렇게 하면, 지도의 중심과 가장자리에서 자오선들 간의 간격을 쉽게 통일시킬 수 있다. 리마두는 이 평극법을 쓰지 않았기 때문에, 지도의 高緯度에서 중심의 경도간격이 좁고, 가장자리의 경도간격이 넓어, 중심에 있는 중국은 가장자리에 있는 유럽보다 과소하게 그려져 있다. 이는 확실히 리마두의 의도한 바는 아닐 것이다.

(4) 리마두의 지구투영법

이처럼 리마두는 지구투영법을 여러 가지로 고민하여 〈곤여만국전도〉를 그렸다. 기본적으로 구면을 평면에 "정확히" 나타내는 것이 불가능하기 때문에 생기는 거리의 문제, 면적의 문제, 각도/방위의 문제를 결국 리마두는 어떻게 처리했는가?

1) 거리의 문제: 위도의 간격은 등거리원칙을 지키고, 경도의 경우는 적도위에서만 이 원칙을 지켰다.

2) 면적의 문제: 등면적원칙을 지키지 못했다.

3) 각도/방위의 문제: 지도의 중심점에서만 등각도/방위의 원칙이 지켜졌다.

리마두는 본지도보다는 작은 크기로 양 반구도를 그려서 본지도의 결함을 보완해 주고 있다. 북극과 남극을 각각 중심으로 하는 반구도는, 극으로부터의 등거리원칙이 충족되고, 또 등각도/방위의 원칙 역시 충족된다.

2. 리마두의 천문/지리

1) 直度와 橫度

리마두는 緯度와 經度를 直度와 橫度란 말로 표현한다. 경위도에 익숙하지 않은 중국의 지식인들이 方格에는 익숙한 것을 감안한 용어 선택일 것이다. 그런데 문제는 방격망에서는 가로 간격과 세로 간격이 언제나 같은데 비해서, 경위선의 경우는 그렇지 않다는 것이다. 이 사실을 납득시키기 위해서 리마두는 여러 가지 설명 방법을 시도하였다. 그리고 가장 직접적인 방법은 숫자로 그 크기를 보여주는 것이다.

우리는 이미 그 문제를 우리의 "표준모형"에서 다루었다. 즉 경도의 간격은 위도가 높아짐에 따라서 좁아지고 그 좁아지는 방법은 간단한 식에 의해서 표현될 수 있었다. 위도 1도의 간격은 어디서나 같은데 경도 1도의 간격은 위도 y의 함수로 다음과 같이 표현

될 수 있었다.(단위: 위도 1도)

$$g = \cos(y)$$

리마두는

(緯度 y度에서의 橫度 1度) = g×(直度 1度) = 60×(cos y)分

의 내용을 표로 제시하고 있는데, 그 표의 배경에 대한 설명은 없
다. 우리는 우리의 표준모형이 리마두의 표의 배경일 것이라는 가
정 하에서, 이 식에 의한 계산값과 리마두의 표의 값을 비교해 보
고자 한다.

(2) 橫度의 計算값과 리마두의 값 比較

다음 표는 위도 즉 直度 y가 0도에서 90도까지 변할 때, 經度 즉
橫度 1도의 계산값인 cos(y)의 값을 소수 및 분초단위로 계산하고,
이를 리마두의 〈橫度里分表〉의 값과 비교한 것이다.

橫度의 계산값과 리마두의 값 비교

緯度y	cos y	표준모형		리마두		동북대		규장각	박물관	비고
0	1.00000	60분	00초							
1	0.99985	59	59							
2	0.99939	59	58	59	57*					端數處理 탓
3	0.99863	59	55	59	52*					五를 二로 잘못 본 듯
4	0.99756	59	51							
5	0.99619	59	46							
6	0.99452	59	40							
7	0.99255	59	33			59	23*			三을 二로
8	0.99027	59	25							
9	0.98769	59	16							
10	0.98481	59	05							
11	0.98163	58	54							
12	0.97815	58	41							
13	0.97437	58	28							
14	0.97030	58	13							
15	0.96593	57	57							

16	0.96126	57	41					
17	0.95630	57	23					
18	0.95106	57	04					
19	0.94552	56	44					
20	0.93969	56	23					
21	0.93358	56	01					
22	0.92718	55	38					
23	0.92050	55	14					
24	0.91355	54	49					
25	0.90631	54	23					
26	0.89879	53	56					
27	0.89101	53	28					
28	0.88295	52	59					
29	0.87462	52	29					
30	0.86603	51	58					
31	0.85717	51	26			50* 28	(50 53)	
32	0.84805	50	53				(50 29)	
33	0.83867	50	19	50 29*			(50 45)	一을 二로 본 듯
34	0.82904	49	45				(49 09)	
35	0.81915	49	09				(49 32)	
36	0.80902	48	32				(48 55)	
37	0.79864	47	55				(47 27)	
38	0.78801	47	17	47 27*				一을 二로 본 듯
39	0.77715	46	38			49* 28*		
40	0.76604	45	58					
41	0.75471	45	17					
42	0.74314	44	35					
43	0.73135	43	53					
44	0.71934	43	10	43 20*				一을 二로 본 듯
45	0.70711	42	26			41* 26		二를 一로
46	0.69466	41	41	41 40*				端數處理, "渾蓋"(41 47*)
47	0.68200	40	55					
48	0.66913	40	09					
49	0.65606	39	22					
50	0.64279	38	34					
51	0.62932	37	46					
52	0.61566	36	56	36 45				
53	0.60182	36	07	36 01*				七을 一로 본 듯?

54	0.58779	35	16					
55	0.57358	34	25					
56	0.55919	33	33					
57	0.54464	32	41					
58	0.52992	31	48					
59	0.51504	30	54					
60	0.50000	30	00					
61	0.48481	29	05					
62	0.46947	28	10					
63	0.45399	27	14					
64	0.43837	26	18					
65	0.42262	25	21					
66	0.40674	24	24					
67	0.39073	23	27					
68	0.37461	22	29					
69	0.35837	21	30					
70	0.34202	20	31					
71	0.32557	19	32					
72	0.30902	18	32					
73	0.29237	17	33					
74	0.27564	16	32					
75	0.25882	15	32					
76	0.24192	14	31					
77	0.22495	13	30					
78	0.20791	12	28					
79	0.19081	11	27					
80	0.17365	10	25					
81	0.15643	9	23					
82	0.13917	8	21					
83	0.12187	7	19					
84	0.10453	6	16					
85	0.08716	5	14					
86	0.06976	4	11					
87	0.05234	3	08					
88	0.03490	2	06					
89	0.01745	1	03					
90	0.00000	0	00					

주: *표는 차이나는 숫자.

(1) 리마두란 〈坤輿萬國全圖〉(1602)와 〈兩儀玄覽圖〉(1603)의 값을 말한다.
(2) 동북대, 규장각, 박물관 셋은 각각 일본 동북대본, 규장각/봉선사본, 서울대박물관본이다,
(3) "리마두"열은 표준모형과 일치하지 않는 것만을 표시하였다. "동북대, 규장각, 박물관"열들은 리마두열과 일치하지 않는 것만 표시하였다.
(4) 비고는 차이나는 이유의 추측. 그리고 "혼개"는 "혼개통헌도설"의 추가오류.

(3) 이 비교를 통해 본 1602년판 〈坤輿萬國全圖〉 평가

이 표를 통하여 우리는, 리마두의 값이, 우리가 추론한 대로, cos(y)를 써서 계산되었음을 확인할 수 있다. 이 표의 90개의 분초값 가운데 83개의 값이 완벽하게 우리의 계산과 일치한다. 불일치하는 7개의 값들도 자세히 검토해보면, 확실히 계산상의 오류로 보이는 것이 있기는 하지만, 한자 숫자의 판독 오류로 보이는 것이 대부분이다. 여기서 우리는 4백 여년 전 리마두 또는 그가 인용한 문헌의 삼각함수 계산이 놀랍도록 정확했음을 확인할 수 있는 것이다.

이 표를 통해서 우리가 알 수 있는 부수적 사실이 있다. 리마두 세계지도의 결정판은 1602판 〈곤여만국전도〉라는 사실의 확인이다. 그 후에 나온 어떤 판도 (『四庫全書』의 〈혼개통헌도설〉을 포함하여) 이보다 더 우수한 版은 없다는 의미에서다. 1603년에 나온 崇實大本 〈兩儀玄覽圖〉의 표는 그 1602년版과 완벽하게 일치한다. 『사고전서』판 "渾蓋通憲圖說"(주유쟁 p. 414)은 1個所의 不一致(오류)가 더 있다. 조선조 숙종때(1708년)에 만든 서울대학교 奎章閣本 〈곤여만국전도〉와 일본에서 만든 東北大本 〈곤여만국전도〉는 1602년판의 오류를 모두 공유하며, 각각 자신의 추가오류가 있다. 역시 숙종때 만든 서울대학교 박물관본 〈곤여만국전도〉는 損壞로 판독 불능의 부분이 태반이나, 판독가능한 부분 중에서도, 31도로부터 37도까지에는 체계적인 오류가 있다. "체계적"이란 말은 다음 표에서 설명된다.

서울대학교 博物館本의 추가오류

直度 y	cos(y)	分秒表示	리마두	박물관
31	0.85717	51 26	51 26	(50 53)
32	0.84805	50 53	50 53	(50 29)
33	0.83867	50 19	50 29*	(50 45)
34	0.82904	49 45	49 45	(49 09)
35	0.81915	49 09	49 09	(49 32)
36	0.80902	48 32	48 32	(48 55)
37	0.79864	47 55	47 55	(47 27)
38	0.78801	47 17	47 27	--

즉, 체계적인 오류란, 그 오류구간의 실제 값은 31도에서 37도까지가 아니라, 32도에서 38도까지의 값으로 誤記했다는 뜻에서다. 리마두의 오류를 포함해서 말이다.

이런 사정을 감안하여, 우리는 안심하고, 1602년판 〈곤여만국전도〉를 "리마두 세계지도의 표준"으로 인정할 수 있다.

2) 리마두의 〈太陽出入赤道緯度〉와 〈周天黃赤二道錯行〉과 아날렘마

(1) 절기에 따른 태양의 赤緯度의 변화의 문제

리마두 지도의 인도양 아래 공백에는 〈太陽出入赤道緯度〉란 이름의 표가 있다. "태양이 적도를 출입"하는 정도를 위도 y로 나타낸 표인 것이다. 다시 말하면 이 표는 일년 간에 태양의 위치가 天球의 赤道座標 상에서 어떻게 달라지는가를 알 수 있게 하는 표다. 더 정확하게 말하면, 그 좌표계에서 태양의 위도 y의 변화를 보여주는 표다. 천구의 위도는 지구의 위도와 대응하므로, 이는 지구에서 바라보는 태양의 고도변화를 알 수 있게 해주는 표이기도 하다.

그러므로 〈太陽出入赤道緯度〉表란 말의 뜻은, 태양이 적도를 중심으로 남북으로 출입할 때의 위도의 변화를 나타내는 표라는 뜻이 된다.

(2) 태양의 赤緯度의 변화와 〈太陽出入赤道緯度〉表

리마두의 지도에서, 〈太陽出入赤道緯度〉의 문제는 지상의 어떤 지점의 위도를 태양의 고도를 측정하여 알아내려는 문제에서 등장했다. 그러나 태양이 적도 중심을 남북으로 오르내리는 운동은 지구상의 계절변화와 주야간의 길이에도 영향을 준다. 24절기는 태양이 일년간 황도를 따라 一周하는 回轉角 360도를 24등분하여, 15도씩 나눈 점들에 대응하는데, 춘분을 0도로 정하고, 90도를 돌면 하지, 180도를 돌면 추분, 270도를 돌면 동지가 된다. 리마두의 천문학 체계에서는 황도가 완전한 圓이기 때문에, 360도 一周의 4분의 1인 90도만 분석하면 나머지는 대칭관계로 설명할 수 있다. 리마두는 실제로 그런 방법을 쓰고 있다. 그리고 1년의 길이 365.23일은 360과 매우 가깝기 때문에, 태양은 하루에 황도 1도를 움직인다고 보고, 따라서 "일단" 90도는 90일에 대응한다고 보고 리마두는 설명을 진행하고 있다. 〈태양출입적도위도표〉는 그런 전제하에서 작성된 표인 것이다. 그러므로 이 표에서 몇 일이라고 하는 것은, 黃道 回轉角 몇 도라고 해석하는 것이 가능하다.

우리는 "표준모형"에서, 황도 회전각, 즉 황경을 s로 표현하고, 이를 적경 x와 적위 y로 변환하는 문제를 다룬 바 있다. 그리고 리마두의 천문 지리 체계는 표준모형과 다르지 않다. 그러므로 우리는 이 문제를 표준모형의 관점에서 해석할 수 있다. 그리고 특히 s와 y 사이의 관계는 長晝長/長夜長의 문제, 夏晝長/夏夜長, 冬晝長/冬夜長의 문제와도 관계가 있다. 그러므로 리마두가 이 표를 〈태양출입적도위도〉라는 이름의 표로 제시하고 있는 그의 천문지리를 이해하는데 핵심적인 중요성이 있다.

그러나 리마두는 이 표의 출처나 작성방법에 대한 언급이 없다. 이 방법을 추론해 내는 과정에서 나온 것이 "표준모형"의 아이디어였다. 그런데 나는 그 단서가 리마두 지도 자체를 잘 검토해보면 찾을 수 있음을 알았다. 〈周天黃赤二道錯行中氣之界限〉의 그림에서다. 여기서는 우선 "표준모형"과의 관련에서 이를 다루고자 한다.

(3) "표준모형"의 관점에서 본 〈太陽出入赤道緯度〉表

우리는 "표준모형"에서 태양의 적위 y와 황경 s 사이의 관계식을 구한 바 있다. 그 식은 다음과 같다.

$$\sin(y) = \sin(s) \times \sin(23.5\text{도})$$

이 식을 이용하여 우리는 리마두의 〈태양출입적도위도표〉에 대응하는 수치들을 계산할 수 있다. 계산 결과는 다음 표와 같다.

太陽의 황경 s에 대응하는 적위 y의 계산값

황경s	적위y	(度 分)	황경s	적위y	(度 分)	황경s	적위y	(度 分)
1	0.399	(0 24)	31	11.851	(11 51)	61	20.411	(20 25)
2	0.797	(0 48)	32	12.199	(12 12)	62	20.614	(20 37)
3	1.196	(1 12)	33	12.543	(12 33)	63	20.811	(20 49)
4	1.594	(1 36)	34	12.884	(12 53)	64	21.002	(21 00)
5	1.992	(2 00)	35	13.221	(13 13)	65	21.186	(21 11)
6	2.389	(2 23)	36	13.555	(13 33)	66	21.363	(21 22)
7	2.785	(2 47)	37	13.885	(13 53)	67	21.534	(21 32)
8	3.181	(3 11)	38	14.211	(14 13)	68	21.698	(21 42)
9	3.576	(3 35)	39	14.533	(14 32)	69	21.855	(21 51)
10	3.970	(3 58)	40	14.851	(14 51)	70	22.006	(22 00)
11	4.364	(4 22)	41	15.165	(15 10)	71	22.150	(22 09)
12	4.756	(4 45)	42	15.475	(15 29+)	72	22.286	(22 17)
13	5.146	(5 09)	43	15.780	(15 47)	73	22.416	(22 25)
14	5.536	(5 32)	44	16.081	(16 05)	74	22.538	(22 32)
15	5.924	(5 55)	45	16.377	(16 23)	75	22.654	(22 39)
16	6.310	(6 19)	46	16.669	(16 40)	76	22.762	(22 46)

17	6.695	(6 42)	47	16.955	(16 57)	77	22.863	(22 52)
18	7.078	(7 05)	48	17.237	(17 14)	78	22.957	(22 57+)
19	7.459	(7 28)	49	17.514	(17 31)	79	23.043	(23 03)
20	7.838	(7 50)	50	17.786	(17 47)	80	23.122	(23 07)
21	8.216	(8 13)	51	18.052	(18 03)	81	23.194	(23 12)
22	8.591	(8 35)	52	18.314	(18 19)	82	23.258	(23 15)
23	8.963	(8 58)	53	18.570	(18 34)	83	23.314	(23 19)
24	9.334	(9 20)	54	18.820	(18 49)	84	23.364	(23 22)
25	9.702	(9 42)	55	19.065	(19 04)	85	23.405	(23 24)
26	10.067	(10 04)	56	19.304	(19 18)	86	23.439	(23 26)
27	10.430	(10 26)	57	19.537	(19 32)	87	23.466	(23 28)
28	10.790	(10 47)	58	19.765	(19 46)	88	23.485	(23 29)
29	11.146	(11 09)	59	19.986	(19 59)	89	23.496	(23 30)
30	11.500	(11 30)	60	20.202	(20 12)	90	23.500	(23 30)

이 계산(결과)을 평가해 보자.

1) 〈곤여만국전도〉(1602), 〈양의현람도〉 모두, 두 군데의 +표를 한 곳이 각각 28분과 58분으로 이 계산결과와 불일치하고 나머지는 모두 일치한다. 모두 端數處理 과정의 오류로 보인다. 규장각본은 판독오류가 없다. 리마두 표의 정확성이 놀랍다.

2) 동북대본의 불일치는 위의 두 군데를 포함하여, 모두 9군데의 불일치가 보인다. 즉, (5 35), (11 20), (12 33) → (11 33), (12 52), (15 28), (17 51), (18 5), (20 12) → (30 12), (22 58). 대체로 옮겨 적는 과정에서의 판독오류로 보인다.

(4) 〈周天黃赤二道錯行中氣之界限〉 그림의 分析

리마두 지도의 왼쪽 아래 밖 구석에는 큰 원 하나와 작은 원 두 개를 포함한 좀 복잡해 보이는 그림이 있고, 그림 왼쪽에 설명이 붙어있다. 〈周天黃赤二道錯行中氣之界限〉을 설명하는 것이다. 우선 그 말의 뜻은 무엇일까?

① "周天黃赤二道錯行"이란 말의 의미

周天黃赤二道錯行이란 천구를 도는 황도와 적도 둘이 같은 평면에서 돌지 않고, 서로 23.5도 어긋난 평면을 돈다는 말일 터이니, 이는 앞의 〈太陽出入赤道緯度表〉와 관계가 있을 수밖에 없다. 그러나 리마두는 그 관계에 관해서 一言半句 말이 없이, 별개인 것처럼 설명을 진행하고 있다. 아마도 그 이유는, 그 둘의 출처가 전혀 다르기 때문일 것이라는 추측을 해볼 수 있을 뿐이다.

② "中氣"의 의미

여기서 "중기"는 천문학 용어로, 춘분에서 시작하여 24절기를 하나씩 건너뛴 12절기를 말한다. 즉 春分, 穀雨, 小滿, 夏至, 大暑, 處暑, 秋分, 霜降, 小雪, 冬至, 大寒, 雨水가 그것이다. 360도를 12로 나눈 30도가 이 "중기"들 간의 黃道回轉角이다. 그 복잡해 보이는 그림은 이 중기의 계한인 천구 상의 위도를 그림으로 나타내고 있는 것이다.[2]

③ 리마두 논리의 현대적 飜譯

그 그림의 왼쪽에는 리마두 자신의 설명이 있다. 이 설명은 약간 현대적인 용어를 써서 다음과 같이 "번역"할 수 있다. 그 그림에서 큰 원은 天球를 나타내고 작은 두 원은 黃道圈이라고 리마두는 설명한다. 천구의 赤道에서 남북으로 23.5도 떨어진 두 점을 잇는 線分을 지름으로 하는 원이 황도권이다. 이 황도권의 지름을 계산해보자. 天球의 반지름을 1이라 하면, 그 황도권의 지름이 $\sin(23.5$

---

2) 리마두의 설명을 따라가다 보면, 우선, 이 그림에 단순한 잘못 하나가 있음을 발견하게 된다. 小滿. 大暑와 穀雨. 處暑가 서로 바뀌어 있는 것이다. 이 착오는 리마두 세계지도의 모든 판에 공통인 착오다. 아마도 이 설명이 면밀한 검토를 거친 일이 없었기 때문이 아닐는지?.

도) 임은 쉽게 확인할 수 있다. 다음으로, 황도권과 적도선이 만나는 바깥점인 춘분점에서 황도권을 따라 시계방향으로 중심각 s도 진행한 황도권 상의 점을 A라 하면, 그 점과 황도권의 중심을 이은 선분이 적도선과 이루는 각이 s도이고, 그 점 A에서 적도선까지의 거리는 $\sin(s) \times \sin(23.5$도$)$다. 그 점 A에서 적도선에 평행인 직선과 天球圈이 만나는 점을 B라 하면, 점 B에서 적도선까지의 거리도, 마찬가지로, $\sin(s) \times \sin(23.5$도$)$다. 그런데 리마두는 점 B와 지심을 이은 선분이 적도선과 이루는 각이 황도권 상의 점 A의 적위 y라고 하고 있는 것이다. 그런데, 천구의 반지름은 1이므로, 천구상의 점 B에서 적도선까지의 거리를 각 y로 나타내면, 그 거리는 $\sin(y)$다. 그런데 우리는 그 거리가 바로 $\sin(s) \times \sin(23.5$도$)$임을 알고 있다. 즉,

$$\sin(y) = \sin(s) \times \sin(23.5\text{도})$$

인 것이다.

(5) "아날렘마"(analemma)

① "아날렘마"라는 천문학 용어

리마두는 그 설명문의 끝을 다음과 같이 끝맺고 있다. "凡作日晷帶節氣者, 皆以此爲提綱. 歐羅巴人名爲曷捺楞馬云." 즉, 해시계나 절기에 관계되는 문제는 이 방법을 써서 설명할 수 있는데, 이 방법을 유럽 사람들은 曷捺楞馬라고 부른다는 것이다. 여기 이상한 단어 "갈날릉마"가 등장한다. 이 단어에 대한 설명은 황시감·공룡안의 『利瑪竇世界地圖硏究』(2004, p. 72)에 약간 나와 있다. 중국에서도 일찍이 이를 人名이라고 생각한 경우가 있었으나, 그것은 실은 analemma라는 단어의 音譯이라는 것이다. 좀 부연해서 설명하자면, 이는 천문학의 학술용어로, 태양이 매일 동일시각 동일지점에서 보이는 위치가 1년을 週期로 "8"자형의 모습을 보이는데, 바로 이 "8"자형의 그래프를 아날렘마라고 부르는 것이다. 리마두의 아날렘마

도 이런 의미이겠지만 설명이 그리 淸楚하지는 못하다. Webster 사전에 의하면, 이 단어가 영어에서 사용되기 시작한 것이 1650년 전후라고 하니, 리마두는 영어에서 사용되기 오십년전 쯤 전에 중국에 이 단어를 도입한 것이 된다. 이탈리아가 당시 르네상스의 선진국이었음을 여실히 보여주는 사례들 중의 하나라 아니할 수 없다. 이 단어를 접한 한자문화권 사람들이 그 의미를 이해했는지의 여부는 별문제로 하고 말이다.

이 아날렘마라는 천문학 용어는, 매일 동일한 시각의 태양의 위치가 1년을 주기로 변하는 모습을 그린 그래프인데, 리마두는 상하운동 즉, 하지에는 북위 23.5도로 올라왔다가, 동지에는 남위 23.5도로 내려가는 모습만을 염두에 두고 이 말을 사용하고 있다. 황경 s의 변화에 따른 적위 y의 변화모습이 그것이다. 그러나 리마두 시대 이후에, 하루의 길이가 계절에 따라 달라지는 것이 밝혀지고, 이를 기계식 시계로 측정할 수 있게 됨에 따라, 일년 간에 걸친 하루의 평균 길이를 "平均太陽日"이라 하여, 이를 계절과 관계없는 하루의 길이로 정의하는 것이 현재의 우리의 平均時 개념이다. 그러므로 태양이 南中하는 시각을 표준으로 하는 "해시계"의 태양시와 이 평균시의 시각은 일치하지 않는다. 계절에 따라, 빠르기도 하고 느리기도 한데, 그 最大相差가 15분 정도가 된다. 이를 均時差(equation of time)이라고 하는데, 이는 보통 가로축에 1년간의 시간을 잡고, 세로축에 각 시점에 해당하는 시차를 잡아 곡선으로 나타낸다.

태양시와 평균시의 차이를 惹起하는 가장 중요한 두 요인은 황도면과 적도면이 일치하지 않고 그 교각이 23.5도라는 것과, 태양의 공전궤도가 원이 아니고 타원이라는 것이다. 리마두 시대에는 후자에 대한 인식은 거의 없었기 때문에, 전자에 관해서만 약간 언급해 보자.

"해시계"의 시각과 표준시의 시각의 相差의 크기는, 리마두 시대에도, 태양의 황경 s와 적경 x의 차, 즉 $s-x$로 표현될 수 있었다. 즉, $s-x \rangle 0$ 이면 해시계가 빠른 것이고, $s-x \langle 0$ 이면 해시계가 느린 것이다. 그 이유는 대체로 다음과 같다.

② 太陽時와 平均時와 均時差

태양이 황도를 따라 "동쪽으로" 움직일 때, s의 변화가 등속이라 해도, x의 변화는 적도 근방에서는 느리고, 회귀선 근방에서는 빠르다. 그러나 춘분에서 하지까지 s가 90도 움직이는 동안 x 역시 90도 움직인다. 그러므로 춘분에서 하지 사이에 $s-x$의 부호는 플러스다. 다음 표기 이 사실을 보여준다. 이 표를 보면, $s=0$인 춘분에 x도 0이어서, $s-x=0$이고, $s=45$인 입하에 최대로 되었다가, $s=90$인 하지에 다시 0이 된다.

태양은 황도를 따라 "느리게 동쪽으로" 움직이지만, 우리가 보는 태양은 지구의 자전 때문에 "빠르게 서쪽으로" 움직인다. 그런데 우리가 눈으로 보는 "느리게 동쪽으로 움직인 정도"가 바로 s-x다. 그리고 이는 각도로 표현되므로 이를 시간으로 환산하려면 여기에 "4분"을 곱해주면 된다. 360도가 24시간(=1440분)이기 때문이다.

여기서 $4 \times (s$-$x)$분은 태양시가 평균시보다 "빠른 정도"를 나타낸다. 태양시는 태양이 실제로 南中하는 시각을 기준으로 하는 시간이고, 평균시는 그 시간들을 평균한 시간이다. 우리는 시간이 간다는 것을 태양이 서쪽으로 움직이는 것을 보고 알게 되는데. s-x가 플러스라는 것은 동쪽으로의 움직임이 평균보다 작다는 것이고, 그것은 그만큼 우리가 보는 태양이 서쪽으로 많이 움직였다는 것을 의미한다. 즉 시간이 그만큼 더 경과했다는 것을 보여준다. 즉 태양시가 평균시보다 그만큼 더 빠르다는 것을 보여준다. 이 크기가 균시차다.

아날렘마 座標 (春分에서 夏至까지. 즉 s=(0도에서 90도)까지 5도 간격)

황경 s	s-x	y
0 (춘분)	0.000	0, 000
5	0.413	1.992
10	0.814	3.970
15 (청명)	1.195	5.924
20	1.542	7.838
25	1.847	9.702
30 (곡우)	2.100	11.501
35	2.294	13.221
40	2.421	14.851
45 (입하)	2.477	16.377
50	2.458	17.786
55	2.363	19.065
60 (소만)	2.193	20.202
65	1.953	21.186
70	1.648	22.006
75 (망종)	1.287	22.654
80	0.884	23.122
85	0.450	23.405
90 (하지)	0.000	23.500

주: 이 표는 1개 象限의 값만을 제시하고 있지만, 대칭관계를 이용하면 이 표를 쉽게 4개 상한 전체로 확장할 수 있다.

③ 단순한 아날렘마 좌표 계산

우리는 "표준모형"에 따라, s가 주어졌을 때 x를 구하는 방법을 설명한 바 있다. 이를 이용하여 "아날렘마" 그래프의 좌표를 계산해 보면 다음 표와 같다. 이를 $(4 \times (s\text{-}x), y)$ 평면에서 그래프로 나타내면 "8"字形이 된다. 아날렘마의 완전한 설명은 리마두의 천문학체계를 벗어난다. 그러나 리마두의 체계 내에서도, "8"자형의 그래프를 다음 요령으로 그려볼 수 있다.

1년간의 y값의 변화를 세로축에 잡는다. 그리고 $4 \times (s\text{-}x)$의 값을 가로축에 잡는다. 그리하여 1년간의 $(4 \times (s\text{-}x), y)$의 좌표를 곡선으로 연결하면 바로 리마두 체계의 아날렘마 "8"자형 그래프가 얻어진다.

이 그래프는, 평균시를 나타내는 통상적 시계의 12시와, 태양시를 나타내는 해시계의 남중시각(정오)과의 차이가, 일년 간에 걸쳐서 어떻게 변하는가를 보여준다. 통상적 시계는 하루의 길이가 항상 일정한데 반해서, 해시계의 하루의 길이는 1년간에 걸쳐서 일정한 것이 "아니기" 때문이다. 다음 표는 이를 보여준다.

아날렘마의 좌표 (춘분에서 다음 춘분까지,
즉 s=0에서 360까지 15도 간격)[3]

節氣	黃經s	s-x	$(s-x)\times4$ (분)	赤緯y (도)	四季(黃經 s상)	四季(赤緯 y상)
춘분	0	0.000	0.0	0, 000		
청명	15	1.195	4.8	5.924		
곡우	30	2.100	8.4	11.501		봄끝 여름시작
입하	45	2.477	9.9	16.377	여름시작	
소만	60	2.193	8.8	20.202		
망종	75	1.287	5.1	22.654		
하지	90	0.000	0.0	23.500		
소서	105	-1.287	-5.1	22.654		
대서	120	-2.193	-8.8	20.202		
입추	135	-2.477	-9.9	16.377	가을시작	
처서	150	-2, 100	-8.4	11.501		여름끝 가을시작
한로	165	-1.195	-4.8	5.924		
추분	180	0.000	0.0	0, 000		
한로	195	1.195	4.8	-5.924		
상강	210	2, 100	8.4	-11.501		가을끝 겨울시작
입동	225	2.477	9.9	-16.377	겨울시작	
소설	240	2.193	8.8	-20.202		
대설	255	1.287	5.1	-22.654		
동지	270	0.000	0.0	-23.500		
소한	285	-1.287	-5.1	-22.654		
대한	300	-2.193	-8.8	-20.202		
입춘	315	-2.477	-9.9	-16.377	봄시작	
우수	330	-2, 100	-8.4	-11.501		겨울끝 봄시작
경칩	345	-1.195	-4.8	-5.924		
춘분	360	0.000	0.0	0, 000		

아날렘마 그림의 예

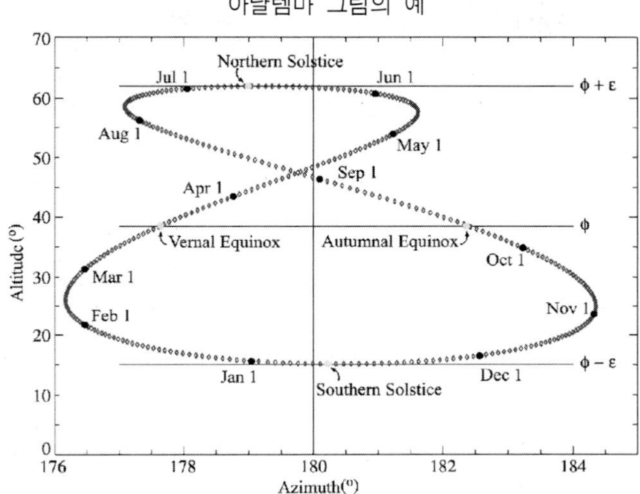

* 이 그림은 위도 altitude가 런던에 맞추어져 있다. 위도만 조정하면 세계 어디서나 같은 모양이다. 방위각의 차에 4를 곱하면 분단위 시간차가 된다. 이 그림에 의하면, 11월 1일은 평균시보다 태양시가 18분가량 빠르고, 2월 1일는 12분가량 늦다.

(6) 리마두의 赤緯 y 구하기: 別解

리마두는 우리가 구한 관계식,

$$\sin(y) = \sin(s) \times \sin(23.5) = 0.39875 \times \sin(s)$$

---

3) 절기 상, 黃經差 90도에 의해 정의되는 사입 즉 입춘, 입하 입추, 입동은 四季의 시작을 의미한다. 그러나 황도의 赤緯가 하지 및 동지의 半인 23.5/2도 및 -23.5/2도에 가까운 절기는 雨水, 穀雨, 處暑, 霜降이며, 이들을 사계의 경계로 보면, 봄은 우수에 시작하여 약 2개월 후인 곡우에 끝나며, 여름은 곡우에 시작하여 약 4개월 후인 처서에 끝난다. 가을은 처서에 시작하여 약 2개월 후인 상강에 끝나며, 겨울은 상강에 시작하여 약 4개월 후인 우수에 끝난다. 우리는 "이성적"으로는 사계가 3개월씩이라고 말하면서도, "감각적"으로는 겨울과 여름이 길고, 봄과 가을이 짧다고 느끼며 살고 있는데, 그 이유를 여기 黃經과 赤緯에서 찾을 수 있다. 즉, 이성적으로는 황경 90도 구간을 한 계절로 보는 것이 합당하다고 보지만, 해가 운행하는 적위의 값으로 계절을 구분하는 것이 감각적으로는 더 적절하게 느껴지는 것이다.

를 유도하거나 제시하지는 않고 있다. 그러나 그는 이 식에 대응하는 관계를 다음과 같이 설명하고 있다. 즉, 지름이 1인 원을 그려, 이를 천구의 대원으로 삼는다. 이 원의 중심 O를 지나는 수평지름 AOB를 천구의 적도면으로 본다. 점 B의 上下의 원주상에 중심각이 +23.5도, -23.5도 되게 두 점 C, D를 잡고, 선분 CD를 지름으로 하는 원을 그린다. 그 중심은 CD의 중점인 B다(리마두는 이 작은 원을 黃道圈이라고 부르는데, 명칭이 그리 좋아보이지는 않는다). 그러면 이 원의 반지름은 sin(23.5도)가 된다.

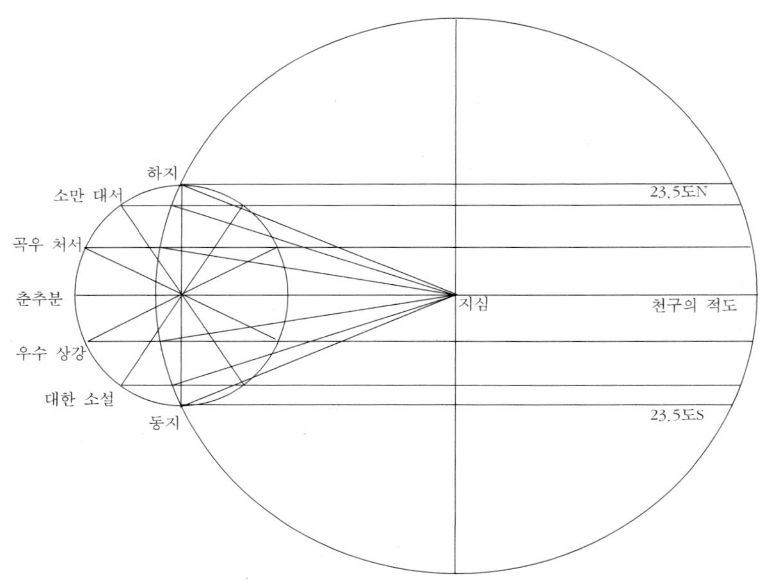

이 작은 원과 적도면의 연장과 만나는 두 점을 각각 E, F라 하자. 그리고, 작은 원의 F를 기점으로 중심각이 s인 원주상의 점을 G라 하고, G에서 BF에 내린 수선의 발을 H라 하자. 그러면

$$GH/BG = \sin(s)$$

가 된다. 그런데 BG는 작은 원의 반지름으로 sin(23.5)도다. 그러므로, 우리는 다음 관계식을 얻는다.

$$GH = BG \times \sin(s) = \sin(23.5도) \times \sin(s).$$

다음은, G에서 적도면에 수평인 직선을 그려, 그 직선과 大圓이 만나는 점을 I라 하고, I에서 적도면에 내린 수선의 발을 J라 하자. 그리고, 점 I의 대원의 중심각 IOB를 y라 하자. 그러면

$$IJ/OI = \sin(y)$$

인데, IJ=GH, OI=1 이므로,

$$\sin(y) = IJ = GH = \sin(23.5도) \times \sin(s)$$

의 관계를 얻는다. 이 관계식은 우리가 이미 알고 있는 식,

$$\sin(y) = \sin(s) \times \sin(23.5도)$$

와 비교할 때, 점 I의 중심각 y는 황경 s에 대응하는 Q의 적경 y임을 알 수 있다.

이리하여, 우리는 리마두의 "黃赤二道錯行中氣之界限"의 설명의 타당성을 입증한 셈이다. 리마두는 이 방법을 써서 12개 中氣의 적경의 界限을 작도해 내고 있는 것이다.

3) 夏晝長/冬晝長

(1) 리마두의 하주장/동주장

우리는 표준모형에서, 하주장/동주장 등의 계산 방법을 제시하였다. 즉 하주장 d(각)는 다음 식으로 계산된다.

$$d = \{50 + b/1.8\}$$

단 $\quad b = \arcsin\{\tan(23.5도) \times \tan(y)\}.$

즉 하주장은 하지의 북회귀선 위도환의 일출입 편각 b에 의해서 결정되며, b는 위도만의 함수이므로, 하주장은 결국 위도 y만의 함수인 것이다.

　리마두는 本地圖의 좌우 가장자리에 위도 5도 간격으로 夏晝長/
冬晝長, 夏晝長/冬晝長의 수치를 제시하고 있다. 리마두는 그 수치
에 대한 배경설명이 없다. 그러나 우리는 그 배경이 우리의 표준모
형과 같을 것이라는 가정 하에서, 위의 식에 의한 계산값과 리마두
가 제시한 값을 비교해 보고자 한다.

(2) 夏晝長/冬晝長 비교 및 평가

하주장의 계산값과 리마두 값의 비교

北緯度y	계산값	利값	오차
66.5	100.0	100.0	--
65	88.2	88.5	+0.3
60	77.2	77.0	-0.2
55	71.3	71.5	+0.2
50	67.3	67.5	+0.2
45	64.3	64.0	-0.3
40	61.9	62.0	+0.1
35	59.8	59.0	-0.8
30	58.1	58.0	-0.1
25	56.5	55.5	-1.0
20	55.1	55.0	-0.1
15	53.7	53.5	-0.2
10	52.4	52.0	-0.2
5	51.2	50.5	-0.7
0	50.0	50.0	--

주: (1) 표의 단위는 모두 리마두의 刻, 즉, 100분의 1日로 통일했다.
　　(2) 편의상, y=0 및 y=66.5의 행을 추가하여, 이론적 값을 제시하였다.

　이 표를 보면, 리마두 수치의 배경이 우리의 표준모형과 다르지
않다는 것을 알 수 있다. 그리고, 그것은 여러 단계에서 삼각함수
및 그 역함수의 계산을 요하는 델리케이트한 계산의 결과임에도

불구하고, 리마두 값의 오차가 최대 1각에 불과할 정도로 정확하다.

4) 長晝長/長夜長

(1) 리마두의 장주장/장야장

낮 또는 밤의 지속시간이 하루를 넘는 長晝/長夜의 현상은 위도 66.5도 이상에서 일어난다. 리마두는 그 장주장/장야장의 수치를 70도로부터 시작하여 5도 간격으로 제시하고 있다. 그가 제시하는 수치에 의하면, 각 위도에서의 장주장과 장야장의 크기는 같다. 그리고 남반구와 북반구는 대응하는 수치는 서로 같으나, 오직 남위 90도와 북위 90도에서의 수치가 서로 같지 않다.

우리는 위에서 리마두의 수치들이 우리의 표준모형과 잘 어울리는 것을 확인하였다. 이 경우에도 이를 확인해 보자.

(2) 표준모형에 의한 장주장의 계산과 半年의 길이 h의 문제

우리는 표준모형에서 장주장에 관하여 다음 사실을 확인하였다. 북위 (90도 - y)의 지점을 간단히 y지점이라 할 때, y지점의 장주장은

$$(y지점의 장주장) = h \times (180 - 2s)/180.$$

단,

$$h = (半年의 길이), \quad s = \arcsin\{\sin(y)/\sin(23.5도)\}$$

여기서 y를 알면 s를 계산할 수 있으나, 장주장을 계산하려면, 반년의 길이 h를 알아야 한다.

리마두는 구중천도에서 태양이 지구를 일주하는데 걸리는 시간을 "365일 23각" 즉 365.23일이라고 하고 있다. 그러므로 半年은 이를 2로 나눈 값, 즉 182.615일이라고 보면 될 것으로 판단된다. 왜냐하면 리마두의 천문학체계는 표준모형처럼, 태양은 황도를 따라 등속원운동을 한다고 보기 때문이다. 그런데 문제가 되는 것은 리마두

의 지도에서, 북위 90도 즉 북극점에서의 장주장/장야장을 187일 26각 즉 187.26일이라고 하고 있는 것이다. 반면에 남위 90도 즉 남극점에서의 장주장/장야장을 177일 89각 즉 177.89일이라고 하고 있는 것이다. 북극점에서의 장주장과 장야장의 합은 정의상 1년이 되어야 하는데, 그 합은 374.52일이다. 그러나 이는 1년의 길이가 될 수 없다. 남극에서도 마찬가지다. 남극점에서의 장주장과 장야장의 합은 역시 정의상 1년이 되어야 하는데, 그 합은 355.78일이다. 역시 불합리한 값이다.

(3) 여러 가지 "半年"의 값에 따른 장주장의 계산값과 리마두의 장주장 값의 비교

이런 불합리한 점이 인지됨에도 불구하고 이 세 "반년의 길이의 값" h를 써서 장주장/장야장을 계산해보고, 리마두가 제시한 장주장/장야장과 비교 평가해 보자.

위도 y에 대응하는 여러 가지 장주장 비교

관심 북위도 (90도 - y)	90	85	80	75	70	66.5
대응하는 y	0	5	10	15	20	23.5
대응하는 s	0.0000	12.625	25.816	40.472	59.063	90.000
여러 가지 장주장						
장주장 (h=177.89일의 경우)	177.89	152.93	126.86	97.89	61.15	0.00
장주장 (h=182.615일의 경우)	182.62	157.00	130.24	100.50	62.77	0.00
장주장 (h=187.26일의 경우)	187.26	160.99	133.55	103.05	64.37	0.00
장주장 비교						
리마두장주장(북반구)	187.26	161.21	134.20	104.04	64.55	0.00
리마두(북반구)-장주장(h=187.26)	0.00	0.22	0.65	0.99	0.18	0.00
리마두장주장(남반구)	177.89	161.21	134.20	104.04	64.55	0.00
리마두(남반구)-장주장(h=187.26)	0.00	8.28	7.34	6.15	3.40	0.00

이 표에 의하면, 리마두가 구중천도에서 밝힌 1년 365.23일을 둘로 나눈 값을 반년으로 삼는 h=182.615일을 기준으로 계산한 장주장의 값과, 리마두가 지도 가장자리에 제시한 장주장의 수치는 확실히 차이가 있다. 그러나, h=187.26일을 기준으로 계산한 장주장의 값과, 리마두가 지도 가장자리에 제시한 장주장의 수치는, 북반구에서 최대 차이가 1각 미만이고, 남반구에서도 하나의 예외를 제외하면, 마찬가지로 차이가 없다. 예외란, 남극의 장주장 177.89일이다. 그러면 187.26일은 무엇이고 177.89일은 또 무엇인가? 이 둘을 더해보면, 365.15일이 얻어진다. 이것이 1년의 길이가 아닐까? 리마두의 명시적 1년인 365.23일과는 약간 차이가 있지만 말이다. 그 합이 1년이라면 187.26일과 177.89일은 둘 다 "정당한 반년"일 수 있다. 187.26일은 태양이 북반구에 있을 때의 반년이고, 177.89일은 태양이 남반구에 있을 때의 반년 말이다. 이렇게 차이가 날 수 있는 것은 태양의 공전속도가 고르지 못하기 때문일 수 있다.

(4) "반년"에 대한 추가 논의

태양의 공전이 등속원운동이라는 것은 우리 표준모형의 가정이다. 그러나 현재를 사는 우리는 태양의 공전궤도가 원이 아니라, 케플러의 법칙에 따라서, 타원임을 안다. 그러므로 표준모형은 이 측면에서 현실을 반영하지 못하고 있다. 그러나 리마두 시대에는 모두가 표준모형을 "믿었다."

그런데 리마두는 춘분에서 추분까지의 길이가 187.26일이라는 정보를 얻게 되었던 것으로 보인다. 이 시간이 바로, 리마두가 제시한 북위 90도 지점에서의 장주장 187.26일이다. 이 길이를 "반년"으로 하고 표준모형의 방법으로 북반구의 다른 위도들에서 장주장을 계산한 값들이 리마두가 제시한 값들과 1각 미만의 오차를 보인다는 사실은, 리마두가 우리와 유사한 방법을 썼음을 시사한다.

리마두는 "h=187.26일"을, 북반구의 장주장 계산에만 쓴 것이 아니라, 북반구의 장야장 계산에도 썼다. 특히 북위 90도 지점에서의 장야장의 수치가 187.26일이다. 그렇다면 여기에 장주장을 합한 374.52일은 1년의 길이가 되어야 할 것이다. 그러나 이것은 결코 1년의 길이가 될 수 없다. 리마두 자신이 〈구중천도〉 등에서 제시한 1년의 길이 365.23일과도 크게 차이가 난다. 여기에 리마두의 첫 번째 잘못이 있다.

리마두는 "h=187.26일"을, 남반구의 장주장 장야장 계산에도 썼다. 다만 아무 이유도 제시하지 않고, 남위 90도의 장주장과 장야장을 모두 177.89일이라고 하고 있다. 그렇다면 이 둘의 합은 1년의 길이와 같아야 할 터인데, 그 합 355.78일은 결코 1년의 길이가 될 수 없는 값이다. 여기에 리마두의 두 번째 잘못이 있다.

결론적으로 말하면, 리마두의 장주장/장야장의 수치는 잘못된 수치다. 잘못된 전제하에서 계산되었기 때문이다. 리마두의 잘못된 전제에 우리의 계산방법을 적용할 때, 리마두의 잘못된 장주장/장야장의 수치와 같은 결과가 얻어진다는 것은 우리의 계산방법이 리마두가 사용한 방법과 차이가 없다는 것을 웅변한다. 우리의 방법이 적절함이 밝혀진 이상, 1년의 길이가 365.23일이라는 올바른 전제에 우리의 방법을 적용하여 계산된 우리의 장주장/장야장 수치에 의해서 리마두의 잘못된 수치는 대치되어야 옳다. 적어도 "리마두 이론체계의 一貫性"을 위해서는 말이다.

그러나 리마두의 체계와 우리의 표준모형은 사실을 반영하지 못하는 부분이 있음을 우리는 지적한 바 있다. 태양의 공전은 원궤도가 아니라 타원궤도를 돈다는 사실 때문이다. 태양은 1월 초인 小雪 즈음에 近日點에 도달하고, 7월 초인 小暑 즈음에 遠日點에 도달한다. 그러므로 춘분-추분 사이의 반년은 길고, 추분-춘분 사이의 반년은 짧다. 이 사실은 리마두의 이론체계에는 맞지 않지만, 엄연

한 사실이기 때문에, 리마두의 활동시기에도 알려져 있었을 것이다. 그리고 그 길이가 각각 187.26일고 177.93일이었음에 틀림이 없다. 리마두는 이 정보를 기지고 있었지만, 장주장/장야장 계산에 충분히 활용하지 못했다고 볼 수 있다.

(5) "半年"의 차이를 고려한 長晝長/長夜長

여기서 우리는 이 정보를 충분히 활용하여 장주장/장야장을 계산해 볼 흥미를 느낀다. 이 계산은 본격적인 정밀계산이 아니라, 표준모형을 약간 변형하여, 두 반년의 길이가 같지 않다는 사실만을 감안한 모형으로 계산해 보는 것이다. 따라서 우리가 위에서 사용한 계산식에 서로 다른 h의 값만을 대입하여 계산해 보기로 한다. 그 계산 결과는 다음 표와 같다.

이 표가 리마두의 두 가지 잘못을 시정한 뒤에 얻어지는 장주장/장야장의 값이다. 그러나 이 시정방법의 타당성을 여기서 검증할 방법은 없다. 흥미롭게도 그 검증은 뒤의 장정부의 장주장/장야장 논의에서 이루어진다.

"半年"의 차이를 고려한 長晝長/長夜長 비교

위도	장주장	장야장	리마두 장야장/장주장
북위 90도	187.26일	177.89일	187.26일
북위 85도	160.99일	152.93일	161.21일
북위 80도	133.55일	126.86일	134.20일
북위 75도	103.05일	97.89일	104.04일
북위 70도	64.37일	61.15일	64.55일
남위 90도	177.89일	187.26일	177.89일
남위 85도	152.93일	160.99일	161.21일
남위 80도	126.86일	133.55일	134.20일
남위 75도	97.89일	103.05일	104.04일
남위 70도	61.15일	64.37일	64.55일

주: 춘분추분 간의 반년 = 187.26일, 춘분추분 간의 반년 = 187.26일.

(6) 春分-秋分 사이의 半年과 秋分-春分 사이의 半年에 관한 추가 논의

2010년과 2011년은 모두 춘분이 3월 21일이고 추분이 9월 23일이다. 태양이 북반구에 오는 춘분에서 추분까지는 186일이고, 태양이 남반구에 오는 추분에서 춘분까지는 179일이다. 더 정밀한 자료에 의하면, 2010년의 춘분점에서 추분점까지의 시간은 186.40일이고, 2009년 추분점에서 2010년 춘분점까지의 시간은 178.84일이다.

지구상의 1년의 길이는 현재나 리마두의 시대나 별반 차이가 없었을 것이다. 그리고 춘분점과 추분점을 경계로 하는 두 개의 "반년"의 측정치도 400여년 전에 벌써 리마두가 제시하는 수치, 즉 현재의 측정치와 매우 유사한 수치가 얻어졌을 것이다.

이 글을 쓰는 과정에서 나는 『元史』에서 흥미있는 記事를 발견하였다. 『원사』 卷五十二 志四, 〈曆一〉에 다음과 같은 관측결과가 실려 있는 것이다. 즉, "태양은 동지점을 지나 88.91일만에 적도(춘분점)에 도착하는데, 이는 춘분 전 3일이라는 것이다. 춘분점을 지난 태양은 93.71일만에 하지점에 도착하고, 거기서 93.71일 지나 적도(추분점)에 도착하는데, 이는 추분 후 3일이라는 것이다. 추분점을 지난 태양은 88.91일 만에 동지점에 도착한다."

그러므로 『원사』의 관측기록에 의하면, 赤道北의 반년은 93.71일을 두 배한 187.42일이고, 赤道南의 반년은 88.91일을 두 배한 177.82일이 된다. 여러 가지 반년들과 비교해보자.

여러 가지 半年의 비교

"半年"의 종류	2009-2010	元史	리마두
赤道北 半年	186.40일	187.42일	187.26
赤道南 半年	178.84	177.82	177.89
南北合 一年	365.24	365.24	365.15

주: (1) "리마두의 1年"은 북위 90도의 장주장과 남위 90도의 장주장의 합이다. 〈구중천도〉에서는 1년을 365.23일이라고 하는데, 이 값과 약간의 차이가 있다.

(2) 적도북 반년의 길이는, 현재의 관측치와 비교하면, 元나라의 관측치뿐 아니라 리마두의 값도, 둘다 하루 정도 길고, 적도남 반년의 길이는 그만큼 짧다. 이는 아마도 현재의 일출입의 정의가 달라진 때문일 수도 있다.

(7) 장주장/장야장을 둘러싼 리마두의 苦衷

그러면 리마두의 천문학 체계에서, 춘분점과 추분점 사이의 반년과 추분점과 추분점 사이의 반년의 길이가 서로 다른 것도 문제가 될 것이 없는가? 앞의 반년은 태양이 북반구에 머무는 기간이고, 뒤의 반년은 남반구에 머무르는 반년인데, 리마두의 체계에서 이 두 반년은 태양이 황도를 따라 180도를 도는 시간이다. 그리고 리마두의 체계에서 태양은 황도를 따라 등속원운동을 하므로, 이 두 시간의 길이는 같아야 한다. 이 두 반년은 같을 수밖에 없다. 그러나 측정치는 187.26일과 177.89일로 약 9일의 차이가 난다!

자기가 신봉하는 "이론"과 "현실" 간의 모순에 직면한 리마두는 어떻게 행동했을까? 이런 상황에 처한 리마두를 이해하기 위해서는 그가 처했던 시대상황을 알아야 할 것이다.

리마두(1552-1610)의 천문학체계는 그의 스승인 천문학자 Clavius(1538-1612)의 체계다. Copernicus(1473-1543)는 1543년에 지구중심의 우주관을 부인하고 지동설을 발표했으나, 교황청은 이를 받아들이지 않았다. 그 후 Galileo(1564-1642)와 Kepler(1571-1630)의 주장도 교황청은 받아들이지 않았다.

1582년 교황청은 종전의 율리우스력을 버리고 그레고리력을 채택하였는데 여기에 깊이 관여한 사람이 바로 Clavius다. 즉 클라비우스는 공식적으로 교황청이 인정하는 천문학체계를 인정하지 않을 수 없는 입장의 사람이었다. 그러나 그는 사실을 중시하고, Galileo의 주장에도 긍정적인 태도를 보이면서, 기존의 프톨레미 체계에 문제점이 있음을 인식하고 있었다. 그러므로 그는 태양이 춘분점에서 추분점까지 황경을 180도 도는데 걸리는 시간이, 추분점에서 춘분점까지 180도 도는 시간보다 길다는 관측결과가 프톨레미 체계와는 모순되는 상황에 직면하여, 이론체계보다는 관측결과에 더 신뢰를 보일 수 있었다고 보여진다.

아마도 이러한 클라비우스의 영향을 받아, 리마두는 북극의 장주장이 187.26일이고 남극의 장주장이 177.89일이라는 수치를 받아들였다. 그렇다면 당연히 북극의 장야장이 177.89일이라고 해야 할 터인데, 그는 그렇게 하지 않았다. 그 믿음은 다른 위도에서의 장주장을 거기에 맞추어서 다시 계산해야 한다고 생각할 만큼 강한 것은 아니었다.

3. 리마두의 論說 및 跋文

1) 天球/地球 總論

(1) "天圓地方"에서 천구와 지구로

육지와 바다는 본래 둥글다. 이 둘이 합쳐져서 하나의 球를 이룬다. 이것이 지구다. 이 지구는 천구의 중심에 자리잡고 있으니, 이는 마치 계란의 흰자 안에 노른자가 자리잡고 있는 것과 같다. (地與海本是圓形而合爲一球, 居天球之中, 誠如鷄子黃在靑內)

　　해설: 리마두의 독자는 중국의 士大夫들로, 천원지방을 믿는 사람들이다. 즉 하늘은 둥글고 땅은 네모나고 평평하다는 것이다. 그러므로 이들은 하늘이 둥글다는 天球의 개념은 쉽게 받아들일 것으로 리마두는 생각하고, 다만 그들이 가지고 있는 地方의 개념 즉 땅은 모나고 평평하다라는 개념을 땅은 구형으로 둥글다는 지구의 개념으로 바꿔주는 것이 중요하다고 보았다. 그리하여 리마두는 우선, 땅은 모난 것 즉 "地方"이 아니라 땅은 둥근 것 즉 "지구"라는 선언을 하고 있다. 그리고 지구와 천구와의 관계를 설명하고 있

다. 이 설명을 듣고 중국의 사대부들은 리마두의 의도를 납득할 수 있었을까? 특히 여기서 리마두가 말하는 천구와 지구는 엄밀한 기하학적인 球를 말한다. 대충 둥그스름하다는 뜻이 결코 아니다. 이 기하학적인 뜻도 이해했을까? 중국인들을 설득하기 위하여 리마두는 더 나아가서 다음과 같이 설명한다.

地 즉 육지가 方하다는 말이 있는데, 이는 육지가 가지는 定而不移라는 성질, 즉 한 자리에 머물러 있는 성질을 말하는 것이지, 形體를 말하는 것이 아니다. (有謂地爲方者, 乃語其定而不移之性, 非語其形體也)

해설: 리마두는 여기서 方이라는 글자가 "모나다"와 "바르고 곧다"라는 두 가지 뜻을 가지는 사실을 교묘히 이용하여 "地方說"을 믿는 중국의 사대부들을 대상으로 "地球說"을 설득하고 있다. 그는 중국인의 비위를 건드리고 싶지 않은 것이다. 그리하여 리마두는 "당신들이 알고 있는 地方을 地形方 즉 육지의 모양이 方하다(즉 모나다)라는 뜻으로 해석할 것이 아니라 地性方 즉 육지의 성질이 方하다(즉 바르고 곧다)라는 뜻으로 해석해 달라." 라고 부탁하고 있는 셈이다. 『易經』에 "坤, 至靜而德方(즉 땅은 지극히 고요하고 성질이 바르고 곧다)"란 표현을 충분히 활용하고 있는 것이다.

(2) 天球와 地球의 相應

이처럼 천구가 지구를 둘러싸고 있으므로, 그 둘은 서로 상응한다. 따라서 천구에 남북 두 극이 있으면 지구에도 남북 두 극이 있고, 천구가 360도로 나누어지면 지구도 마찬가지다. (天旣包地, 卽彼此相應, 故天有南北二極, 地亦有之; 天分三百六十度, 地亦同之)

해설: 앞에서 이미 천구와 지구의 관계를 이야기하였다. 즉 천구의 중심에 지구가 있다고 말이다. 여기서의 중심도 기하학적인 중심이다. 그러므로 지구의 기하학적 중심 즉 地心은 천구의 기하학적 중심이며, 천구와 지구는

同心球다. 천구와 지구가 서로 상응한다는 말은 동심구로서의 상응을 말한다. 즉 공통중심인 지심에서의 射線이 지구면과 만나는 점과 천구면과 만나는 점이 서로 상응하는 것이다. 따라서 예컨대 地心과 "天球의 北極"을 잇는 사선이 지구면과 만나는 점이 서로 상응하는데, 이 점은 바로 "지구의 북극"인 것이다. 여기서 우리가 짚고 넘어가야할 것이 하나 있다. "북극"이란 말이다. 현재를 사는 우리에게 북극이라 하면 당연히 지구의 북극이다. 그러나 리마두의 독자인 중국의 사대부들에게는 그렇지 않았다. 북극은 천구의 북극, 구체적으로는 북극성이 위치하는 곳이었다. 지구의 북극은 거의 개념조차 없었다. 리마두의 글을 읽으면서, 우리는 리마두는 이 점을 충분히 이해하고 있었음을 느낄 수 있다. 그러하기 때문에 리마두는 여기서 지국의 북극을 천구의 북극의 다응물로 설명하고 있는 것이다. 중국의 사대부들은 천구의 북극은 알지만 지구의 북극은 모른다고, 리마두는 인식하고 있기 때문이다. 리마두의 글에서의 북극은 다른 설명이 없는 한 천구의 북극이다. 각도에 관해서 리마두가, "천구와 지구가 360도로 나누어 진다"고 말하는 것은 현재를 사는 우리에게는 자명한 내용을 불필요하게 설명하고 있다고 느낄 수 있다. 그로나 이것도 당시 중국인들에게는 당연한 표현이 아니었음도 유의할 필요가 있다. 당시 중국에서 통용되던 曆法은 元의 郭守敬에 의하여 만들어진 授時曆인데, 여기서의 一圓周는 365.25度, 더 정확하게는 365.2425도였다. 즉 태양이 황도를 따라 원운동을 할 때 하루에 이동하는 평균 "거리"를 1도로 규정했던 것이다. 즉 "度"는 천구에서의 거리를 재는 단위였다. 다만 이를 각도의 단위로 이해해도 큰 무리가 없었을 따름이다. 그러므로 리마두가 여기에서 천구와 지구 모두 그 일원주가 360도라고 선언하는 것은, 여기서의 "도"는 거리의 단위가 아니라 각도의 단위라는 사실을 선언하는 의미도 있다. 수시력의 도를 간도로 이해할 때, 리마두의 1도는 수시력의 1도보다 1.5% 정도 크다.

현행 양력인 그레고리력에서의 1년은 365.2425일이다. 그 이전의 율리우스력에서는 365.25일이었고, 현재 학술적으로 "年"을 시간의 단위로 쓸 때, 그것은 "율리우스年 Julian year"을 의미하며 따라서, "1율리우스년=365.25일"이 통용된다(리마두는 그의 구중천도에서 태양의 一周를 365.23일로 보고 있다). 곽수경의 수시력에서 1년은 정확하게 365.2425일이었다. 13세기에 세계 제국인 원나라의 천문관측기술은 서양을 앞서 있었다. 서양에서는 16세기에 들어와서야 비로소 율리우스력에서 이 관측치 365.2425일을 역법에 이용할 수 있었고, 그것이 현재까지 이어지고 있다.

천구의 가운데에 적도가 있다. 적도로부터 남쪽으로 23.5도가 南道이고, 적도에서 북쪽으로 23.5도가 北道이다. (天中有赤道, 自赤道而南二十三度半爲南道, 赤道而北二十三度半爲北道)

해설: 리마두는 우선 천구의 적도, 남도=남회귀선 북도=북회귀선을 설명한다.

중국은 북도의 북쪽에 있다. 따라서 해가 다니는 길이 천구의 적도일 때는 낮과 밤의 길이가 같고, 남도일 때는 낮이 짧고, 북도일 때는 낮이 길다. 그러므로 천구의 晝夜平圈은 가운데에 벌려 있고, 晝短圈=南道와 晝長圈=北道는 남과 북에 각각 벌려 있으며 이 두 圈은 日行의 南界와 北界가 된다. (按中國在北道之北, 日行赤道則晝夜平, 行南道則晝短, 行北道則晝長. 故天球晝夜平圈列於中, 晝短晝長二圈列於南北, 以著日行之界)

해설: 여기서 리마두는 천구의 세 圈, 즉 赤道, 北道, 南道를 설명한다. 우리는 현재 지구가 태양을 공전한다고 이해하고 있지만, 리마두는 태양이 지구를 공전한다고 본다. 그러나 이것을 보고 리마두가 틀렸다고 말하는 것은 옳지 않다. 태양과 지구와의 관계는 상대적이기 때문에, 천문현상을 설명하는 데는 태양중심설과 지구중심설 중에 어느 견해가 옳고 어느 견해가 그르다고는 말할 수 없다. 다만 우리에게는 태양중심설이 더 편리하게 보일 뿐이다. 우리가 리마두의 글을 읽을 때에는, 우리의 견해를 일단 접어두고, 리마두의 견해를 받아들여야만 그 글을 쉽게 이해할 수 있다.

리마두의 견해에 따르면, 천구 전체는 북극과 남극을 축으로 하여 하루에 한 바퀴씩 공전한다(이 "엄청난" 공전을 가동시키는 하늘이 가장 바깥의 종동천이고, 이를 주재하는 이는 하나님이라는 종교적 신념이 그 배경을 이루고 있으나, 이런 종교적 신념을 가지느냐의 여부가 우리의 천문현상의 이해에 영향을 미치는 것은 아니다). 이 공전속도는 매우 빠르다. 그런데 리마두의 견해에 의하면, 태양은 이 공전운동에 동참하고 있으면서도 독자적인 또 하나의 공전운동을 한다. 일년에 한 바퀴씩 "반대방향"으로 지구를 도는 공전운동이다(리마두는 그의 〈구중천도〉에서 종동천의 공전운동은 "東에서 西로", 태양의 독자적 공전운동은 "西에서 東으로"라고 설명하고 있다). 그런데 일년에 한 바퀴를 도는 이 느린 공전운동은 남극과 북극을 축으로 하는 공전운동이 아니라, 黃道를 따라 공전한다. 그러면 이 황도는 어떤 성질을 가지는 "길"인가?

리마두의 〈天地儀〉에 황도의 그림이 나와 있다. 황도는 적도와 마찬가지로 天球面上의 大圓이다. 이 두 대원은 두 점 즉 춘분점과 추분점에서 교차한다. 그리고 이 두 대원의 交角은 23.5도다. 어떤 대원이든지 그 중심은 공통적으로 천구의 중심이다(이는 地心이기도 하다). 교각이 23.5도라는 말은 적도를 품는 적도면과 황도를 품는 황도면이 만나서 이루는 각이 23.5도라는 말이다. 춘분점과 추분점은 이 두 평면이 만나서 이루는 교직선상에 있고, 이 교직선은 천구의 중심을 지나므로, 춘분점과 추분점은 천구상에서 서로 대척점antipode이다. 그러므로 춘분점에서 황도를 따라 동쪽으로 180도 되는 점이 추분점이다. 90도 되는 점은 하지점이고, 270도 되는 점은 동지점인데, 이 두 점은 적도로부터 각각 북과 남으로 23.5도 되는 위치에 있다.

천구상의 위치는 좌표로 나타내는 것이 편리하다. 적도좌표계는 춘분점을 원점으로 하고 적도를 따라 동쪽으로 경도를 잡고 남북으로 위도를 잡는 좌표계인데, 적도좌표계에서 춘분점은 경위도가 (적경0도, 적위0도)이고, 하지점은 (적경90도, 적북위23.5도), 추분점은 (적경180도, 적위0도), 동지점은 (적경270도, 적남위23.5도)다. 황도좌표계는 춘분점을 원점으로 하고 황도를 따

라 동쪽으로 경도를 잡고 남북으로 위도를 잡는 좌표계인데, 황도를 황위0
도로 하는 황도좌표계에서 춘분점, 하지점 추분점 동지점은 모두 황도상에
있으므로, 황위는 모두 0도이고 다만 황경만이 다르다. 앞으로 천구의 좌표
는 단서가 없는 한, 적도좌표계로 표현하는 것으로 한다.

춘분일에 태양은 천구의 춘분점에 있고, 추분일에는 천구의 춘
분점에 있다. 춘분점과 추분점은 모두 천구의 적도상의 점이므로,
춘분일과 추분일에, 종동천에 이끌리어 도는 태양은 마치 적도를
따라 지구를 일주하는 것처럼 보인다. 그리고 춘분일과 추분일에는
지구 어디서나 낮과 밤의 길이가 같다. 그러하기 때문에 리마두는
천구의 적도를 晝夜平圈 또는 晝夜平線이라고도 부른다.
하지일에는 어떠할까? 그 날 태양은 북위23.5도의 하지점에 있
다. 이 날 태양은 북위 23.5도의 천구상의 小圓을 따라 지구를 일주
하는 것처럼 보인다. 리마두는 이 천구상의 소원을 北道라고 부른
다. 태양이 도는 "궤도" 가운데 가장 북쪽에 있는 궤도이기 때문이
다. 이 날은 지구의 북반구의 낮이 가장 긴 날이기 때문에 리마두
는 이 圓圈을 晝長圈 또는 晝長線이라고도 부른다.
동지일에는 어떠할까? 그 날 태양은 남위23.5도의 동지점에 있
다. 이 날 태양은 남위 23.5도의 천구상의 소원을 따라 지구를 일주
하는 것처럼 보인다. 리마두는 이 천구상의 소원을 북도라고 부른
다. 태양이 도는 "궤도" 가운데 가장 남쪽에 있는 궤도이기 때문이
다. 이 날은 지구의 북반구의 낮이 가장 짧은 날이기 때문에 리마
두는 이 圓圈을 晝短圈 또는 晝短線이라고 부른다.
晝短圈=南道와 晝長圈=北道, 두 圈은 日行의 南界와 北界가 된
다는 말은 태양이 그 두 圈 사이에서만 지구를 공전하기 때문이다.
리마두는 언급하고 있지 않지만, 관련되는 내용 하나를 추가해
서 설명해 보자. 천구의 소원인 주장권 주단권의 반지름은 얼마나

될지에 관해서 말이다. 천구의 반지름을 1이라 하면, 적도와 황도는 둘 다 대원이기 때문에 반지름이 1이다. 우리의 소원의 반지름은, 빗변이 1이고 낀각이 23.5도인 직각삼각형의 밑변의 길이와 같다. 그러므로 그 반지름은 cos(23.5도) 즉 약 0.92가 된다.

황도는 천구의 춘분점 하지점 추분점 동지점 춘분점을 차례로 이어서 얻어지는 천구상의 대원이다. 태양은 이 황도를 따라서 1년에 한 바퀴씩 천구를 "공전"한다. 이 때, 그 공전의 회전축을 이루는 황도의 북극과 남극은 천구의 어디에 있을까? 그것은 황도상의 모든 점에서 같은 거리에 있는 천구상의 점이므로, 북극은 (적경270도, 적북위 66.5도)의 점이고, 남극은 (적경90도, 적남위66.5도)의 점이다. 황도좌표의 북극은 종동천에 따라 적도좌표의 남북극을 축으로 매일 일주운동을 하게 되는데, 그 궤적은 적도좌표의 적북위가 66.5도인 모든 점으로 이루어 지는 원이다. 리마두는 이를 〈천지의〉에서 北極線, 다른 곳에서는 北極圈이라고 명명하고 있다. 마찬가지 이유로, 적남위가 66.5도인 모든 점으로 이루어 지는 원은 南極線, 또는 南極圈이라고 명명하고 있다. 적도의 반지름을 1이라 할 때, 북극권 또는 남극권의 반지름은 cos(66.5도) 즉 약 0.40이다.

지구도 역시 세 圈을 그 아래에 베풀고 있다. 그러나 지구를 둘러싸고 있는 천구는 매우 크기 때문에, 천구의 1도는 그 폭이 넓고, 천구의 중심에 있는 지구는 매우 작기 때문에, 지구의 1도는 그 폭이 좁다. 그 차이의 실상이 이러한 것이다. (地球亦設三圈, 對於下焉. 但天包地外爲甚大, 其度廣; 地處天中爲甚小, 其度狹, 此其差異者耳)

해설: 지구와 천구는 이처럼 차이가 크기 때문에, 천구를 "반지름이 무한대인 球"라고 이해하는 것이 편리할 때가 많다. 이는 달리 말하면, 천구가 유한한 구라고 볼 때는 지구를 그 천구의 중심의 한 점이라고 보는 것이 편리하다는 말도 된다.

(3) 地球의 크기와 上下 四方

북쪽으로 직행하는 사람을 조사하여 알아보면, 250리 갈 때 마다 북극이 지평선 위로 1도씩 높아지고, 남극이 지평선 아래로 1도씩 낮아지는 것을 깨닫게 된다. 그리고 남쪽으로 직행하는 사람의 경우는, 250리 갈 때 마다 북극이 지평선 아래로 1도씩 낮아지고, 남극이 지평선 위로 1도씩 높아지는 것을 깨닫게 된다. 이 사실은, 지구가 과연 둥글다는 것을 알게 해줄 뿐 아니라, 지구의 每1度의 폭이 250리라는 것을 증험한다. 즉 지구를 동서 또는 남북으로 한 바퀴 돌 때, 그 둘레가 9만리임이 진실된 수임을 보여준다. 이는 남북의 도수와 동서의 도수가 같다는 말이며, 서로 다름을 용납하지 않는다. (查得直行北方者, 每路二百五十里, 覺北極出高一度, 南極入低一度; 直行南方者, 每路二百五十里, 覺北極入低一度, 南極出高一度, 則不特審地形果圓, 而徵地之每一度廣二百五十里, 則地之東西南北各一週有九萬里實數也, 是南北與東西數相等而不容異也)

해설: 여기서부터 지구의 실제 크기와 형태에 관해서 이야기한다. 우선 위도 1도의 거리를 250리라고 한다. 이 "250리"가 리마두의 지구 크기에 관한 기본상수다. 그러면 리마두는 이 상수를 어떻게 얻었을까? 황시감과 공영안의 『리마두세계지도연구』(2004)에 의하면, 리마두는 이 상수의 값을 "200리"라고 하다가, 남경에서 〈산해여지전도〉를 만들면서부터 "250리"로 바꾸었다고 한다. 아마도 리마두가 여러 해 중국에서 살면서 중국인의 거리관념에 익숙해지면서 그렇게 바꾸는 것이 옳다고 생각했을 것이다. 이 문제는 우리가 자세히 논의할 기회가 있을 것이지만 일단 리마두의 기본상수, "1위도=250리"를 그대로 받아들이기로 한다.

리마두는 지구가 엄밀히 기하학적인 구체임을 강조한다. 그러므로 지구의 대원의 길이는 이를 동서로 재든 남북으로 재든 똑같다(그런데 여기서 유의해야할 점이 하나 있다. 동서로 잴 수 있는 지구의 대원은 적도가 유일하다는 점이다. 위도 0도인 적도 이외의 위도를 따라 동서로 잴 수 있는 원은

대원이 아니다. 예컨대 북위 40도의 동서로 잰 위선의 길이는 대원의 길이
의 cos(40도)=0.766배에 불과하다).

남북으로 대원의 일주는 360도이고, "1도=250리"이므로, 지구 대원의 길이는
정확히 9만리가 된다. 현재 표준적 국제단위인 미터의 원래 정의는, 파리를
지나는 적도에서 북극까지의 자오선의 길이가 1만km가 되도록 정의된 것을
감안하면, 리마두의 250리는 111.12km이고, 리마두의 1리는 약 444m, 10리는
약4.4km가 된다.

땅의 두께는 28,636.36리이고, 상하와 사방, 모든 곳에 사람들이
살고 있다. (夫地厚二萬八千六百三十里零百分里之三十六分, 上下四旁皆
生齒所居)

해설: "땅의 두께"地厚는 곧 지구의 지름을 말한다. 이 지름의 값은 지구의
둘레 9만리를 원주율 파이로 나누어서 얻은 값이다. 그러면 리마두는 원주율
의 값을 얼마로 보았을까? 우리는 보통 3.14로 기억하는 근사값을 사용한다.
그러나 리마두 시대에는 소수를 기피했다. 분수를 썼다. 리마두의 파이 근사
값은 분수로 22/7이다. 9만을 이 값으로 나누면, 28636.3636... 이 된다. 이를
줄여서 28, 636.36이라고 한 것이다. 파이의 아주 疏略한 근사값으로는 3을 쓰
기도 한다. 이익은 그의 『성호사설』에서 3을 썼다. 그는 지구의 둘레는 9만리,
지름은 3만리라고 하고 있다. 아주 자세한 근사값으로는 조충지의 355/113이
있다. 홍대용은 그의 『주해수용』에서 지구의 둘레가 9만리일 때, 지구의 지
름은 28648리弱이라고 한다. 파이로 이 근사값 355/113=3.14159292 …… 를
쓰고 있다. 파이의 정확한 값은 3.14159265 …… 로 나가고, 22/7은 3.142828
…… 이다. 355/113은 근사도가 높다고 해서 密率이라 하고 22/7은 높지 않
다고 해서 約率이라고 한다.

둥근 球에는, 원래 상하가 없다. 우리는 천구의 속에 있으니, 어
디를 쳐다본들 하늘이 아닐 수 있겠는가? 이 세상 어디에서나, 발

로 딛고 있는 곳은 곧 아래요, 머리가 향하고 있는 곳은 곧 위다. 오로지 자기 몸이 머물러 있는 곳을 기준으로 상하를 가르는 것은 옳지 않다. (渾淪一球, 原無上下. 蓋在天之內, 何瞻非天? 總六合內, 凡足所佇卽爲下, 凡首所向卽爲上, 其專以身之所居分上下者, 未然也)

　해설: 지구의 모습을 설명하고 있다. 우선 구면상의 어느 점에서도 다른 구면상의 점이 위에 있다든지 아래에 있다는 말을 할 수 없다는 점을 설명한다. 어느 지점에서도 위를 쳐다보면 하늘이 있을 뿐이다. 어느 지점에 서 있어도 발이 향한 쪽은 아래고 머리가 향한 쪽은 위인 것이지, 자기 몸이 거하는 자리에서 위아래를 가르는 것은 옳은 방법이 아니라는 것이다.

　땅이 평평하다고 믿는 중국인들에게 이 설명이 쉽게 받아들여질 수 있었을까? 알레니는 〈곤여전도〉의 도설에서, 모든 무거운 물질은 지구의 중심을 향해서 떨어지며, 그러하기 때문에 지구의 중심이 우주의 가장 아래의 점이라고 말하고 있다. 성호 이익도 이와 유사한 방법으로 설명한다.

　또 내가 大西에서 배를 타고 중국으로 오는데, 晝夜平線=赤道에 이르니, 南北二極이 모두 지평선 상에 있는 것을 볼 수 있었다. 거의 高低差異가 없었다. 뱃길이 북반구에서 남반구로 바뀌어, 大浪山(즉 喜望峰)을 지나면서 보니, 남극이 지평선 위로 36도 올라와 있었다. 즉, 대랑산은 중국과 서로 마주보는 위치에 있는 것이다. 그리고 그때 나는 다만 내 머리 위에 있는 하늘을 쳐다보았을 뿐이고, 하늘이 내 발 아래에 있음을 보지 못했다. 그래서 나는, 땅의 모양은 둥글고, 그 둥근 땅을 휘둘러서 어디에나 사람이 산다는 말을, 믿지 않을 을 수 없었다. (且予自大西浮海入中國, 至晝夜平線, 已見南北二極皆在平地, 略無高低; 道轉而南, 過大浪山, 已見南極出地三十六度, 則大浪山與中國上下相爲對待矣. 而吾彼時只仰天在上, 未視之在下也. 故謂地形圓而周圍皆生齒者, 信然矣)

　해설: 리마두는 유럽에서 뱃길로 중국에 올 때, 적도를 통과하면서 몸소 체

험한 천문현상을 이야기함으로써, 지구가 둥글다는 것을 증험해 보이고 있다. 유럽에서 희망봉 즉 대랑산을 돌아 중국으로 오려면 적도를 통과해야한다. 북에서 남으로 적도에 접근함에 따라 북극고는 점점 낮아진다. 적도에 이르면 북극고는 0도로 된다. 그런데 그동안 땅/바다 아래 가려 보이지 않던 남극이 나타나기 시작한다.(여기서 말하는 북극과 남극은 모두 천구의 북극과 남극이다.) 즉 적도에서는 북극출지의 북극고와 남극출지의 남극고가 모두 0도다. 즉 지평선/수평선상에 동시에 보이는 것이다. 리마두는 이런 경험을 한 중국인 독자는 없다고 믿을 수 있었기 때문에, 이 경험을 得意한 마음으로 설명하고 있는 것이다.

적도를 지나 더 남으로 내려가면 북극은 보이지 않고 남극출지도가 점점 커진다. 리마두는 대랑산에서 본 남극출지의 남극고가 36도였음을 이야기하고 있다. 이런 경험을 한 중국의 독자도 없음을 확신하면서 자기의 체험을 이야기하고 있는 것이다. 그리고 이 남극고 36도는 중국 중원지방의 북극고 36도와 대비된다. 적도를 중심으로 중국과 대랑산은 남북이 반대인 출지도를 보여주고 있는 것이다. 리마두가 "對待"라는 표현을 쓸 때, 그 말을 서로 對蹠點이란 뜻으로 썼다면 그것은 옳은 표현은 아니다.

대랑산이란 말은 유럽인 최초로 희망봉을 발견한 디아스가 썼던 말이다. 대서양과 인도양이 마주치는 이곳의 파도가 엄청나게 컸기 때문이다. 아마도 리마두가 희망봉을 돌 때도 파도가 높아서 리마두도 디아스의 표현을 그대로 쓰고 싶지 않았을까?

(4) 天勢에 따른 地球의 地理帶

천세로 山海를 나누면, 북에서 남까지 五帶 즉 다섯 개의 지리대로 나누인다. 第一帶는 晝長圈과 晝短圈 사이의 대로, 이 대는 매우 뜨겁다. 日輪과 가깝기 때문이다. 第二帶는 북극권 안의 대이고, 第三帶는 남극권 안의 대다. 이 두 대의 땅은 매우 춥다. 일륜에서 멀기 때문이다. 第四帶는 북극권과 주장권 사이의 대이고, 第五

帶는 남극권과 주단권 사이의 대이다. 이 두 대는 모두 正帶라고
한다. 매우 춥지도 매우 뜨겁지도 않다. 일륜이 멀지도 가깝지도
않기 때문이다. (以天勢分山海, 自北而南爲五帶: 一在晝長晝短二圈之間,
其地甚熱, 帶近日輪故也; 二在北極圈之內, 三在南極圈之內, 此二處地居甚
冷, 帶遠日輪故也; 四在北極晝長二圈之間, 五在南極晝短二圈之間, 此二地皆
謂之正帶, 不甚冷熱, 日輪不遠不近故也)

  해설: 천구와 지구의 상응원리에 따라 지구에도 적도, 주장선, 주단선, 북극
  권, 남극권이 정의된다. 위도로는 0도, 북귀 23.5도, 남위23.5도, 북위66.5도,
  남위 66.5도의 圓圈이다. 리마두는 이 원권들을 경계로 정의되는 地理帶를
  설명하는데, 이는 서양에서 아리스토텔레스 이래로 표준적인 정의다. 이 帶
  들의 전형적인 특징은 태양고도에 따른 기후특성으로 나타나기 때문에, 天
  勢에 따른다는 말을 사용하고 있다. 우리가 보통 열대 한대 온대라고 부르
  는 것을 여기서는 열대 냉대 정대라고 부르고 있다.

(5) 地勢에 따른 五大州의 구분

또 지세로 땅을 나누면 오대주가 된다. 즉, 유럽, 리비아/아프리
카, 아시아, 남북아메리카, 마젤라니카가 그것이다. (又以地勢分輿地
爲五大州, 曰歐羅巴, 曰利未亞, 曰亞細亞, 曰南北亞墨利加, 曰墨瓦蠟泥加)

  해설: 리비아는 현재 아프리카 북부의 한 나라 이름이지만, 리마두 당시에는
  아프리카 전체를 의미했다. 남북아메리키를 합쳐서 한 대륙으로 보고 있다.
  마젤라니카는 마젤란이 발견한 것으로 인식되었던 "未確認 南方大陸"에
  붙여진 이름이다. 이 대륙은 그 후, 계속되는 탐험으로 그 실체가 없음이 밝
  혀졌고, 그 이름도 사라졌다. 대신 오스트레일리아와 남극대륙이 새로 확인
  내지 발견되었다.

유럽州로 말하면, 남쪽으로는 지중해에 이르고, 북쪽으로는 그
린란드 및 氷海에 이르고, 동쪽으로는 大乃河/돈江, 墨何的湖/아조

브海, 大海/黑海에 이르고, 서쪽으로는 大西洋에 이른다. (若歐羅巴者, 南至地中海, 北至臥蘭的亞及氷海, 東至大乃河 墨何的湖 大海, 西至大西洋)
　　　해설: 현재 아시아와 유럽의 경계는 우랄산맥이지만 리마두 당시는 좀 달랐다. 大乃河 즉 Tanais강은 현재의 Don강이고, 墨何的湖 즉 Maeotis湖는 Don강이 흘러드는 Azov해이며, 大海는 흑해다. 리마두의 대서양은 현재의 대서양보다 좁다. 유럽 서쪽의 바다다.

　　리비아/아프리카州로 말하면, 남쪽으로는 大浪山/희망峰에 이르고, 북쪽으로는 지중해에 이르고, 동쪽으로는 西紅海/紅海, 仙勞冷祖島/마다가스카르島에 이르고, 서쪽으로는 오세아노滄/대서양에 이른다. 즉 이 대륙은, 聖地인 유데아 아래의 좁은 地峽으로 아시아와 이어질 뿐이고, 그 나머지는 사방이 모두 바다로 둘러싸여 있다. (若利未亞者, 南至大浪山, 北至地中海, 東至西紅海 仙勞冷祖島, 西至河摺亞諾滄, 卽此州只以聖地之下微路與亞細亞相聯, 其餘全爲四海所圍)
　　　해설: 서홍해는 현재의 홍해다. 리마두의 지도에는 東紅海가 따로 있기 때문에 이렇게 부르고 있다. 仙勞冷祖St. Laurenzo는 마다가스카르로, 당시 영어식으로는 "센트 로렌스"가 된다. 河摺亞諾오세아노 즉 Oceano는 大洋의 의미이지만, 당시 대서양을 지칭하였다. 滄은 그 意譯인데 여기서는 음역과 의역을 합칭하고 있다. 유데아를 성지라고 하는 것은 리마두의 종교적 편견이 가미된 표현이다.

　　아시아州로 말하면, 남쪽으로는 수마트라, 루손 등의 섬에 이르고, 북쪽으로는 新젬블라/노바야젬랴 및 北海/北氷洋에 이르고, 동쪽으로는 日本島, 大明海/東中國海에 이르고, 서쪽으로는 大乃河/돈江, 墨河的湖/아조브海, 大海/黑海, 西紅海/紅海, 小西洋/아라비아海에 이른다. (若亞細亞者, 南至蘇門答臘, 呂宋等島, 北至新曾白臘及北海, 東至日本島, 大明海, 西至大乃河, 墨河的湖, 大海, 西紅海, 小西洋)

아메리카州로 말하면, 전부 四海로 둘러싸여 있고, 남북아메리카는 좁은 地峽으로 서로 연결되어 있다. (若亞墨利加者, 全爲四海所圍, 南北以微地相聯)

마젤라니카州로 말하면, 이 대륙은 모두 남방에 있다. 그러므로 이 대륙에서 보면, 지평선 위에는 남극만이 올라와 있고, 북극은 언제나 그 아래에 감추어져 있다. 그 대륙의 범위는 아직 어떠한지 알지 못한다. 그러므로 감히 내가 바로잡을 수가 없다. 오직 그 北邊이 大小자바 및 마젤란海峽과 경계를 이루고 있음을 알 뿐이다. (若墨瓦蠟泥加者, 盡在南方, 惟見南極出地而北極恒藏焉. 其界未審何如, 故未敢訂之, 惟其北邊與大小爪蛙及墨瓦蠟泥峽爲境也)

해설: 이 〈곤여만국전도〉는 지리상의 발견이 충분히 이루어지기 전에 그려진 것이다. 그러므로 미지의 지역이 있는데, 그 대표적인 지역이 가상의 마젤라니카대륙이다. 가보지도 않은 곳에 그런 대륙이 있다고 본 것은 "아리스토텔레스의 추론" 때문이라고 한다. 그는 지구설을 믿었다. 그런데 그가 아는 당시의 육지는 대부분 적도 이북에 몰려 있기 때문에, 둥근 지구의 남북균형을 위해서는 남방에도 상응한 육지가 있어야 한다고 생각하여 그 대륙을 "미지의 남방대륙 Australis Incognita"라고 하였다. 마젤란이 아메리카 남단의 해협, 즉 후에 "마젤란 해협"이라고 命名된 해협을 통과하면서 그 남쪽에 불빛이 있는 육지가 있음을 보고, 그것이 아리스토텔레스가 말한 대륙의 일부라고 생각하고, 불빛을 보았다고 하여, 그 땅은 Terra del Fuego 火地라고 명명했던 것이다. 그 뒤 사람들은 이 땅을 포함한 넓은 상상의 대륙을 마젤라니카라고 불렀다. 그러나 이 화지는 나중에 비교적 작은 섬에 불과함이 밝혀졌고, 마젤라니카라는 이름도 사라졌다. 현재 "티에라 델 푸에고 섬"은 칠레와 아르젠티나가 분할 영유하고 있다.

各州의 경계는 마땅히 五色으로 구별하여, 보기 편하게 하는 것이 좋다. 나라의 수가 너무 많아서 각국을 자세히 다루기는 어렵다. 대략 각주는 모두 백여국을 擁有하고 있다. (其各州之界, 當以五色別 之, 令其便覽. 各國繁夥難悉, 大約各州俱有百餘國)

> 해설: 〈곤여만국전도〉는 목판인쇄이기 때문에 색을 입히는 일은 별개의 작업이 필요하다. 리마두는 이를 염두에 두고 이 말을 하고 있다.

(6) 地圖와 地球

지도를 제대로 만들려면, 원구로 만들어서 그리는 것이 마땅한 일이나, 그렇게 그리기는 불편하므로, 부득불 둥근 구면을 평면으로 바꾸고, 둥근 圈線을 직선으로 바꾼다. 그러므로 그 형태를 알려면 반드시 서로 이어야 한다. 즉, 동쪽 바다와 서쪽 바다를 연결하여 한 조각이 되게 하는 것이 옳다. (原宜作圓球, 以其入圖不便, 不得不易圓爲平, 反圈爲線耳. 欲知其形, 必須相合, 連東西二海爲一片可也)

> 해설: 리마두는 지구의 참모습을 중국의 사대부들에게 이해시키려면, 평면지도가 아니라 구형의 지구의를 만드는 것이 바람직하다고 생각하고 있는 것이다. 그러나 그것이 현실적으로 어려운 일이므로 지금 평면지도를 만들고 있지만, 이 평면지도를 둥글게 말아서 동쪽 끝과 서쪽 끝을 이어보라고 권하고 있는 것이다. 사실 〈곤여만국전도〉를 보면, 동서 양 끝에 모두 河摺亞諾滄 즉 대서양이 있고, 양 끝 경선은 모두 350도 經線임을 볼 수 있다. 이것이 서로 합쳐져야 할 경선인 것이다.

(7) 地圖의 經度와 緯度

지도의 경선과 위선은 마땅히 每度를 그려야 하겠지만, 여기서는 매10도를 한 방격으로 그려 번잡을 면하고 있다. 이렇게 하니 각국을 제 위치에 分置할 수 있었다. (其經緯線本宜每度畫之, 今且每十度爲一方, 以免雜亂, 依是可分置各國於其所)

> 해설: 리마두는 중국의 방격지도는 10도를 한 방격으로 하는 일은 좀처럼

없다는 사실에 생각이 미쳐서 이런 말을 하고 있다.

지도의 동서 위선은 천하의 길이를 센다. 中線인 晝夜平線으로부터 시작하여, 위로 북극까지 세어 올라가고, 아래로 남극까지 세어 내려간다. 지도의 남북 경선은 천하의 너비를 센다. 福島로부터 시작하여 동쪽으로 10도씩 세어가면, 360도에서 다시 복도를 만난다. (東西緯線數天下之長, 自晝夜平線爲中而起, 上數至北極, 下數至南極; 南北經線數天下之寬, 自福島起爲一十度, 至三百六十度復相接焉)

해설: 지도에서 위선의 중선 즉 기준선은 적도다. 이 선은 지구의 남극과 북극에서 등거리에 있는 선이므로 자연스럽게 기준선이 된다. 반면 경선에는 자연스러운 기준선이 없다. 그러므로 인위적으로 정해야 하는데 2세기에 프톨레마이오스는 당시 알려진 가장 서쪽의 땅인 카나리아 군도의 한 섬 복도를 지나는 자오선을 기준선으로 삼아, 경선의 값이 음수가 되는 것을 피할 수 있었다. 이 전통이 리마두의 시대까지 이어 내려온 것이다. 현행의 세계의 기준선 즉 本初子午線은 주지하는 대로 그리니치천문대를 지나는 자오선인데, 이는 1884년 국제자오선회의의 결의에 의한 것이다. 복도자오선보다 약 17.5도 동쪽이다.

예를 들면, 우리가 南京을 조사하여, 그 곳의 위도가 中線이상 32도이고, 경도가 福島 이동 128도인 것을 알아냈다면, 우리는 그 위도와 경도로 남경을 제자리에 앉힐 수 있다(즉 그 위치를 一義的으로 정의할 수 있다). (試如察得南京離中線以上三十二度, 離福島以東一百二十八度, 則安之於其所也)

해설: 리마두는 여기서, 지구상의 모든 위치는 경도와 위도라는 좌표에 의해서 일의적으로 지정되는 원리를 설명하고 있다. 어떤 지점의 경도와 위도만 알면 그 지점의 지구상의 절대 위치를 알 수 있다는 이 원리를 중국인들에게 설명하고 있는 것이다. 그러나 중국이나 조선의 사대부들은 이 정도의

설명으로 경위도의 장점을 인식할 수 없었다. 경위도 좌표계의 장점을 몰랐기 때문에 19세기에 이르도록 중국과 조선에서는 경위지도 대신, 바둑판 모양의 방격지도가 의연 대세를 점하였던 것이다.

中線이상 북극까지는 실로 모두 북방이고, 중선이하 남극까지는 실로 모두 남방이다. 그런데 불교에서는, 중국이 南瞻部洲에 있다고 하면서, 또 須彌山에서 떨어진 거리까지 세고 있으니, 그 오류를 알만 하다. (凡在中線以上至北極則實爲北方, 凡在中線以下則實爲南方焉. 釋氏謂中國在南瞻部洲, 並計須彌山出入地數, 其謬可知也)

해설: 리마두는 傳敎 목적을 달성하기 위하여 중국의 사대부들의 脾胃를 건드는 일을 극히 삼갔다. 그러나 불교는 중국 사대부들의 종교가 아니다. 그러하기 때문에, 불교에 대한 비판에는 거리낌이 없다.

(8) 緯線의 用途

또한 위선을 사용하여, 우리는 각지점의 極出地度가 얼마인지를 알 수 있다. 각지점의 위도, 즉 晝夜平線으로부터 떨어진 度數와, 極出地度는 相等하기 때문이다. 단 남방에서는 南極出地度이고, 북방에서는 北極出地度이다. (又用緯線以著各極出地幾何, 蓋地離晝夜平線度數與極出地度數相等, 但在南方則著南極出地之數, 在北方則著北極出地之數也)

해설: 중국인들은 극출지도 특히 북극출지도의 개념을 가지고 있었다. 그러나 그것이 적도좌표계의 경위도와 어떻게 관련되는지는 몰랐다. 리마두는 여기서 이것을 설명해 주고 있는 것이다. 천구의 적도와 (천구의) 북극이 이루는 각이 90도이며, 수평과 천정이 이루는 각도 90도라는 것은 중국인들도 잘 알았다. 그런데 어떤 지점의 위도는 천구의 적도와 천정이 이루는 각이고 따라서 천정과 북극이 이루는 각과 보각관계에 있다. 한편 북극출지도는 북극과 지평이 이루는 각이므로 천정과 북극이 이루는 각과 보각관계에 있

다. 이처럼 북극출지도와 위도가 동일한 각과 보각관계에 있으므로 북극출지도와 위도는 같은 값을 가지게 되는 것이다. 리마두는 이를 설명하고 있다. 즉 리마두는 중국의 사대부들에게, "당신들이 잘 알고 있는 북극출지도는 바로 내가 말하는 북위도와 같은 것이다." 라고, 간곡히 설명하고 있는 것이다.

그러므로 우리는 지도에서, 북경이 中線이북 40도인 것을 보고, 북경의 북극고도가 40도임을 알 수 있고, 대랑산이 중선이남 36도인 것을 보고, 대랑산의 남극고도가 36도임을 알 수 있다. (故視京師隔中線以北四十度, 則知京師北極高四十度也; 視大浪山隔中線以南三十六度, 則知大浪山南極高三十六度也)

해설: 이 부분을 읽을 때는 지도에서 실제로 북경과 대랑산을 찾아 보면서 읽어야 실감이 난다. 지도에서 북경의 위도가 과연 북위40도임을 보면서, 북경에서 밤하늘을 쳐다보면 북극출지도가 40도일 것이라고 추론해보고, 또 대랑산의 위도가 남위36도임을 보면서 대랑산에 가서 밤에 하늘을 쳐다보면 남극출지도가 36도일 것이라고 추론해 보라는 것이다.

일반적으로, 위도가 같은 지점은 그 極出地度가 같을 뿐만 아니라, 四季와 寒暑의 모습도 같다. (凡同緯之地, 其極出地數同, 則四季寒暑同態焉)

해설: 위도와 극출지도가 항등관계에 있음을 리마두는 다시 한 번 강조하고 있다. 그리고 앞에서 설명한 地理帶와 기후와의 관련에서 보았듯이 氣候帶는 유일하게 위도에 의해서 결정되므로, 위도가 같은 지역은 사계와 한서의 모습도 같을 것임을 다시 한 번 상기시키고 있다.

지도에서, 만약 양지점이 中線에서 떨어진 도수는 같은데, 하나는 남쪽으로 다른 하나는 북쪽으로 떨어져 있다면, 그 양지점의 四

季 및 晝夜의 길이를 나타내는 刻數는 모두 같으나, 다만 계절은 반대다. 즉, 이곳의 여름은 저곳의 겨울이다(極圈 안쪽에서 일어나는) 長晝-長夜현상은, 그 지점이 중선에서 멀리 떨어진 곳일수록 장주의 길이와 장야의 길이는 더욱 길어진다. 나는 공식을 만들어 낮과 밤의 길이 晝夜長이 얼마인지를 계산하고, 지도의 가장자리에 매5도마다, 이 값을 써 넣었다. 서에서 동으로, 중선에서 떨어진 도수가 상하로 같으면, 같은 값이 통용될 수 있다. (若兩處離中線度數相同, 但一離於南, 一離於北, 其四季並晝夜刻數均同, 惟時相反, 此之夏爲彼之冬耳. 其長晝長夜, 離中線愈遠則其長愈多. 余爲式以記於圖邊, 每五度其晝夜長何如, 則西東上下隔中線數一, 則皆可通用焉)

> 해설: 리마두는 여기서 위도에 의존하는 천문현상을 추가로 설명하고 있다. 밤낮의 길이, 계절, 장주-장야현상 등도 위도에 따라 달라지는 것들이다. 리마두는 구체적인 수치를 지도 양쪽의 둥근 가장자리에 제시해 주고 있다. 물론 공식을 이용하여 계산한 것이다. 그러나 리마두는 그 공식을 설명해 주지는 않고 있다. 우리는 별도로 그 공식을 유도해 보는 기회를 가질 것이다.

(9) 經線의 用途

지도의 경선을 이용하여, 우리는 양지점의 시간차가 얼마나 떨어져 있는지를 알 수 있다. 日輪은 하루에 한 바퀴를 돌므로, 이는 每時辰마다 30도를 周行하는 셈이다. 그러므로 양지점의 경도차가 30도이면, 시간차는 1時辰/2시간이 된다. 그러므로 우리가 지도를 보고, 女直/女眞이 福島로부터 140도 떨어져 있고, 緬甸/버마가 110도 떨어져 있는 것을 알면, 우리는 여진과 버마의 시간차가 1시진/2시간임을 밝혀 알 수 있고, 따라서 여진이 묘시/6시라면, 버마는 인시/4시임을 안다. (用經線以定兩處相離幾何辰也. 蓋日輪一日作一週, 則每辰行三十度, 而兩處相違三十度, 並爲差一辰. 故視女直離福島一百四十度, 而緬甸離一百一十度, 則明女直於緬甸差一辰, 而凡女直爲卯時, 緬方爲寅時也)

해설: 경도차가 시간차에 직결된다는 리마두의 설명은 중국인에게 매우 유용한 정보를 제공한 셈이었다. 이 정보는 즉시 광범위하게 응용되었다. 그런데 문제는 경도를 측정할 직접적인 방법을 몰랐기 때문에 "30도=1시진/2시간"이란 정보를 "1도=250리"란 정보와 결합하여 "1시진=7500리"란 명제를 만들어 사용하는 과정에서 문제가 발생하였다. 앞의 "30도"는 "경도 30도"를 의미하고 뒤의 "1도"는 "위도 1도"를 의미하며, 경도 1도와 위도 1도는 같지 않음을 분명히 인식하지 못했기 때문이다. 후에 북경 근방의 1경도가 200리임을 알았을 때, 이를 1도=200리, 1위도=200리 등으로 왜곡 해석하는 과정에서 혼란은 가중되었다.

그 나머지도 이런 식으로 생각하면 된다. 가령 어떤 양지점의 시간차가 6시진/12시간이라면, 그 양지점은 밤과 낮이 정반대다. 이에 더하여, 만약 中線에서 떨어진 도수는 같으나, 남북의 차가 있다면, 그 양지점의 사람들은 발바닥을 마주하고 다닐 것이다. 그러므로 南京이 중선에서 북으로 32도, 福島에서 128도 떨어져 있고, 남아메리카의 마파스가 중선에서 남으로 32도, 복도에서 308도 떨어져 있다면, (경도차가 180도이므로) 남경과 마파스에서 사람들은 서로 발바닥을 마주하고 다닐 것이다. (其餘做是焉. 設差六辰, 則兩處晝夜相反焉. 如所離中線度數又同而差南北, 則兩地人對足底反行, 故南京離中線以北三十二度, 離福島一百二十八度, 而南亞墨利加之瑪八作離中線以南三十二度, 離福島三百又零八度, 則南京於瑪八作人相對反足底行矣)

해설: 이 경우에도 지도를 들여다 보면서 이 글을 읽어야 실감이 난다. 남경과 마파스는 서로 대척점인 것이다. 즉 구형의 지구에서 말하면, 남경에서 지심 방향으로 똑바로 구멍을 뚫으면, 닿는 곳이 마파스다. 남경과 마파스는 서로 지구에서 가장 먼 곳이다.

이로부터 우리가 알 수 있는 것은, 경선이 같은 곳은 時辰도 같아서, 일식과 월식을 동시에 본다는 것이다. 이것이 대략의 설명이다. 별도의 그림에 상세한 설명이 갖추어져 있다. (從此可曉同經線處並同辰而同時見日月蝕矣. 此其大略也, 其詳則備於圖云)

　해설: 월식은 달에 비친 지구의 그림자를 보는 것이기 때문에 지상에서 볼 수 있다면 어디서나 동시에 같은 모습의 월식을 본다. 그러나 일식은 그렇지 않을 수 있다. 달의 그림자가 지구에 같은 모습으로 비추는 것은 아니기 때문이다. 이 사실을 리마두는 간과하고 있다.

리마두 지음(利瑪竇撰).

2) 〈論地球比九重天之星遠且大幾何〉 地球는 九重天의 별에 비하여 얼마나 멀고 큰 가를 論함

　나는 일찍이 하늘과 땅을 측량하는 방법에 마음을 두고, 이탈리아 대학의 천문학 교수들과 오래 전부터 토론을 벌려왔다. 여기서 나는 그 과정에서 알게 된 수치들을 서술하여 여러분들이 쉽게 알 수 있게 하고자한다. (余嘗留心於量天地法, 且從大西庠天文諸士討論已久, 玆述其各數以便覽焉)

　우리는 이미, (적도에서의 경도와 위도의) 1도의 간격이 250리라는 것을 알고 있으므로, 둘레가 360도인 지구의 둘레의 길이는 9만 리다. 또 지구는 완전한 球體이므로, 이 수치를 바탕으로 지표면에서 地心까지의 거리를 (즉 지구의 반지름을) 계산하면, 그 값은 1만 4318과 2/9리다. (夫地球旣每度二百五十里, 則知三百六十度爲地一週得九萬里, 計地面至其中心得一萬四千三百一十八里零九分里之二)

　해설: 리마두가 사용하는 파이의 값은 22/7이다(3.1.참조). 그러므로 9만리를 이 값으로 나누면 지구의 지름이 되고, 이를 다시 2로 나누면 반지름이

된다. 즉 지구의 반지름은 1만4318과 2/11리다. 따라서 리마두의 2/9는 2/11 의 잘못이다. 제1폭의 〈총론〉에서는 地厚 즉 지구의 지름이 2만8636과 36/100리라고 되어있는데, 이를 2로 나누면 지구의 반지름은 1만4318과 18/100리가 된다. 2/9는 약 22/100이고, 2/11은 약 18/100이다.

우선, 지심에서 각 重天까지의 거리는 다음과 같다.

제일중천은 月天이니, 월천까지는 48만2522餘里이고; 제이중천 은 辰星 즉 수성천이니, 수성천까지는 91만8750여리이다. 제삼중천 은 太白 즉 금성천이니, 금성천까지는 240만0681여리이다. 제사중천 은 태양 즉 일륜천이니, 일륜천까지는 1605만5690여리이다. 제오중 천은 熒惑 즉 화성천이니, 화성천까지는 2741만2100여리이다. 제륙 중천은 歲星 즉 목성천이니, 1억2676만9584여리이다. 제칠중천은 塡 星 즉 토성천이니, 2억0577만0564여리이다. 제팔중천은 항성들로 이 루어진 列宿天이니, 열수천까지는 3억2276만9845여리이다. 제구중 천은 "으뜸 움직임의 하늘" 즉 宗動天이니, 종동천까지는 6억4733만 8690여리이다. (自地心至第一重謂月天, 四十八萬二千五百二十二里餘; 至 第二重謂辰星卽水星天, 九十一萬八千七百五十里餘; 至第三重謂太白卽金星 天, 二百四十萬零六百八十一里餘; 至第四重謂日輪天, 一千六百零五萬五千 六百九十里餘; 至第五重謂熒惑卽火星天, 二千七百四十一萬二千一百里餘; 至第六重謂歲星卽木星天, 一萬二千六百七十六萬九千五百八十四里餘; 至第 七重謂塡星卽土星天, 二萬五百七十七萬零五百六十四里餘; 至第八重謂列宿 天, 三萬二千二百七十六萬九千八百四十五里餘; 至第九重謂宗動天, 六萬四 千七百三十三萬八千六百九十里餘)

해설: 리마두의 시절에 중국에서는 "億"이 만의 10배의 뜻으로도 쓰이고 만 의 만배의 뜻으로도 쓰였다. 그리하여 리마두는 "億" 대신에 "萬萬"을 써서 그 의미를 분명히 하고 있다. 내용을 보기쉽게 표로 만들어본다.

리마두의 구중천 내용

重天순서	重天이름	지구로부터의 거리	公轉週期
제일중천	月天	48만2522여리	27일 31각
제이중천	辰星 수성천	91만8750	365일 23각
제삼중천	太白 금성천	240만0681	365일 23각
제사중천	太陽 日輪天	1605만5690	365일 23각
제오중천	熒惑 화성천	2741만2100	1년 321일 93각
제륙중천	歲星 목성천	1억2676만9584	11년 313일 70각
제칠중천	塡星 토성천	2억0577만0564	29년 155일 25각
제팔중천	恒星 列宿天	3억2276만9845	49000년
제구중천	宗動天	6억4733만8690	1일 (모든 重天을 帶同하고)

주: 공전주기는 구중천도로부터 얻음. 현대인의 눈으로 볼 때 거리는 의미가 없을
정도지만, 공전주기는 현재의 관측치와 별로 차이가 없다. 다만 內行星 수성과
금성의 공전주기를 태양의 공전주기와 같게 본 것이 눈에 띈다. 그리고 지구의
自轉을 부정하려니, 종동천의 一日一公轉運動을 가정할 수밖에 없었다.

이 아홉 개의 하늘층은 양파껍질처럼 서로 감싸고 있다. 각 층
은 모두 딱딱하고 굳으며, 해, 달, 별, 즉 日月星辰은 각 층의 몸 안
에 고정되어 있으니, 그 모습이 마치 나무판자 속에 옹이가 들어
있는 것과 같아서, 다만 본바탕인 각 하늘층이 움직여야 움직일 뿐
이다. 그러나 구중천의 각 몸은 맑고 색이 없기 때문에, 빛은 마치
유리나 수정 따위를 통하듯 통과할 수 있고, 막힘이 없다. (此九層相
包如蔥頭皮焉, 皆硬堅, 而日月星辰定在其體內, 如木節在板, 而只因本天而
動. 第天體明而無色, 則能通透光, 如琉璃水晶之類, 無所礙也)

해설: 각 하늘층이 수정같은 투명고체라는 수정구체의 생각은, 종동천의 가
설 때문에 필요했을 듯하다. 리마두의 천문학체계에서는 종동천이 매일 지
구주위를 한바퀴씩 돌며, 그 아래의 8개 하늘층은 종동천을 따라 역시 하루
에 한 바퀴씩 돈다. 이런 방식의 설명이라면 각 하늘층이 허공 또는 기체라
고 보기는 어려웠을 것이다. 그러나 후에 하루에 한 바퀴 도는 것은 종동천
이 아니라 지구라는 지구자전설이 받아들여지면서 이런 수정구체의 무리한
가설은 폐기된다.

항성인 이십팔수의 별들을 보면, 그 각각의 상등성은 지구의 106
과 1/6배 지구보다 더 크고, 2등성은 지구의 89와 1/8배 지구보다 더
크고, 3등성은 지구의 70과 1/3배 지구보다 더 크고, 4등성은 지구의
53과 11/12배 지구보다 더 크고, 5등성은 지구의 35와 1/8배 지구보
다 더 크고, 6등성은 지구의 17과 1/10배 지구보다 더 크다. 그러나
이 여섯 등급은 모두 제팔중천인 列宿天의 별들의 등급이다. (若二
十八宿星, 其上等每各, 大於地球一百零六倍又六分之一; 其二等之各星, 大於
地球八十九倍又八分之一; 其三等之各星, 大於地球七十倍又三分之一; 其四
等之各星, 大於地球五十三倍又十二分之十一; 其五等之各星, 大於地球三十
五倍又八分之一; 其六等之各星, 大於地球十七倍又十分之一. 夫此六第皆在
第八重天也)

> 해설: 여기의 수치는 지금의 눈으로 보면 전혀 의미가 없다. 그리고 리마두
> 의 표현, "A大於地球x倍"를 여기서는 "A는 지구의 x배 지구보다 더 크다."
> 라고 표현했는데, 그것은 "A의 크기는 지구의 (x+1)배다." 라는 뜻이다.

제칠중천의 토성은 지구의 90과 1/8 지구보다 더 크고, 제륙중천
의 목성은 지구의 94배반 지구보다 더 크고, 제오중천의 화성은 지
구의 반배 지구보다 더 크고, 제사중천의 태양은 지구의 165와 3/8
배 지구보다 더 크다. 지구는 금성의 36과 1/27배 금성보다 더 크고,
수성의 2만1951배 수성보다 더 크고, 달의 38과 1/3배 달보다 더 크
다. 그러므로 우리는 태양이 달의 6538과 1/5배 달보다 더 크다. (土
星大於地球九十倍又八分之一, 木星大於地球九十四倍半, 火星大於地球半倍,
日輪大於地球一百六十五倍又八分之三, 　地球大於金星三十六倍又二十七分
之一, 大於水星二萬一千九百五十一倍, 大於月輪三十八倍又三分之一, 則日
大於月六千五百三十八倍又五分之一)

> 해설: 앞의 해설에 따르면, 이 문단에서 태양의 크기는 지구의 166.375배이
> 고, 지구의 크기는 달의 39.333배, 그리고 태양의 크기는 달의 6639.2배임을

안다. 여기서 우리는 6639.2/166.375=39.30398을 얻는데, 이를 단수처리한 39.303은 39.333의 단수처리 결과와 일치한다. 앞의 해설의 타당성이 확인된다. 알기쉽게 표로 만들어보면 다음과 같다.

각 重天의 크기 비교

重天순서	重天이름	더 큰 배율	각천의 지구배율
지구보다 작은 중천에 대한 지구의 더 큰 정도			
제일중천	月天	달의 38 1/3배	1/(39 1/3) 배 = 1/(39.3
제이중천	辰星 수성천	수성의 21951배	1/(21952) 배
제삼중천	太白 금성천	금성의 36 1/27배	1/(37 1/27) 배
지구보다 큰 중천의 지구에 비한 더 큰 정도			
제사중천	太陽 日輪天	165 3/8배	166 3/8 배 = 166.375배
제오중천	熒惑 화성천	1/2배	1 1/2 배
제륙중천	歲星 목성천	94 1/2배	95 1/2 배
제칠중천	塡星 토성천	90 1/8배	91 1/8 배

주) 이 표에는 다음 정보들이 독립적으로 제시되어 있다: (태양/달)=9539.2; (태양/지구)=166.375; (지구/달)=39.333. 그러나 우리는 세 번째의 "(지구/달)"의 정보를 앞의 두 정보에서 다음과 같이 구할 수 있다. 즉, (지구/달) = (태양/달)x(태양/지구) = 9539.2/166.375 = 39.304. 이 계산값과 세 번째 정보 39.333은 端數處理과정을 거치면 동일하다. 즉 리마두가 제시한 수치들 간에는 모순이 없다.

이상의 사실로부터 우리가 증명할 수 있는 것은, 만약 어떤 사람이 제4중천, 즉 태양이 위치하는 하늘 이상 높이 올라가서 지구를 본다면, 틀림없이 지구는 보이지 않으리라는 사실이다. 즉 지구의 微小함은 天球와 비교해 볼 때는, 조그마한 점만도 못한 것이다. (自此可徵, 使有人在第四重天已上視地, 必不能見, 則地之微, 比天不啻如點焉耳)

그러므로 우리는 바로 미세한 점 하나 속에서, 영역을 나누어 가지고, 公侯니 帝王이니 하면서, 찬탈에 성공하면 대업을 이루었다고 뽐내면서, 이웃 나라의 강역을 쳐들어가, 훔치고 빼앗는다. 밤낮으로 계책을 꾸며 田地를 넓히고 자기 봉토를 세우는 일을 추구하면서, 여기에 마음을 다하고 정신을 혹사하여, 공을 세우고 이름을 전하는 일에 전념하니, 고삐 풀린 저 무한한 탐욕, 위태롭고 위태롭구나!. (而我輩乃於一微點中, 分采域, 爲公侯, 爲帝王, 於是簒奪稱大業, 竊脫隔鄰疆碑而侵他疇, 日夜營求, 廣闢田地, 殖己封境, 於是竭心劇神, 立功傳名, 肆彼無限之貪慾, 殆哉殆哉!)

유럽사람 리마두 씀(歐邏巴人 利瑪竇述).

3) 리마두 跋文

(1) 序

사람의 수명이 얼마나 되는가? 반드시 장구한 세월이 걸린 뒤에야 견문을 넓히고 학문을 갖출 수 있을 터인데, 갖추고 나니 홀연 나이가 들어 한가하게 쓸 시간이 없다면, 이 아니 슬픈 일인가!

지도와 역사가 귀한 까닭은 역사는 그 견문을 기록하고, 지도는 그 견문을 전해 줄 수 있어서, 사방의 선비들이 이를 볼 수 있기 때문이다. 옛사람이 지도와 역사에 실어 놓으면 후대 사람이 이를 둘러보게 되니, 편안히 앉아서 어리석음을 줄이고, 지혜를 늘일 수 있다. 크도다, 지도와 역사의 공이여! (吾古昔以多見聞爲智, 原有不辭萬里之遊, 往訪賢人, 觀名邦者. 人壽幾何, 必歷年久遠而後得廣覽備學, 忽然老至而無遑用焉, 豈不悲哉! 所以貴有圖史, 史記之圖傳之, 四方之士所能睹見, 古人載而後人觀, 坐而可減愚增智焉. 大哉, 圖史之功乎!)

(2) 이탈리아의 情況

우리나라 이탈리아는 비록 국토는 좁지만, 언제나 역사를 깊이 신뢰했고, 여러 나라의 풍속과 명승에 관한 이야기를 즐겨 들었다. 따라서 이탈리아 자신의 나라에 관한 상세한 기록을 가지고 있을

뿐 아니라, 또한 天下列國의 通誌도 가지고 있고, 심지어는 구중천
도, 만국전도 등 갖추고 있지 않은 것이 없다. (敝國雖褊而恒重信史,
喜聞各方之風俗與其名勝, 故非惟本國詳載, 又有天下列國通誌, 以至九重天,
萬國全圖, 無不備者)

(3) 廣東과 南京에서의 地圖 제작

나 리마두는 바닷가의 나라에 웅크리고 있으면서, 중화대국이
만리 떨어진 나라에까지 교화의 힘을 미친다는 소문을 듣고, 중화
대국의 뛰어난 문화를 스스로 흠모하여, 배를 타고 서쪽에서 왔다.
(竇也跧伏海邦, 竊慕中華大統萬里聲敎之盛, 浮槎西來. 壬午解纜東粤, 粤人
士請圖所過諸國, 以垂不朽. 彼時竇未熟漢語, 雖出所攜圖册與其積歲札記,
紬繹刻梓, 然司賓所譯, 奚免無謬! 庚子至白下, 蒙左海吳先生之敎, 再爲修訂)

내가 임오년(1582년)에 廣東에 닻을 내리니, 그 지역의 인사들이,
지도를 그려 주면, 오래도록 정성껏 간직할 터이니, 내가 지나온 나
라들의 지도를 그려달라고 청했다.

그때 나는 중국말[漢語]에 미숙하였다. 그러나 그들의 청에 못이
겨, 가지고 온 지도와 책과 여러 해 동안 써둔 기록물들을 꺼내어,
실마리를 잡아 목판에 새겨 출판하였다. 그러나 손님접대관이 번역
한 것에 어찌 오류가 없었겠는가!

경자년(1600년)에 南京에 이르러서는, 나는 左海 吳中明선생의
가르침을 받고 다시 수정을 가하였다.

(4) 北京版 〈坤輿萬國全圖〉 제작(1602년)

신축년(1601년)에 내가 북경에 들어오니, 여러 대가들께서 이미
이 지도를 보시고, 많은 분들이 이를 함부로 버리지 않고, 이 여행
객을 후대해 주셨다.

繕部의 관리 我存 李之藻선생은 일찍이 지도학에 뜻을 두고 스

스로 그 방면의 전문가가 된 분으로, 이미 글을 편집하여 업적을 낸 분이다. 선생은 이 지도의 가치를 깊이 상찬하여, 지구의 도수는 하늘의 운행에 상응하고, 또 만세에 바뀔 수 없는 법임을 이해하였다. 또한 궁극의 이치를 추구하여 최고의 경지에 도달하고자 하는 의욕을 버리지 않고, 쉬지 않고 부지런히 이 길을 추구하였다. 아존선생은, 전에 새긴 목각판이 너무 좁아 서양에서 온 원래지도의 10분의1도 못 채우는 것을 아쉽게 여겨, 그 목각판을 키울 방법을 모색하였다.

나는 말했다. "이야말로 우리나라 이탈리아의 행운입니다. 선생으로 인하여 우리나라의 문물을 중국에 알릴 수 있게 되니 말입니다. 어찌 부지런히 다시 교열을 봐 드릴 생각이 나지 않겠습니까!"

이리하여, 나는 우리나라의 원지도와 通誌에 관한 여러 책들을 모아, 거듭 검토하여 확정하였다. 그리고 옛날 번역의 오류와, 度와 數의 잘못을 바로 잡고, 겸하여 나라 이름 수백 개를 추가하였다. 또, 그 종이 폭의 빈곳에 맞추어서, 그 나라의 풍속과 토산물을 기록했으니, 비록 크게 만족스럽지는 못하나, 옛날 것에 비하여 내용이 약간은 풍부해 졌다고 말할 수 있겠다.

다만, 지구의 모양이 본래 둥근 공인데, 이제 평면으로 그리니, 그 이치를 한 눈에 깨닫기가 쉽지 않다. 그래서 또 우리나라의 방법을 모방하여 半球圖 둘을 다시 만든다. 그 반구도의 하나는 적도 이북 지도이고, 다른 하나는 적도이남 지도다. 양극은 두 반구도의 한가운데에 자리잡고 있다. 두 반구도는 땅의 본래 모습을 닮았으므로, 서로 마주 놓고 보면 편리하다.

모두 모아서 완성된 여섯 폭 큰 병풍은 서재에서 들어 누워서 즐길 수 있는 가구가 된다. 아아! 집 마당을 나가지 않아도 모든 나라를 다 둘러볼 수 있으니, 이것이 견문을 넓히는데 적지 않은 보탬이 되지 않겠는가! (辛丑來京, 諸大先生曾見是圖者, 多不鄙棄, 羈旅而

辱厚待焉. 繕部我存李先生, 夙志輿地之學, 自爲諸生, 編輯有書, 深賞玆圖, 以爲地度之相應天躔, 乃萬世不可易之法, 又且窮理極數, 孜孜盡年不捨, 歎前刻之隘狹, 未盡西來原圖什一, 謀更恢廣之. 乃取敝邑原圖及通誌諸書, 重爲考定, 訂其舊譯之謬與其度數之失, 兼增國名數百, 隨其楮幅之空, 載厥國俗土産, 雖未能大備, 比舊亦稍贍云. 但地形本圓球, 今圖爲平面, 其理難於一覽而悟, 則又倣敝邑之法, 再作半球圖者二焉.

一載赤道以北, 一載赤道以南, 其二極則居二圈當中, 以肖地之本形, 便於互見. 共成大屛六幅, 以爲書齋臥遊之具. 嗟嗟! 不出戶庭, 歷觀萬國, 此於聞見, 不無少補)

(5) 天地와 天帝

일찍이 나는 듣기를, 천지는 하나의 큰 책이고, 이 책은 오직 군자만이 읽을 수 있다는 말을 들어 왔다. 고로 군자는 천지를 읽고 道를 이룰 수 있는 것이다.

천지를 읽고 이해하면, 군자는 천지를 주재하는 이가 더 없이 선한 분(至善)이고, 더 없이 큰 분(至大)이고, 오직 한 분(至一)임을 증거할 수 있다.

배우지 않는 사람은 하늘을 버리는 사람이다. 배웠으나 근본인 하나님에 돌아가지 않는 사람은 끝내 배운 것이 아니다.

악의 싹을 깨끗이 잘라내고, 더 없이 선한 분(至善)이 오시기를 기다리면, 이것이 곧 선이다. 잠시 작은 일을 늦추고 큰 일을 서두르면, 번다함을 줄여, 오직 한 분(至一)에 귀의할 수 있게 되며, 배우는 일에도 가까워질 것이다. (嘗聞天地一大書, 惟君子能讀之, 故道成焉. 蓋知天地而可證主宰天地者之至善, 至大, 至一也. 不學者, 棄天者也. 學不歸原天帝, 終非學也. 淨絶惡萌, 以期至善, 卽善也. 姑緩小以急於大, 減其繁多以歸於至一, 於學也庶乎!)

(6) 拔

나는 不敏하여, 이 天地圖 번역이 여러분께 견문을 넓이는데 도움을 드린다는 말을 감히 할 수 없다. 견문의 지식은 자기 스스로를 수양하는 사람 즉 爲己者가 마땅히 스스로 얻는 것이지 남이 줄 수 있는 것이 아니기 때문이다. 나와 함께 하늘을 이고 땅을 밟고 사는 모든 이들에게 이것을 소망한다고 나는 겸손히 말하고 싶다. (竇不敏, 譯此天地圖, 非敢曰資聞見也, 爲己者當自得焉. 竊以此望于共戴天履地者)

萬曆 임인년(1602년) 칠월 초하루, 유럽사람 리마두 삼가 씀
(萬曆 壬寅 孟秋 吉旦 歐邏巴人 利瑪竇 謹撰).

4. 리마두 小論說 모음

1) 九重天圖 관련 글

(1) 九重天 서론

해설: 구중천론은 당시 천주교에서 인정하는 우주론으로, 하늘이 아홉겹으로 이루어 졌고, 그 중심에 지구가 자리잡고 있어, 지심이 곧 우주의 중심이라는 것이 핵심이론이다. 그 아홉 하늘은 지구에서 가까운 것부터, 월륜천, 수성천, 금성천 일륜천, 화성천 목성천 토성천, 열숙천(항성천, 경성천, 이십팔숙천이라고도 한다), 그리고 끝으로 종동천이다. 이 아홉 하늘들이 모두 지구를 중심으로 공전한다.

列宿天, 日輪天, 月輪天 등 여러 하늘들은, 각각 스스로 운행하며, 빠르기가 같지 않다. 그러나 모두 宗動天에 이끌리어 왼쪽으로, 즉 東에서 西로, 돈다. (按列宿日月星諸天, 各自運行, 遲速不等, 而俱爲宗

動天帶之左旋)

해설: 이 아홉 하늘들은 각자 독립적으로 지구를 중심으로 공전하는데, 第九重天인 종동천만큼은 특이하다. 공전속도가 가장 빠를뿐 아니라 나머지 여덟 하늘을 모두 이끌고 함께 돈다는 것이다. 종동천은 은 라틴어 Primum Mobile의 변역으로, 모든 천체의 움직임 중에서 "으뜸가는 움직임의 하늘"이란 뜻이다. 단테의 『神曲』에서는 천국의 마지막 하늘의 이름으로 등장하며, 번역서에는 "原動天"으로 번역되어 있다. 아마도 일어 번역어일 것이다. 李瀷의 『星湖僿說』 등 실학자들의 저작에도 종동천으로 되어있기 때문이다. 〈양의현람도〉의 십일중천설에서는 에서는 종동천 밖에 두 개의 하늘이 더 있는데, 제십일중천에 천주 즉 하나님이 머물며, 하나님이 직접 종동천을 돌린다고 본다.

종동천이, 독자적인 운행을 하는, 그 밑의 여덟 개 하늘을 모두 이끌고 돈다는 생각을 합리화하기 위한 가정이 九重天의 水晶球體 가정, 즉 모든 하늘이 투명한 고체로 이루어졌다는 가정일 것이다. 이 가정은 16세기 超新星 현상의 발견으로 깨졌으나, 리마두의 예수회는 이 지도를 만드는 시점까지도 그 가정을 견지하고 있었다.

종동천은 그 운행속도가 가장 빠르다. 사람이 땅에서 쳐다보면, 日月星辰이 모두 모두 왼쪽으로, 즉 동에서 서로, 도는 것으로 느껴진다. 그러나 실상, 스스로는 오른쪽으로, 즉 서에서 동으로, 도는 것이다. (宗動天之行最速, 人從地上望之, 但覺日月星皆左旋, 其實自是右轉)

해설: 모든 하늘은 종동천을 따라 하루에 한 바퀴씩 지구를 중심으로 동에서 서로 공전한다. 그러나 종동천을 배경으로 놓고 보면, 일월성신은 모두 서에서 동으로 돈다. 종동천에는 별이 없으므로 이는 가상의 하늘이다. 리마두 체계에서 종동천을 대신할 좋은 근사적 배경은 열숙천 즉 항성천이다. 현대 천문학 이전에 동서양의 천문학에서는 칠정(달, 해, 그리고 다섯 행성)으로 대표되는 제1중천에서 제7중천까지의 움직임은 열숙천을 배경으로 하

는 움직임이었다. 해를 예로 들어 보면, 리마두 체계에서 해는 천구상의 황도를 따라 일년에 한 바퀴씩 서에서 동으로 돈다. 그러나 중동천에 따라서 도는 속도가 워낙 빠르기 때문에 우리 눈에는 태양이 동에서 서로 도는 것처럼 느껴진다는 것이다.

송나라 선비가 이를, 개미가 맷돌 위를 도는 비유로 설명했는데, 그 비유는 사실에 가깝다. 그러나 그 선비는, 하늘이 여러 겹으로 되어 있다는 사실은 알지 못했다. (宋儒蟻行磨上之喩近之, 但未知天有重耳)

해설: 태양자체는 서에서 동으로 도는데 우리 눈에는 동에서 서로 도는 것처럼 보이는 것은, 맷돌 위를 개미가 왼쪽으로 돌지만 맷돌은 오른쪽으로 돌 때, 개미가 오른쪽으로 도는 것처럼 보이는 것과 같은 이치라는 것을 송나라 선비가 말했다는 기록이 있다. 이 사실을 알고 있는 리마두는 그 비유가 자신의 설명과 가깝다고 시인한다. 그러나 그 선비는 하늘이 여러 겹으로 되어 있다는 사실은 몰랐다고, 송나라 선비와 자신을 차별화하고 있다.

만일, 각각의 하늘이 스스로 하나의 독립된 하늘이 아니라면, 그와 같은 日月星辰의 錯行이 있는데도 불구하고 서로 운행을 방해하고 어긋나게 하지 않는 것이 어찌 가능한 일이겠는가? 이 이치는 유럽 여러 나라에서 매우 자세히 가르치고 있다. 그러나 여기서 이를 다 설명하는 일은 불가능하다. (若非各自一天, 彼日月星辰錯行, 何能不害, 不悖? 此理, 歐邏巴諸國講之極詳, 不能具述)

해설: 천체가 다니는 길이 서로 다르고, 운행 주기가 다른 것을 錯行이라 한다. 이러한 착행이 가능하려면, 아홉 개의 하늘이 독립되어 있어야한다는 논리를 말하고 있다. 지구는 고정불변하고 하늘이 돈다는 가정을 하려고 하기 때문에 아홉 겹의 하늘 각각이 고체인 水晶球體라고 가정할 수밖에 없고, 그 가정 때문에 착행을 설명하려면 각각의 하늘이 독립적으로 움직일 수 있어야 한다는, 자신의 논리에 매몰된 주장을 리마두는 하고 있는 것이다.

地와 水가 합하여 하나의 球를 이룬다(이것이 지구다). 氣가 地, 水로 이루어진 지구를 둘러싸고, 또 火가 氣를 둘러싼다. 九重天은 또 화 바깥을 둘러싼다. 이에 관한 자세한 해설은 따로 있다. 여기서는 그 대략만을 이야기한다. (地水合爲一球, 氣包地水, 而火又包氣. 九重天又包火外, 亦另有解. 玆揭其大略云爾)

　　해설: 地, 水, 氣, 火를 四行 즉 4원소라 한다. 리마두는 중국의 金 木 水 火 土 五行을 5원소라는 좁은 의미로 해석하고 싶어하는 것 같다. 그래서 四行이라는 말을 만들어 쓰고 있다. 해설이 따로 있다는 말은 이 구중천 그림 아래에 四行論 해설이 있다는 말이다. 구중천 그림의 한가운데에는 사행의 布置에 관한 그림이 있다.

여기서 리마두는 먼저 , 사행 중의 둘인 수와 지가 합하여 하나의 구를 이룬 것이 지구라는 설명을 하고 있는 것이다. 당시 중국의 사대부들에게는 이 말을 납득하기가 무척 어려웠을 것이다. 땅은 네모나고 평평하다고 믿었고, 만유인력을 몰랐고, 자신이 사는 땅이 천하의 중심이라고 믿었으나 우주의 중심이란 생각은 해보지 않았기 때문이다.

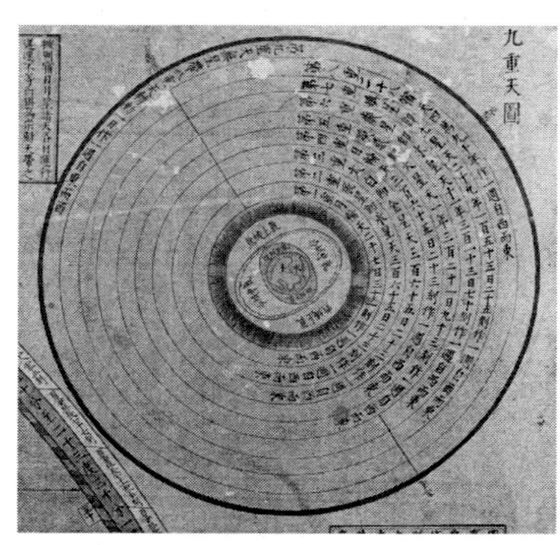

〈곤여만국전도〉 중 구중천 그림

리마두는 이어서, 지구를 둘러싸고 있는 제3의 사행이 기라고 말한다. 그리고 기의 바깥은 사행의 마지막 원소인 화가 둘러싸고 있는데, 그 바깥 내지 위에 월륜천으로부터 시작되는 구중천이 둘러싼다. 리마두의 구중천 그림은 이를 표현하고 있다. 설명은 별도의 사행론으로 이어진다.

(2) 九重天 각각의 하늘에 대한 설명

구중천 중 아홉 번째 하늘(즉 宗動天)에는 별이 없다. 종동천은 그 아래의 여덟 겹 하늘들을 모두 데리고, 東에서 西로 하루에 한 바퀴를 돈다. (第九重天, 無星, 帶八重天轉動, 一日作一週, 自東而西)

해설: 리마두에게 있어서 천지를 주재하는 하나님이 천체를 주재하는 중요한 수단이 제구중천인 종동천이다. 종동천은 뭇별이 존재하는 열숙천의 바깥에 있어 그 하늘 자체에는 별이 없다. 천체운행의 동력원일 뿐이다. 하나님은 이 동력원을 하루에 한 바퀴씩 동에서 서로 돌게 함으로써 나머지 8개 중천들이 이를 따라 돌게 만든다. 이러한 성질을 가지는 종동천의 존재를 가정하는 일은 지구가 자전한다는 가정으로 대신할 수 있는 것이지만 천주교에서는 지구를 고정불변의 우주의 중심이라고 믿었기 때문에 지구를 자전하게 할 수는 없었다. 서양에서 지구자전설이 널리 받아들여진 것은 16세기의 일이나, 리마두가 속한 예수회에서는 이 설을 받아들이지 않고 있었다. 때문에 리마두체계도 종동천설을 고수하고 있는 것이다.

여덟 번째 하늘인 二十八宿天은 모든 恒星들의 하늘로, 서에서 동으로 4만9천년에 한 바퀴를 돈다. (第八重二十八宿天, 四萬九千年作一週, 自西而東)

해설: 二十八宿天, 列宿天, 恒星天, 經星天 등은 모두 동의어다. 經星天이란 말은 항성이 列宿으로 즉 28宿으로 나누어지는 것이 세로로 즉 經으로 나누어지기 때문에 붙여진 이름이다. 象緯 즉 해와 달과 5行星이 黃道 가까이에서 가로 방향으로 즉 緯로 운행하는 것과 대조가 된다고 보는 것이다.

일곱 번째 하늘인 塡星天, 즉 토성의 하늘은, 서에서 동으로 29년155일25각에 한 바퀴를 돈다. (第七重塡星 卽土星天, 二十九年一百五十五日二十五刻作一週, 自西而東)

여섯 번째 하늘인 歲星天, 즉 목성의 하늘은, 서에서 동으로 11년313일70각에 한 바퀴를 돈다. (第六重歲星, 卽木星天, 十一年三百一十三日七十刻作一週, 自西而東)

다섯 번째 하늘인 熒惑天, 즉 火星의 하늘은 西에서 東으로 1年321日93刻에 한 바퀴를 돈다. (第五重熒惑, 卽火星天, 一年三百二十一日九十三刻作一週, 自西而東)

네 번째 하늘인 日輪天, 즉 태양의 하늘은 西에서 東으로 365일23각에 한 바퀴를 돈다. (第四重日輪天, 三百六十五日二十三刻作一週, 自西而東)

세 번째 하늘인 太白天, 즉 금성의 하늘은 서에서 동으로 365일23각에 한 바퀴를 돈다. (第三重太白, 卽金星天, 三百六十五日二十三刻作一週, 自西而東)

두 번째 겹친 辰星天, 즉 수성의 하늘은 서에서 동으로 365일23각에 한 바퀴를 돈다. (第二重辰星, 卽水星天, 三百六十五日二十三刻作一週, 自西而東)

첫 번째 하늘인 月輪天, 즉 달의 하늘은 서에서 동으로 27일31각에 한 바퀴를 돈다. (第一重月輪天, 二十七日三十一刻作一週, 自西而東)
해설: 제칠중천에서 제오중천까지의 "지구"공전주기는 외행성인 토성, 목성, 화성의 "태양"공전주기와 비교될 수 있다. 제사중천인 월륜천의 "지구"공전주기는 지구의 "태양"공전주기와 수학적으로 同値다. 여기에 리마두가 제시한 주기들을 최신의 대응하는 관측주기들과 비교해 보자.

제중천	리마두의 "지구"공전주기	대응하는 최신 공전주기
제7중천 토성	19년 155.25일=10746.92일	10759.22일
제6중천 목성	11년 213.70일= 4331.23일	4331.57일
제5중천 화성	1년 321.93일= 687.16일	686.97일
제4중천 태양	1년= 365.23일	365.24일
제1중천 달	27.31일= 27.31일	27.32일(恒星月)

리마두의 수치는 지구를 "公轉"하는 주기이고, 최신관측치는 外行星 (토성, 목성, 화성)의 경우, 태양을 공전하는 주기라는 차이가 있음을 감안할 때, 16세기 서양의 관측이 매우 정확했음을 알 수 있다. 內行星 (금성, 수성)의 경우, 이들이 언제나 태양 쪽에 있다는 사실을, 리마두는 이들의 공전주기가 태양의 주기와 같은 것으로 파악하고 있다.

2) 天地儀 관련 글

천지의로 우리는, 해와 달의 운행과 추위 더위의 대강을 알 수 있다. 그리고 이는 精銅으로 만든다. 바깥 고리 하나의 이름은 子午環이라 하는데, 자오환은, 남북 두 방향을 표준으로 취한다. (天地儀, 以見日月運行寒暑大意, 精銅爲之. 外一環名子午環, 取準南北二向)

해설: 지도의 오른 쪽 아래에 그려진 천지의의 그림은 입체를 평면에 그리는 과정에서 내용이 불분명한 부분이 있다. 그림에서 자오환은 바깥의 큰 원이다. 끝에 보충설명을 추가한다.

자오환의 남북 양머리는 樞를 하나씩 쓰는데, 남쪽 추는 천구의 남극을 삼고, 북쪽 추는 북극을 삼는다. 자오환의 둘레는 360도로 均分한다. 그리고 땅을 따라 자리를 이동할 때, 만일 천구의 북극이 땅 위로 1도 올라오면, 남극은 땅 아래로 1도 내려간다. (兩頭各用一

樞, 在南者借作南極, 在北者借作北極, 勻分三百六十度. 隨地而移, 如北極出地一度, 則南極入地一度也)

> 해설: 천지의의 그림에서, 자오환을 360도로 균분하는 방식은, 자오환의 좌우중점인 적도를 0으로 하고 상하중점인 북극과 남극을 90도로 하여 4개 象限을 90도로 균분하는 방식이다. 추는 그림에는 특별히 표시하지 않고 있으나, 천구의 북극과 남극이 그 위치다. 종동천에 의한 천구의 회전은 이 두 추를 이은 선분을 軸으로 이루어진다.

가운데 가로 놓인 고리는 그 이름이 赤道環이다. 해가 운행하다가 이곳에 이르면 밤과 낮의 길이는 같게 된다. (中橫環, 名曰赤道, 日行至此, 則晝夜平矣)

> 해설: 그림에서 "赤道晝夜平線"이라고 표시되어 있는 것이 적도환이다. 여기쯤에서 리마두는 해가 운행하는 길인 황도의 설명을 하는 것이 옳았을 것이다. 그러나 그는 글에는 황도를 그려놓았으면서도, 설명에는 빠뜨렸다. 그 설명을 이 항목의 뒤에 부록으로 첨가한다.

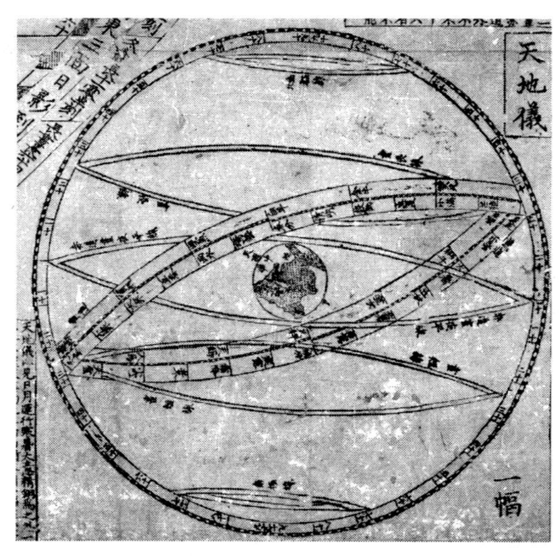

리마두의
"천지의" 그림

적도에서 남과 북으로 각각 23.5도에 고리가 하나씩 있는데, 이는, 해가 적도를 떠나 남북으로 운행하다가 적도에서 가장 멀리 떨어진 때의 한계다. (稍南北二十三度半, 各一環爲日行離赤道南北, 最遠之限)
 해설: 그림에서 이 두 고리는 각각 "晝長線", "晝短線"이라고 표시되어 있는데, 현재의 용어로는 북회귀선과 남회귀선이다.

이 세 고리(즉 적도, 주장선, 주단선)는 마땅히 하나의 회전축에 고정시켜, 그 회전축이 남북 二極의 가운데를 관통하게 해주어야 한다. (此三環當用一關振, 貫于南北二極之中, 俾其運轉者)
 해설: 그림에서는 회전축이 빠져있다. 그림이 복잡해짐을 피하기 위해서 그리지 않았을 것이다. 그런데 그림에 보면, 설명에는 빠진 "북극선"과 "남극선"이라는 두 개의 고리가 더 있다. 현재의 용어로 북극권과 남극권이다. 각각 적도에서 북과 남으로 66.5도 (또는 북극과 남극에서 23.5도) 떨어져 있는 고리다. 이 두 고리도 당연히 같은 회전축에 고정되어서 5개의 고리가 함께 회전하도록 되어야 하는데, 이 설명이 미흡하다. 이 다섯 개의 고리와 자오환은 모두 천구의 구면에 있는 원들이다. 천구가 돌 때 함께 돈다.

가장 가운데의 작은 공이 地球, 즉 땅과 바다의 전체 모습이다. (最中一小球, 乃地海全形也)
 해설: 리마두 체계에서 천구와 지구는 중심을 같이하는 同心球이다. 지구의 북극과 남극은, 천구의 북극과 남극에 대응한다. 즉 자오환의 북극과 남북을 서로 마주보고 있어야 한다. 이 지구의 양극과 천구의 양극을 관통하는 축이 천구의 회전축이다. 〈구중천도〉의 설명에 의하면. 지구는 천구의 중심에 언제나 정지해 있고, 천구는 종동천을 따라 하루에 한 바퀴씩 동에서 서로 돈다.

적도 아래로부터 북방의 여러 나라를 보면, 해가 북도를 운행할 때, 낮은 길고 밤은 짧은데, 하지에 그 극에 이른다.

극에 이르면 남쪽으로 되돌아 간다. 그리하여 해가 남도를 운행할 때, 밤은 길고 낮은 짧은데, 동지에 그 극에 이른다. 극에 이르면 북쪽으로 되돌아 온다.

그 적도 이남의 여러 나라에서는, 이와 반대가 된다. 자세한 註釋은 큰 지도의 가장자리에 갖추어 놓았다. (自赤道下北方諸國觀之, 日行北道, 則晝長夜短, 至夏至而極. 極則返而南, 日行南道, 則夜長晝短, 至冬至而極. 極則返而北. 其赤道以南諸國, 則反是焉. 俱詳註大圖之傍)

이 천지의의 바깥에, 우리는 마땅히 지평환 하나를 더 만들었어야 했다. 그리하여 우리의 천지의가 그 지평환 가운데에 자리 잡게 하면, 지평환은 천지의의 상하 各半을 둘로 나누어서, 천체들이 땅 위로 올라오고 땅 아래로 내려가는 경계가 되는 것이다.

구리로 만든 천지의 중에는 이런 것들이 따로 있다. 그러나 우리의 천지의 그림 속에 이를 모두 갖추어 그릴 수는 없다. (此儀之外, 尚當作一地平環, 而以儀置于其中, 上下各半, 以分出地入地之界. 另有銅式, 不能具于圖中)

〈황도 관련 보충설명〉

황도는 해가 운행하는 길이다. 〈구중천도〉에는 "제사중천인 일륜천은 365.23일에 한바퀴씩 서에서 동으로 돈다."라고 되어 있는데, 이것이 태양의 운행을 설명하는 것이며, 운행하는 길이 황도인 것이다. 천지의의 그림에 보면, 테가 굵은 고리가 하나가 비스듬히 그려져 있고, 그 이름을 "黃道"라고 표시해 놓았다. 그런데 설명에는 빠져있다.

적도와 황도는 춘분점과 추분점에서 교차한다(그림에서는 이 사실의 작도가 충분히 정초하지 않다). 중기는 황도상의 춘분점을 0

도로 하여 30도씩 12등분한 점들이다. 좁은 의미의 절기는 중기들 사이의 중점에 해당하는 점들이다. 중기와 좁은 의미의 절기를 합하여 24절기라고 한다. 중기와 황도12궁은 일대일로 대응한다. 춘분점은 백양궁(Aries)의 시작점에 대응하고, 추분점은 천칭궁(Libra)의 시작점에 대응한다. 하지점은 거해(Cancer)의 시작점에 대응하고, 동지점은 마갈(Capricorn)의 시작점에 대응한다. 황도의 하지점과 동지점에서 황도는 주장선과 주단선과 각각 접한다. 현재 용어로 북회귀선인 주장선을 영어로 the tropic of Cancer라 하고, 남회귀선인 주단선을 the tropic of Capricorn이라고 부르는 것은 바로 이 때문이다.

黃道에는 24절기와 황도12궁이 기재되어 있다

中氣   춘분 곡우 소만 하지 대서 처서 추분 상강 소설 동지 대한 우수

節氣   청명 입하 망종 소서 입추 백로 한로 입동 대설 소한 입춘 경칩

黃道12宮 백양 금우 쌍자 거해 사자 실녀 천칭 천갈 인마 마갈 보병 쌍어

〈天頂 관련 보충설명〉

그림의 한가운데 지구에는 地와 海라는 글자로 육지와 바다의 분포모습을 보이고, 또 왼쪽 위에는 "中華"라는 글자가 있다. 그리고 그 바깥에 "天頂"이 있고, 그 대각선 방향에 "下"가 있는데, 이는 천정의 대척점이다. 리마두는 모든 설명을 "북경"을 중심으로 진행하고 있으므로, 이 천정도 당연히 북경의 천정이다. 즉 북경의 "머리위의 하늘"이다. 그리고 그 위도는 북위 40도다(이 그림은 이렇게 그려졌다고 보아야 하는데, 그림에서 보면, 위도가 30도 정도로 보인다. 정밀하게 작도되지 못했다고 봐야 할 것이다).

〈地平環 관련 보충설명〉

리마두는 지평환을 그리지 못한 것을 아쉬워하고 있다. 그러나 그림에서 그 지평환의 모습을 머릿속으로 그려볼 수 있다. 즉 그림의 천정과 그 대척점을 이은 직선에 수직이고 地心을 지나는 평면은 지평면이다. 이 지평면과 천구가 만나서 이루어지는 대원이 바로 리마두가 그리지 못한 지평환인 것이다.

어느 하루 중, 밤의 길이는 해가 지평환의 아래 머무는 시간이고, 낮의 길이는 위에 머무는 시간이다. 하지 날, 북경의 낮의 길이, 즉 북경의 하주장은, 지평환과 주장선의 두 교차점의 좌표로부터 계산할 수 있고, 북경의 동주장은 지평환과 주단선의 두 교차점으로부터 계산할 수 있다. 리마두는 지도의 가장자리에 위도에 따른 하주장 동주장 등을 제시하고 있는데, 그것은 이런 방법으로 얻어진 것으로 보아야 한다.

3) 四行論

해설: 사행론이란 만물을 구성하는 원소가 土, 水, 火, 氣 넷이란 주장이다. 불교에서 말하는 四大 즉 地, 水, 火, 風과 뿌리가 같다. 리마두는 중국의 五行이 오원소설이라고 보고, 그에 대립하는 사원소설을 사행론이라고 부르고 있다. 리마두의 사행론은 원래 『乾坤體義』의 〈四元行論〉이란 글에서 자세히 전개되고 있다. 여기서의 설명은 그 요약이기 때문에 "四行論略"이라 부르고 있다.

사행론을 요약하여 설명하면 다음과 같다. 천주가 우주에 만물을 창제하니, 먼저 혼돈에서 네 원소, 즉 四行을 만들었다. 그리고 나서 그 각각의 본성에 따라 제자리를 잡아주었다. (四行論略曰: "天主創作萬物于寰宇, 先混沌造四行, 然後因其情勢布之於本處)

해설: 리마두의 사행론은 당시 천주교의 교리에 따른 설명이다. 즉 천주는 우주를 창조하였고, 그 과정은 혼돈 중에서 먼저 사행 즉 네 개의 원소, 화, 토, 수, 기를 창조하여, 그 본성에 따라 本處에 布置하였다는 것이다.

火의 본성은 가벼우니, 구중천의 바로 아래에 올려 자리잡게 했다. 土의 본성은 무거우니, 엉겨서 천지의 한복판에 자리잡게 했다. 水의 본성은 土보다 가벼우니, 토 위에 떠서 머물게 했다. 氣의 본성은 가볍지도 않고 무겁지도 않으니, 土와 水를 타고 올라 火를 지고 있게 했다. (火情輕, 則躋於九重天之下而止; 土情重, 則凝而安天地之當中; 水情比土而輕, 則浮土之上而息; 氣情不輕不重, 則乘土水而負火焉)
　주) 躋=登上; 情=原來的本性; 安=停止不動; 止=停住不動, 靜止; 息=停止.

이른바 土는, 四行 가운데 탁한 찌꺼기이고, 火는 사행 가운데 깨끗한 알맹이다. (所謂土爲四行之濁渣, 火爲四行之淨精也)

火는 본래자리인 하늘 가까이에 머물러 있으면서, 하늘을 따라 고리모양으로 움직이는데, 하늘이 한 바퀴 돌 때, 따라서 함께 한 바퀴 돈다. 이것이 바로 본원적인 불이다. 그러므로 그 火는 매우 깨끗하며, 심히 이글거리며 타오르고 있지만 빛을 내지는 않는다. (火在其本處近天, 則隨而環動, 每偕作一週, 此係元火, 故極淨, 甚炎而無光焉)
　주) 元火=本原之火; 炎=火苗升騰. 이글거리며 오르다.

빛이 없다니, 무슨 말인가? 땔감 등의 물건이 없어서, 그 빛을 전하기만 하기 때문이다. 만약 한번 밖의 물건이 부딪치고 비추는 일을 만나게 되면, 거기에 불이 붙어서 빛을 내게 된다. 비유하면, 오랫동안 불을 지폈던 窯에서, 막 연료를 제거하고 나면, 그 窯 안에 불빛은 보이지 않으나, 열기는 매우 강하여, 멀리서도 물건에 불을

붙일 수 있는 이치와 같다. (無光者何? 無薪炭等體而傳其光故爾. 若一遇
外物衝照, 則著而發光矣. 比如窯旣久燒而方除薪炭, 雖內弗現火光, 而熱氣
甚盛, 可遠點熱物矣)

세상 만물의 처음은 모두 이 四行이 결합되어 형성된 것이다.
(天下萬象之初, 皆以四行結形)

사행론에서는 또 말하기를, 氣가 머무는 곳은 上域, 下域, 中域
三域이 있다고 한다. (又曰: "夫氣處所又有上, 下, 中三域")

上域은 火와 가깝기 때문에 항상 매우 뜨겁다. 下域은 水, 土와
가깝다. 그런데, 水와 土는 항상 태양에서 쏟아지는 빛을 받아 따뜻
해져 있으므로, 바로 그 위에 있는 하역 역시 따뜻하다. 中域은 상
하의 뜨거운 것에서 멀리 떨어져 있다. 그러므로 그 域은 항상 매
우 차고, 거기에서는 서리나 눈 따위가 생긴다. (上之因邇火, 則常太
熱; 下之因邇水土, 而水土恒爲太陽所射以光輝, 有所發煖, 則氣並煖; 中之上
下遐離熱者, 則常太寒冷以生霜雪之類也)

또, 氣가 머무는 이 三域은 그 두께도 같지 않다. 남북 두 天極
의 바로 아래는, 태양에서 멀리 떨어져 있기 때문에, 음기가 심하
다. 즉, 덥거나 따뜻한 上域과 下域이 좁고, 차거운 中域은 넓다.
적도의 바로 아래는, 태양에서 가깝기 때문에, 음기가 미약하다. 즉,
위와 반대이므로, 덥거나 따뜻한 上下域은 넓고, 차거운 中域은 좁
다. 위의 〈九重天圖〉의 가운데 그림과 같다. (其三般氣處, 又廣窄不等,
若南北二極之下, 因違遠太陽者陰氣甚, 則上下熱煖處窄而中寒冷處廣; 若赤
道之下, 因近太陽者陰氣微, 則反焉, 故熱煖處廣, 而寒冷處窄. 如上圖)
　　해설: 〈九重天圖〉의 가운데 부분은 四行論을 설명하기 위한 그림이다. 천

구의 한가운데에 지구를 나타내는 작은 원이 있다. 이 원 안에는 土와 水 두 글자가 있어, 지구가 이 두 원소의 凝集體임을 보여주고 있다. 지구를 둘러싼 氣三域 중, 氣下域의 경계는 南北極 방향으로는 얇고, 적도를 따라서는 두터운 타원이고, 氣中域의 경계는 그 바깥에, 남북극 방향으로는 두텁고, 적도를 따라서는 얇은 타원으로 그렸다. 그리고 그 바깥의 氣上域의 경계는 원으로 그렸다. 그리고 그 성질을 다음 표로 정리할 수 있다.

그림에서, 氣上域의 경계인 圓과 第一重天의 아래 경계인 원 사이의 동심원띠 모양의 영역이 "火"의 本處인데 이글거리는 波形으로 元火의 모습을 나타내고 있다.

4) 黃赤二道錯行

해설: 이 절에서 리마두는 태양이 황도를 따라 운행할 때, 황도와 적도가 착행하는 관계를 설명하고 있다. 여기서 착행이란, 천구상의 적도와 황도가 모두 천구상의 대원이지만, 그 두 대원이 서로 어긋난 길을 간다는 의미다. 즉 적도면과 황도면은 서로 23.5도의 교각을 가지고 있다. 그리고 그 두 평면이 만나서 이루는 교직선은 천구의 중심 즉 지구의 중심을 지나고, 이 직선이 천구와 만나는 점이 춘분점과 추분점이다. 이 두 점은 착행하는 두 원 황도와 적도가 만나는 점이기도 하다. 황도가 적도를 남쪽에서 북쪽으로 자르며 울라가는 점이 춘분점이고, 북쪽에서 남쪽으로 자르며 내려오는 점이 추분점이다.

(1) 서론

오른 쪽의 그림은, 천구 둘레의 황도와 적도의 錯行에 따른 中氣의 계한을 보여준다. 태양이 적도를 중심으로 남북을 오르내리는 문제의 계산은 모두 이를 표준으로 삼는다. (右圖乃周天黃赤二道錯行

中氣之界限也. 凡算太陽出入皆準此)

　　해설: 천구에서 적도와 황도는 둘 다 大圓이다. 그 두 대원의 공통중심은 지구의 중심이고, 대원의 반지름은 지구의 반지름에 비해 엄청나게 크기 때문에, 리마두는 대원을 큰 원으로 그리고 지구를 아주 작은 원으로 그렸다. 그러나 실제를 제대로 반영하자면 지구의 반지름은 사실상 무시될만큼 작아져서 중심점과 구별이 되지 않을 정도가 되어야 한다.

　　적도와 황도 두 대원은 두 점에서 만나는데, 이 두 점은 춘분점과 추분점이다. 그리고 이 두 대원이 만나는 교각은 23.5도다.

　　황도의 원주각 360도를 춘분점으로부터 起算하여 15도씩 되는 24개의 점은 24절기점이다. 춘분점으로부터 기산하여 30도씩 되는 12개의 점은 특히 중기라 한다. 24절기중 12개의 중기를 뺀 나머지 12개 절기를 "좁은 의미의 절기"라고도 한다. 여기서 리마두의 관심은 12개의 중기에 집중되어 있다.

　　천구의 구면상의 점을 나타내는 방법으로 가장 보편적인 것은 이른바 적도좌표의 경도와 위도로 나타내는 것이다. 이것은 지구의 구면상의 점을 나타내는 방법으로 경도와 위도를 사용하는 것과 거의 같다. 다만 경도를 동경 서경으로 나누지 않고 동경을 세는 방법으로 360도를 모두 세는 것만이 다르다. 그러면 천구의 위도 0도는 천구의 적도상의 모든 점의 위도이고, 천구의 북위 90도가 되는 점은 천구의 북극, 남위 90도가 되는 점은 천구의 남극이다. 천구의 경도가 0도인 자오선은 북극과 춘분점과 남극을 잇는 자오선이다 이는 대원의 절반이다. 천구의 경도가 180도인 자오선은 북극과 추분점과 남극을 잇는 자오선이다 이 역시 대원의 절반이다. 이 두 대원의 절반이 합쳐지면 적도와 직각인 하나의 대원이 된다. 이것이 "春秋分大圓"이다. 천구의 적도상의 경도가 90도인 점을 지나는 자오선은 경도가 90도인 모든 점들의 집합이고, 따라서 이 자오선은 경도 90도의 자오선이라고 한다. 경도 270도의 자오선도 마찬가지 방법으로 정의된다. 이 두 자오선이 합쳐져서 만들어지는 대원은 춘추분 대원과 직각을 이루며, 이를 "夏冬至大圓"이라고 부른다.

춘추분대원 위에는 춘분점과 추분점이 있다. 각 점을 좌표(경도, 위도)로 표시하면, 춘분점=(0, 0), 추분점=(180, 0)로 된다. 각 좌표는 태양이 춘분과 추분에 천구상에 위치하는 점의 좌표다.

하동지대원 위에는 하지점과 동지점이 있다. 각 점을 좌표(경도, 위도)로 표시하면, 하지점=(90, 23.5), 추분점=(270, -23.5)로 된다(여기서 -는 "남위"를 나타낸다). 각 좌표는 태양이 하지와 동지에 천구상에 위치하는 점의 좌표다. 춘분점 하지점, 추분점, 동지점, 이 네 점은 황도상의 점이다. 황도란 바로 태양의 천구상의 궤도이기 때문에, 그리고 이 네 점도 역시 그 궤도상의 점이기 때문이다. 우리는 이 설명과정에서 황도상의 특정한 네 점의 적도좌표를 얻었다. 그러면 이런 특정 점이 아니라 황도상의 임의의 점의 적도좌표는 얻을 수 없는 것인가? 리마두는 12개 중기의 적도좌표를 구하는 방법을 설명하고 싶어 한다(그는 좌표란 말 대신에 "界限"이란 말을 쓴다). 그러나 수학적인 설명이 아니라 기하학적 설명을 하고자 한다.

우리는 중기가, 황도의 경도 즉 황경 s가 30도의 배수인 경우라는 것을 안다. 즉 a가 0일 때가 춘분, 30일 때가 곡우, 60일 때가 소만, 90일 때가 하지, 120일 때가 대서 등이다 그러므로 리마두의 과제는 s를 알 때 그에 대응하는 적도좌표 (x, y)를 어떻게 구할까의 문제가 된다. 그 중에서도 리마두는 y가 중요하다고 생각하고 있다. 그리하여 그가 말하는 "界限"은 y값이다. 리마두의 설명을 따라가 보자.

(2) 주천권, 적도대원, 황도대원

그 방법을 설명하기 위해서 우리는 오른쪽 그림에서, 가운데 가로로 그은 횡선을 지평선으로 삼고, 세로로 그은 직선을 천정으로 삼는다. 가운데 작은 원을 지구의 몸체로 삼고, 밖의 큰 원을 천구의 둘레, 즉 周天圈으로 삼는다. 그리고 이 주천권을 360도로 나눈다. (其法, 以中橫線爲地平, 直線爲天頂. 中小圈爲地體, 外大圈爲周天, 以周天分三百六十度)

해설: 리마두는 우선 地平과 天頂, 그림에서는 지평선과 천정선이라고 명명한 개념을 설명하려 한다. 이 두 선은 서로 직각이 되게 수평선은 가로로, 천정선은 세로로 그리고 그 만나는 점이 천구 및 지구의 공통중심이 되게 하고 있다. 그리고 나서, 가운데 작은 원은 지구 바깥의 큰 원은 천구를 나타내게 그리면서, 천구를 나타내는 원 즉 그가 말하는 주천권을 360도로 나눈다 라고 하고 있다.

그런데 이하 설명의 논리적 부분을 보면, 지평과 천정은 전혀 설명에 등장하지 않고 있다. 즉 불필요한 개념을 등장시킨 것이다. 그 이유는 아마도 이 그림이 원래 다른 용도에 쓰이기 위하여 그려졌을 것이란 추측이 가능하다. 예컨대 일출 일몰 주장 야장 등의 설명이다. 그러나 리마두는 여기서 그런 용도의 설명을 하지 않고 있으므로 이 개념들은 불필요하다.

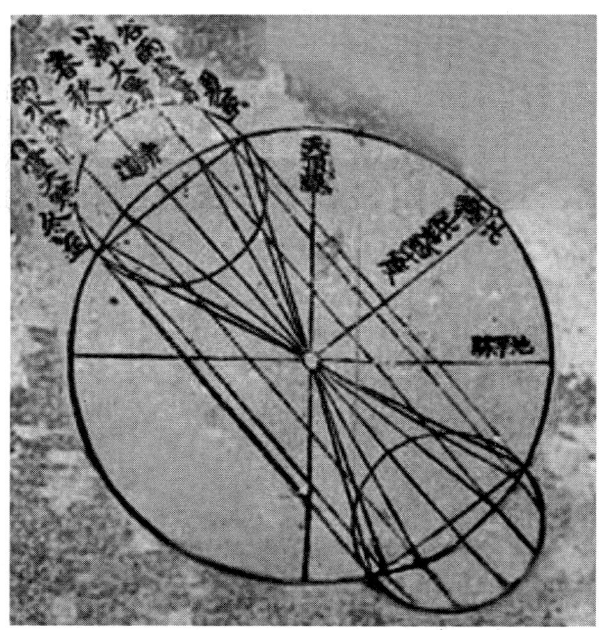

황적이도착행

가령 그림에서 북경지방은, 천구의 북극이 지평선에서 땅위로 40도 올라와 있는데, 이는 또한, 적도가 천정 남쪽으로 40도 떨어져 있다는 뜻, 즉 북위도가 40도라는 뜻이 된다. (假如右圖在京師地方, 北極出地平線上四十度, 則赤道離天頂南亦四十度矣)

해설: 여기서는 京師 즉 북경의 위도가 40도라는 사실을 가지고 북경의 북극출지가 40도, 적도가 북경의 천정에서 남쪽으로 떨어진 도수가 역시 40도임을 설명하면서 그림을 이에 맞게 이해하도록 설명하고 있다. 이 부분 역시 논리적인 관점에서는 불필요한 부분이다. 그러나 다른 용도에서는 유용한 설명이므로 약간의 해설을 덧붙이자.

우선 북극이란 천구의 북극이다. 지구의 북극이 아니다. 전통적인 동양인은 북극이라면 하늘의 북극이지 땅의 북극이 아니다. 사실 땅의 북극이란 개념 자체가 없었다고 보아야한다. 리마두도 이 사실을 충분히 이해하고 자신의 설명을 진행시키고 있다. 다행히 북반구에서는 천구의 북극이 북극성의 위치로 이해되는 것이 가능하기 때문에, 북극고라면 북극성을 쳐다보는 각도를 의미할 수 있는 편리한 점이 있다. 북극성을 쳐다보는 각도란, 쳐다보는 사람의 입지점과 천구의 북극을 잇는 선분, 즉 북극선이 그 사람이 서 있는 곳에서의 수평면과 이루는 각이다. 그 입지점에서 수평면에 수직인 직선이 천구와 만나는 점은 두 개인데 하나는 머리 방향에 있고, 또 하나는 발밑 방향에 있다. 위에 있는 것이 천정(天頂, zenith) 아래에 있는 것이 천저(天底, nadir)다. 그런데 지구는 천구에 비교할 수 없이 작은 존재이므로, 지구상의 관측자의 입지는 천구의 관점에서 볼 때, 지구의 중심 내지 천구의 중심의 위치와 구별이 되지 않는다. 그러므로 지평면은 지심을 지나는 한 평면이고, 북극선은 천구의 북극과 지심을 잇는 선분이다. 천구의 남극과 지심을 잇는 선분은 남극선이다. 천구의 남극은 북반구에서는 전혀 보이지 않지만 동양의 선비들은 그 개념은 가지고 있었다. 적도면은 북극선 또는 남극선과 수직이고 지심을 통과하는 평면이다. 이 적도면과 천구면이 만나는 대원이 천구의 적도다. 천정선 역시 지심에서 수평면에 수직으로 올린 선분이다. 리마두의 그림은 이 원칙에 맞게 그려져 있다.

적도면과 북극선사이의 각은 정의상 90도다. 지평면과 천정선 사이의 각 역시 정의상 90도다. 크기가 90도로서 같은 이 두 각에서 공통으로 천정선과 북극선 사이의 각을 빼면 나머지 두 각, 즉 적도면과 천정선 사이의 각과, 수평면과 북극선 사이의 각은 같다. 그런데 앞의 각은, 특정지점(여기서는 북경)의 위도의 정의이고, 뒤의 각은 그 지점의 북극고의 정의다. 그러므로 북반구에서, 특정지점의 위도의 값은, 그 지점의 북극고의 값과 같다.

(3) 황도상의 12 중기와 그 계한의 작도

그리고 나서, 적도로부터 세어서, 남북 각 23.5도를 경계로 잡는다. 그러면 남쪽 경계는 동지가 되고, 북쪽 경계는 하지가 된다. 태양이 다니는 궤도는 이 경계를 벗어나는 일이 없다. 이처럼 동지와 하지의 경계가 정해졌으므로, 이제는 十二宮의 中氣를 구할 수 있다. (然後自赤道數起, 南北各以二十三度半爲界, 最南爲冬至, 最北爲夏至, 凡太陽所行不出此界之外. 旣定冬夏至界, 卽可求十二宮之中氣)

해설: 천구환 즉 주천권을 따라, 적도로부터 남북으로 각각 23도 반 즉 23.5도 되는 점을 계한으로 한다. 그러면 이 두 계한 중, 최남계한은 동지점이고, 최북계한은 하지점이다. 태양이 남북으로 오르내린다고 하나, 태양은 결코 이 두 계한을 벗어나지 않는다. 즉 동지점은 태양 남행의 남한계요, 하지점은 태양북행의 북한계다.

이렇게 동지점과 하지점이라는 두 계한이 정해지고 나면, 12궁에 하나씩 속하는 중기의 계한을 구할 수 있다고 리마두는 말한다. 12궁은 황도를 따라 황도의 경도 30도씩으로 나눈 별자리의 구역 즉 궁(zodiac)을 말한다. 이것은 서양의 개념이다. 동양의 개념인 중기는 황도를 따라 매 30도씩의 점으로, 각각의 궁에 하나씩 대응하며 그 수도 궁과 마찬가지로 12개다. 그 중기의 점들을 구하는 방법을 리마두는 다음과 같이 설명하고 있다.

먼저, 마주 보고 있는 동지와 하지의 계한을 잇는 선분 하나를 그린다. 다음으로 그 선분의 중점 즉 적도와 十字를 이루는 점을 중심으로 하고, 그 선분을 지름으로 하는 작은 원을 周天圈 양쪽에 하나씩 그린다. 그리고 이 원을 黃道圈이라고 부르기로 한다. 각 황도권을 12등분하여 전체로 24등분한 다음, 서로 마주보는 황도권의 등분점들끼리 둘씩 점선으로 잇는다. 그리고 각 점선이 주천권과 만나는 점들을 표시한다. 이 주천권과 만나는 점들 중에서, 적도상의 점은 춘분, 추분의 계한이고, 북쪽으로 그 다음 점은 곡우, 처서의 계한이고, 그 다음 점은 소만, 대서의 계한이고, 마지막 점이 하지의 계한이다. 춘분, 추분의 계한에서 남쪽으로 그 다음 점은 상강, 우수의 계한이고, 그 다음 점은 소설, 대한의 계한이고, 마지막 점은 동지의 계한이다. (先從冬夏二至界相望畫一線, 次於線中十字處爲心, 儘邊各作一小圈, 名黃道圈. 圈上勻分二十四分, 兩兩相對作虛線, 各識于周天圈上. 在赤道上者卽春秋分, 次北曰穀雨, 處暑, 曰小滿, 大暑, 曰夏至; 次南曰霜降, 雨水, 曰小雪, 大寒, 曰冬至)

해설: 우리는 앞에서 황도는 천구상의 대원의 하나라고 설명하였다 그런데 리마두는 여기서 황도권의 구체적 작도를 통하여, 이와는 다른 "개념"의 황도권을 소개하고 있다. 그러나 본질은 같은 것이므로 안심하고 리마두의 설명을 따라가 보자. 우리는 동지와 하지의 계한 즉 동지점과 하지점을 이미 잡아 놓았다. 리마두는 이 두 점을 선분으로 이으라고 말한다. 이 작업은 주천권 양쪽 모두에서 이루어진다. 그러므로 선분 두 개가 얻어지는데, 이 각 선분은 모두 적도선분에 의해 수직이등분된다. 그리하여 적도선분과의 교점은 十자의 중심이 된다. 리마두는 "이 十자중심점을 중심으로하고 동하지점 간의 선분을 지름으로 하는 작은 원"을 그리라고 한다. 이 원의 이름을 리마두는 황도권이라고 부르고 있다. 이 황도권이란 이름의 원은 주천권 양쪽에 하나씩 그려진다.

이 두 황도권 각각의 둘레를 12등분한다. 즉 30도씩으로 나눈다. 그러면 두 황도권에는 24개의 分點이 찍히는데 그 속에는 동지점과 하지점도 들어있다. 다음은 양 황도권의 이 분점들을, 적도선분과 평행하게 점선으로 잇는다. 그러면 각각의 점선 위에는 두 개 또는 4개의 분점들이 놓이면서, 평행선의 수는 총 7개가 된다(적도선분 자체를 포함). 그리고 나서 이 평행선들과 주천권이 만나는 점들을 까맣게 뚜렷이 표시한다. 이 뚜렷이 표시한 주천권상의 점들은 어떤 계한을 나타내는 점이 되는데, 적도상의 점은 춘분 또는 추분의 계한이고, 북쪽으로 그 다음 점은 곡우, 처서의 계한이고, 그 다음 점은 소만, 대서의 계한이고, 마지막 점이 하지의 계한이다.(리마두의 설명에서, 설명문은 올바르나, 그림은 곡우, 처서와 소만, 대서를 서로 뒤바꿔 놓았다. 바로잡아야 한다.) 춘분, 추분의 계한에서 남쪽으로 그 다음 점은 상강, 우수의 계한이고, 그 다음 점은 소설, 대한의 계한이고, 마지막 점은 동지의 계한이다.

이상의 리마두의 설명에서 각 중기의 계한은, 황도 30도 간격의 s에 대응하는 각 中氣의 황도상의 점의 y 좌표 즉 적위도를 나타내어야 한다. 즉 주천권상의 까맣게 뚜렷이 표시한 점과 지심을 있는 선분이 적도선분과 이루는 각이 y여야 한다는 것이다.

과연 그러한지를 확인하기 위하여, 우선 리마두의 작도 결과를 우리가 이미 알고 있는 춘분과 하지에 관해서 점검해 보자. 춘분점의 s는 0이고, 그에 대응하는 y는 0이라고 하였는데, 리마두의 적도 결과와 일치한다. 하지점의 s는 90이고, 그에 대응하는 y는 23.5라고 하였는데, 이 역시 리마두의 작도 결과와 일치한다. 추분점 (s=180)과 동지점(s=270)의 경우도 대응하는 y값이 각각 0과 -23.5로 작도 결과와 일치한다.

그러면 다른 중기점들에 관해서는 어떤 방법으로 확인할 수 있을까? 이에는 수학적인 방법을 쓸 수 있는데, 확인 결과, 리마두의 방법이 타당하다는 결론을 얻을 수 있었다. 즉, s와 y 사이에는 수학적으로

$$\sin(y) \ = \ \sin(a) \times \sin(23.5도)$$

라는 관계를 가지는데("표준모형"의 설명 참조), 우리는 리마두의 작도가 이

식과 일치함을 보일 수 있는 것이다.

리마두의 그림에서 주천권의 반지름을 1이라 하자. 그러면 황도권의 반지름은 sin(23.5도)가 됨을 확인할 수 있다. 주천권의 반지름은 하지점에서 적도선분까지의 거리인데, 하지점 자체는, 주천권상의 점으로, 그 점과 지심을 잇는 선분이 적도선분과 이루는 각이 23.5도가 되도록, 정의되었기 때문이다. 그러므로 하지점에서 적도선분까지의 거리는 하지점과 지심사이의 거리에 sin(23.5도)를 곱한 거리인데, 하지점과 지심사이의 거리는 1이기 때문에, 결국 그 거리는 sin(23.5도)가 된다.

황경 s에 대응하는 계한점의 적위도를 y라 하면, sin(y)는 그 계한점에서 적도선분까지의 거리다. 그리고 이 거리는 황도권의 황경 s의 분점에서 적도선분까지의 거리와 같도록 리마두는 작도하고 있다. 그런데 황도권의 반지름은 sin(23.5도)이므로, 그 거리는 $\sin(23.5도) \times \sin(s)$로 되며, 이는 앞서 설명한대로 sin(y)와 같다. 즉,

$$\sin(23.5도) \times \sin(s) = \sin(y)$$

즉,

$$\sin(y) = \sin(s) \times \sin(23.5도)$$

그림이 작아서, 中氣의 경계점만을 실었다. 절기의 경계점을 싣고 싶으면, 이 방법을 따라 하면 된다. 즉, 우리가 12로 등분한 황도권을 倍인 24로 등분하면, 절기의 경계점들을 얻을 수 있다.

해그림자가 지구를 비추는 모습을 알아보려면, 우리가 주천권에 표시한 점들을, 상하 마주보는 두 점씩으로, 地心을 관통하게 비스듬히 연결한다. 그러면, 그 비스듬한 직선이 적도와 이루는 각은 바로, 태양이 적도에서 떨어진 정도를 나타내는 赤道緯度가 된다. 그러므로 이 적도위도가 절기를 따라 원근이 달라지는 모습은, 이 그림을 통하여 그 대강을 알 수 있다.

해시계를 만드는 일 등 절기에 관련되는 일은, 모두 이 방법으로

대강이 해결된다. 유럽 사람들은 이 방법을 아날렘마(analemma)라고 부른다. (因圖小, 止載中氣, 其節氣倣此, 就中再勻分一倍, 卽得之矣. 而其日影之射于地者, 則取周天所識上下相對, 透地心斜畫之, 太陽所離赤道緯度, 所以隨節氣分遠近者, 此可略見. 凡作日晷帶節氣者, 皆以此爲提綱. 歐邏巴人名爲曷捺楞馬云)

5) 南北兩半球圖

남북반구도는 큰 지도와 방식은 다르나, 이치는 같다. 작은 반구도의 둥근 圈線은 곧 큰 지도의 곧은 직선과 같은 것으로 남북위선, 적도, 주장선, 주단선 등 위도를 나타내는 선들이다. 작은 반구도의 직선은 곧 큰 지도의 둥근 권선과 같은 것으로, 동서를 나누는 경선이다. (南北半球之圖, 與大圖異式, 而同一理. 小圖之圈線, 卽大圖之直線, 所以分赤道南北, 晝夜長短之各緯度者也. 小圖之直線, 卽大圖之圈線; 所以分自東至西之經線者也)

큰 지도와 이 半球圖는 세로와 가로를 조금씩 바꿔놓으면서, 두 지도를 서로 대조해 볼 수 있다. 남극계와 북극계 안쪽의 지형을 보는데, 그리고 모든 곳의 極高, 즉 極星의 出地度數를 보는 데는 작은 반구도가 훨씬 보기 편하다. (稍爲更置縱橫, 可以互見. 若看南北極界內地形與夫極星出地高低度數, 則小圖更爲易睹云)

해설: 왜 남북양반구도인가? 〈坤輿萬國全圖〉의 主圖는 물론 큰 지도다. 그런데 리마두는 北半球圖와 南半球圖 둘로 세계지도를 별도로 나타내고 있다. 큰 지도가 極地方의 모습을 크게 왜곡하고 있음과, 큰 지도의 좌우가 실은 連接되어 있다는 것을 시각적으로 확인시켜주기 위한 방편이다. 이지조는 이 방법이 〈黃帝 內經〉의 설명을 그대로 빼닮았다는 사실을 지적하면서, "東海西海心同理同"이라고 감격하고 있다.

6) 北緯度를 알아내는 方法

(1) 看北極法

해설: 특정지점의 經緯度 중에서 위도를 측정하는 것은 비교적 쉽다. 리마두는 두 가지 방법을 설명하고 있다. 하나는 위도와 북극고가 같다는 사실로부터 北極高를 관측하는 방법이고, 다른 하나는 태양의 南中高度를 관측하는 방법이다. 먼저 북극을 보고 위도를 알아내는 방법의 설명이다.

평평한 圓板 한 장을 쓴다. 동판이나 목판이나 상관없다. 그러나 반드시 고르고 평평해야 한다. 크면 클수록 좋다. (用平圓版一面, 或銅或木, 務要平整, 愈大愈佳)

가운데에 줄 하나를 걸고, 줄 끝에 둥근 추 하나를 늘어뜨린다. 그 鉛直방향을 취하기 위함이다. (中掛一線, 線端墜一丸子, 以取其直)

원판의 중심에 十字線을 그린다. 그러면 이 垂直線의 위는 天頂이 된다. 가로의 횡선은 지평선이 되고, 이 지평선 이상은 지상이다. (中心畫十字線, 此直線卽天頂也, 橫線卽地平也, 此線以上爲地上)

원판의 중심에서 콤파스로 큰 원 하나를 그려, 이 원을 천구로 삼는다. (從中心以圓規運一大圈, 以當天之圓體)

십자선에 의해서, 均分된 네 개의 象限이 만들어 지는데, 每象限에 90도를 새겨, 원주 전체가 360도가 되도록 한다. 실제로 사용할 때에는, 상한 하나에 새긴 90도만으로도 足하다. 원판이 충분히 넓을 때에는, 每度를 더 세분하여, 60分으로 나누면 더욱 좋다. (十字間勻作四停, 每停刻成九十度, 共刻成三百六十度. 用時只刻一停九十度亦足矣.

如版式寬大, 則每度分作六十分更妙也)

　원판의 중심에 量天尺 하나를 못으로 고정시키되, 그 못을 중심으로 양천척이 돌 수 있게 한다. (中心釘一量天尺, 可以旋轉者)

　양천척의 가운데에 세로로 그린 직선이 있는데, 이 직선의 양쪽 끝에서 半分을 칼로 깎아낸다. 이렇게 하면, 원판의 가장자리에 표시한 度와 分의 눈금을 읽어낼 수 있다. 양천척의 중심에서 두세 치가량 떨어진 양쪽에 귀를 하나씩 붙여 놓는다. 그리고 각각의 귀에 작은 구멍을 하나씩 뚫는다. 이 두 구멍은 반드시 서로 마주 볼 수 있어야 한다. 그래야만 그 두 구멍을 관통하여 바라볼 수 있다. (中界直線兩頭刻去一半, 以看度分. 尺上離心二三寸, 置兩耳, 耳中各鑽一小眼, 務要兩眼直對, 可以透望)

　밤에 그 두 구멍을 통하여 천구의 북극을 마주 보면, 북극이 지평선 위 몇도 인지를 보아 읽을 수 있다. 즉, 현재 관측하고 있는 지점의 北極高가 몇도 인지를 알 수 있다. 또 이로써, 그 지점이 적도에서 몇도 떨어져 있는지를 알 수 있다. (夜, 對北極望之, 看在地線上幾十度, 卽知此地北極出地若干度, 爲此地離赤道若干度)

해설1: 圓板과 量天尺

이 글의 가장자리를 이루는 원을 자세히 보면, 둘레에 눈금이 매겨져 있다. 바로 글에서 설명하는 圓板이다. 가운데 橫線의 兩端이 0도이고 縱線의 양단이 90도로 되어 있다. 지구의에서 적도를 0도로 하고, 양극을 90도로 하여 위도를 매기는 것과 흡사하다. 아래쪽에는 錘가 하나 매달려 있다. 그리고 鉛直線 아래쪽에는 "掛線"이란 글자도 보인다.

이 그림의 왼쪽에 양천척의 그림이 있다. 길이는 원판의 지름과 같고, 글에서 설명한 대로의 모습이다. 즉 가운데에 못구멍이 있고, 세로 中線도 있다. 양단의 半分을 칼로 깎아냈고, 透望할 수 있는 귀도 양쪽에 있다.

글 내용을 숙지하고 그린 1602년판 〈坤輿萬國全圖〉의 그림은 올바로 그려졌으나, 그렇지 못한 판의 그림은 글 내용과 틀린 부분이 있다.

해설 2: 北極高와 北緯度

"天頂과 天球의 北極이 이루는 각"에 北極高를 더하면 90도다. 이는 천정과 지평선이 이루는 각 즉 90도가 되기 때문이다. 한편, 어느 지점의 北緯度는 천구의 적도와 천정이 이루는 각이다. 이 각에 "천정과 북극이 이루는 각"을 더하면 이는 적도와 북극이 이루는 각이 되므로 90도다. 그러므로 "천정과 북극이 이루는 각"에 북극고를 더한 각과, "천정과 북극이 이루는 각"에 북위도를 더한 각은 같다. 따라서 북극고는 북위도와 같다.

여기서 설명한 看北極法은 북위도를 알기 위해서 북극고를 관측하는 방법의 설명이었다. 다음 설명하는 "又法"은 천구의 적도의 고도를 측정하여 북위도를 알아내는 방법의 설명이다. 적도의 고도는 천구의 적도와 수평선이 이루는 각이므로, 이 각에 북위도, 즉 적도와 천정이 이루는 각을 더하면 90도가 된다. 그러므로 북위도는 90도에서 적도의 고도를 빼면 얻어진다.

그러나 천구의 적도의 고도는 언제나 관측할 수 있는 것이 아니다. 춘분 또는 추분 날의 정오의 태양의 고도가 바로 그 적도의 고도이기 때문이다. "又法"에서는 평일의 정오에 관측한 태양의 고도로부터 북위도를 알아내는 방법을 설명하고 있다.

(2) 北緯度를 알아내는 또 다른 方法, 즉 "又法"

북위도 관측의 또 하나의 방법은, 정오에 태양을 바라보는 그림자를 이용하는 방법이다. 우리는 역시 이 방법을 써서, 그 지점이 赤道에서 얼마나 떨어져 있는가를 더욱 명백하게 알 수 있다. (又法,

用正午時望太陽之影, 亦知地方所離赤道之數, 更爲明白)

그 방법에서는, 정오 전후 짧은 시간 내에 앞의 看北極法에서 썼던 원판을 써서 태양이 몇 도에 도달했는가하는 高度를 본 다음, 오늘이 무슨 절기에 속하고 절기시작일로부터 며칠 째인가를 조사하여, 왼쪽의 表를 써서 태양이 그날, 적도 북 또는 적도 남의 몇도 되는 곳을 돌고 있는가를 계산한다. (其法, 於午時初四正一刻之交, 用前版, 望太陽到第幾度, 然後, 査本日是何節氣, 及某節某氣後第幾日, 太陽原躔赤道內外幾度, 依後圖算)

해설: 午時初四正一刻之交의 정확한 뜻

이 말의 뜻은 "午時의 初四刻과 午時의 正一刻이 만나는 시간"인데, 오시는 낮 11시와 1시 사이의 시간이고, 그 초사각은 午初 즉 11시와 12시 사이의 시간을 初初刻, 初一刻, 初二刻, 初三刻, 初四刻으로 나눌 때의 마지막 一刻이고; 正一刻은 午正 즉 12시와 1시 사이의 시간을 正初刻, 正一刻, 正二刻, 正三刻, 正四刻으로 나눌 때의 두 번째 一刻이다. 그런데 리마두 때의 중국에서는 하루를 100각, 1각을 60분으로 나눌 때이므로, 하루의 12분의 1인 오시는, 8과 3분의 1각, 즉 "8각 20분"이었다. 그러므로 이에 맞추기 위해서, 初刻은 온전한 一刻이 아니라 10분씩으로 정의되었던 것이다 (이 설명은 『渾蓋通憲圖說』 上卷에 나와 있다. 朱維錚, 『利瑪竇中文著譯集』, pp. 334-335 참조.) 그러므로, 오시의 初四刻은 현행의 분으로 말하면, 정오 전 1각, 즉 11시 45분 36초에서 12시까지의 시간이고, 오시의 正一刻은 12시 2분 24초에서 12시 16분 48초까지의 시간이다(여기서 12시란 正午 즉 "태양이 남중하는 시각"을 말한다). 그러므로, "午時初四正一刻之交"는 11시 45분 36초에서 12시 16분 48초 사이, 즉 대략 12시 전후 15분 사이를 말한다.

그날 태양이 적도 북 또는 남을 도는 궤도의 도수를, 빼거나 더하여, 그 얻어진 값을 써서 그 지점의 북위도를 얻는다. (將本日太陽所躔度數, 或除或加, 與其剩數相乘, 即得地方度數)

왼쪽의 표를 보는 방법은, 춘분과 추분 이후는 위로부터 차례로 세어 내려가고, 동지와 하지 이후는 아래로부터 거꾸로 세어 올라간다. (其看法, 春秋分以後, 自上順數而下; 冬夏至以後, 自下逆數而上, 如後圖)

춘분 이후 해는 적도의 북쪽 땅을 돌며, 이 때는 [관측치에서 표의 도수만큼을] 빼는 방법을 쓴다. 추분 이후 해는 적도의 남쪽 땅을 돌며, 이 때는 [관측치에서 표의 도수만큼을] 더하는 방법을 쓴다. (而春分以後日躔北陸, 用減法; 秋分以後日躔南陸, 用加法)

가령 小暑 뒤 셋째 날, 정오 때 북경에서 해그림자, 즉 태양의 고도가 72도25분임을 관측한다면, 즉시 왼쪽의 표에서, 그날 태양의 원래 궤도는 적도 북 22도25분임을 알아내고, 이 값을 빼면, [적도를 기준으로 하는] 진정한 태양의 고도는 50도임을 안다. 90도에서 이 50도를 뺀 40도라는 값은, 북경이 적도 북 40도, 즉 북위 40도라는 것을 나타내 주는 값이다. (假如小暑後躔第三日, 正午時在北京, 看日影在七十二度二十五分之上, 即查後圖, 本日太陽原躔赤道以北二十二度二十五分, 減去太陽躔數, 實在五十度上, 九除五得四, 是北京離赤道四十度也)

또, 가령 추분 뒤 13일째 날, 정오에 북경에서 해그림자, 즉 태양의 고도가 44도51분임을 관측한다면, 우리는 즉시 왼쪽의 표에서 그날 태양의 원래 궤도는 적도 남 5도9분임을 알아내고, 이 값을 더하면 태양의 진정한 고도는 역시 50도임을 안다. 그러면 우리는 앞에서와 같은 계산 절차를 밟아, 북경의 위도가 북위 40도임을 알 수 있다. 나머지도 이 방법을 따르면 된다. (又如秋分後十三日, 正午時在北京, 看日影在四十四度五十一分之上, 卽查後圖, 本日太陽原躔赤道南五度九分, 加上太陽躔數, 仍在五十度上, 亦如前算, 是四十度, 餘倣此)

해설: 북위도의 계산법

태양이 적도 위에 있는 날 (예컨대 춘분일, 추분일), 정오에 북경의 태양의 고도는 50도다. 그런데 이 각도와 북경의 위도는 보각을 이룬다. 즉 합이 90도다. 그러므로 북경의 위도는 북위 40도다. 태양이 적도에 있지 않는 날 정오의 태양의 고도를 알 때는 이 고도를 적도에서의 고도로 환산해주면 되는데, 리마두는 그 환산방법을 설명하고 있는 것이다. 앞의 예에서 보면, 어느 날 정오에 태양의 고도가 72도25분임을 "관측으로" 알고, 그 때 태양이 적도 북 22도25분에 있음을 "표를 찾아" 알아내면, 적도를 기준으로 하는 태양의 고도는 (72도25분)-(22도25분)=(50도)로 되며, 따라서 위도는 북위 40도임을 안다. 두 번째 예에서 보면, 어느 날 정오에 태양의 고도가 44도51분임을 "관측으로" 알고, 그 때 태양이 적도 남 5도9분에 있음을 "표를 찾아" 알아내면, 적도를 기준으로 하는 태양의 고도는 (44도51분)+(5도9분)=(50도)로 되며, 따라서 위도는 역시 북위 40도임을 안다.

7) 『元史』의 天文學 관련 글

해설: 元나라는 광대한 영역의 대제국으로, 광대한 영역에 걸친 천문관측을 실시하여 그 자료를 후세에 남겼다. 리마두는 『元史』를 직접 인용한 후, 그 내용을 자신의 천문지리 체계와 관련하여 언급하고 있다.

『원사』는 다음과 같이 말한다: "해가 뜨면 낮이고, 해가 지면 밤이다. 낮과 밤을 합한 하루는 모두 100刻인데, 이를 12時辰으로 나누므로, 每時辰은 8과 3분의1각이다. 이는 남북을 따질 것 없이 어디서나 다 같다. (『元史』云: "日出爲晝, 日入爲夜. 晝夜一周, 共爲百刻; 以

十二辰分之, 每辰則八刻三分刻之一, 無間南北, 所在皆同)

해설: 중국에서 전통적으로 사용하던 "100刻=12時辰"의 관계는 여기서 보는 것처럼 상호 換算이 불편하다. 100이 12의 배수가 아니기 때문이다. 중국은 1645년 이후 96각을 하루로, 각의 정의를 바꿈으로써, 1시진 = 8각이 되게 했다. 따라서, 리마두의 1각은 100분의 1일이고, 그 이후의 남회인, 장정부 등의 1각은 96분의 1일이다.

낮이 짧으면 밤이 길고, 밤이 짧으면 낮이 긴 것은 자연스러운 이치다. 춘분과 추분에, 해는 바로 적도에서 뜨고 진다. 따라서 낮과 밤의 길이는 똑같고, 각각 50각이다.

춘분에서 하지까지, 해가 적도 안으로 들어와서, 북극과의 거리가 점점 가까워질수록 밤은 짧아지고 낮은 길어진다. 추분에서 동지까지, 해가 적도 밖으로 나가서, 북극과의 거리가 점점 멀어질수록, 낮은 짧아지고 밤은 길어진다.

地中에서 재어보면, [밤이든 낮이든 상관없이] 길어도 60각을 넘지 않고, 짧아도 40각을 넘지 않는다. (晝短則夜長, 夜短則晝長, 此自然之理也. 春秋二分, 日當赤道出入, 晝夜正等, 各五十刻. 自春分以及夏至, 日入赤道內, 去極浸近, 夜短晝長; 自秋分以及冬至, 日出赤道外, 去極浸遠, 晝短而夜長. 以地中揆之, 長不過六十刻, 短不過四十刻)

해설: 해시계로 측정하는 하루의 길이는 계절에 따라서 다르다는 사실을 인식하지 못하고 있을 때의 이야기다.

地中 이남은 하지에 해가 뜨고 지는 곳과의 거리가 멀어지기 때문에, 하지의 낮의 길이는 60각에 미치지 못한다. 동지에, 해가 뜨고 지는 곳과의 거리가 가까워지기 때문에, 동지의 낮의 짧음은 40각에 머무르지 않는다(즉, 동지의 낮의 길이는 40각보다 길다).

地中 이북은 하지에 해가 뜨고 지는 곳과의 거리가 가까워지기

때문에, 하지의 낮의 길이는 60각에 그치지 않는다. 동지에, 해가 뜨고 지는 곳과의 거리가 멀어지기 때문에, 동지의 낮의 짧음은 40각에 못 미친다(즉, 동지의 낮의 길이는 40각보다 짧다). ("地中以南, 夏至, 去日出入之所爲遠, 其長有不及六十刻者; 冬至, 去日出入之所爲近, 其短有不止四十刻者. 地中以北, 夏至, 去日出入之所爲近, 其長有不止六十刻者; 冬至, 去日出入之所爲遠, 其短有不及四十刻者")

> 해설: 이상은 『元史』의 인용이다. 특히 이 글 마지막 부분의 정확한 이해는, 글자의 逐字解釋만으로는 부족하다. 북쪽으로 갈수록 하지에 해가 뜨고 지는 위치가, 지중에서보다 북쪽으로 올라가서, 지중에서보다 낮이 길어지고, 동지에 해가 뜨고 지는 위치는 남쪽으로 내려가서, 지중에서보다 낮이 짧아지는 이치를 확고히 할 때, 이 글은 이해된다.

여기에서 말하는 地中은 중국의 중앙을 가리켜 말하는 것일 것이다. 그러나 밤과 낮의 길고 짧음이 곳에 따라 다르다는 것을 논할 때에는 그 논거가 될 법칙이 반드시 있는 것이다.

예로부터 해의 그림자를 측정함에 있어서, 원나라 사람처럼 먼 데까지 가서 측정한 사람은 없었기 때문에, 알아낼 수 있는 사실이었음에도 불구하고 옛 사람들은 이 사실을 알아내지 못했던 것이다. 여기에 참고로 기록해 두는 바이다. (此所云地中, 蓋指中國之中而言, 然論書夜長短各處不同, 則其法固有據矣. 緣自古測景無如元人之遠者, 故能發古人所未發耳. 錄此參考)

> 해설: 이 부분이 리마두의 의견제시다. 리마두는 자신이 알고 있는 "법칙"에 따라, 緯度에 따른 夏畫長 冬畫長 등을 계산하여, 지도의 가장자리에 제시하고 있다. 元人은 이 "법칙"을 몰랐을 것임에도 불구하고, 광범위한 지역의 "관측"에 의하여, 리마두의 "계산"과 같은 결과를 얻었음을, 리마두는 이 글에서 지적하고자 하는 것이다.

8) 總論橫度里分 및 晝夜平線=赤道

(1) 總論橫度里分

해설: 여기서는 경도 1도가 위도가 높아짐에 따라 줄어드는 정도를 표로 제시하고 있다. 우리가 "표준모형"에서 설명한 g=cos(y)를 표로 설명하고 있는 것이다.

남북 방향의 세로 直度는, 그 每度의 거리가 지상에서 250리다. 동서 방향의 가로 橫度는, 오직 적도 아래에서만 이 값과 같이 250리다. 적도 이외의 지역에서는, 남쪽으로 가든 북쪽으로 가든, 멀면 멀수록 점점 좁아져서, 가로의 횡도는 250리에 미치지 못하게 된다. 이 分秒가 줄어드는 정도의 계산법은 따로 있다. 이 줄어드는 모습을 왼쪽의 표에 제시하였다. 이제 분초의 길이를 알면, 里數를 추산할 수 있다. (南北直度, 則每度爲地二百五十里矣. 若東西橫度, 則惟赤道下一度爲合此算. 其餘漸南漸北, 遠而漸狹, 橫度有不及二百五十里者焉. 別有減分減秒算法, 附刻于左. 蓋知分秒之廣狹, 而里數可推也)

오른쪽 표에서 사용한 규칙은, 1도는 60분, 1분은 60초로 정의된 것이다. 지상에서의 거리는, 每度는 250리이고, 每分은 4와 6분의 1리다. 1초를 60忽로 정의하면, 1리는 14초 24홀이고, 10리는 2분 24초다. 100리는 24분이고, 1000리는 4도이며, 1만리는 40도다. 위의 이야기는 모두, 활처럼 굽은 현을 똑바른 直道로 보고 하는 말이다. (右法以六十分爲一度, 六十秒爲一分, 以地準之, 則每度徑得二百五十里; 每分徑得四里零六分里之一. 凡積十四秒零二十四忽爲一里, 積二分二十四秒爲十里, 積二十四分爲百里, 積四度爲一千里, 積四十度爲一萬里. 此皆以弦直道論云)

해설: 1도=60분, 1분=60초, 1초=60홀 등 60진법을 쓰므로, 250리를 60분으로 나누면 1분은 4와 6분의 1리다. 1도는 250리이므로, 1000리=4도, 100리=0.4도

=24분, 10리=2.4분=2분24초, 1리=0.2분2.4초=14초24홀.

(2) 晝夜平線=赤道

이 중간선은 주야평선 즉 밤과 낮의 길이가 같은 선이다. 이 선은 천하의 가운데를 나눈다. 이 선 위는 北方이고, 이 선 아래는 南方이다. 그 선에 가까운 땅은, 달 반이 한 계절이 되니, 1년에 모두 여덟 계절이 있다. 즉, 봄이 두 번, 여름이 두 번, 가을이 두 번 겨울이 두 번이다. 그 남방과 북방은 사계절이 모두 서로 반대다. 즉, 북방이 봄이면 남방은 가을이고, 북방이 여름이면 남방은 겨울이다. 그 이유는, 태양의 비춤에 멀고 가까움이 있기 때문이다. (此中間線爲晝夜平線, 乃平分天下之中. 凡在線已上爲北方, 凡在線已下爲南方. 其近線之地, 以月半爲一季; 一年共有八季, 有二春, 二夏, 二秋, 二冬. 其南北方, 四季皆相反. 北方爲春, 則南方爲秋; 北方爲夏, 南方爲冬. 殆因日輪照有遠近故也)

해설: 지구의 적도를 주야평선이라고 부르는 것은 적도상에서는 사철 낮과 밤의 길이가 같기 때문이다. 그런데 그 선 근방은 춘하추동 각각이 1.5개월씩이어서 8계절이 있다는 말은 이해가 되지 않는다.

9) 日蝕과 月蝕, 그리고 해, 달, 지구의 상대적 크기

사람이 지상에서 해와 달을 보면, 그 크기가 별로 다르지 않다. 그러나 달은 땅에서 10만4401과 100분의 81리에 떨어져있고, 해는 1591만 2383리 떨어져있다. (人從地上視日月, 大小不遠. 然月之離地, 十萬四千四百一里又百分里之八十一; 日之離地, 一千五百九十一萬二千三百八十三里)

해설: 〈論地球 …… 幾何〉에서는, 地心에서 月輪天까지의 거리가 48만 2522里餘, 日輪天까지의 거리가 1605만 5690里餘라고 하고 있다. 자료의 출처가 다르기 때문이겠지만, 月輪天까지의 거리는 차이가 너무 크다. 물론

현재의 실제 거리보다는 모두 비교가 안 되게 짧다.

사람의 눈에는, 가까운 것이 커 보이고, 먼데 것이 작아 보이는 것이 常理다. 지금, 멀고 가까움이 다른데, 크기가 같아 보인다는 사실로부터, 우리는 해가 지구보다 크고, 지구가 달보다 큼을 말할 수 있다. 이것을 증험하려면 交食을 보면 알 수 있으므로, 먼저 교식의 원리를 밝힐 필요가 있다. (人目之視, 近者大而遠者小, 其常也. 今, 遠近異而大小等所, 以知日大于地, 地大于月也. 驗之, 交食可見, 故, 須先明其故)

해설: 여기서 우리는 리마두의 일차적 목적이 교식의 설명이 아니라 거리의 원근을 확인하는 방법을 설명하는데 있음을 알 수 있다.

(1) 日蝕과 月蝕의 원리
누가, 일식과 월식의 이치가 무엇이냐고 묻는다면 우리는 다음과 같이 답할 수 있다. (或問: 日月蝕之理如何? 答曰: 日蝕者, 緣朔時月至黃道, 在日之下, 遮掩日光, 人不能見日輪謂日蝕也)

일식이란, 음력 초하루에 달이 황도에 이르러, 해의 아래에 오게 되어, 햇빛을 가리게 되기 때문에, 사람이 해를 볼 수 없게 되는 현상을 말한다. 그래서 해를 갉아먹는다고 (日蝕이라고) 말하는 것이다. 그러나 태양이 빛을 잃어버리는 것은 아니기 때문에, 그 갉아먹힌 모습은 천하 모든 곳에서 똑 같은 모습이 아니다. 혹 이곳에서는 일식이 있어도, 다른 곳은 일식이 없을 수 있고, 혹 이곳에서 다 가려지더라도, 다른 곳에서는 반만 가려질 수 있다. 이처럼 다른 모습을 보이는 원인은, 달이 해를 비스듬히 가리느냐 바로 가리느냐의 차이가 있기 때문이다. (日蝕者, 緣朔時, 月至黃道, 在日之下, 遮掩日光, 人不能見日輪, 謂日蝕也. 然日輪了無失光, 故其蝕非天下相同之蝕; 或此

處蝕, 他處不蝕; 或此處全蝕, 他處半蝕. 此因所當有斜正之異故也)

해설: 이처럼 동일한 일식이라도 장소에 따라 달리 보이기 때문에, 요즘도 원하는 일식의 모습을 보기 위하여 알맞는 곳을 찾아 다닌다.

월식은 천하 어디서나 같은 모습이다. 일반적으로, 달과 별들은 모두 햇빛을 받아 빛을 낸다. 그리고 지구는 九重天의 한복판에 있다. 만약, 음력 보름날, 달이 황도에 이르러, 정면으로 태양과 마주 보게 되면, 지구는 태양의 빛을 가로 막아서, 그 빛은 달에 直射할 수 없다. 즉 달은 빛을 잃게 된다. 그러므로, 사람들이 월식이라고 하는 현상은, 다만 지구의 그림자가 달을 가린 현상에 불과하다. 그 현상이 끝나서, 달이 지구의 그림자를 벗어나면, 달은 다시 빛을 낸다. 이상이 일식과 월식의 대략적 설명이다. (月蝕天下皆同也. 蓋月與諸星皆借日爲光, 地形在九重天之當中. 若望時, 月至黃道, 正與太陽相對, 地球障隔其光, 不得直射, 則月失其光. 而人以爲蝕乃地影矇之耳. 已出地影, 卽復光矣. 此交蝕之大略也)

해설: 이처럼 동일한 월식은 장소에 관계없이 똑같은 모습으로 동시에 볼 수 있다는 것이 일식과 다름 점이다. 그리고 이러한 특징 때문에 동일한 월식을 관찰하는 두 지점의 지방시의 차이를 알면 두 지점의 경도차를 알 수 있다. 이것이 경도를 알아내는데 월식이 귀중하게 쓰이는 이유다. 리마두의 이 설명에 의하면, 리마두는 태양 이외의 모든 천체를 (恒星을 포함하여) 暗體로 본다. 즉 태양만이 스스로 빛을 낸다고 본다.

(2) 해와 지구와 달의 크기 문제

누가 해가 지구보다 크고 지구가 달보다 큰 것을 어떻게 알 수 있느냐고 묻는다면 우리는 다음과 같이 답할 수 있다. (問: 何以知日大于地, 地大于月? 答曰:)

해설: 여기서 리마두는 자신의 일차적 목적인 해와 달의 원근을 확인하는

방법을 설명한다.

    일반적으로, 크기가 서로 같은 두 천체의 경우, 하나는 發光體 다른 하나는 暗體일 때, 암체가 빛을 받는 부분과 받지 않는 부분의 크기는 반반씩이고, 암체의 그림자는 무궁하게 연장된다. 오직, 작은 암체가 큰 발광체를 가릴 경우에만, 암체가 빛을 받는 부분이 자기 몸의 半을 넘게 되고, 그 암체의 그림자는 멀어질수록 뾰족해지며, 그 極에 달하면 그림자는 없어지고 만다. 즉 그 그림자는 무궁하지 않다. 그러므로, 달에는 蝕이 있으나, 별들에는 식이 없다. 달은 지구에서 가깝고, 별들은 지구에서 멀기 때문이다. 즉, 지구의 그림자가 별들에까지 미치지 못하기 때문이다. 만약 지구와 달의 크기가 같다면, 월식 현상은 경험할 수 없을 것이다. 만약 태양과 지구의 크기가 같다면, 우리는 별들에서도 식 현상을 경험할 수 있을 것이다. 그래서 우리는 해와 달과 지구의 대소를 구분할 수 있다. (凡大小相等者, 其小者之受光與不受光相半, 而所蔽之暗影, 至于無窮. 惟以小蔽大, 則小者之受光必過于半體, 而其暗影漸遠, 則漸尖細; 遠之極, 則無復暗影焉. 其影有窮也. 故月有蝕, 而星無蝕; 月近地, 而星遠地, 則地影之所不能及也. 若地與月等, 則不嘗蝕矣. 若日與地等, 則衆星皆蝕矣. 所以知其大小之分也)

    해설: 발광체인 천체에 비해서 암체인 천체가 크거나 같을 때, 그 천체의 그림자는 무궁하고, 발광체에 비해서 암체가 작을 때는 그 그림자가 유한하다는 "원리"를 설명한다. 이 원리의 역도 성립한다는 전제에서 이 원리의 응용이 이어진다. 즉 해는 "유일한" 발광체이고 지구는 암체인데, 달 위에 달과 비슷한 크기의 지구 그림자가 생기고, 달보다 멀리 떨어진 항성에는 지구의 그림자가 생기지 않는 것은 지구의 그림자는 태양에서 멀어질수로 점점 작아진다. 즉 뾰족해진다는 것을 의미하며, 이는 우선 태양이 지구에 비해서 크다는 것을 의미한다는 것이다. 또 태양의 반대편에 생기는 지구의 그림자

는 당연히 지구보다 작은데, 지구 자체보다 작은 이 달에 비친 그림자가 달과 크기가 비슷하다는 것은 달이 지구보다 작다는 것을 의미한다고 리마두는 논증하고 있는 것이다. 이 해설에서 보다시피, 약간의 보충설명을 추가하면, 리마두의 천체의 크기를 비교하는 논증은, 나름대로 훌륭하다. 이 글에는 논리적으로 맞지 않는 부분이있다. 즉, 크기가 같은 두 천체의 설명에서, "其小者"는 논리적이 아니다. "其一者" 정도로 고쳐져야 한다. 그리고 항성들이 암체라고 보는 것도 잘못이다. 그러나 이것은 리마두의 논증에 결정적인 약점이 되지는 않는다. 아래의 "보충설명" 부분을 참고하기 바란다.

별도의 글에서 이를 상세히 설명한다. (別有圖詳之)

해설: 리마두는 그림, 표, 글 등을 모두 "圖"로 나타낸다. 여기서 도란, 〈論地球 …… 幾何〉라는 글로 보아야 한다. 이 글에서 리마두는 천체들의 대소와 원근의 "사실"을 설명할 뿐 "이유"의 추가적 설명은 없다. 이 글은, "규장각본" 내지 "봉선사본" 〈곤여만국전도〉를 제외하고는, 모두 바로 설명에 이어지는 위치, 즉 마지막 폭에 布置되어 있다. 글의 내용으로 볼 때, 이런 포치가 맞는다.

"보충설명" 1: 일식과 월식을 통한 지구, 달, 해의 대소확인

리마두의 〈일식도〉와 〈월식도〉를 보면, 우선, 달과 해가 지구를 공전하는 것으로 되어 있다. 리마두 체계의 특징을 반영한다. 달의 궤도는 帶月天, 해의 궤도는 帶日天이라고 설명되어 있다. 그러나 설명 내용은 현대적인 설명과 별 차이가 없다. 세 천체의 상대적인 위치는 그대로 둔 채로, 대일천 대신에 해를 중심으로 하는 지구의 공전궤도를 그리면, 그것은 현대적 일식, 월식의 설명이 된다. 다만 별이 모두 암체라고 보아 星蝕이 없는 이유를 지구가 태양보다 작아서 지구의 그림자가 무궁하지 않기 때문이라고 한 것은, 올바른 설명은 아니다(尖影有窮處, 故不能蝕星, 以星又在外也: 뾰족한 그림자는 끝나는 곳이 있기 마련이다. 그러므로 지구 그림자가 별에 蝕現象

을 일으킬 수는 없다. 별은 훨씬 더 바깥에 있기 때문이다). 그림에는 또, 일식의 달의 그림자의 설명을 暗者月掛之(어두운 것은 달이 거기에 걸려 있기 때문이다)라 하고, 월식의 경우는 暗者是地影(어두운 부분은 지구의 그림자다)이라고 하고 있다.

"보충설명" 2: 천체의 원근과 대소구분

다른 별들의 대소구분은 이 방법으로는 알 수 없다. 원근과 대소구분에 유용한 방법은 視差法(paralax)인데, 이 방법은 리마두 시대에도 이미 알려져 있었다. 다만 얼마나 정밀한 측정이 가능하냐의 문제가 있다. 그러므로 리마두가 제시하는 천체간의 절대거리의 里數는 별로 신뢰할 것이 못된다.

5. 李之藻 등의 跋文

1) 이지조

지금까지 지도에 좋은 판본이 없었다. 최근 『廣輿圖』의 목판본은 唐의 가남피의 寸分里法으로 그린 것으로, 좀 세밀해진 듯하다. 그러나 『統志』, 『省志』 같은 여러 책들을 취하여 비교하고 대조해 보니, 그 지도에 기록된 사방원근이 또 다시 빠진 것이 있다. (輿地無善版. 近廣輿圖之刻本, 唐賈南皮畵寸分里之法, 稍似縝密. 然取統志省志諸書詳爲校覈, 所載四履遠近亦復有漏)

그런데, 撰述之家는 記載를 의지하지 않고, 즉시 輶軒을 타고온 使臣들을 찾는다. 그러나 기재는 다만 沿革을 갖추고 있을 뿐, 形勝의 전체가 상세하지 못한데 비하여, 유헌을 타고 온 사신들의 길은 紆廻가 심하여, 음률의 박자에 맞지 않는 격이니, 이것이 난점이다. 중국의 영향권인 禹貢之內가 또한 이러할 진대, 絶域이야 말해서 무엇 하겠는가? (緣夫撰述之家, 非憑記載, 卽訪輶軒, 然記載止備沿革, 不詳 形勝之全, 輶軒路出紆廻, 非合應弦之步, 是以難也. 禹貢之內且然, 何況絶域?)

중국의 지도제작자들은, 위로 天文을 취하여 아래로 地度의 기 준을 삼는다는 언급을 해 본 적이 없다. 그런데 西泰子 利선생은, 萬國全圖에서, 바로 그렇게 기준을 삼고 있는 것이다. (不謂有上取天 文, 以準地度, 如西泰子萬國全圖者)

利선생의 나라 유럽에는, 원래 鏤版法 즉 銅板印刷法이 있고, 지 도를 만들 때, 하늘의 南北兩極을 經으로 삼고, 천구의 周天經緯는 360도로 捷作하여, 땅이 그것과 상응하도록 했다. 지구의 每1度는 250리로 고정되어 있다. 이것은 『唐書』에서 일컫는 351리80보에 北 極高가 1도씩 (周天 360도의 1도로는 360리 정도) 차이가 난다는 말 과 서로 비슷하다. 그러나 리라는 단위를 취하는 법은, 옛날과 지 금, 약간 원근의 차이가 있다고 한다. 리선생의 지도에서, 지구의 남과 북(의 거리)는 이를 極星을 가지고 증험하고, 지구의 동과 서 (의 거리)는 이를 해와 달의 衝과 蝕에서 계산한다. 이런 종류의 방 법은 모두 천고에 감추어져 있던 비법이다. (彼國歐邏巴原有鏤版法, 以南北極爲經, 赤道爲緯, 周天經緯捷作三百六十度, 而地應之. 每地一度定 爲二百五十里, 與〈唐書〉所稱三百五十一里八十步而差一度者相彷彿, 而取里 則古今遠近稍異云. 其南北則徵之極星, 其東西則算之日月衝食, 種種皆千古 未發之秘)

해설: "첩작"이란 365.25도를 360도로 줄였다는 의미일 것이다. 리마두의 "1 도=250리"설에 대해서 중국에서는 "1도=360리"설이 『당서』에 나온다는 말을 하면서, 이지조는 이 차이가 과거와 현재의 里 개념의 변화 때문이라고 본 다고 말하고 있다. 그리고 아래에서는 15도=6천리, 50도=2만리를 언급함으 로써, "1도=400리"설을 소개하고 있다. 이지조의 놀라움은, 리마두가 두 지점 간의 남북의 거리를 북극고의 차이로 계산하고, 동서의 거리를 월식이 보이

는 시차로 계산할 수 있다고 하는 데 있었다. 이것은 중국인에게는 천고에 감추어져 있던 비법인 것이다. 이지조는 리마두가 제시하는 새로운 주장 하나하나에 대해서, 과거 중국의 문헌을 들추어, 중국에도 그 비슷한 것이 있었음을 열심히 주장하고 있다. 그러나 이 주장만은 과거 중국에 대응되는 사례가 없음을 이런 말로 고백하고 있는 것이다.

땅이 원형이라는 말은, 蔡邕이 『周髀算經』을 풀어 말한, 하늘과 땅은 각각, 가운데는 높고 밖은 낮다는 中高外下之說에 이미 나와 있으며, 〈渾天儀注〉 역시, 땅은 계란의 노른자 같이, 외로이 하늘 안에 자리잡고 있다고 말했다. 각처의 晝夜長短이 같지 않다는 것도, 이미 원나라 사람이 二十七所를 測景하여, 역시 밝혀 기록해 놓았다. 다만, 바다와 물이 육지와 더불어 하나의 구형을 만든다는 말, 그리고 그 구면을 빙 둘러서, 모든 곳에 사람이 산다는 말은, 나로서는 처음 듣는 얘기로, 매우 놀랍다. (所言地是圓形, 蓋蔡邕釋〈周髀〉已有, 天地各中高外下之說, 渾天儀注亦言地如鷄子中黃, 孤居天內. 其言各處晝夜長短不同, 則元人測景二十七所, 亦已明載. 惟謂海水附地共作圓形, 而周圓俱有生齒, 頗爲創聞可駭)

해설: 이지조가 놀란 또 한가지 사실은 지구의 구면 어디에나 사람이 산다는 리마두의 말이다. 대척점에 사는 사람들끼리는 발을 서로 마주대고 산다는 것이 되는데, 지구의 引力의 개념이 없는 중국인에게는 납득하기 어려웠다. 전교사들은 이를 설명하기 위하여 고심했는데, 알레니는 地心이 우주의 가장 아래라는 설로 이를 설명한다. 지면의 한 점에서 지구를 관통하여 그 대척점까지 구멍을 뚫을 수 있다면, 그 구멍에 무거운 물체를 떨어뜨릴 때, 그 물체는 대척점까지 가는 것이 아니라, 지심에서 멈출 것이라는 말로 그 사실을 설명한다. 지심이 이세상의 가장 아래이기 때문에 무거운 물체는 "지심으로 떨어진다"는 것이다. 성호 이익도 『성호사설』에서, 지심이 무거운 물체를 끌어당긴다고 설명하고 있다.

180 고지도의 우주관과 제도원리의 비교연구

요컨대, 세상사에 관해서 의견은 제시하되, 토론은 하지 않는다는 六合之內, 論而不議의 상황이라면, 이치가 근거할만 할 때, 그 이치를 野에서 구하겠다고 한들, 이를 저지할 자가 어디 있겠는가? 하늘 圓象은 누구에게나 명백하고 밝으니, 누구나 낮에는 日景을 보고, 밤에 北極을 바라보면서, 일경과 북극의 고도를 알 수 있으니, 그렇게 해서 얻은 度數는, 원래 가려진 비밀도 아니고, 궁구하는 일이 어려운 것도 아니다. 다만 관찰력이 거기에 미치지 못하는 사람이 있을 따름이다. 그렇다면 어찌 이것이 중국 밖에서 논의되었다고 해서 이를 가벼이 할 수 있겠는가?. (要子, 六合之內, 論而不議, 理苟可據, 何妨求野? 圓象之昭昭也, 晝視日景, 宵窺北極, 所得離地高低度數, 原非隱僻難窮, 而人有不及察者, 又何可輕議于方域之外)

沈括은 다음과 같이 말했다. "옛사람이 하늘을 관측하여보니, 安南에서 岳臺까지의 거리가 6천리인데, 그 北極高差가 15도였다. 그러하니, 좀 더 북쪽으로 가면, 북극성이 사람의 머리 위에 있지 않다고 어찌 알 수 있겠는가? 북극성이 사람 위에 있다면, 북극성 아래에 사람이 있다는 것이 된다. 그 북의 방향으로 더 가서 북극성을 등에 지게 될 때도 그 이치를 이용하여 가히 추측할 수 있다."(沈括曰: 古人候天, 自安南至岳臺纔六千里, 而北極差十五度. 稍北不已, 庸詎知極星不直在人上乎? 夫極星在人上, 是極星下有人焉, 再北而背負極星, 其理可推也)

원나라 사람의 測景이 비록 멀다 하나, 南海와 北海 사이 2만리 안에 머물렀고, 그 때 北極高差는 50도였다. 西泰子 利선생은, 몸소 배를 타고 적도 아래를 지났는데, 그 때 그는, 하늘의 南北二極을 같은 평면에서 동시에 바라볼 수 있었다. 그리고 더 남쪽으로 내려가 大浪山에 이르러 南極高度를 보니 36도였다. 古人 중에, 일찍이 이처럼 멀리 가서 측경한 사람이 있었던가? (元人測景雖遠, 止于南北海二萬里內, 而北極所差已五十度. 西泰子汎海, 躬經赤道之下, 平望南北二極. 又南至大浪山, 而見南極之高出地至三十六度. 古人測景曾有如是之遠者乎?)

    해설: 2만리가 50도차이면 1도차는 400리로 본 셈이다.

    利선생은 그 사람됨이 조용하고 淡白하여 이익을 탐하지 않는다. 有道者를 닮았다. 그의 말은 이치에 맞고, 망녕됨이 없다. 또, 그 나라 사람들은 멀리 여행하기를 매우 좋아하고, 象緯之學 즉 천문학을 많은 이가 배운다. 산에 오를 때나 바다를 항해할 때, 도처에서 하늘과 땅을 재니, 그들의 족적이 닿는 범위는 章亥 즉 大章과 豎亥를 훨씬 뛰어넘는다. 계산은 절묘하여 중국 전문가들을 마음을 산란하게 한다. 利선생이 가지고 온 지도와 서적을 보면, 透徹한 研究學習으로 속이 꽉 차 있음을 알 수 있다. 그렇다면, 어찌 성인이 없이 이처럼 精明한 저술을 얻을 수 있겠는가? 平常的이 아닌 사람이나 평상적이 아닌 책은 이 세상에서 쉽게 만날 수 있는 것이 아니다. 利선생의 나이와 체력이 점점 쇠해 가면서, 그 책들을 다 번역할 수 없는 것이 안타깝다. (其人恬澹無營, 類有道者, 所言定應不妄. 又其國多好遠遊, 而曹習於象緯之學, 梯山航海, 到處求測, 蹤逾章亥, 算絶撓隷, 所攜彼國圖籍, 玩之最爲精備, 夫也奚得無聖作明述焉者. 異人異書, 世不易遘, 惜其年力向衰, 無能盡譯)

    이 지도는 白下諸公 즉 南京의 여러 분들이 일찍이 翻刻한 바가 있다. 그러나 폭이 좁아서 자세한 내용을 다 실을 수 없었다. 나는 동지들의 권유로, 여섯 폭 짜리 병풍을 만들게 되었다. 틈이 나는 날에 출판작업을 이어갔다. 譯官들의 잘못을 바로잡고, 빠진 곳을 보태다보니, 옛날 작업에 비해 일이 두 배 증가하였다. 혹 예와 지금 명칭이 다르거나, 또 혹시 方言이 다르게 번역되었더라도, 확신이 없는 경우에는 고치려 하지 않았다. 확실히 자신의 의견이 있는 경우에도 지나친 무리는 하지 않았다. (此圖白下諸公曾爲翻刻, 而幅小未悉. 不佞因與同志爲作屛障六幅, 暇日更事殺靑, 釐正象胥, 盍所未有, 蓋視舊業增再倍, 而于古今朝貢中華諸國名尙多闕焉. 意或今昔異稱, 又或方言殊譯, 不欲傳其所疑, 固自有見, 不深强也)

따로 南北兩半球地圖가 있다. 이 지도는, 적도를 따라 둘로 가르고, 바로 南北兩極星이 중심이 되며, 동서와 상하를 지도의 가장자리로 삼아, 왼편에 附刻하였다. 그 半球圖의 방식 역시 創見이다. 그러나 〈皇帝素問〉을 보면, 이미 거기에 그 뜻이 들어있다. 그 내용을 보자: "午方에 서서 子方을 바라볼 때, 자방에 서서 오방을 바라볼 때; 그리고 卯方에 서서 酉方을 바라볼 때, 유방에 서서 묘방을 바라볼 때, 우리는 이 모든 경우를 北面한다고 한다. 즉 북쪽을 바라본다고 한다. 묘방에 서서 유방을 등질 때, 유방에 서서 묘방을 등질 때; 그리고 오방에서 남쪽을 바라볼 때, 자방에서 남쪽을 바라볼 때, 우리는 이 모든 경우를 南面한다고 한다. 즉 남쪽을 바라본다고 한다. 이는 모두 天中을 북으로 삼고, 그 對를 남으로 삼는다는 말이다. 南北을 天中에서 취한다는 것은 바로 極星을 中天에서 취한다는 뜻이다." 나는 이처럼 옛 선비가 하늘을 가장 잘 설명했다고 여기고 있었는데, 지금 이 지도를 보니, 동서양 선비들의 情意가 암암리에 相投함을 알 수 있다. 이를 보면서, "東海西海, 心同理同"이란 말, 즉 동양과 서양은 마음도 같고 이치도 같다 라는 이 말을, 어찌 믿지 않을 수 있겠는가? (別有南北半球之圖, 橫剖赤道, 直以極星所當爲中, 而以東西上下爲邊, 附刻左方. 其式亦所創見, 然考皇帝素問已有其義. 所言: 立于午而面子, 立于子而面午, 至于自卯望酉, 自酉望卯, 皆曰北面; 立于卯而負酉, 立于酉而負卯, 至于自午望南, 自子望北(南)[4], 皆曰南

面. 是皆以天中爲北, 而以對之者爲南, 南北取諸天中, 正取極星中天之義. 昔儒以爲最善言天, 今觀此圖, 意與暗契. 東海西海, 心同理同, 于玆不信然乎?)

　해설: 북반구도를 보면서 이지조가 감탄하는 글이다. 북극을 중심에 두고 북반구를 원으로 나타낸 이 지도는 적도가 원주로 된다. 이 적도원을 30도씩 12등분하고, 각 등분점에 12支 방위명을 붙이면, 子, 卯, 午, 酉는 각각 90도씩 떨어진 점이 된다. 즉 자와 오, 묘와 유가 서로 마주보게 된다. 그러므로 子에서 午를 보면 北극을 바라보게 되고, 午에서 子를 봐도 북극을 바라보게 된다. 이지조는 이것이 중국의 고전인 〈皇帝素問〉의 기술과 똑같고 따라서 "東海西海, 心同理同"이라고 감탄하고 있는 것이다.

　아아! 땅덩어리가 넓고 두텁다고 하나, 이 지도의 글과 그림이 萬里나 떨어진 곳을 잠간 사이에 내 眉睫間에 옮겨놓아 주니, 八荒의 광대한 땅이 또렷하기가 마치구슬을 가지고 노는 듯하구나. 晝夜長短을 밝혀주니 曆算의 大綱을 把握할 수 있겠고, 夷隩析因의 차이를 살필 수 있으니 山河之孕을 알겠구나. 하늘과 땅을 俯仰할 수 있으니, 이 또한 후련하지 않은가! (於乎! 地之博厚也, 而圖之楮墨, 頓使萬里納之眉睫, 八荒了如弄丸, 明晝夜長短之故, 可以挈曆算之綱, 察夷隩析因之殊, 因以識山河之孕, 俯仰天地, 不亦暢矣)

　천지를 이 지도를 통하여 휘 둘러보면서 우리가 얻는 요지는, 사람들로 하여금, 좁쌀알 같이 보잘 것 없고 덧없는 인생을 곰곰이 생각하게하고; 달리는 말의 광경을 문틈으로 볼 때 휙 지나가듯이, 짧은 우리의 인생에 아쉬운 마음을 갖게 하고; 만물을 양육하는 하늘의 공덕을 생각하게 하며; 천명을 받들어 順從하는 일을 부지런히 하게 함으로써, 다 함께 빠짐없이 大道를 가게 한다는 것이다.

---

4) 의미순통을 위하여 自子望北을 自子望南으로 바꿈.

그러하니, 天壤之間에 이 분과 이 지도가 도움이 안 될 곳이 어디에 있다 하겠는가! (大觀而其要歸于使人, 安稊米之浮生, 惜隙駒之光景. 想玄功于亭毒, 勤昭事于顧諟, 而相與偕之乎大道. 天壤之間, 此人此圖, 詎可謂無補乎哉! 浙西李之藻撰)

浙江省 杭州사람 李之藻 지음

2) 吳中明

鄒然이 말하기를, "중국밖에 중국과 같은 땅이 아홉이요, 이를 裨海가 둘러싸고 있다."라고 했다. 이 말은 閎大不經하게 들린다. (鄒子稱: 中國外, 如中國者九, 裨海環之. 其語似閎大不經)

世傳에 의하면, 崑崙山의 동남쪽 한 支脈이 중국으로 들어와, 그 때문에 중국의 물은 모두 東流한다고 한다. 그러나 곤륜산의 서북쪽 한 지맥도 중국 땅의 반을 차지하고 있어서, 역시 卒然히 그 경계를 밝힐 수 없다. (世傳崑崙山東南一支入中國, 故水皆東流; 而西北一支仍居其半, 卒亦莫能明其境)

과연 땅은 넓고 크다. 그러나, 형태를 가진 것은 반드시 다함이 있는 법인데, 齊州 즉 중국의 경우를 보면, 그 땅은 동남쪽으로는 바다를 넘지 못하고, 서쪽은 崑崙山을 넘지 못하고, 북쪽으로는 사막을 넘지 못한다. 사리가 이러하니, 하늘과 땅의 끝을 궁구하는 일이 어찌 어렵지 않을 수 있겠는가? (夫地廣且大矣, 然有形必有盡, 而齊州之見, 東南不踰海, 西不踰崑崙, 北不踰沙漠, 於以窮天地之際, 不亦難乎?)

이미 본 것에 구속되어, 천지가 작다는 의견을 낸다든지, 보지도 못한 것을 과장하여 멋대로 크다는 의견을 내는 경우가 있는데, 이

런 意見은 모두, 망녕된 것이다. (囿於所見, 或意之爲小, 放浪於所不見, 或意之爲大, 意之類皆妄也)

　　山人 리마두 선생은, 유럽으로부터 중국에 들어와, 〈山海輿地全圖〉를 저술했고, 많은 사대부 관료들이 이를 전파하였다. 나는 지도를 보기 위하여, 그의 처소를 방문한 일이 있는데, 거기 있는 지도는 모두 그 나라에서 板刻한 舊本들이었다. 리선생의 나라 즉 이탈리아와 포르투갈 사람들은 모두, 먼 곳을 여행하기를 좋아한다. 그리하여, 때로는 絶域을 지나갈 때도 있는데, 이런 경우에는 서로 그 곳의 정보를 전하고 기록해 둔다. 이런 기록이 累積되어 여러 해가 지나면, 그 절역의 지형의 전체 모습을 얻을 수 있게 된다. 그러나 南極一帶처럼, 아직 사람의 발이 닿지 않은 곳도 있다. 그러므로, 현재 남극일대는 사람들이 바라본 세 귀퉁이만을 가지고 그 一帶를 추측할 수밖에 없다. 이치는 마땅히 이러해야 하는 것이다. (利山人自歐邏巴入中國, 著山海輿地全圖, 薦紳多傳之. 余訪其所爲圖, 皆彼國中鏤有舊本. 蓋其國人及拂郎機國人皆好遠遊, 時經絶域, 則相傳而誌之, 積漸年久, 稍得其形之大全. 然如南極一帶, 亦未有至者, 要以三隅推之. 理當如是)

　　山人 利선생은, 淡然無求에, 冥修敬天하는 분이다. 아침저녁으로 스스로에게 맹세하는 것은, 無妄念, 無妄動, 無妄言이다. 하늘과 日月星辰의 멀기와 크기를 나타내는 數에 이르러서는, 나는 쉽게 이해할 수 없다. 그렇지만 그 주장은 스스로 근거를 가지고 있을 것이다. 여기에 아울러 기록해 놓으면서, 잘 설명해 줄 사람이 나타나기를 기다린다. (山人淡然無求, 冥修敬天, 朝夕自盟以無妄念, 無妄動, 無妄言. 至所著天與日月星遠大之數, 雖未易了, 然其說或自有據, 並載之以俟知者. 歙人吳中明撰)

安徽省 歙縣사람 吳中明 씀

3) 楊景淳

莊子 즉 漆園氏는 말하기를, "六合之內, 論而不議"라고 했다. 聖人은 세상사에 관해서 의견은 제시하되, 토론은 하지 않았다는 것이다. 子思선생 또한 말하기를 지극한 데 이르러서는 성인도 알지 못하는 것이 있다고 하였다. 일반적으로, 알지 못하는 것은 不議 때문이다. 즉 토론이 없기 때문이다. 그리고 의견의 개진조차 없다면, 不知라는 사실조차 모르게 된다. (漆園氏曰: 六合之內, 論而不議. 子思子亦曰: 及其至, 聖人有所不知, 夫唯不知, 是以不議. 然未嘗不論, 亦未嘗不知也)

　　해설: 莊子의 〈齊物〉이 나오는 "六合之外, 聖人, 存而不論; 六合之內, 聖人, 論而不議." 중 일부를 인용했다. 모두 다 인용한 바탕 위에서 이 이야기는 진행되는 것이 바람직하지 않았을까?

大章과 豎亥가 빠른 걸음으로 걸어서 땅의 크기를 推算한 것은, 지리에 대한 탐색의 출발이었다. 중국의 지리서인 『禹貢』에서는 九州, 즉 중국 땅 전체를 다루었다. 중국의 주변의 지리를 다룬 職方에는 四海가 모두 실려있다. (章亥之步地, 所從來矣; 禹貢之書, 歷乎九州; 職方之載, 罄乎四海)

班固는 이것들을 바탕으로, 『地理志』를 지어, 그 속에서 정치, 풍습 등 다루지 않은 것이 없다. 이는 저 大章의 업적과 명백하고 뚜렷이 비교되는 바다. (班氏因之而作地理志, 政治風習, 靡所不具. 此其大章明較著者)

그러나 六合을 이런 식으로 밝히려하면, 우리는 거기서 한 가지를 건질 수 있을지 모르지만 만 가지를 빠뜨릴 수 있다. 그런데, 누가 있어, 西泰子 利선생처럼, 육합을 통째로 들어올려, 하나의 큰 주머니에 싸 담아 보았는가? (而質之六合, 蓋且挂一而漏萬, 孰有囊括苞舉六合如西泰子者?)

利선생의 지도와 설명은 매우 상세하여, 위로는 極星에 대응하고, 아래로는 地紀에 닿았으니, 위아래로 관찰한 내용은, 최고의 경지에 가깝다고 할 수 있다. (詳其圖說, 蓋上應極星, 下窮地紀, 仰觀俯察, 幾乎至矣)

즉, 大撓가 다시 살아 난다해도, 아마도 마땅히 이 지도를 골라 뽑을 것이다. 이 지도는 마치 大章의 빠른 걸음이 禹임금의 開拓활동에 도움을준 것과도 비슷하고, 반고의 『지리지』의 蒐羅와도 비슷하다. 그러하니, 利선생의 공을 어찌 眇小하다 할 수 있겠는가? (卽令大撓而在, 當或採摭之, 其彷佛章步羽翼禹經開拓, 班志之蒐羅者, 功詎眇小乎哉!)

그리고 그 지도에 실린 견해는 모두, 輶軒을 타고 다니면서 얻고, 心目에 기록해 두었다가 얻은 것일 뿐 아니라, 또한 평생을 노력하여 얻은 것이니, 어찌 그것을 耳食, 臆決, 管窺, 蠡測[5]의 淺薄한 見解와 한 자리에 놓고 비교할 수 있겠는가? (而凡涉之乎輶軒, 識之乎心目, 亦且窮年, 夫豈耳食臆決管窺蠡測者可同日語?)

또, 그 지도의 내용을 검토해 보면, 아직 해석이 미진한 부분이 남아있다. 그 미진한 부분은 아마도, 역시 論而不議의 뜻이 있는 것

5) 耳食, 臆決, 管窺, 蠡測=남에게서 들어서 얻은 견해; 주관적인 억측의 견해; 좁은 소견에서 나온 견해; 바닷물을 표주박으로 재겠다는 견해.

은 아닐까? (而其中有未盡釋者, 儻亦論而不議之意乎?)

아마, 西泰子 利선생도 어려움이 있었을 것이다. 그리고 서태자 선생을 이해하는 일도 역시 쉽지 않다. (第西泰子難矣, 而知西泰子亦不易)

『論語』에 이르기를, "천년이 지나야 知己라고 할 수 있는 사람이 나온다고 하지만, 그 만남은 하루사이에 이루어지는 것과 같다."고 했는데, 원나라의 耶律과 浙江의 青田이 그 하나의 증험이다. 이처럼, 振之 李之藻씨와 西泰子 利선생이 천년을 하루에 이었으니, 크게 기이한 일 아닌가? (語云: 千載而下有知己者出, 猶爲旦暮遇. 元之耶律, 浙之青田, 其一證矣. 茲振之氏與西泰子聯千載於旦暮, 非大奇邁耶?)

이 지도가 일단 나오니, 그 지도의 범위는 그 規摹를 넓히는데 기여했고, 그 지도의 博雅함은 밝혀 살펴볼 대상을 넓히는데 기여했고, 그 지도의 超然遠覽함은 또한 太倉稊米란 말이나 馬體毫末이란 말이 빈 말이 아님을 실증해 주었다. 홀로, 거창한 하늘 이야기나 보잘 것 없는 달팽이 뿔 이야기만을 터무니없는 견해라고 할 것이 아니라 이 역시 빈 말이 아닐지 모른다라고 치부하고 싶다. (此圖一出, 而範圍者藉以宏其規摹, 博雅者緣以廣其玄矚, 超然遠覽者亦信太倉稊米馬體毫末之非嶽語. 寧獨與譚天, 蝸角之論, 倘悅悠謬之見, 並視之也)
주) 太倉稊米=큰 곳집의 쌀 한톨; 馬體毫末=말 몸뚱이의 털끝 하나.

나 楊景淳은 振之 이지조씨와 동료간으로, 莫逆이란 말이 어울리는 사이이며, 西泰子 利선생과는 서로 만난지 오래 되지는 않았으나 옛 친구와 다름 없는 사이다. 그러므로 이 지도의 板刻에 대한 우리 세 사람의 마음은 대체로 같다고 할 수 있다. (不佞淳與振之

氏爲同舍郎, 稱莫逆, 而與西泰子傾蓋如故者. 玆刻也, 蓋同心云)

四川省 蜀東사람 楊景淳 씀(蜀東楊景淳識)

4) 祁光宗

옛 사람이 말하기를, 天地人 三才를 통달하면 儒라 했다. 그런데 그 통달이 어찌 쉽게 容許될 일이겠는가? (昔人謂通天地人曰儒. 夫通何容易?)

다만 고리타분한 입재주를 긁어 모아 얻어진 견해로 천고의 비밀을 들춰낼 수는 없는 일이니, 그런 견해가 꼭 管窺, 즉 좁은 소견이 아니라고 할 수 있겠는가? 그런 견해가 이 천지에 무슨 도움이 되겠는가? (第令掇拾舊吻, 未能抉千古之秘, 何必非管窺也, 于天地奚裨焉!)

西泰子 利선생은 諸國을 유람하기 수십년에, 몸소 듣고 본 것에 의거하고, 자신의 독자적 해석을 가미하여, 왕왕 앞 사람들이 아직 말한 일이 없는 것을 말하고 있다. 甚至於, 地度가 天躔에 상응한다든지, 天地之書를 읽는다든지 하는 말에 이르러서는, 그는 爲己之學, 즉 자기 자신을 수양하는 학문을 하고 있는 것이니, 이는 幾於道, 즉 "道에 가깝다"라는 말로 표현할 수 있겠다. (西泰子流覽諸國, 經歷數十年, 據所聞見, 參以獨解, 往往言前人所未言. 至以地度應天躔, 以讀天地之書, 爲爲己之學, 幾於道矣)

내 친구 振之 이지조는 利선생의 이런 뜻을 크게 사랑하고 전파했다. 그리고, 利선생의 뜻을 다시 글로 쓰고 지도로 그려 병풍을 만들었으니, 앉은 채로, 천지의 광대함을 眉睫間에 똑똑히 볼 수 있게 되었다. 이 지도를 그린 사람의 가슴속에 이 지도가 이미 갖추어져 있지 않았다면, 어떻게 이런 지도가 만들어질 수 있단 말인가? 아마도 그 사람은 天地人 三才를 통달한 사람이 아닐까? (余友李振之甫愛而傳之, 乃復畫爲圖說, 梓之屛障, 坐令天地之大, 歷歷在眉睫間, 非胸中具有是圖, 烏能爲此, 儻所謂通天地人者耶?)

나는 아직 聞道의 경지에 이르지 못했다. 나는 다만 有道之言을, 배고프고 목마르게 좋아하는 사람일 뿐이다. 그러므로, 나는 道의 津津한 맛이 이렇다고 자신있게 내 느낌을 말할 자격을 갖추고 있지 않다. (余未爲聞道, 獨于有道之言嗜如饑渴, 故不覺津津道之如此)

(그러므로) 내가 이 지도에 敍를 쓴다고 해서, 내가 利선생의 뜻을 이해하고 있을 것이라고 누가 말한다면, 나는 부끄러울 것이다. (如以余之敍玆圖也, 而倂以余爲知言, 則余愧矣)

河南省 東郡사람 祁光宗 씀. (東郡祁光宗題)

5) 陳民志

서태자 리선생의 이 지도는, 이 어찌 배를 띄워 바둑두기, 제 발로 힘들여 걷지 않고 방안에 누워서 세상구경하기가 아니라고 할 수 있겠는가? (西泰子之有是役也, 夫寧是浮舟棊局, 脛之所不走而以臥遊?)

裵秀의 六體에 따른 지도라고 해 봐야 게딱지 정도에 불과하고, 計然의 五土라고 해 봐야 매미 주둥이 넓이만큼 밖에 안 된다. 또, 豎亥와 大章의 빠른 걸음으로 땅 끝을 찾아 떠났어도 결국 못찾고 되돌아오고 말았다. 그런데 지금 우리 눈앞에 펼쳐진 이 지도는 위로는 푸른 하늘의 끝까지 닿았고, 아래로는 황천의 極에 달했다. 세상의 끝 四遊와 九瀛 가운데 아직 다 가보지 못한 곳까지도 모두 하나의 끈으로 묶었다. (蓋裹秀六體蟹匡爾, 計然五土蟬綏爾, 亥之步而章之搜至涯而反爾, 方之此圖, 窮靑冥, 極黃墟, 四遊九瀛之所未嘗而纍一焉)

하나 하나 짚어가며, 저것은 惡溪요, 沸海요, 陷河요, 懸度요, 하다가 곧바로 좁은 소견으로 사람들에게 말하기를, "夜郞國은 漢보다 크다고 말하기에 이를 꾸짖어 주었다"라고 하는 것은 한낮 通士들의 부질없는 말일 뿐이요, "거대한 바다거북이 하늘을 떠받치고 있다"는 말은 허황된 말일 뿐이다. (臚而指諸掌, 彼惡溪沸海, 陷河懸度, 直以甕牖語人, 而叱夜郞爲大于漢, 此亦胥象之侈事, 柱鼇之曠則矣)

서태자 리선생이 10만리를 거쳐 와서, 20년을 우리나라에서 머물다가, 마침내 長安에 들어와서, 繕部 李之藻 선생과 아침 저녁으로 만난 일, 이 모두 우연이요 기이한 일이이라 아니할 수 없다(이런 우연들이 거듭되지 않았던들, 어찌 이 지도가 완성될 수 있었으랴!). (夫西泰子經行十萬里, 越二十示冀而屆吾土, 入長安, 李繕部旦暮而遇之, 遇亦奇矣哉!)

河南省 汜陽사람 陳民志 씀. (汜陽陳民志跋)

6. 天下五總大洲

천하 오대륙의 이름은 붉은 글자로 표시한다. 만국의 크기는 같지 않은데, 이를 간단히 글자의 크기로 분별한다. 남극선과 북극선 둘, 그리고 주장선, 주야평선, 주단선 셋은 천하의 기후대를 나누는

선들인데, 이 다섯 선의 이름도 역시 붉은 글자로 표시한다. (天下五總大洲用朱字. 萬國大小不齊, 略以字之大小別之. 其南北極二線, 晝夜長短平三線, 關天下分帶之界, 亦用朱字)

1) 歐邏巴 (Eu-ro-pa: Europa) 유럽주

이 유럽주에는 30여 국이 있는데, 모두 예전 王政의 법제를 쓴다. 모든 이단은 따르지 않고 홀로 天主 하느님의 聖敎를 높이 받들고 있다.

모든 공직자는 三品으로 나눈다. 최상품의 공직자는 교화를 일으키는 일을 주관한다. 그 다음 품의 공직자는 俗事를 辦理한다. 최하품의 공직자는 兵戎 즉 軍政을 전담한다.

유럽 땅에서 나는 것들은, 五穀, 五金, 百果이며, 술은 葡萄汁으로 만든다. 생산활동은 모두 정교하다. 天文과 性理에 달통하지 못하는 것이 없다. 풍속은 敦實하며 五倫을 중히 여긴다. 물자의 종류가 매우 많다. 君臣은 康富하다. 四時 外國과 서로 통하며, 客商은 천하를 떠돌아다니며 장사한다. 중국과의 거리는 8만리인데, 자고로 통행이 없다가, 지금 상통한지가 70여년이 되었다고 한다. (此歐邏巴州, 有三十餘國, 皆用前王政法, 一切異端不從, 而獨崇奉天主上帝聖敎. 凡官有三品, 其上主興敎化, 其次判理俗事, 其下專治兵戎. 土産五穀, 五金, 百果, 酒以葡萄汁爲之. 工皆精巧, 天文性理無不通曉, 俗敦實, 重五倫, 物彙甚盛, 君臣康富, 四時與外國相通, 客商遊徧天下. 去中國八萬里, 自古不通, 今相通近七十餘載云)

(1) 矮人國

그 나라 사람들은 남자와 여자의 키가 1尺餘이며, 5살에 자식을 낳고, 8살에 늙으며, 늘 황새나 새매에 잡아먹힌다. 그 사람들은 동굴에서 捕食者를 피하고, 매번 여름 석 달을 기다려서, (굴에서) 나와서 그 포식자의 알을 깨뜨린다. 羊을 타고 다닌다. (國人男女長止尺餘. 五歲生子, 八歲而老, 常爲鶴鶬所食. 其人穴居以避, 每候夏三月, 出壞其卵云. 以羊爲騎)

(2) 게르마니아 (入爾馬泥=Ge-r-ma-ni) 바다

게르마니 바다에서는 호박이 나오고, 石上이 생기는데, 종유석 같고, 바닷가에 많다. 황금색이 최상이고, 남색이 그 다음이며, 붉은 색이 최하이다. (入爾馬泥海出琥珀, 生石上, 如石乳然, 多在海濱, 金色者爲上, 藍色次之, 赤最下)

(3) 게르마니아 (入爾馬泥亞=Ge-r-ma-ni-a) 諸國

게르마니아諸國은 함께 하나의 總王을 두는데, 세습이 아니다. 일곱 나라 왕들은 항상 그 중에서 하나의 賢者를 推戴하여 총왕을 삼는다. (入爾馬泥亞諸國共一總王, 非世及者. 七國之王於中, 常共推一賢者爲之)

(4) 앙글리아(諳厄利亞=An-g-li-a, Anglia=England)

앙글리아에는 독사 같은 동물이 없다, 다른 곳에서 잡아와도, 이 땅에 도착하면 독성이 없어진다. (諳厄利亞無毒蛇等蟲, 雖別處攜去者, 到其地卽無毒性)

(5) 홀란디아, 젤란디아 (喝蘭地=Ho-lan-dia, 則蘭地=Ze-lan-dia)

서쪽 바다에서 이 두 섬의 布置가 가장 妙하다. (西洋布此二島最妙)[6]

---

6) 간척지 매립 이전의 홀란드, 젤란드 섬들의 모습을 상상해 보자. 전자는 뉴홀란드(오스트레일리아), 후자는 뉴질란드라는 국명의 유래가 된 섬이다. 당시 네델란드연방 7국 중 해상활동이 가장 활발했다.

(6) 黃魚島 (Sardinia의 意譯)[7]

이 섬에는 산호가 난다. 나무가 크다. (此島生珊瑚, 樹長)

(7) 로마 (羅馬=Ro-ma)

이곳에서 교황은 결혼하지 않고, 전적으로 천주의 가르침을 행하며, 로마국에 자리하고 있다. 유럽 여러 나라는 모두 그를 존숭한다. (此方敎化王不娶, 專行天主之敎, 在羅馬國. 歐邏巴諸國皆宗之)

(8) 시칠리아 (西霽里亞=Si-ci-li-a 이탈리아어: Sicilia)

이 섬에는 두 개의 산이 있는데, 하나는 항상 큰 불이 나오고, 하나는 항상 연기가 나며, 밤과 낮으로 그치지 않는다. (此島二山, 一常出大火, 一常出煙, 晝夜不絶)

(9) 여인국 (女人國, Amazonas의 意譯)

옛날에는 이 나라에도 남자가 있었다. 다만 사내아이가 많이 태어나면 이를 죽였다. 지금도 또한 남자가 함께 있다. 다만 女人國이란 이름만 남아있을 뿐이다. (舊有此國, 亦有男子, 但多生男卽殺之, 今亦爲男所併, 徒存其名耳)[8]

(10) 카파도키아 (葛八多霽亞=Ka-pa-do-ci-a=Cappadocia)

'지모라'란 산이 있다. 산꼭대기에서는 불을 뿜어대고, 꼭대기 근방에는 獅子들이 출몰한다. 그 땅에는 풍성한 풀이 많고, 양들을 많이 생산한다. 산기슭에는 龍蛇가 있어서, 예전에는 사람이 살지

---

7) 사르디니아 섬을 리마두는 이렇게 번역했다. Sardinia 해역에서 정어리 종류의 물고기가 많이 잡혀 이를 영어로 sardine이라 한다. 색이 누렇다고 해서 黃魚라고 변역했을 것이다.

8) 이 지역은 黑海 동쪽으로 엄밀히는 〈아시아〉다.

않았다. 나중에 한 특출한 사람이 무리를 이끌고 산을 개간하여 살았다. 전해오는 이야기에 의하면, '지모라' 산에는 머리는 사자이고, 몸은 羊이며, 꼬리는 용인 짐승이 불을 뿜어냈는데, 성인이 나타나서 그것을 제거했다고 한다. 아마 寓言일 것이다. (有山名爲稬沒辣, 山頂吐火, 頂傍出獅子. 中多豊草, 產羊甚廣. 山脚有龍蛇, 舊無人住, 後一異人率衆開山以居. 世傳稬沒辣之獸, 獅首羊身龍尾, 吐火, 有聖人除之. 蓋寓言也)[9]

(11) 地中海

이 바다에는 일종의 물고기 인기나가 있다. 이 물고기는 길이가 1자 좀 넘고, 몸 둘레가 모두 가시다. 그러나 힘이 세서, 이 놈이 배 뒤에 와 붙으면, 비록 순풍일 때도 배가 꼼짝을 못한다. 바닷가에서는 '라리첸'이라는 나무가 나는데, 그 나무는 불에 강하여, 兵營이나 울타리를 만드는데 좋다. (此海有一種咽機, 那魚長尺許, 周身皆刺, 而有大力若貼船後, 雖順風不能動. 海濱產蠟里千樹, 其木不畏火, 可爲屯寨)

(12) 프랑키(拂郎機=F-ran-chi=이탈리아어 Franchi)

프랑키는 이슬람 사람들이 잘못 부르는 이름이다. 本名은 포르투갈(波爾杜葛爾=Po-r-tu-ga-l=Portugal)이다. (拂郎機乃回回誤稱, 本名波爾杜葛爾)

(13) 鐵島 (Hierro 섬의 意譯)

이 섬에는 샘이 없다. 오직 큰 나무 하나가 있는데, 잎이 떨어지는 일이 없다. 매일 해가 지면 곧 구름이 그 나무를 둘러싸고, 해가

---

9) 터키의 카파도키아 지방 이야기다. 거기에는 4000m 가까이 되는 화산 Erciyes가 있는데, "지모라"와는 音相이 맞지 않는다. 엄밀히 말하면 이 항은 〈아시아〉에서 다루어져야 한다.

뜨면 곧 흩어진다. 土人들은 흔히 그 나무뿌리 근처를 후벼 파서 연못을 만들고, 구름이 내려앉아 물이 고이면, 사람과 가축 모두가 그 물을 쓴다고 한다. (此島無水泉, 惟一大樹, 葉恒不落, 每日日沒卽有雲抱之, 日出卽散. 土人時于樹根跑一池, 雲降成水, 人畜皆資焉)[10]

(14) 木島 (Madeira 섬의 意譯)[11]

목도는 포르투갈에서 半月程의 거리다. (예전에는) 樹木이 해를 가릴만큼 무성하였다. 땅은 비옥하고 아름답다. 포르투갈 사람이 이곳에 와서 숲에 불을 질렀는데, 8년 만에 비로소 꺼졌다. 지금은 포도를 심는데, 포도주 맛이 그만이다. (木島去波爾杜瓦爾半月程. 樹木茂翳, 地肥美, 波爾杜瓦爾人至此焚之, 八年始盡. 今種葡萄, 釀酒絶佳)

2) 利未亞(Li-bi-a: Libia) 아프리카주

(1) 리비아 (利未亞=Li-bi-a, Libya) 總說

리비아에는 호랑이, 표범, 사자, 등의 짐승이 매우 많다. 어떤 고양이 종류는 땀을 흘리는데 그 냄새가 매우 향기롭다. 돌로 땀을 닦아 그 향을 거둬들인다. 유럽인들이 그것을 많이 사용한다. (利未亞最多虎豹, 獅子, 禽獸之類. 有猫出汗極香, 以石拭汗收香, 歐邏巴多用之)[12]

---

10) "雲降成水" 빠짐. 이 섬은 카나리아 群島 중의 한 섬으로 당시 子午線의 기점이 되는 섬이었다. 그 이름은 El Hierro인데, Ferro와 혼동하여, ferrous=鐵과 관련 있는 것으로 인식되었다 리마두는 이 인식에 따라 섬 이름을 意譯하였다.

11) 포르투갈 自治領인 마데이라 섬(Ilha da Madeira = Island of Wood)은 개척 이전에 빽빽한 숲을 이루고 있었기 때문에 그런 이름이 붙었다고 한다. 리마두는 이 섬의 이름을 "木島"로 意譯하였다.

12) 주) 리비아는 아프리카의 舊稱이다. 어떤 고양이란 麝香고양이를 말한다. 靈猫, 香猫 麝香猫 등으로 불리는데, 여러 종류가 있다(『直方外紀校釋』 p.108).

(2) 아틀라스 (亞大蠟=A-ta-la, Atlas) 山

세상에서 오직 이 산이 가장 높다.(꼭대기에서는) 사계절 하늘이 맑고, 바람, 구름, 비, 눈이 없다. 그러한 기상변화는 모두 그 산 중턱 아래서나 있는 현상이다. 그 산을 올려봐도 정상은 보이지 않는다. 그 지방 사람들은 이를 하늘기둥 즉 天柱라 한다. 그 사람들은 잠을 자도 꿈을 꾸지 않는다고 하는데, 이는 매우 기이한 일이다. (天下惟此山至高. 四時天晴, 無風雲雨雪. 卽有皆在半山下, 望之不見頂, 土人呼爲天柱云. 其人寐, 而無夢, 此最奇)

(3) 아자나가 (亞察耶入(瓦)=A-za-na-ga, Azanaga)

아자나가[13] 사람들은 피부가 靑背色을 띠고 있고, 몸을 내놓고 살며, 오직 입만 가린다. 입을 가리는 데는 헝겊이나 나뭇잎을 쓴다. 우리들이 생식기를 가리는 것과 같으니, 매우 이상한 일이다. 오직 식사할 때만 겨우 입을 드러낸다. (亞察耶入, 其人色帶靑背, 露體. 惟掩其口, 或以布, 或以葉揜之, 如我輩閉藏陰陽者, 然一大異也. 惟食時僅一露口耳)

(4) 에집트 (黑入多=E-gi-to, 이탈리아:Egito, Egypt)[14]

에집트 안에는 섬이 700개가 있고, 가장 큰 섬이 미로야(未羅耶 =Miroya)다. 강을 따라 대도시가 있는데, 그 이름은 멤피스(門菲)다. 이 도시는 세상에서 아주 큰 도시인데, 10日程 떨어진 곳에서 보석과 烏木이 난다. (中, 有七百洲, 最大者未羅耶. 有城沿河, 名門菲. 此城爲

---

13) 아자나가는 세네갈의 古稱이다.

14) 黑入多가 에집트임을 언급한 문헌은 위원의 『해국도지』다. 우리는 그것이 이탈리아어의 漢譯으로부터 왔음을 확인할 수 있다. 門菲=Men-fi, 이탈리아: Menphi, Memphis: 고대 에집트의 수도. 현 카이로 근처에 있던 고대도시로 리마두 시대에도 없었음. 그 유적은 현재 유네스코 세계유산으로 지정되어 있음.

天下極大城, 行十日程地產寶石, 烏木)

(5) 나일 (泥羅=Ni-lo, 이탈리아: Nilo, Nile) 河

천하에서 이 강이 가장 커서 이 강이 바다로 흘러드는 물줄기가 일곱이다. 이 나라는 일 년 내내 구름과 비가 없기 때문에, 그 나라 사람들은 천문에 정통하다. 이 강은 매년 범람하여, 땅이 비옥한 것이 밭에 거름을 준 것 같다. 따라서 그 나라사람들이 오곡을 심으면, 하나를 심어서 백을 수확하니, 그 나라를 富饒하다고 한다. (天下惟此江至大, 以七口入海. 其國盡年無雲雨, 故國人精于天文. 其江每年次泛漲, 地甚肥澤, 如糞其田, 故國人種之五穀, 以一收百, 國稱富饒)

(6) 矷麻蠟=A-ma-la; 入曷迷的里=Gi-a-mi-di-li[15]

이 땅은 둘 다 태양과 가깝기 때문에, 사람들의 몸은 다 검고, 옷을 안 입으며, 머리칼은 모두 곱슬머리이고 짧다. 이 땅에서 철은 안 나지만, 금, 은, 상아, 코뿔소의 뿔, 寶貝 등이 난다. (此地俱近日, 故國人身盡鰲黑, 不服衣裳, 髮皆捲短. 土不産鐵, 而産金銀象牙犀角寶貝之類)

(7) 馬拿莫=Ma-na-mo[16]

마나모에 머리가 말 비슷한 짐승이 있다. 이마 위에 뿔이 있고, 피부는 매우 두껍고, 온 몸에 비늘이 있고, 다리와 꼬리는 소를 닮았는데, 아마도 전설상의 동물인 麒麟이 아닌가 하기도 한다. (馬拿莫有獸首似馬, 額上有角, 皮極厚, 徧身鱗, 其足尾如牛, 疑麟云)

(8) 入蠟河/泥里德湖[17]

이 강은 세 번 伏流하다가 세 번 出流한다. 그리고 그 사이의 떨

---

15) 에티오피아의 서쪽지역. 未審.

16) 아프리카 중남부. 未審.

17) 사하라의 伏流하천인 듯하다.

어진 거리는 매번 200리다. (此河三伏三出, 每隔二百里)

(9) 오케아누스 (河擢亞諾[18]=O-ce-a-no, 이탈리아:Oceano, Oceanus)
滄: 大西洋

이 바다에는 잘 나는 물고기 飛魚가 있다. 그러나 높이 날지는 못하고 물위에 스치듯이 수평으로 날아, 멀리 百餘丈에 이른다. 또 白角兒魚가 있어, 그 비어를 잡아먹을 수 있다. 이 고기는 물속에서의 속도는 비어보다 더 빠르고 눈이 밝아서, 비어는 이 고기를 두려워하여 멀리 숨어 지낸다. 그러나 이 고기는 비어가 어디로 날아갈 것인지를 노려보고, 미리 그 곳에 가서 입을 벌리고 있다가 날아오는 비어를 잡아먹는다. 바닷가 사람들은 일찍이 白練을 미끼삼아, 이를 물위에 띄워 흔들리게 하여 비어처럼 보이게 하면, 백각아어를 백발백중 잡을 수 있다. 그리고 그 고기를 구워 먹으면 맛이 매우 좋다. (此海有魚善飛, 但不能高擧, 掠水平過遠, 至百餘丈; 又有白角兒魚能噬之, 其行水中比飛魚更速, 善于窺影. 飛魚畏之, 遠遁. 然能伺其影之所向, 先至其所, 開口待啖. 海濱人嘗以白練爲餌, 飄搖水面紿爲飛魚, 捕之百發百中. 烹之, 其味甚美)

(10) 산 로렌조 (仙勞冷祖=San Lo-ren-zo, 이탈리아: San Lorenzo, St. Laurence) 島

일명 마다가스카르(麻打曷失曷=Ma-da-ga-si-ka, Madagascar) 섬이다. (一名麻打曷失曷)

(11) 아프리카 동남쪽 바다

이곳은 사계절 波浪이 있다. 악어가 나타난다. 그 크기는 큰 배

---

18) 擢은 오른 쪽이 翟이 아니라 翟임. 『직방외기』 卷之五, 〈海族〉에 더 자세한 설명이 있다.

만큼이나 된다. (此處四時有波浪, 出鯔魚似巨舫大)

3) 亞細亞(A-si-a: Asia) 아시아주

(1) 유데아(如德亞=Iu-de-a, Judea)[19]
天主께서 이곳에서 降生하였다. 그래서 사람들은 이곳을 거룩한 땅이라 말한다. (天主降生於是地, 故人謂之聖土)

(2) 아라비아(曷剌比亞=A-ra-bi-a, Arabia)
이곳에서 乳香이 난다. 그 나무는 매우 작고, 다른 곳에는 없다. 또 하나의 藥이 나는데, 이름이 미르라(也爾剌=mi-r-ra, myrrha)[20]이고, 屍體에 바르면 腐敗하지 않는다. (乳香産于此地, 其樹甚小, 他處卽無. 又産一藥, 名也爾剌, 塗尸不敗)

(3) 死海
이 바다는 所産이 없으므로, 死海(Dead Sea)라고 한다. 그러나 물의 성질이 늘 뜨게 하여, 거기에 빠져도 가라앉지 않는다. (此海無所産, 名爲死海. 然水性常浮, 入溺其中不沈)

(4) 파르티아 (巴爾霽亞=Pa-r-ci-a, 이탈리아: Partia, Parthia)[21]
이 땅에서는 각종 색깔의 玉石, 金剛石, 鴉靑石이 난다. (地産各色玉石, 金剛石, 鴉靑石)

---

19) 리마두 당시 유데아라는 나라는 이미 없어져서, 팔레스타인이나 시리아로 되었다. 리마두는 종교적인 偏見으로 사리진 나라 이름을 계속 쓰고 있다.
20) "미르라"의 첫 자는 "也"에서 내려 긋는 두 번째 획이 없는 글자. mie. 미르라는 보통 "沒藥"으로 音譯된다(『諸蕃志校釋』 p. 165).
21) 리마두는 이란 동남부에 있던 고대 국가명을 그대로 쓰고 있다. 漢代의 安息國. 안식은 파르티아國의 창시자 Arsace의 音譯.

(5) 카스피 海: 바쿠(北高=Ba-ku)海[22]

이 물은 매우 넓지만, 큰 바다와 통하지 않는다. 그러므로, 바다인지, 湖水인지 확신이 없다. 그러나 그 물이 짜기 때문에, 일단 海라고 해 둔다. (此水甚浩蕩, 不通大海, 故疑爲海爲湖. 然其水鹹, 則姑謂之海)

(6) 사르마티아 (沙爾馬霽亞=Sa-r-ma-ci-a, 이탈리아: Sarmazia, Sarmathia)

(아시아, 유럽 양쪽에 있는, 亞細亞沙爾馬齊亞, 歐羅巴沙爾馬齊亞라는) 두 개의 사르마티아는 매우 추워서, 사람들은 짐승 가죽을 입고, 얼굴을 露出하지 않고, 다만 입과 눈만 노출한다. 말의 피를 먹는다. 風俗은 소박하고 착실하며, 도둑질한 者는 즉시 죽인다. (兩沙爾馬齊 極寒, 人衣獸皮, 不露面, 只露口眼. 食馬血, 風俗朴實, 犯竊者, 卽殺之)

(7) 北極近傍의 섬

이 땅의 북극은 반년은 햇빛이 있고 반년은 햇빛이 없기 때문에 물고기기름으로 등불을 켜서 태양을 대신한다. 추위가 극심하기 때문에, 사람들이 이곳까지 가기는 어려우며, 그렇기 때문에 그곳의 사람과 사물이 어떠한지는 아직 모른다. (此地之北極者, 半年日光, 半年無日光, 故以魚油點燈代日, 寒凍極甚, 人難到此, 所以地之人物, 未審何如)[23]

(8) 夜人國

이곳은 추위가 極甚하여, 바다가 얼어서 얼음이 된다. 그러므로

---

22) 카스피海를 리마두는 北高海라고 부르고 있다. 北高는 "바쿠"의 音譯이다. 현재 중국에서는 裏海라고 부른다.

23) 이 설명은 북위 80도 근방에서 북극 사이의 지역에 관한 것이다. 구체적인 나라에 관한 것이 아니다.

그 나라 사람들은 그 얼음 위를 수레와 말로 건넌다. 얼음에 구멍을 뚫어서 물고기를 잡는 일이 많다. 그 땅에서는 五穀이 나지 않기 때문에, 물고기의 살로 허기를 채우고, 물고기의 기름으로 등을 켜고, 물고기의 뼈로 집도 만들고, 배도 만들고, 수레도 만든다. (此處寒凍極甚, 海水成氷, 國人以車馬度之. 鑿開氷穴, 多取大魚. 因其地不生五穀, 卽以魚肉充饑, 以魚油點燈, 以魚骨造房屋舟車)[24]

(9) 流鬼

사람들은 굴속에 살고, 가죽옷을 입으나, 말을 탈 줄 모른다. 흐르는 도깨비. (人穴居皮服, 不知騎)[25]

(10) 아니안 해협 (亞泥俺峽=A-ni-an, Straight of Anian)

이곳은, 옛날 사람들이 양편의 땅이 서로 이어졌다고 말했다. 이제 우리는 이미 이곳이 큰 바다로 갈라져있다는 것을 안다. 이 바다에서 北海로 통할 수 있다. (此處, 古謂兩邊之地相連. 今已審有此大海隔開, 此海可通北海)[26]

---

24) 북위 80도 근방의 에스키모의 생활을 기술하고 있다. 따라서 夜人國은 그 지역을 이르는 말이다.

25) 이 설명은 베링해협 근방을 지나던 사람들의 傳言을 기술한 것으로 보인다. 流鬼는 오로라일 것이다. 다음 項 참조.

26) Vitus Bering의 이곳 탐험은 1728년인데, 리마두 시대에 이미 아시아와 아메리카 사이에 해협이 있음을 알았다는 것을 이 설명으로 알 수 있다. 아니안(亞泥俺)이란 이름은 마르코 폴로의 여행기에 나오는 중국의 省名 Ania에서 왔다고 하는데, 가장 비슷한 實在省名으로는 安徽가 있다. 아니안海峽이란 이름은 서양지도에 1562년부터 등장하는데, 이 해협이 서양 사람에게 중요한 이유는 이 해협이 혹시 캐나다 북쪽의 西北航路를 통하여 중국과 유럽을 이어줄 수 있지 않을까 하는 기대 때문이었다. 이런 기대 속에서 서양지도에서는 아니안이란 지명을 알라스카 지역에 표시하였는데, 리마두도 이 관행에 따라 알라스카 지역에 亞泥俺國을 위치시켰다.

(11) 鬼國

이곳의 사람들은 밤에는 돌아다니고 낮에는 몸을 숨긴다. 사슴의 가죽을 벗겨내어 옷을 삼는다. 눈, 입, 코는 사람과 같으나, 입은 이마 위에 있다. 사슴과 뱀을 씹어 먹는다. (其人夜遊晝隱身, 剝鹿皮爲衣, 耳目鼻與人同, 而口在頂上, 噉鹿及蛇)[27]

(12) 哥兒墨 (Calmuk?)[28]

이 나라에서는 死者를 매장하지 않는다. 단 쇠막대기로 시체를 樹林 사이에 걸어둔다. (此國死者不埋, 但以鐵鍵掛其尸于樹林)

(13) 牛蹄突厥[29]

사람의 몸에 소의 다리이다. 물의 이름은 '瓠籚河인데, 여름과 가을에는 얼음 두께가 2尺이고, 봄과 겨울에는 바닥까지 언다. 항상 열기구로 얼음을 녹여 마실 물을 얻는다. (人身牛足. 水曰瓠(盧+爪)河, 夏秋水厚二尺, 春冬水澈底. 常燒器消水乃得飮)

(14) 宛在達[30]

이 나라의 풍속은, 父母가 이미 늙으면, 자식이 스스로 그들을 죽여서 그 살을 먹는다. 이렇게 하는 것은, 兩親의 苦勞를 救濟하기 위함이며, 뱃속에 葬事지내는 것은 차마 父母를 산에 버릴 수는 없기 때문이라 한다. (此國俗, 父母已老, 子自殺之, 而食其肉, 以此爲恤雙親之苦勞, 而葬之于己腹, 不忍棄之于山)

---

27) 유럽에 가까운 북위 70도 부근 지역의 이야기다. 리마두는 極力 허황된 이야기를 피하고 있으나, 이 項은 예외인 듯하다.

28) 유럽에 가까운 북위 65도 근방의 지역이다. 未審.

29) 시베리아 북쪽, 위도 65도 정도의 지역. 터키족의 한 부족명인 듯하다.

30) 스키타이인들의 지역보다 더 북쪽, 북위 65도 부근의 지역이다.

(15) 이마우山 (意貌山=I-mau Mountain, Imau mons)[31]

이 산은 매우 높다. 이 산에 올라서 별을 보면, 별이 커 보인다고 한다. (山極高, 登此看星, 覺大)

(16) 타타르 (韃靼=Ta-tar, Tatar)[32]

타타르 지방은 매우 넓어서, 동해에서 서해에 이른다. 모두 종류가 같지 않다. 대개 버릇은 사악한 편이며, 도둑질을 업로으로 삼는다. 城郭도 없고, 一定한 居所도 없다. 수레위에 房屋을 싣고 다니는 것은, 移居가 편하기 때문이다. (韃靼地方甚廣, 自東海至西海, 皆是種類不一, 大概習非, 以盜爲業, 無城郭, 無定居, 駕房屋于車上, 以便移居)

(17) 大茶答島 근처 바다

이곳의 潮水는 물살이 매우 급하기 때문에, 날씨는 매우 차지만, 바닷물은 얼지는 않는다. (此處潮水甚急, 天雖極冷, 而水不及凝凍)[33]

(18) 노바야 젬랴 (新曾白臘=Nova Zem-b-la, 포르투갈:
Nova Zembla, Novaya Zemlya)

---

31) 天山으로 추정되는 山. Ptolemy의 지도에 이미 나오며, 스키타이족이 이 산의 양쪽에 산다고 보아, "이마우산 안쪽 스키타이"(是的亞 意貌內=Scythia intra Imau)와 "이마우산 바깥쪽 스키타이"(是的亞 意貌外=Scythia extra Imau)가 이마우산 좌우에 표시되어 있다. 是的亞=Si-ti-a, Sitia는 Scythia의 포르투갈어. 이탈리아어는 Scizia.

32) 리마두는 "타타르"를 總名으로 쓰고 있다. 이 전통을 이어받은 艾儒略은 『職方外紀』에서 "타타르"項 속에서 위의 11), 12), 13), 14)의 내용을 다루고 있다. 그리고 이를 "타타르 東北諸種"의 이야기라고 하고 있는데, 리마두의 지도에서는 이 지역이 모두 "서북"쪽에 있으며, 중국문헌에는 牛蹄突厥과 鬼國이 나온다. 그 이유를 알 수 없다. 리마두가 동북지역에 배치한 지명은 아래의 21)에서 26)까지에 등장하는 지역 등인데, 이는 모두 중국문헌에 나오는 지명들이다.

33) 북위 80도 근방, 노바야 젬랴 동쪽의 바다를 이야기하고 있다.

이 섬 동쪽의 北海 潮水는 물살이 매우 急해서, 겨울에도 얼음이 얼지 않는다. (北海潮水極急, 則冬時不及凍氷)[34]

(19) 亦力把力

옛 구차국이다. 元나라는 일찍이 이 땅에 여러 왕을 나누어 封하였다. (古丘玆國, 元嘗分建諸王於此)[35]

(20) 호탄 (于闐=Ho-tan, Hotan)

호탄의 동쪽은 잔돌이 깔린 사막이다. 더 동쪽은 流沙가 된다. 그래서 사람이 다녀도 痕迹이 남지 않는다. 그러므로 오고 갈 때 모두 길을 잃기 쉽다. 骸骨을 주워모아 길을 표시한다. 물도 없고 풀도 없으며, 熱風이 많다. (于闐東磧石, 又東爲流沙. 人行無跡, 故往返皆迷, 聚骸以識道. 無水草, 多熱風)[36]

(21) 西番[37]

西番은 일찍이 元의 郡縣이었다. 그 땅에는 지금 都司 둘, 宣慰使 셋, 萬戶府 넷, 그리고 千戶所 열일곱이 設置되어 있다. (西番元嘗郡縣. 其地今設二都司, 三宣慰使, 四萬戶府, 十七千戶所)

(22) 區度寐[38]

그 사람들은 매우 키가 크지만, 옷은 짧게 입는다. 다만 돼지만 있고, 다른 가축은 없다. 사람은 몸이 가볍고 민첩하여, 한 번에 세

---

34) 北海에 관한 설명.
35) 사마르칸드 동쪽 哈密 북쪽 지역. 伊犁로도 표기되었다.
36) 호탄 동쪽 타클라마칸 沙漠의 風景이다.
37) 雲南省 북쪽, 四川省 서쪽 지역이다.
38) 시베리아 동쪽, 북위 65도 근방의 지역이다.

길(丈)을 뛰며, 또 물에 잘 뜨며, 물을 밟아도 허리까지만 물이 차며, 땅에서 걷는 것과 다름없다. (其人甚長, 而衣短. 只有猪, 無別畜. 人輕捷, 一跳三丈, 又能浮水, 履水浸腰, 與陸走不異)

(23) 烏洛侯[39]

흙 밑이 濕하다. 안개기운이 많고 춥다. 사람들은 勇猛을 崇尙하고 나쁜 일과 도적질을 하지 않는다. (土下濕, 多霧氣而寒, 人尙勇, 不爲奸竊)

(24) 嫗厥律

이 지역은 매우 춥다. 물에서 큰 물고기 잡힌다. 또한 검은색, 흰색, 노란색 담비가 많다. 사람들은 매우 용감하다. (地嚴寒, 水出大魚, 又多黑, 白, 黃貂鼠. 其人最勇)[40]

(25) 襪結子[41]

이곳 사람들은 短髮머리를 하고, 가죽옷을 입는다. 안장 없이 말을 타고, 활을 잘 쏜다. 우연히 사람을 만나면 즉시 죽이고 그 고기를 생으로 먹는다. 이 나라의 三面은 室韋의 땅이다. (其人髡首, 披皮爲衣, 不鞍而騎, 善射, 遇人輒殺, 而生食其肉. 其國三面室韋)

(26) 北室韋

이 땅에는 눈이 많이 쌓인다. 사람들은 넓적한 나무를 신고 다녀서, 구덩이에 빠지는 것을 방지한다. 담비 사냥을 業으로 한다.

---

39) 오락후는 北魏때 吉林지역에 있던 나라인데, 리마두는 이것을 北極圈까지 북쪽으로 끌어올려 놓았다. 명나라 때는 없었다.
40) 역시 역사적 지명일 뿐이다. 춥다는 말 때문에 리마두는 이를 북위 60도까지 끌어 올렸다.
41) 역시 역사적 몽골 지명일 뿐이다. 리마두는 이 땅을 북위 55에 布置하고 있다.

물고기 가죽옷을 입는다. (地多積雪, 人騎木而行, 以防坑陷. 捕貂爲業, 衣魚皮)

(27) 누르간(奴兒干=Nu-r-gan): 女眞 북쪽

奴兒干都司가 있다. 모두 女眞 땅이다. 元나라 때 胡里를 바꿨다. 지금은 衛 114개와 所 20개를 두고 있는데, 어떻게 나뉘었는지는 잘 모른다. (奴兒干都司皆女直地. 元爲胡里改, 今設一百十四衛二十所, 其分地未詳)[42]

(28) 焉耆: 투르판 북서쪽

漢나라 때는 車師, 唐에서는 交河라 불리우던 곳이다. (漢車師地, 唐之交河)

(29) 大明國

大明國은 문물이 흥성함으로 이름을 떨친다. 15도에서 42도가 모두 明國이다. 그 나머지 四海에는 조공하는 나라가 매우 많다. 이 總圖는 산맥과 강만을 소략하게 싣고, 도로는 거의 다 생략한다. 나머지는 『統志』, 『省志』에 상세한데, 여기서는 다 다룰 수 없다. (大明聲名文物之盛, 自十五度至四十二度皆是, 其餘四海朝貢之國甚多. 此總圖略載嶽瀆, 省道大略, 餘詳 〈統志〉, 〈省志〉, 不能殫述)

(30) 朝鮮

조선은 箕子封國으로, 漢唐 때는 모두 중국의 郡邑이었다. 지금

---

42) 당시 女眞지역이다. 女直=女眞. 현재의 러시아 沿海州를 포함한다. 동쪽에 野作이란 땅이 陸續되어 있는데, 이는 잘못이다. 野作=Yezo로, 일본의 북해도 땅이다. 당시는 일본땅이 아니라 아이누 땅이었다. 일본의 북쪽 북해도처럼 보이는 섬은 북해도가 아니다.

은 朝貢屬國 중의 우두머리다. 예전에 조선에 있던 나라들은 삼한, 예맥, 발해, 실진, 가락, 부여, 신라, 백제, 탐라 등이다. 지금은 모두 朝鮮에 並入되었다. (朝鮮乃箕子封國, 漢唐皆中國郡邑, 今爲朝貢屬國之首. 古有三韓, 濊貊, 渤海, 悉眞, 駕洛, 扶餘, 新羅, 百濟, 耽羅等國, 今皆並入)[43]

(31) 日本

일본은 海內의 하나의 큰 섬으로, 길이는 3200리이나, 넓이는 600리에 못 미친다. 지금 66州가 있고, 各州에는 國主가 있다. 그 나라의 습속은 强力을 숭상하여, 비록 總王이 있으나, 권력은 항상 강한 신하에게 있다. 그 백성은 武를 많이 익히고, 文을 적게 익힌다. 토산으로는 은, 철, 및 好漆이 있다. 그 나라 왕은 아들을 낳으면 나이 30이 될 때 왕위를 아들에게 물려준다.[44] 그 나라는 대체로 보석을 중히 여기지 않고, 다만 금 은 및 古窯器를 중히 여긴다. (日本乃海內一大島, 長三千二百里, 寬不過六百里. 今有六十六州, 各有國主. 俗尚强力. 雖有總王, 而權常在强臣. 其民多習武少習文. 土產銀, 鐵, 好漆. 其王生子, 年三十, 以王讓之. 其國大抵不重寶石, 只重金銀及古窯器)

(32) 珊瑚樹島: 북태평양의 海島

珊瑚樹는 물의 바닥에 사는데, 색은 초록이고 質은 부드럽고 하얀 씨를 낸다. 鐵網으로 珊瑚樹를 뜰 수 있는데, 물에서 나오면, 곧 딱딱해지고 붉은 색이 된다. (珊瑚樹生水底, 色綠質軟, 生白子. 以鐵網取之, 出水卽堅而紅色)

---

43) 중국측에서 얻어들은 왜곡되고 부정확한 정보를 그대로 쓰고 있다. 悉眞은 悉直으로 고대 三陟지역에 있던 小國名이다.
44) 여기서 말하는 讓位의 습속은 극히 짧은 기간 동안에 있던 에피소드일 뿐이다.

(33) 호르무즈 (忽魯謨斯=Ho-ro-mo-z, Hormoz)

호르무즈는 땅에 풀과 나무가 없다. 소, 양, 낙타, 말은 모두 바다의 말린 물고기를 먹는다. 산이 오색으로 이어져있으나, 모두 소금이다. 이 소금 덩어리를 취해서, 깎아서 그릇 따위를 만든다. 그 그릇에 음식을 담아 먹으면, 소금을 칠 필요가 없다. 珍珠, 寶石, 龍涎이 난다. (忽魯謨斯, 地無草木, 其牛羊駝馬皆食海乾魚. 山連五色, 皆鹽也. 取之, 鏇爲器皿之類. 食物就用, 而不必加鹽. 產珍珠, 寶石, 龍涎)[45]

(34) 인도(應帝亞=Ing-di-a, India)

인도는 이 지역의 總名이다. 중국에서 이른바 小西洋이라 하는 곳이다. 인더스(應多=In-do, Indus) 江에서 따온 이름이다. 一牛은 간지스(安義=Gangi, Ganges) 강 안쪽에 있고, 一牛은 간지스강 바깥 쪽에 있다. 천하의 보석과 보화는 이로부터 나오니, 細布, 金銀, 椒料, 木香, 乳香, 藥材, 靑朱 등 없는 것이 없다. 따라서 사계절 東西洋의 상인들이 이곳에서 교역을 한다. 사람들은 태어나면서 약간 검은 색이고, 순하다. 인도의 남쪽에서는 옷을 적게 입는다. 종이가 없어, 나뭇잎에 글씨를 쓰는데, 철 꼬챙이가 붓에 해당한다. 그 곳의 국왕들 및 各處의 언어가 같지 않다. 야자나무로 술을 빚고, 오곡 중에는 오직 쌀이 많이 난다. 여러 나라의 왕들은 모두, 세습하지 않고, 자매의 아들을 후계자로 삼으며, 자기의 친자에게는 俸祿을 주어 스스로 살아가게 할 뿐이다. (應帝亞, 總名也, 中國所呼小西洋. 以應多江爲名, 一牛安義江內, 一牛在安義江外. 天下之寶石, 寶貨自是地出, 細布, 金銀, 椒料, 木香, 乳香, 藥材, 靑朱 等, 無所不有. 故四時有西東海商在

---

45) 호르무즈는 현재의 호르무즈海峽의 섬에 있던 왕성한 貿易都市로, 리마두 당시에는 포르투갈의 통제하에 있었다. 龍涎은 "抹香고래의 分泌物"이라는 뜻이다. 말향고래는 허만 멜빌의 소설 『白鯨』의 바로 그 고래다. 독특한 향이 있다. "諸香中龍涎香最貴"라는 말이 있다(『諸蕃志校釋』 p. 213).

此交易. 人生黑色, 弱順. 其南方少穿衣. 無紙, 以樹葉寫書, 用鐵錐當筆. 其
國王及其各處言語不一. 以椰子爲酒, 五穀惟米爲多. 諸國之王皆不世及, 以
姉妹之子爲嗣, 其親子給祿自贍而已)[46]

(35) 간지스江 (安義=Gan-ge, Ganges 河)[47]

간지스강은 30개의 물줄기를 받아들인다. 砂金이 난다. (安義河受
三十水, 産金沙)

(36) 방글라(榜葛剌=Bang-ga-la, Bangla)

방글라는 옛 흔도주(忻都州)로, 즉 東印度이다. (榜葛剌, 古忻都州,
卽東印度也)

(37) 占城=Campa

즉 옛 林邑이다. 烏木이 난다. (卽古林邑, 産烏木)[48]

(38) 泰國 (暹羅=Siam)[49]

옛 赤土國이다. 또 다른 이름은 娑羅利다. (古赤土國, 又名娑羅利)

---

46) 서양에서는 인도를 크게 보았다. 그리하여 간지스강 안쪽과 바깥쪽을 모두 인
　도로 본 지도가 많다. 지도에는 인더스江을 身毒河로 표기하고 있다. 應多,
　身毒, 天竺, 印度, 賢度, 懸度 등이 모두 "印度"의 표기들이다. 樹葉은 貝多
　羅(patra) 또는 貝多葉을 말한다. "보르네오"條 참조
47) 간지스는 佛經에서는 恒河(Ganga)로도 音譯된다. 『直方外紀』에는 安日
　(Gan-ge)로 音譯되었다.
48) Campa를 占婆로 音譯되고 이것이 占城으로 되었다. 현재 越南의 중부 및 남
　부지역으로, 唐 이전에는 林邑이라고도 불렀다. 烏木은 木質이 緻密하고 漆
　처럼 검은 潤氣가 나는 나무로 그릇을 만드는데 쓴다.
49) 현재의 泰國.

(39) 팔렘방: 舊港50)

舊港은 주변의 諸蕃을 장악하고 있는 나라의 都會다. 商舶이 모두 여기에 모여들어 富饒하다. 그 곳 사람들은 바닷가를 따라 뗏목으로 집을 짓고 산다. 야자나무 잎으로 지붕을 덮고, 이사할 때는 막대기로 밀고 간다. 그 土質의 肥沃함은 다른 곳의 두 배이다. 尼白樹酒라는 술이 있는데, 야자 술보다 더 좋다. 占城, 大泥 등과 같은 이웃 나라들도 모두 이 술이 있다. (舊港, 地扼諸蕃之會, 商舶合湊富饒. 其民沿海架伐爲屋而居, 覆以椰葉, 移則其棒而行. 其土沃倍于他鄉. 有尼白樹酒, 比椰酒更佳. 傍國如占城, 大泥等皆有之)

(40) 三佛霽51)

즉 옛 干陀利다. 지금은 舊港 宣慰司가 되었다. (卽古干陀利, 今爲舊港宣慰司)

(41) 말레이半島 東部의 大泥

大泥에서는 아주 큰 새가 난다. 이름은 에무(emu)다. 날개는 있으나 날지는 못한다. 그 다리는 말과 같아, 아주 빨라, 말이 미치지 못한다. 깃털은 투구장식품으로 쓰고, 알 또한 두껍고 커서, 술잔이 될 수 있다. 에무는 페루國에 더욱 많다. (大泥出極大之鳥, 名爲厄蒭, 有翅不能飛, 其足如馬, 行最速, 馬不能及. 羽可爲盔纓, 蛋亦厚大, 可爲

---

50) 이 都市는 수마트라의 Palembang인데, 지도상에는 말레이반도에 있는 것처럼 되어 있다.

51) 唐대, 수마트라에 있던 干陀利국이 7세기에 강대한 Sri Vijaya국으로 바뀌었고, 이를 자바어로 Samboja라고 불렀다. 三佛齊는 그 音譯이다. 舊港은 그 나라의 수도였던 Palembang을 말하는데 明나라는 鄭和의 원정 후 여기에 宣慰司를 두었다. 리마두는 이 나라를 말레이반도에 있는 것처럼 그렸는데, 强盛할 때 여기까지 지배한 일은 있으나, 중심은 어디까지나 수마트라 섬이며, Palembang 즉 舊港도 수마트라섬에 있다.

杯. 孛露國尤多)[52]

(42) 巴羅襪斯(Palavas?): 인도 동남부

巴羅襪斯는 곧 옛 儋耳다. 사람들은 귀가 길면 아름답다고 여긴다. 이 바다에서 좋은 진주가 난다. 바닷가의 사람들은 물속에 들어가서 진주를 취하는 것을 업으로 삼는다. (巴羅襪斯, 卽古儋耳, 人以耳長, 爲媚. 此海生好珍珠, 海濱人沒水取之爲業)

(43) Kochi, Cochin 葛正: 인도 서남부의 항구도시

이곳에는 카멜레온(革馬良)이란 짐승이 있다. 이 짐승은 마시지도 않고 먹지도 않으며, 몸에는 고정된 색깔이 없다. 色을 만나면 그 빛을 빌어서 빛을 낸다. 단, 붉은 색과 흰색으로 변할 수는 없다. (此處有革馬良獸, 不飮不食, 身無定色, 遇色借映爲光, 但不能變紅, 白色)

(44) 보르네오 (波爾匿何=Bo-r-ne-o, Borneo)

즉 보르네오國의 땅이다. 뜨겁고 더우며 바람과 비가 많고, 목책으로 城을 삼는다. 그들의 갑옷은 구리를 주조하여 筒을 만들어, 그것을 몸에 입는다. 그 지역에는 藥樹가 있어서 이를 달여 膏藥을 만들어 이 고약을 몸에 바르면, 싸움에서 칼날이 몸에 상해를 입히지 못한다. 붓과 종이가 없어서, 칼로 貝多(patra)葉에 글을 새겨, 이를 대신한다. 이곳 풍속은 부처 섬기기를 좋아하는 것이다. (卽渤泥國地, 炎熱多風雨, 木柵爲城. 其甲鑄銅爲筒, 穿之于身. 有藥樹煎膏塗身, 兵刀不傷. 無筆札, 以刀刻貝多葉行之, 俗好事佛)[53]

---

52) 膽으로 되어 있으나, 이를 蛋으로 바로잡는다. 『直方外紀校釋』에서 謝方은 다음과 같이 말한다. "Emu는 아메리카주의 駝鳥를 말하는데, 말레이반도에는 타조는 없고, 鶴駝 즉 火鷄가 있다. 리마두는 이 둘을 혼동하고 있다. 잘못이다."

53) 渤泥(Boni)라는 표기는 鄭和에도 나온다. 貝多葉은 "인도"條 참조

(45) 말라카 (滿刺加=Man-la-ka, Malacca)[54]

말라카 지역에는 항상 飛龍이란 동물이 있어, 나무를 휘감고 있다. 이 비룡의 몸은 4-5尺에 지나지 않는데, 사람들은 늘 그것을 쏜다. (滿刺加地常有飛龍繞樹, 龍身不過四, 五尺, 人常射之)

(46) 수마트라 (蘇門答刺)

이 섬의 옛 이름은 大波巴那다. 둘레가 모두 4천리이고, 일곱 왕이 다스렸다. 토산으로는 금, 상아가 있고, 향료의 품종이 많다. (此島古名大波巴那, 周圍共四千里, 有七王君之. 土産金子, 象牙, 香品甚多)

(47) 말루쿠 (馬路古=Ma-lu-ku, Maluku)

이곳에는 오곡이 없고, 다만 沙姑米樹가 난다.[55] 그 나무의 껍질에서 분말이 나오는데, 쌀을 만든다. (此地無五穀, 只出沙姑米樹, 其皮生粉, 以爲米)

(48) 뉴기니 (新入匿=New Gi-ni, New Guinea))

이곳의 지명을 뉴기니라고 부르는 것은 그 형세와 모양이 리비아의 기니와 相同하기 때문이다. 유럽인들이 이곳에 도착한지가 오래되지 않았기 때문에, 이 곳이 다른 땅과 연결된 곳인지, 아니면 하나의 섬인지 아직 잘 모른다. (此地名新入匿, 因其勢貌利未亞入匿相同. 歐邏巴人近方至此, 故未審, 或爲一片相連地方, 或爲一島)[56]

---

54) 말라카王國은 말레이반도와 수마트라를 擁有하는 大國인 적도 있었으나, 리마두 당시에는 포르투갈의 지배하에 있었다.

55) 沙姑米樹는 종려나무의 일종으로 줄기의 전분을 가루로 만들어 물에 개어 녹두알처럼 만든 다음 말려서 쌀처럼 이용한다.

56) 이곳이 섬인 것을 확인한 것은 1606년에 스페인人에 의해서다.

(49) 큰자바 섬(大爪蛙)=Ja-va, Java 島)

자바에서는 일찍이 元兵이 그 나라 왕을 사로잡아 간 일이 있었다. 이 지역은 통상하는 배들이 극히 많아, 매우 富饒하다. 金, 銀, 珠寶, 硨磲, 瑪瑙, 犀角, 象牙, 木香 등을 두루 가지고 있다. (爪蛙, 元兵曾到, 擒其王. 其地通商舶極多, 甚富饒. 金銀, 珠寶, 硨磲, 瑪瑙, 犀角, 象牙, 木香等俱有)

(50) 巴亞巴: 자바 동부

이곳은 해도가 매우 많아서, 배들이 다니기 매우 어렵다. 이 땅에서는 檀香, 丁香, 金銀香, 安息香, 蘇木, 胡椒, 片腦 등이 난다. (此處海島甚多, 船甚難行. 其地出檀香, 丁香, 金銀香, 安息香, 蘇木, 胡椒, 片腦)

4) 北亞墨利加(A-me-ri-ka: America) 북아메리카주

(1) 北海

이 바다는 북해인데, 여러 책들에 "섬이 많다"고 쓰여 있으나, 그 숫자와 그 이름은 기재하지 않고 있다. (此係北海, 衆書云: 有多島, 但未載其數其名)[57]

(2) 沙兒倍[58]

이 땅은 큰 들판이기 때문에, 野馬, 山牛, 山羊이 많이 산다. 그런데 그 소들의 등에는 모두 肉鞍이 있고, 생김새가 낙타 같다. (此地大壙, 故多生野馬, 山牛羊, 而其牛背上皆有肉鞍, 形如駱駝)

<段>

57) 北水洋에 관한 註記.
58) 북위 60도 근방의 알라스카 지역.

(3) 哥泥白斯=Ko-ni-ba-z, Connibaz 湖[59]

이 넓은 호수의 물은 淡水지만, 그 끝이 이르는 곳을 아직 모른다. 이곳에서 배를 타고 沙瓦乃=Sa-ge-na, Saguena 國에 도달할 수 있다. (此洪湖之水淡, 而未審其涯所至, 依是下舟加達沙瓦乃國)

(4) 哥入=Kogi, Cogib 河[60]

이곳 위로는 아직 와 본 사람이 없기 때문에, 그곳의 사람과 산물이 어떠한지 아직 모른다. (此處以上未有人至, 故未審其人物如何)

(5) 農地: 得爾洛勿洛多=Te-rra La-b-ra-do, Labrador

번역하면, 경농지 또는 農地다. (譯云: 耕農地)[61]

(6) 북아메리카 全般에 관한 註釋

農地(Labrador)에서 花地(Florida)에 이르기까지, 그 지방의 총명은 甘那托兒(Canada)이다. 그러나 각 나라는 본래의 이름이 있다. 그 사람들은 순진하고 착하여, 이방인이 그 나라에 이르면, 매우 후한 대접을 한다. 대개 가죽으로 겉옷을 삼으며, 물고기 잡는 일을 業으로 한다. 그들의 산속의 나머지 사람들은 평년에 서로 죽이고 전투로 서로 뺏는다. 오직 뱀, 개미, 거미 등을 먹는다. (自農地至花地, 其方總名曰甘那托兒, 然各國有本名. 其人醇善, 異邦人至其國者, 雅能厚待. 大約以皮爲裘, 以魚爲業. 其山內餘人平年相殺戰奪, 惟食蛇蟻蜘蛛等)[62]

---

59) 캐나다 북부의 호수.

60) 캐나다 북부.

61) Labrador는 농지소유자라는 의미가 있다. 이 땅은 포르투갈의 후안 페르난데스에 의해 탐험되었는데 그가 Labrador라고 하여 이런 이름이 붙은 것이지, 실제 농경지와는 관계없다.

62) 북아메리카 原住民에 대한 偏見을 기술하고 있다.

(7) 플로리다: 得爾勿羅洛=Te-rr F-lo-ro, Florida[63]

번역하면, 花地(Florida) 이다. (譯云花地)

(8) 墨是可=Me-si-ko, 이탈리아: Messico, Mexico

멕시코의 땅에서는 各色의 새의 깃털이 난다. 사람들은 그것들을 모아서 그림을 만든다. 山, 水, 人, 物이 모두 묘하다. (墨是可, 地産各色鳥羽, 人輯以爲畫, 山, 水, 人, 物皆妙)

5) 南北亞墨利加(A-me-ri-ka: America) 남아메리카주

(1) 남아메리카 總說

남아메리카는 지금 다섯 나라로 나누어졌다. 첫째는 페루: 孛露=Peru이니, 페루강으로 이름한 것이다; 둘째는 카스틸라데오로: 金加西臘=Castilla de Oro이니, 산출되는 금과 은이 매우 많으므로 그런 이름이 붙었다; 셋째는 포포야나: 坡巴牙那=Popoyana이니, 큰 고을 이름을 따랐다; 넷째는 칠레: 智里=Chile이니, 오래된 이름이다; 다섯째는 브라질: 伯西兒=Ba-si-l, Brasil, 즉 중국에서 말하는 蘇木=brasil 가 많아서 그런 이름이 붙었다. 가장 남쪽에는 또 파타고니아: 巴大溫=Pa-ta-gon, Patagonia 라는 지방이 있는데, 그곳 사람의 키는 여덟 자(尺)이기 때문에 그곳을 長人國 (Patagon=giants) 이라 한다. 모두 문자가 없고, 結繩으로 다스린다. (南亞墨利加, 今分爲五邦: 一曰孛露, 以孛露河爲名; 二曰金加西臘, 以所産金銀之甚多爲名; 三曰坡巴牙那, 以大郡爲名; 四曰智里, 古名; 五曰伯西兒, 卽中國所謂蘇木也. 其至南又有巴大溫地方, 其人長八尺, 故謂之長人國. 皆無文字, 以結繩爲治)

---

63) Terra Floro는 바로 꽃의 땅이란 말이다.

(2) 브라질: 伯西兒=Ba-si-l, Brasil

나라 이름 브라질은 蘇木=brasil을 뜻한다. 이 나라 사람들은 집을 짓지 않고, 땅에 굴을 파고 산다. 人肉 먹기를 좋아하지만, 남자만을 먹고 여자를 먹지 않는다. 새의 털로 옷을 짜서 입는다. (伯西兒, 此言蘇木. 此國人不作房屋, 開地爲穴以居. 好食人肉, 但食男不食女. 以鳥毛織衣)

(3) 브라질 동부 馬加大突

이곳 사람들은 누울 때 침대와 이불이 없고, 다만 노끈을 묶어서 그물[網]을 만든다. 그 그물은 옆은 높고 중간은 낮은데, 兩머리를 나무말뚝에 걸어서, 그 가운데에 눕는다. 다닐 때는 그것이 곧 가마가 된다. (此處人臥無床褥, 但結繩爲網, 旁高中窪, 兩頭以木椿掛之, 偃臥其中. 行卽爲轎)[64]

(4) 브라질 동부 山地, 馬加大突 西部

이곳에는 한 짐승이 있는데, 上半은 삵과 같고, 下半은 원숭이와 같으며, 사람의 다리와 올빼미의 귀를 하고 있다. 배 아래쪽에 가죽 주머니가 있는데, 펼칠 수도 있고 합칠 수도 있어, 자기가 낳은 새끼를 넣어, 그 속에서 쉬게 한다. (此地有獸, 上半類貍, 下半類猴, 人足梟耳, 腹下有皮, 可張加合, 容其所產之子, 休息於中)[65]

(5) 브라질 중부 金魚湖

이 땅에 현이라는 짐승이 있는데, 사람들은 아직 무엇을 마시고 먹는지 본 일이 없다. (此地有獸名玹 人未嘗見其飮食)

---

64) 그물침대 "해먹"을 묘사한 듯하다.
65) 구대륙에는 없는 남아메리카의 有袋類 이야기.

(6) 아마존江의 상류: 亞馬鑽國=Amazones

이곳은 농사짓는 것을 모른다. 각종 열매가 저절로 많이 열려서, 사람들은 모두 그것에 의지하여 살아간다. (此地不知耕種, 自多菓蓏, 人皆仰給)

(7) 페루(孛露=Pe-ru, Peru)

香料가 나는데, 이름이 발삼: 巴爾娑摩=ba-l-sa-mo, balsam이다. 나무 위에서 그 향료의 기름이 난다. 칼로 나무에 칼집을 내면 기름이 나오는데, 그 기름을 시체에 바르면 부패하지 않는다. 칼집을 낸 자리는 24시간이 지나면 이전 상태가 된다. 如德亞=유데아國에도 이 나무가 있다. (産香, 名巴爾娑摩, 樹上生油, 以刀劃之, 油出, 塗屍不敗. 其刀所劃處周十二時卽如故, 如德亞國亦有之)

(8) 페루의 리마(利碼) 근방

이 땅은 비가 내리지 않지만, 스스로 습기가 있어서, 벼는 수배에 달한다. (地不下雨, 自有濕氣, 稑種數倍)[66]

(9) 포토시(北度西=Po-to-si, Potosi) 山

이 산에는 銀鑛이 많다. (此山, 多銀壙)[67]

(10) 파타고니아 (巴大溫=Pa-ta-gon, Patagonia)

즉 長人國이다. 그 나라 사람들은 키가 1丈=10尺을 넘지는 않는다. 男女는 各色을 얼굴에 그려 장식한다. (卽長人國. 其國人長不過一丈, 男女以各色畫面爲飾)[68]

---

66) 意味不詳. 벼를 심을 리가 없다.

67) 銀鑛으로 유명한 곳이다. 이 곳에서 생산되는 은의 유입으로 유럽에는 인플레이션이 극심했다. 현재도 은광이 가동된다.

6) 海島總論

(1) 總論

남북아메리카 및 마갈라니카=마젤라니카는 옛날에는 이런 곳이 있는 줄을 아는 사람이 없었다. 다만 100년 전에 유럽인이 이 바닷가 땅에 이르러서 비로소 알았다. 그러나 지역이 광활하고, 사람들이 미개하고 교활하여, 지금까지 이 지역 내 각국의 사람들과 풍속에 관해서 잘 알지 못한다. (南北亞墨利加並墨瓦蠟泥加, 自古無人知有此處. 惟一百年前歐邏巴人乘船至其海邊之地方知. 然其地廣闊而人蠻猾, 訖今未詳審地內各國人俗)

(2) 無福島=Unfortunate Islands: 페루 서쪽 태평양

마젤란: 墨瓦蠟泥=Me-ga-la-ni, Magellan은 일찍이 이 섬을 지나가면서, 사람과 물산을 보지 못했다. 고로 이곳을 '복 받지 못한 섬'[無福島]이라고 말했다. (墨瓦蠟泥曾過此島, 見無人物, 故謂之無福島)[69]

(3) 墨瓦蠟泥加(Me-ga-la-ni-ka; Megalanica)대륙, 마젤란海峽, 마젤란海

마젤란은 포르투갈 사람의 이름이다. (그가) 60년 전에 처음으로 이 해협을 통과하고, 또 이곳에 이르렀다.[70] 그러므로 유럽인들은 그의 이름을 따서, 해협, 바다, 대륙의 이름을 지었다. (墨瓦蠟泥係佛郎幾國人姓名, 前六十年始通過此峽, 並至此地. 故歐邏巴人以其姓名名峽, 名海, 名地)

---

68) 당시 스페인 사람들의 평균 키는 155cm정도인데 현지인의 키는 180cm정도였다고 한다. 그래서 巨人 내지 長人으로 보였다.
69) 위치에 관해서는 페루 근해 등 異說이 있으나, 리마두는 태평양 한가운데에 그려 놓았다.
70) 마젤란이 이곳을 지나간 것은 1520년이므로, 1600년이면 80년 전이다.

(4) 남태평양 남쪽의 南方地

이 南方地는, 거기에 도착한 사람이 적기 때문에, 그곳의 사람과 물산이 어떠한지를 잘 모른다. (此南方地, 人至者少, 故未審其人物何如)

(5) 瑪力肚=Ma-le-tu, Maletur: 자바 남쪽 南方地

근년에 풍랑을 만나, 카스틸라: 加西良=Ka-si-la, Castilla 船舶이 이곳에 도착한 일이 있으나, 그 선원들은 다만 이곳이 광활하고 所産이 없다는 말만 하였다. (近年有被風浪加西良舶至此地, 惟言其廣闊無所産)

(6) 자바 남쪽의 南方地

이 南方地는, 거기에 도착한 사람이 적기 때문에, 그곳의 사람과 물산이 어떠한지를 잘 모른다. (此南方地, 人至者少, 故未審其人物何如)

(7) 마다가스카르 남쪽

이 땅의 香椒[71]는 종류가 많은데, 그러나 사람들이 야만스럽고 교활하여 함께 교역할 수 없다. (此地香椒多端, 但人蠻滑, 不可同交易)

(8) 아프리카 南端 大浪山의 남쪽

포르투갈상인이 일찍이 배를 타고 이 바다를 지나가며 鸚鵡地를 멀리서 바라보았다. 그러나 배를 대지는 않았다. (佛郎幾商曾駕船過此海, 望見鸚鵡地, 而未就舶)

(9) 鸚鵡地: 아프리카 남쪽의 南極地

이곳은 앵무새가 많기 때문에 그렇게 이름 붙였다. (此地多有鸚鵡之鳥, 故因名之)[72]

---

71) 향초는 유럽인들의 최대 관심품목이다.

72) 이 땅 이름은 라틴어 Psitacorum regio의 번역으로, 그야말로 "앵무의 땅"이다. 펭귄을 앵무로 잘못 보았을 것으로 추측된다.

Ⅳ. 南懷仁 地圖편: 〈坤輿全圖〉

1. 『國朝曆象考』가 중시한 남회인의 〈坤輿全圖〉

『국조역상고』 卷之二 "東西偏度" 조에 다음 글이 있다.

漢陽은 燕京의 偏東 10度 30分이다. 南懷仁의 〈坤輿全圖〉에 의하면, 赤道는 徑이 되고, 赤極은 界가 된다. 赤道南北에 각각 九圈이 있으니 이는 곧 지구의 緯度다. 赤極東西에 각각 九圈이 있으니 이는 곧 지구의 經度다. … 이 지도에 의하면, 燕京은 赤極의 동쪽 第7格의 6度 남짓에 있고, 한양은 第8格의 6度 남짓에 있다. 『曆象考成』에 실려있는 "10度 30分"이란 말은 바로 이 사실에 근거한 것이다.

이상은 『국조역상고』의 인용이다. 남회인의 〈곤여전도〉는 동반구와 서반구를 각각 하나의 원으로 그린 세계지도인데, 이 인용문은 동반구를 보면서 기술하고 있다. 〈곤여전도〉는 평사도법으로 그렸기 때문에 적도와 중선인 자오선을 제외하고는 경위도를 모두 곡선으로 나타내고 있다. 지도를 자세히 들여다보면, 본초자오선은 북경을 지나는 자오선임을 알 수 있다. 그러나 그것이 중선은 아니고 동쪽 즉 오른쪽으로 치우쳐 있다. 지도 자체는 서양의 전통에 따라서 福島 근방을 지나는 자오선을 맨 왼쪽에 두었기 때문이다.

더 자세히 검토해 보기로 하자. 동반구의 적도를 보면 경도의 고유값이 표시되어 있다. 北京을 지나는 자오선의 위치에 360도라고 표시한 것은 중국의 전통에 따라 0을 안 쓴 것이다. 그러므로 이는 0이라고 쓰는 것이 현대인의 정서에는 맞다. 그 오른쪽으로 5, 10 15 20 25의 표시가 있고, 동반구의 오른쪽 끝의 자오선은 25도의 자오선이다. 그 이후는 서반구로 이어지는데, 서반구의 왼쪽 끝은 25도, 오른쪽 끝은 205도다 이 205도는 동반구의 오른쪽 끝, 즉 복도 근방을 지나는 자오선이기도 하다.

북경판 〈곤여전도〉 중 『국조역상고』가 언급하는 부분

『국조역상고』에서는, "赤道는 徑이 되고, 赤極은 界가 된다"라는 말이 나온다. 적도가 경이 된다는 말은 동반구 지도가 원이기 때문에, 적도가 그 원의 가로 지름이 된다는 뜻으로 이해된다. 그런데 "적극"이란 무엇일까? "赤道南北에 각각 九圈 …… 赤極東西에 각각 九圈"이란 표현을 보면, 적도와 적극은 서로 대응하는 개념이다. 그렇다면 적극은 동반구 지도에서 적도와 직교하는 직선인 중심자오선 즉 295도의 經線을 말한다고 보아야할 것 같다.

남회인 지도는 경도를 5도 간격으로 표시하고 있으나, 경선은 10도 간격으로 그렸다. 그러므로 『국조역상고』의 저자는 "格"을 10도 간격으로 세었다. 그러하기 때문에 "赤極의 동쪽 第7格은 경도 355도와 5도 사이의 격을 의미하며, 따라서 燕京이 그 격의 "6도" 남짓에 있다는 것은, 연경의 경도가 1도 남짓이란 뜻이 된다. 마찬가지로, "赤極의 동쪽 第8格"은 경도 5도와 15도 사이의 격을 의미하며, 한양이 그 격의 6도 남짓에 있다는 것은 한양의 경도가 11도 남짓이란 뜻이다. 이제 한양의 북경 편동도는 11도 남짓에서 1도 남짓을 빼면 10도가 나온다. 이것은 『국조역상고』의 저자가 남회인 지도를 읽어서 유도한 결과다. 그런데 그 저자가 最高權威書로 생각하는 『曆

象考成』에는 그 편동도가 "10度 30分"으로 되어 있다. 여기서 이 저자는, "『曆象考成』에 실려있는 10도 30분이란 말은 바로 이 사실에 근거한 것이다."라고 얼버무리고 만다. "30분 의 차이"를 무시해 버린 채 말이다. 그러면 과연 이상의『국조역상고』의 推論에 아무 문제도 없는 것일까?

나는『국조역상고』를 보고, 그 저자가 경위도에 관한 명확한 이해가 덜 돼 있다는 인상을 받게 된다. 남회인 지도에는 경도 위도가 꼼꼼하게 기술되어 있고, 지도에도 명백하게 표시되어 있다. 그러나『국조역상고』에서는 명시적으로 그 지도의 경도 또는 위도를 언급하고 있지 않다. 특히 북경을 지나는 경선은 본초자오선으로 경도의 값을 0도로 규정해 놓은 것이 남회인 지도의 특징이다. 북경의 경도가 1도 남짓일 수 없다.

남회인의『곤여전도』는 3개 판본이 널리 알려져 있다. 원판은 강희 갑인년(1674년) 북경판이고, 1856년 광동판이 있고, 조선에서는 이 광동판을 모본으로 하여 1860년 "海東重刊本"이 간행되었다. 이 가운데 내용이 가장 좋은 것은 1674년 원판이다. 그리고 이것이『국조역상고』의 저자가 보았을 판본이다. 이 원판에서 북경을 보면, "제7격"의 북위 40도상의 正中에 동그라미표로 표시해 놓아, 그 경도가 0도임을 의심할 수 없게 해 놓았다. 그런데 왜 그것을 "1도 남짓"으로 보았을까? 그것은 북경을 의미하는 지명 "順天府"가 약간 동쪽에 표기된데 기인하는 것으로 보인다. 동양 지도는 보통 지명이 표기된 곳이 바로 그 도시인 경우가 대부분이기 때문이다. 과연 광동판과 해동판의 북경을 보면 동그라미 표시가 사라지고, 지명만 "순천부"라고 표기되어 있고, 그 위치가 원판의 표기 위치와 같다. 경도가 "1도 남짓"이라고 읽힐 빌미를 제공해 주기에 충분하다.[1]

---

1) 물론『국조역상고』의 저자는 원판을 보았다.

〈곤여전도〉 1674년 원판에서 한양의 경도는 읽을 수 없다. 조선에는 한양은 없고, "朝鮮"이란 표기만 있기 때문이다. 그러나 "北京 편동 10도 30분"이란 주장과 有意差는 없다. 이 "10도 30분"이란 값은 숙종 39년(1713) 하국주 일행의 관측치이고, 현재의 관측치와도 큰 차이가 없는 것을 보면, 남회인 지도는, 이 점에서, 꽤 정확했다고 판단된다.

남회인의 〈곤여전도〉는 판을 거듭하면서 劣化가 진행되고 있다. 특히 익숙하지 않은 고유명사에서 그렇다. 예컨대 스코틀랜드를 의미하는 "스코시아"는 원판에서는 "斯可齊亞"로 옳게 표기되어 있으나, 광동판부터 해동판으로는 "期可齊亞"로 잘못 표기되고 있고, 일본의 나가사키의 音譯 표기는 원판에서는 "囊加撒格"이지만 광동판부터는 "亞加撒格"으로 되어 있다. 四行論의 하나인 "氣行"의 해설문의 마지막 부분은 "知氣域之不齊也"(氣域이 고르지 않음을 안다)인데, 조선의 해동판에는 마지막 3자, "不齊也"가 빠져, 의미가 통하지 않게 되어 있다. 또 도시의 기호인 작은 동그라미가 광동판부터 빠졌다.

이상의 고찰에서 우리는 남회인의 〈곤여전도〉를 연구하려면 원판을 쓰는 것이 필수적임을 알 수 있다.

2. 〈곤여전도〉의 圖法

1) 〈곤여전도〉의 특징적 모습

남회인의 〈곤여전도〉는 동반구와 서반구를 각각 원으로 나타낸 세계지도다. 경선과 위선을 각각 10도 간격으로 그려 넣었다. 각 반구도는 위도 0도의 위선인 적도가 수평 직선이고 그 수직이등분선이 경도의 중선이다. 그러나 그 중선이 본초자오선은 아니다. 남회

인은 중국인들을 배려하여 북경을 지나는 경선을 경도 0도인 본초
자오선으로 삼았지만 지도의 중선은 아니다.

남회인은 經度를 東經과 西經으로 구분하지 않고, 본초자오선으
로부터 동쪽으로 세어나갔다. 그리하여 동반구의 동단 반원으로 나
타내지는 경선은 북경에서 20도 떨어진 경도 20도의 경선이다. 이
경선은 서반구의 서단 반원으로 나타내지는 경선의 경도이기도 하
다. 이로부터 동쪽으로 90도 떨어진 경도 110도의 경선은 서반구의
중선이다 이 중선은 북극과 남극을 잇는 직선으로 서반구의 적도
와 서로 수직이등분한다. 서반구의 동단 반원은 경도 200도의 경선
이다. 이 경도 200도는 동반구의 동단 반원 경선의 경도이기도 하
다. 이로부터 동쪽으로 7번째 경선이 중선이고 그 경도는 290도다.
이 동반구의 중선은 북극과 남극을 잇는 직선으로, 동반구의 적도와
서로 수직이등분한다. 이 중선으로부터 7번째 경선의 경도는 360도
인데 이 경선은 본초자오선과 일치한다. 남회인은 0이라는 숫자를
기피하여, 이 경선의 경도를 0도가 아니라 360도로 표기하고 있다.

남회인의 〈곤여전도〉의 경선 위선의 경위망에서 직선으로 표시
되는 것은 적도와 중선뿐이다. 나머지 경선 위선은 모두 곡선이다.
이것은 리마두의 〈곤여만국전도〉의 위선들이 모두 직선인 것과 대
비된다.

남회인의 〈곤여전도〉의 10도 간격의 경선과 위선들은 적도와 중
선을 따라서 간격이 모두 다르다. 더 구체적으로 말하면, 적도를 따
라서 경선들 간의 간격은 중선에서 멀어질수록 넓어진다. 중선을
따라 위선들 간의 간격을 보면, 마찬가지로 적도에서 멀어질수록
넓어진다. 따라서 경선들 간의 간격은 적도 양단에서 가장 넓고, 위
선들 간의 간격은 중선 양단인 북극 남극에서 가장 넓다. 남회인의
〈곤여전도〉의 이러한 특징을 간파한 莊廷尃는 그의 圖說에서 불만
을 토로하고 있다. 즉 이러한 도법의 특징 때문에, 중선 근방의 중

국은 지도 상에서 좁게 표현되고, 이 지도의 가장자리에 오는 지역
은 넓게 표현되고 있다는 것이다. 이 지도를 자세히 보면 과연 지
도의 가장자리에 오는 아프리카 서부와 남아메리카 동부 브라질이
크게 부풀려져 있음을 느낄 수 있다.

이 지도를 좀 더 자세히 들여다보면, 위선들 간의 간격은 중선을
따라서는 이렇게 차이가 남에도 불구하고, 반원인 동서 양단의 경
선 즉 지도의 가장자리를 따라서는 위선들 간의 간격이 모두 동일
함을 알 수 있다.

이상에서 관찰한 〈곤여전도〉의 경위망의 특징은 어디에서 온 것
일까? 남회인의 선택에서 온 것임은 틀림없지만, 어떤 근거가 있는
것인가?

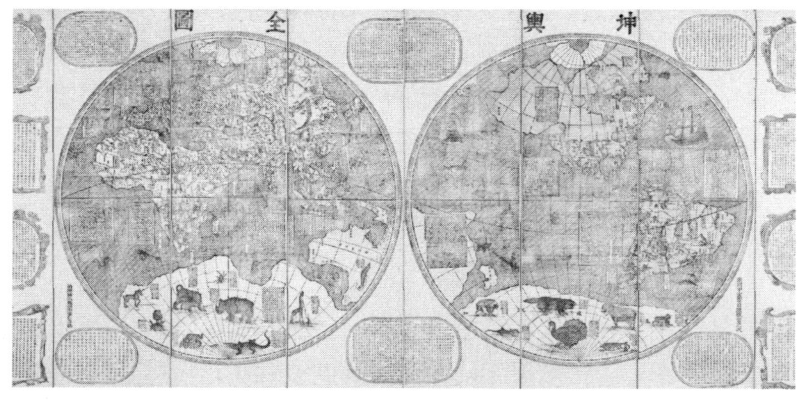

북경판 〈곤여전도〉

2) 方位平射圖法

남회인의 〈곤여전도〉는 그 당시 세계지도에 많이 사용되고 있던
方位平射圖法 Azimuthal Stereographic Projection 이라는 투영법 즉 도

법을 사용하고 있는 것이다. 이 도법을 쓰면 이상에서 우리가 관찰한 특징을 가지는 지도가 그려지는 것이다. 장정부가 의심하는 것처럼 어떤 보이지 않는 의도가 숨어있는 도법은 아닌 것이다.

　방위평사도법의 원리를 설명하면 다음과 같다. 지구상의 한 점을 광선의 투사점으로 잡는다. 그리고 이 光源의 對蹠點에 지구에 접하는 평면을 설치하여, 그 평면을 스크린으로 삼는다. 광선이 투명한 지구를 관통하여, 맞은 편 즉 스크린에 접한 쪽의 지형을 스크린에 투사하여 나타난 모습이 이 도법에 의한 지도가 된다. 〈곤여전도〉는 동반구 서반구의 적도상의 중심점이, 서로 光源과 대척점이 된다.

　이 방법에 의하면 경선 또는 위선의 간격의 차이를 엄밀한 수학적 방법으로 파악할 수 있다.

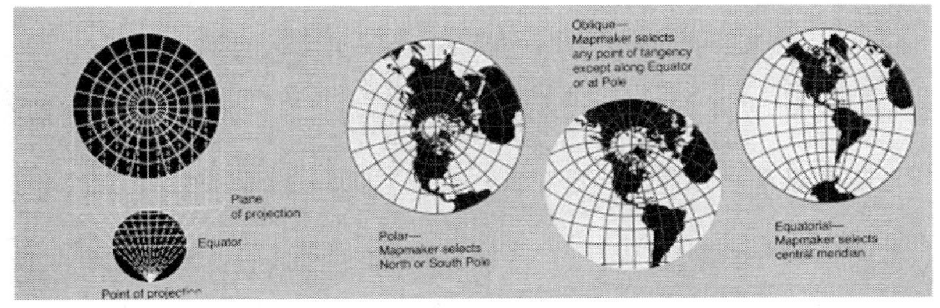

(1) 이 도법에 의한 지도에서의 거리의 왜곡

　이 지도의 중심은 지구와의 접점이다. 그러므로 이 점에서는 지도상의 거리와 지도의 거리 사이에 왜곡이 없다. 이 점을 O라 하고, 이 점에서 東西 또는 南北으로 일정 각도 c만큼 떨어진 점을 A라 하자. 그리고 OA의 길이를 a라 하자. 점 A의 지도 상에서의 像을 점 U라 하면 지도상의 OU의 길이 b는 a의 상이다. 즉 실제 길이 a가 지도에는 b로 나타난다. 여기서 우리는 a와 b 사이의 관계에 관심이 있다. 남회인의 〈곤여전도〉를 볼 때, a가 커짐에 따라, 즉 중심에서 가장자리로 갈수록 왜곡도가 커지는 것으로 보이기 때문이다.

(2) 수학적 접근

이를 수학적으로 알아보기 위하여 각도를 호도 즉 라디안으로 바꾸어 나타내면, 호의 길이는 각도에 비례하므로, a 자체를 그 각도를 나타내는 호도로 표현하는 것이 가능하다. 이렇게 놓을 때, a와 b 사이에는 다음과 같은 관계가 있음을 보일 수 있다.(부록에서 자세한 설명을 시도한다.)

$$b = \{2 \times \sin(a)\}/\{1+\cos(a)\}$$

이 식을 이용하여 〈곤여전도〉에서처럼 10도 간격의 표를 만든 것이 다음 표다.

〈방위평사도법〉의 왜곡도의 변화

각도	0	10	20	30	40	50	60	70	80	90
a	0	0.175	0.349	0.524	0.698	0.873	1.047	1.222	1.396	1.571
b	0	0.175	0.353	0.536	0.728	0.933	1.154	1.401	1.678	2.000
b/a	1.00	1.00	1.01	1.02	1.04	1.07	1.10	1.15	1.20	1.27
db/da	1.00	1.01	1.03	1.07	1.13	1.22	1.33	1.49	1.70	2.00
b - b_{-10}		0.175	0.178	0.183	0.192	0.205	0.221	0.247	0.277	0.322
/0.175		1.00	1.02	1.05	1.10	1.17	1.26	1.41	1.58	1.84

이 표에서 0.175는 10도의 라디안 값이고, 그 각의 9배인 90도의 라디안 값이 1.571이다. 지도상의 거리 b는 각도가 커짐에 따라 a보다 증가속도가 빨라 왜곡도 b/a가 지속적으로 증가함을 볼 수 있다. db/da는 a에 대한 b의 순간변화율인데, 이 역시 각도가 증가함에 따라 증가한다.

이 표를 직접 〈곤여전도〉에 연결시켜 이해하기 위하여, 10도간격의 b의 값의 차, b - b₁₀를 계산해 보았다. 예컨대 중선을 따라 북위 0도에서 10도 사이에 그 값은 0.175이고, 80도에서 90도 사이에는 0.322다. 비교를 쉽게 하기 위하여 이 값들을 모두 0.175로 나누어 "표준화"하면, 0도에서 10도 상이는 1.00.80도에서 90도 사이는 1.84 다. 지도에서 우리는 과연 그것이 사실임을 확인할 수 있었다.

3. 남회인의 천문/지리 자료

1) 남회인의 夏晝長

우리는 표준모형에 따라서 하주장/동주장의 값을 계산할 수 있었다. 그리고 앞에서 리마두의 수치를 이 계산값과 비교한 바 있다. 여기서는 남회인의 수치에 대해서도 같은 비교를 해 보고자 한다. 그런데 남회인은 리마두의 직접적인 계승자로 보이므로, 리마두의 수치와도 함께 비교해보고자 한다.

이 비교에서는 리마두의 1각과 남회인의 1각이 서로 다름에 유의하여야한다. 리마두의 1각은 100분의 1일이고, 남회인의 1각은 96분의 1일이다. 남회인의 1각은 현행의 시간단위로는 정확히 15분이다. 그러나 현행의 1분과 달리 남회인의 1분은 1/60각이다. 그러므로 비교를 위해서는 시간을 통일할 필요가 있다.

이 표로부터 우리는 남회인이 리마두와 같은 방법을 사용했음을 알 수 있다. 그러나 남회인의 수치는 리마두의 수치보다 격이 떨어진다. 즉 리마두의 오차는 1각을 넘지 않는데, 남회인의 오차는 그 세 배나 된다. 그리고 그 오차가 한 쪽으로 편향되어 있다. 따라서 계산과정에 어떤 체계적인 오류가 있을 수 있다.

利瑪竇와 南懷仁의 夏畫長 값의 比較

北緯y	계산값	利값	오차	원래南값	환산南값	오차
66.5	100.0	100.0		96각	=100.0	--
65	88.2	88.5	+0.3	84각10분	=87.7	-0.5
60	77.2	77.0	-0.2	72각30분	=75.5	-1.7
55	71.3	71.5	+0.2	68각 7분	=70.9	-0.4
50	67.3	67.5	+0.2	64각 9분	=66.8	-0.5
45	64.3	64, 0	-0.3	60각26분	=62.9	-1.4
40	61.9	62.0	+0.1	56각51분	=59.2	-2.7
35	59.8	59, 0	-0.8	56각21분	=58.7	-1.1
30	58.1	58.0	-0.1	52각59분	=55.2	-2.9
25	56.5	55.5	-1.0	52각33분	=54.7	-1.8
20	55, 1	55.0	-0.1	52각12분	=54.4	-0.7
15	53.7	53.5	-0.2	48각53분	=50.9	-2.8
10	52.4	52.0	-0.2	48각36분	=50.6	-1.8
5	51.2	50.5	-0.7	48각17분	=50.3	-0.9
0	50.0	50.0		48각	=50.0	--

주: (1) 표의 단위는 모두 리마두의 刻, 즉, 100분의 1日로 통일했다.
    (2) 편의상, y=0 및 y=66.5의 행을 추가하여, 이론적 값을 제시하였다.
    (3) 원래 남회인의 1각은 96분의 1日, 1분은 60분의 1刻이다.
    (4) 북위 45도의 남회인 하야장은 60각 56분으로 잘못된 곳이 8곳 중 1곳 있다.

2) 남회인의 長畫長

남회인의 〈곤여전도〉에는 고위도에서의 장주장/장야장의 수치도 있다. 다만 남회인은 장주장/장야장을 하주장/동야장이라 부른다. 여기서는 리마두의 용어인 장주장/장야장으로 통일해서 쓰기로 한다.

남회인의 경우 북반구와 남반구의 장주장/장야장의 수치는 완전히 동일하다. 다만 남위 90도의 수치가 없다. 그리고 하주장과 동주장의 대응하는 수치 역시 완전히 동일하다. 그러므로 남회인을 리마두와 비교하는데는 북반구의 장주장(즉 남회인의 하주장)만을 비교해보면 충분하다.

이 비교에서 역시 남회인의 시간단위가 리마두와 다름에 유의하여, 시간을 통일할 필요가 있다. 그리하여 우리는 우선 시간단위를 모두 日로 통일하여 비교하기로 한다.

이 표를 보면 남회인과 리마두의 하주장/장주장의 最大相差는 0.03일에 불과하다. 이는 북위 90도의 "불합리한 수치"까지를 포함한다. 그러므로 이 두 사람은 동일한 소스로부터 이 수치들을 인용했을 것으로 추측할 수 있다.

남회인과 리마두의 장주장 비교

위도	남회인의 원래값	환산값(A)	리마두의 값(B)	차(A-B)
북위 90도	187일24각	=187.25일	187.26일	-0.01일
북위 85도	161일20각	=161.21일	161.21일	0.00일
북위 80도	134일16각	=134.17일	134.20일	-0.03일
북위 75도	104일 4각	=104.04일	104.04일	0.00일
북위 70도	64일52각	= 64.54일	64.55일	-0.01일

3) 남회인 지도의 "黃道"

남회인의 〈곤여전도〉에는 "황도"가 그려져 있다. 표준모형을 이해하고 있는 우리는 당연히, 황도는 지구에 속하는 것이 아님을 안다. 그러므로 지구를 그린 지도 속에 황도를 그려 넣을 수는 없다.

황도는 천구에 속한다. 황도와 천구의 적도는 둘 다 천구의 대원으로서 그 교점이 춘분점과 추분점이며, 두 대원의 교각은 23.5도다. 그런데 남회인의 지도에서 그가 그린 "황도"는 지구의 적도와 그러한 관계를 가지는 듯이 그려져 있다. 다만, 춘분점에 해당하는 점이 경도 205도인 적도상의 점이고, 추분점에 해당하는 점이 경도 25인 적도상의 점이다.

우리의 추측대로 남회인의 〈곤여전도〉에서, 적도와 "황도"가 천

구의 적도와 황도 사이의 관계와 같다면, 춘분점의 경도를 0도로
할 때, 황도의 주요 좌표 몇 개는 다음과 같다.

절기	춘분	청명	곡우	입하	소만	망종	하지
황경 s(도)	0	15	30	45	60	75	90
적경 x(도)	0	13.80	27.90	42.52	57.81	73.71	90.00
적위 y(도)	0	5.92	11.50	16.38	20.20	22.65	23.50
〈곤여전도〉의 경도	205	220	235	250	265	280	295
적경 x(도)	0	15	30	45	60	75	90
황경 s(도)	0	16.29	32.19	47.48	62.10	76.19	90.00
적위 y(도)	0	6.42	12.26	17.09	20.63	22.78	23.50
"황도"의 목측위도	0	6.6	12.4	17.2	20.7	23.0	

남회인의 지도를 보면, 이 좌표가 타당한 것으로 보인다. 그러므
로 우리는 남회인이 우리의 추측대로, 지구상에 "황도"를 그려 넣었
다고 확인할 수 있다.

4) 남회인의 "坤輿圖說"의 총론

남회인의 곤여도설은 지신의 직함을 "欽天監監正南懷仁"이라고
밝히면서 시작한다. 그리고 총론의 머리에, 同學西士인 利瑪竇, 艾
儒畧, 高一志, 雄三拔 등 諸子의 저술에서 발췌한 내용에 바탕으로
하고, 先賢이 밝히지 못한 大地의 진리를 밝히겠다고 한다. 그리고
나서는 리마두의 총론을 거의 그대로 전재하고, 맨 끝에 자신의 생
각을 다음과 같이 추가한다.

夫地圖所定各方之經緯度多歷年世愈久而愈準蓋其定法以測驗爲主當
其始天下大半諸國地及海島不可更僕前無紀錄之書不知海外之復有此

大地否也近今二百年來大西洋諸國名士航海通遊天下週圍無所不到凡
各地依歷學諸法測天以定本地經緯度是以萬國地名輿圖大備如此其六
合之地及山川江河湖海島嶼原無名稱凡初歷其地者多以前古聖人之名
名之以爲別識而定其道里云.

즉, 〈곤여만국전도〉 이후의 상황을 간략히 설명하고 있다.

4. 〈곤여전도〉의 地名

1) 변경된 지명의 例

〈곤여전도〉는 〈곤여만국전도〉의 내용을 대폭으로 계승하고 있
다. 그러나 남회인의 嗜好에 따라 변경된 지명들이 있다. 몇 개의
예를 들어본다.

(1)포르투갈: 리마두는 이 나라를 波爾杜瓦爾(Po-r-tu-ga-l; Portugal)
로 표기하고 있다. 그러나 남회인은 이를 루시타니아, 즉 路西大泥
亞(Lu-si-ta-na-a)로 표기한다. 이 지역의 로마시대의 지명을 살려 쓰
고 있는 것이다.

(2) 앙글리아: 리마두는 이를 諳厄利亞(An-g-li-a)로 표기하는데 남
회인은 昻利亞(Ang-li-a)로 표기하고 있다. 같은 이름의 다른 표기다.

(3) 히베르니아: 이는 아일랜드의 옛 이름인데, 리마두는 喜百泥
亞(Hi-bei-ni-a; Hibernia)로 이를 표기하고 있다. 그러나 남회인은 意而
蘭大(I-r-lan-da; Irland)로 아일랜드를 표기하고 있다.

(4) 게르마니아: 이를 리마두는 入爾馬泥亞(Ge-r-ma-ni-a; Germania)로
이를 표기하고 있다. 그러나 남회인은 이를 熱爾瑪尼亞(Ge-r-ma-ni-a;
Germania)로 표기하고 있다. 발음 [ge-]를 표기하는 글자의 차이이다.

(5) 마젤란海峽과 火地: 남아메리카 남단의 마젤란해협을 리마두

는 墨瓦蠟泥峽으로 표기했는데 이는 Megalani(ca)의 음역이다. 그런데 남회인은 瑪熱辣泥各峽로 표기하고 있다. Magelanica의 음역이다. 리마두와 남회인은 모두 남방대륙을 메갈라니카즉 墨瓦蠟泥加로 표기하고 있다. 그러므로 리마두쪽이 일관성이 있다. 화지는 "불의 땅" 즉 Tierra del Fuego의 의역이다. 리마두는 이 땅이 메갈라니카 대륙의 일부로 생각했다. 그러나 이것은 나중에 남아메리카 남단의 섬으로 밝혀졌다. 남회인의 〈곤여전도〉에 그려진 대로다.

2) 추가된 지명의 例

〈곤여전도〉는 지리상의 발견이 활발히 이루어지고 있던 시기의 지도이기 때문에, 〈곤여만국전도〉에서는 알려져 있지 않던 새로운 땅이 추가되었다. 특히 오스트레일리아 방면이 매우 확실해 졌다. 그 쪽의 추가된 지명 몇 개를 보자.

(1) 뉴홀란드와 뉴질란드: 이 두 지명은 각각 新阿蘭地亞(New O-lan-di-a; New Hollandia)와 新瑟蘭第亞(New Ze-lan-di-a; New Zeellandia)로 표기되어 있다. 홀란드와 질란드는 당시 네델란드 연방의 두 강대 구성국으로 해상활동이 활발했기 때문에, 새로 발견된 땅에 나란히 이름을 올렸다.

(2) 카르펜타리아(Carpentaria): 이 지명은 오스트레일리아 동부에 있다. 加爾本大利亞(Ka-r-pen-da-ri-a; Carpentaria)로 표기된 이 지명은 후에 장정부 지도에는 嘉本達利亞로 표기된다.

3) 日本발음에 의한 日本지명 表記

남회인은 아마도 일본의 傳敎士들로부터 입수한 다수의 일본지명을 지도에 표시하고 있다. 그런데 그 지명은 일본발음을 로마자로 표기한 자료로 주어졌던 것 같다. 그리하여 그는 이를 한자로 음역하여 표기하고 있다. 몇 개의 예를 들면 다음과 같다.

(1) 囊加撒格(Nang-ga-sa-ke; Nagasaki) 나가사키 즉 長崎다. [-ga-]가 서양인에게 [-nga-]로 들렸기 때문에 이런 표기를 했을 것이다.

(2) 崩我(Bung-go; Bunggo) 붕고 즉 豊後다

(3) 唐世馬(Tang-si-ma; Tanega-sima) 타네가시마 즉 種子島다.[Tanega-]를 줄여서 [Tang-]으로 표기한 듯하다.

(4) 貰各古(Si-ke-ku; Shikoku) 시코쿠 즉 四國이다.

(5) 那加多(Na-ga-to; Nagato) 나가토 즉 長門이다.

(6) 亞記(A-ki; Aki) 아키 즉 安藝다.

(7) 喜租木(Hi-zu-mu; Izumo) 이즈모 즉 出雲이다. [hi-]의 h가 默音化되어야 한다.

(8) 巴加撒(Pa-ka-sa; Pakasa, Wakasa) 와카사 즉 若狹이다. [pa-]가 [wa-]로 變音되기 이전의 表記다.

(9) 默亞哥(Me-a-ko; Meako, Miyako) 미야코 즉 都(=京都)다.

(10) 永書米(Ing-su-mi; Izumi) 이즈미 즉 和泉이다. [ing-]의 終聲 ng가 默音化되었다.

(11) 三多(San-do; Sado) 사도 즉 佐島다. [san-]의 終聲 n이 默音化되었다.

(12) 依多(I-du; Izu) 이즈 즉 伊豆다. [-du]의 d가 z로 口蓋音化하기 이전의 表記다.

(13) 亞法(A-fa; Afa, Awa) 아와 즉 安房이다. [-fa]가 [-wa]로 變音되기 이전의 表記다.

(14) 斐打記(Pi-ta-chi; Pitachi, Hitachi) 히타치 즉 日立이다. [pi-]가 [hi-]로 변음되기 이전의 표기다.

(15) 野作(Ye-zo; Yeso, Yezo) 에조 즉 蝦夷다. 현재의 北海道島로 아이누의 땅이란 뜻이다. 〈坤輿萬國全圖〉에도 똑같이 "野作"으로 표기되어 있으나, 섬이 아니라 일본 북쪽의 대륙의 땅으로 그려져 있다(〈곤여만국전도〉에 北海道처럼 그려진 섬은 北海道島가 아니다). 장정부 지도에는 "野所"로 되어있으나 발음은 같다.

부록: 方位平射圖法 Azimuthal Stereographic Projection 의 수학적 설명

지구상의 한 점을 광선의 투사점으로 잡는다. 그리고 이 광원의 대척점에 지구에 접하는 평면을 설치하여, 그 평면을 스크린으로 삼는다. 광선이 투명한 지구를 관통하여 맞은편의 지형을 스크린에 투사하여 나타난 모습이 이 도법에 의한 지도가 된다.

광원을 L 지구의 중심을 C 지구와 스크린의 접점을 O라 하면, L, C, O는 한 직선상에 놓이며, 스크린평면과 직각을 이룬다. 지구상의 임의의 한 점 A를 잡는다. 그리고 그 중심각 ACO를 α라 하자.

선분 LA의 연장과 스크린과 만나는 점을 U라 하면, 지구상의 호 OA의 스크린상의 그림자는 OU가 된다. 그러므로 지구상의 호 OA의 길이를 a라 하면, 그 호의 지도상에서의 상 OU의 길이 b는 지도에 나타난 OA의 길이가 된다. 여기서 우리는 b/a라는 비율에 관심이 있다. 접점 O 근방에서 그 값은 1에 가깝다는 것을 우리는 직관적으로 알 수 있다. 임의의 a에 관해서 그 비율은 어떻게 될까.

우리가 지구의 반지름을 1로 놓고, 각을 라디안으로 측정하면, 호 OA의 길이 a는 바로 호 OA의 중심각의 크기를 라디안을 단위로 측정한 값이다.

이제 a의 스크린 위의 像의 길이 b를 구해보자. A에서 지름 LO에 수선을 내려 그 발을 B라 하자. 그러면 두 직각삼각형 LAB와 LUO는 닮은 삼각형이므로

$$b/(AB) = LO/LB$$

의 관계가 성립한다. 그런데

$$AB = AC \times \sin(a)$$

$$LB = 1 + AC \times \cos(a)$$

$$LO = 지름 = 2$$

인데, AC는 반지름으로서 정의상 1이다. 그러므로 다음 식이 성립
한다.

$$b = \{2 \times \sin(a)\} / \{1 + \cos(a)\}$$

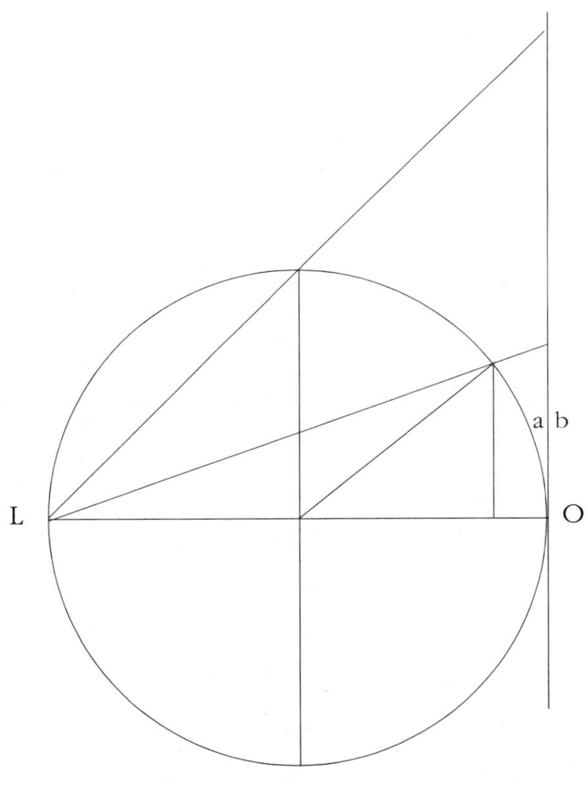

〈方位平射圖法의 그림에 의한 설명〉

　다음은 점 A에서 호의 길이 a의 미소변화 da가 지도상에서 b의 미소변화 db를 야기할 때 그 미소변화의 비 db/da를 구해보자. 이는 미분법을 쓰면 아주 간단히 구해진다 그러나 미분법이 어렵다면 초보적인 방법을 쓸 수도 있다. 우선 미분법을 써서 구해보고, 다음으로 초보적인 방법을 써 보기로 한다.

미분법에 의한 db/da의 해법

위의 a와 b의 관계식을 다음과 같이 표현해 보자.

$$b = \{2 \times \sin(a)\}/\{1+\cos(a)\} = f(a)/g(a)$$

단,　　$f(a) = 2 \times \sin(a)$

　　　　$g(a) = 1+\cos(a)$

그런데 미분규칙에는 다음과 같은 편리한 공식들이 있다.

　　규칙(1)　$d/da\{f(a)/f(b)\}$

　　　　　　　$= \{f'(a) \times g(a)\text{-}f(a)g'(a)\}/\{g(a) \times g(a)\}$

　　규칙(2)　$d/da\{\sin(a)\} = \cos(a)$

　　규칙(3)　$d/da\{\cos(a)\} = \text{-}\sin(a)$

규칙(2)와 규칙(3)을 f(a)와 g(a)에 적용하면 다음 결과가 얻어진다.

　　$f'(a) = 2 \times \cos(a)$

　　$g'(a) = \text{-}\sin(a)$

이를 규칙(1)의 우변의 분자에 적용하면,

　　$\{f'(a) \times g(a)\text{-}f(a)g'(a)\}$

　　　　　$= \{2 \times \cos(a)\} \times \{(1+\cos(a)\}+[2 \times \sin(a) \times [\sin(a)\}$

　　　　　$= 2 \times \cos(a)+2 \times \{\cos(a) \times \cos(a)+\sin(a) \times \sin(a)\}$

　　　　　$= 2 \times \{1+\cos(a)\} = 2 \times g(a)$

가 얻어진다. 여기서는 cos 제곱과 sin 제곱의 합이 1이라는 성질이 적용되었다. 이를 규칙(1)에 대입하면,

　　$d/da\{f(a)/f(b)\} = 2 \times g(a)/\{g(a) \times g(a)\}$

$$= 2/g(a) = 2/\{1+\cos(a)\}$$

즉,

$$db/da = 2/\{1+\cos(a)\}$$

우리는 이 결과를 얻기 위해서 여러 가지 미분규칙을 적용하였다. 결코 초보적이 아니다. 우리는 초보적인 방법으로도 같은 결과를 얻을 수 있다. 이를 시도해 보자.

초보적인 방법에 의한 db/da의 해법

이제 미소변화 da로 말미암아 접선 AT를 따라 A에서 A'으로 이동하고, 스크린 위의 像은 U에서 U'으로 da만큼 이동한다면, A에서 A'로의 변화 da와 U에서 U'으로의 변화 db간에는 어떤 관계가 있을까?

선분 LU'상에 AA'//UU'인 점 A'을 잡자. 그러면 우리는 초보적인 방법으로 다음 관계가 성립함을 보일 수 있다.

(1) $da = AA' = AA''$

(2) $db = UU = da \times \{2/(1+\cos(a))\}$

따라서 다음 식이 성립한다.

(3) $db/da = 2/(1+\cos(a))$

이는 바로 미분법으로 얻은 결과다.

식 (1)의 증명:

삼각형 ATU와 삼각형 A'AA''은 닮은 삼각형임에 주목하자. 그리고 삼각형 ATU가 TA=TU 인 이등변삼각형임을 보이자. 이를 보이기 위해서는 각 TUA가 각 TAU와 같음을 보이면 된다. 삼각형 LOU는 각 O가 직각인 직각삼각형이고, 각 L은 a/2이다. 중심각이 a인 호 OA의 원주각이기 때문이다. 그러므로 각 OUL 즉 각 TUA는 (pi-a)/2이다.(호도로 나타내면 직각은 pi/2 이다.) 즉,

$$각\ TUA = (pi-a)/2$$

한편 각 TAU는 맞꼭지각 A'AL과 같다. 그런데 각 A'AC는 직각이고, 삼각형 ALC는 이등변삼각형이므로 각 LAC는 a/2 이다. 그러므로 각 A'AL과 그 맞꼭지각인 각 TAU는

각 TAU = (pi-a)/2

따라서 삼각형 TAU는 이등변삼각형이고, 그와 닮은 삼각형 A'AA"에서도 식 (1)이 성립한다.

식 (2) 또는 (3)의 증명:

삼각형 AA'L과 삼각형 UU'L은 닮은 삼각형이다. 그리고 db/da 그 닮음의 비다. 그리고 그 비는 LU/LA로 나타낼 수도 있다. 이제 A에서 LO에 수선을 내려 그 발을 B라 하면, 그 닮음의 비는 LO/LB로 나타낼 수 있다. 그리고 지구의 반지름은 1이므로, LO=2, LB=1+cos(a)이다. 따라서 식 (3)이 성립한다. 즉,

(3) db/da = 2/(1+cos(a))

즉 초보적인 방법으로 미분법에 의한 것과 동일한 결과를 얻었다. 그러나 초보적 방법에 代價가 없는 것은 아니었다. 이 세상에 공짜는 없다는 사실을 보여주는 예라고도 불 수 있다.

이 결과의 응용

이 결과를 실제로 적용할 때는 호도가 아니라 각도를 쓰는 것이 편리할 때가 있다. 그러면 a호도가 각도 c도라면, a와 c 사이에는 어떤 관계가 있을까? 그것은 원둘레 2pi 호도가 각도로는 360도인 것을 기억하면 쉽게 알 수 있다. 즉 180도가 pi호도이며 c도가 a호도라면 c와 a 사이에는

c = (180/pi)a = 57.30a

a = c/(180/pi) = c×0.0174532925

라는 관계가 있다. 이상의 내용을 고려하여 0도에서 100도까지 10도

간격으로 다음 사항을 계산하여 표로 제시해 본다.

$$db/da = 2/(1+\cos(a))$$

$$b/a = \{2 \times \sin(a)\}/\{1+\cos(a)\}/a$$

$$b = \{2 \times \sin(a)\}/\{1+\cos(a)\}$$

각도c	10	20	30	40	50	60	70	80	90	100
호도a	.175	.349	.524	.698	.873	1.047	1.222	1.396	1.571	1.745
db/da	1.01	1.03	1.07	1.13	1.22	1.33	1.49	1.70	2.00	2.42
b/a	1.00	1.01	1.02	1.04	1.07	1.10	1.15	1.20	1.27	1.37
b	0.175	0.353	0.536	0.728	0.933	1.154	1.401	1.678	2.000	2.383
b-b-1	0.175	0.178	0.183	0.192	0.205	0.221	0.247	0.277	0.322	0.383
비율	1.00	1.02	1.05	1.10	1.17	1.26	1.41	1.58	1.84	2.19

주: 0도에서 이 두 값은 모두 1.00이다. 90도가 넘으면 db/da의 값은 급격히 커진다.

V. 莊廷尃 地圖편:

〈萬國經緯地球圖〉/〈地球前後圖〉

1. 장정부 지도의 版本
2. 장정부의 圖法
3. 장정부 지도의 계량분석
4. 장정부 지도의 지명
5. 國寶 "혼천시계" 地球儀 지도의 모본이
   장정부 지도라는 證據
6. 장정부의 〈萬國經緯地球圖〉 圖說

1. 장정부 지도의 版本

1) 장정부 지도와 〈地球前後圖〉

1800년에 제작된 장정부의 〈萬國經緯地球圖〉가 알려진 것은 그 실물을 통해서가 아니라, 〈지구전후도〉와 『五洲衍文長箋散稿』를 통해서다. 純祖朝인 1834년 崔漢綺와 金正浩는 〈地球前圖〉와 〈地球後圖〉라는 이름의 두 개의 원형지도를 판각하였는데, 이 兩半球圖는 〈지구전후도〉라는 이름으로 널리 보급되었다.

李圭景은 『오주연문장전산고』 권38의 "萬國經緯地球圖辨證說"에서, 이 지도의 원본이 莊廷旉의 〈만국경위지구도〉라는 사실을 밝힘과 함께, 거기에 딸린 장정부의 〈圖說〉 全文을 소개하고 있다. 이규경에 의하면, 최한기는 그 지도를 重刻하면서, 판각을 김정호에게 맡겼다. 이규경은 이 중각에서 〈도설〉은 제외시킨 것을 크게 유감으로 여기면서, 유실될 것을 두려워하여, 최한기에게서 〈도설〉을 얻어, 이를 자신의 〈변증설〉 속에 베껴 둔다고 말하고 있다.

2) 장정부 지도의 여러 板本

이처럼, 장정부의 지도가 최한기/김정호의 〈지구전후도〉의 모본이라는 것은 의심의 여지가 없었으나, 정작 장정부의 지도 자체는 알려진 바가 없었다. 그 실물이 알려지게 된 것은 제주대학교의 오상학 교수의 책 『조선시대 세계지도와 세계인식』(2011)을 통해서일 것이다. 오교수가 소개한 사본의 실물은 "파리국립도서관 所藏"(p. 324)이라 했고, 한국교원대학교의 권정화 교수로부터 그 사본을 입수했다고 했다.

나는 권정화 교수로부터 직접 해상도가 좋은 지도를 입수하여 판독에 들어갔다. 그 과정에서 이규경의 『오주연문장전산고』의 "변증설"에 옮겨 실은 장정부의 〈도설〉이 부실함을 발견할 수 있었다.

권정화 교수로부터 입수한 지도는 나름대로 좋은 해상도의 판본이긴 하나, 원판 지도의 선이 불명확하다든지 글자가 깨졌다든지, 문맥이 순통하지 않은 곳들이 있었다. 이러한 판독과정에서 고지도 연구가 오길순 선생으로부터 또 다른 판본의 장정부 지도 寫本을 입수할 수 있었다. 오선생은 이를 파리국립도서관에서 직접 구입했다고 했다.

그런데 이 판본은 권정화 교수로부터 입수한 것과 다른 것이었다. 후자는 흑백인데 전자는 채색이 되어 있었다. 글자도 다른 것이 여럿 발견되었다. 〈도설〉에 나오는 지명 중 흑백판본의 鄂爾部가 채색판본에는 鄂爾鄀으로 되어있고, 이규경, 김정호도 채색판본의 鄂爾鄀을 따르고 있다. 한편 극동 연해주에 흑백판본에는 魚皮가 있는데, 이곳은 당빌 지도에도 YUPI로 되어 있어, 의심하지 않고 있었는데, 채색판본에는 色反으로 되어 있다. 〈지구전후도〉에도 色反으로 되어 있다. 어느 쪽이 맞을까? 어느 쪽이 元本일까?

나는 권정화 교수에게 직접 확인해보기로 했다. 그는 자기 지도가 프랑스국립도서관藏本이 아니라고 확인해 주었다. 영국 켐브리지대학장본이란 것이다. 이규경과 최한기/김정호가 본 것도 프랑스국립도서관장본과 같은 판본이었던 것이다.

3) 장정부 지도와 〈지구전후도〉의 비교

장정부는 그의 〈도설〉의 제목을 "大淸統屬職貢萬國經緯地球式" 즉, "위대한 청나라에 예속된 조공 바치는 모든 나라들을 그린 경위지구식"의 지도에 관한 도설이라는 것이다. 이 표현 중에서 앞부분의 표현은 "大淸이데올로기"가 강하게 표출되어 있다. 따라서 지도의 특징은 뒷부분의 표현, "萬國經緯地球式"에 있다. 그러므로 예전에 오주 이규경이 『오주연문장전산고』에서 부른 대로, 이 지도의 명칭은 〈만국경위지구도〉라고 부르는 것이 타당할듯하다.

"經緯"와 "地球"란 말은 이 지도의 兩大特徵을 기술하는 말이다. 그러므로 이 지도에는 이 둘이 올바르게 그리고 강조되어 표현되고 있다. 그러나 이 지도를 중각한 김정호/최한기는 經緯線 의식이 그리 철저하지 못하였던듯하다. 경위선을 그리면서도 度數를 전혀 기재하지 않았다. 또 장정부는 10도 간격의 경위선뿐 아니라 1도간격의 경위도 역시 중요하다고 생각하여, 1도 간격으로 흑백을 번갈아 띠로 표시하고 있는데, 〈지구전후도〉는 그렇지 못하다.

장정부는 이 경위지구도가 서양인들의 대항해의 산물임을 잘 인식한듯하다. 그래서 全球의 대항해 航路를 비교적 자세히 그려 넣었다. 그러나 〈지구전후도〉에서는 그것이 淸楚하지 못하다.

장정부 지도와 〈지구전후도〉의 비교

항목	장정부 지도	〈지구전후도〉
경선	10도 간격 경선	10도간격 경선
위선	10도 간격 위선에 度數	10도 간격 위선에 無度數
1도간격 경도	赤道에 1도간격 흑백교대 띠	적도에 1도간격 백색 띠
1도간격 위도	圓周에 1도간격 흑백교대 띠	원주에 1도간격 백색 띠
항로표시	또렷	희미
"아시아"	大淸國	亞細亞
북경	京師	北京
육지	흰 바탕에 검은 글씨	같음
바다	녹색 바탕에 검은 글씨	검은 바탕에 흰 글씨

〈지구전후도〉에는 19세기에 들어서까지도, 조선에 反淸의식이 강했던 증거의 하나를 남기고 있다. 즉 지도에 "大淸國"이 없다. 京師도 없다. 그러나 반대로, 장정부의 〈만국경위지구도〉에는 이를

지나치게 강조하여 대륙의 이름 "亞細亞"가 들어갈 자리에 "大淸國"이란 글자가 자라잡고 있다. 그는 〈도설〉에서도 "亞細亞"가 곧 "大淸國"이란 표현을 두 번이나 쓰고 있고, "東方九十度內九五居中"이라고 하여, "청나라의 강역이 경도로는 동방 90도에 걸쳐 있으며 위도로는 적도 이북 90도 중 50도를 차지하고 있다"라고 말하고 있는 것이다. 김정호/최한기는 이런 장정부의 태도를 따를 수 없었던 것 같다. 장정부의 지도에서 "大淸國" 석자를 지우고, "亞細亞"를 넣었다. 京師도 北京으로 바꿨다. 다른 곳은 거의 손대지 않은 것을 고려하면, 이것은 분명히 의식적이다. 〈지구전후도〉에 〈도설〉이 빠진 것에 대하여 이규경은 매우 유감스럽게 생각하고 있다. 김정호/최한기도 지도의 이해에 〈도설〉이 도움이 된다는 것을 몰랐을 리는 없다. 왜 뺐을까? 板刻의 수고를 덜기 위해서? 그것도 이유가 될 수는 있을 것이다. 그러나 진짜 이유는 〈도설〉의 "대청이데올로기"때문이 아니었을까?

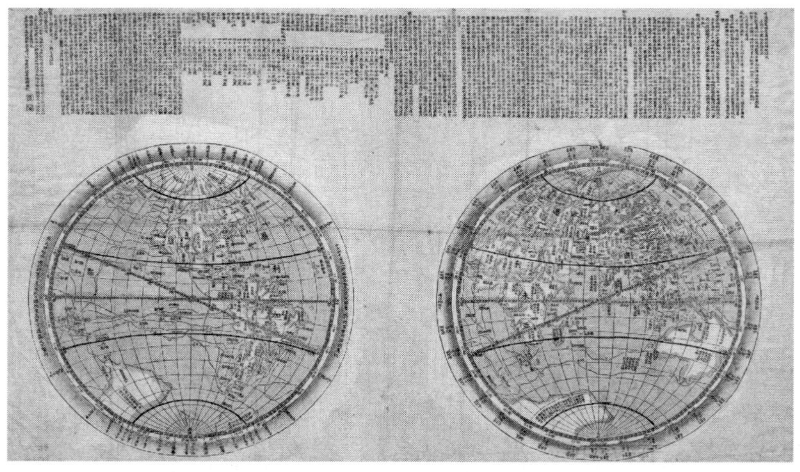

프랑스 국립도서관 장본 장정부 지도 (사진제공 오길순 선생)

2. 장정부의 圖法

1) 장정부의 지구투영법에 관한 코멘트

장정부는 자기의 양반구도를 그리면서, 서양인의 지구투영법 특히 남회인의 〈곤여전도〉의 도법에 관하여 신랄한 코멘트를 하고 있다. 우선 그 코멘트 내용을 보자.

지구혼원전도는 명나라 신종 때에 서양인 리마두와 남회인 등이 지구식으로 그려 바친 일이 있고, 아울러 곤여지설을 지었다. 그런데 그 지도들의 경위분도는 정면에 있는 중국의 도선은 협소하게 줄여 그렸는데, 외역 각국도선은 오히려 관대하게 넓혀 그렸다. 그들은 말하기를, 지체가 혼원하니, 양반구로 나누어 그리면 가운데가 높은 것이 당연하며, 따라서 보는 사람은 정중을 보면 작고, 옆쪽을 보면 당연히 넓은 것이 서양선법에 맞는다고 한다. 그러나 이는 사람이 원구를 바라볼 때는 정중면을 넓게 측면을 좁게 보는 것이 정리임을 모르고 하는 소리다. 이제 우리는 어차피 평폭에 원을 그리게 되므로, 정중과 변우에 선을 그리면서 같은 크기로 함이 합당하다. 그 경위도가 이미 곡선과 직선으로 나뉘었으니, 비록 가운데가 높은 구체라 하더라도, 사람이 어찌 좌우를 함께 보면서도 중선을 보는 것과 같은 법으로 볼 수 없겠는가? 서양인이 이런 어리석은 견해를 비법이라고 고집하며, 천도와 지면이 한 그림 속에서 대소가 있다는 웃기는 주장을 한다면, 우리는 이를 따를 수 없다. 예전에 서광계 역시 만국경위지구도를 올린 일이 있는데, 이 의문을 깨쳤는지의 여부는 알지 못한다. 그리하여 이 지도 안에서는 경위도선은 엄격히 측량하여 고르게 뻗게 했고, 그 매도 안의 수토계한을 마땅히 얻게 했다. 즉 서양의 방법으로 그린 구지도와 취지가 같고, 네 귀퉁이가 이미 중선과 똑같이 나누어지므로, 대소편파를 이야기할 여지가 없다.

그러면 이러한 장정부의 코멘트는 과연 정당한가? 남회인의 〈곤여전도〉의 동반구도를 보면 아프리카의 서쪽이 유난히 살쪄보인다. 서반구도의 브라질의 동쪽이 역시 과장되게 그려져 있다고 느껴진다. 그러면 남회인은 왜 이렇게 그렸을까? 장정부의 말대로 "서양선법" 즉 서양의 지구투영법에 맞게 그렸기 때문이다. 그러나, 지구투영법은 하나가 아니기 때문에, 그것은 남회인이 "선택한" 지구투영법 때문이라고 해야 정확하다.

남회인이 채택한 투영도법은 方位平射圖法이다. 즉 지도의 중심으로 삼고 싶은 지점에 한 평면을 접하게 하고, 그 평면과 지구의 접점의 대척점이 되는 점에서 광선을 쏘아서 그 광선이 구면상의 지형을 그 접평면에 비춘다고 볼 때, 그 광선이 접평면에 비춘 지형의 모습이 바로 평사도법에 의한 지도의 모습이다.

2) 장정부의 도법과 經度推定의 어려움

장정부는 그의 도설에서의 설명대로 경선간의 간격을 똑같이 하고, 위선간의 간격을 똑같이 하려하고 있다. 그러나 이것을 기술적으로 불가능하다. 다만 같은 위도에서 경선간의 간격을 똑같이 하고, 같은 경도에서 위선간의 간격을 똑같이 할 수 있을 따름이다.

장정부가 우려하는 등면적 등간격의 유지를 불가능하게 한 요소는 또 있다. 즉 경도의 정확한 추정이 어려웠다는 점이다. 특히 리마두와 남회인 당시에 경도를 알아내는 좋은 방법이 없었다. 참고로 리마두의 〈곤여만국전도〉, 남회인의 〈곤여전도〉, 장정부의 〈만국경위지구도〉와 현행지도의 경도를 비교해 보면 다음 표와 같다.

이 표에서 우리는, 각지도의 경도 평가에 관해서, 다음 사실을 알 수 있다.

(1) 리마두 남회인 모두 대서양을 과대평가했다.

(2) 리마두 남회인 모두 태평양을 과소평가했다.

(3) 남회인은 아시아 서부를 과대평가했다.

(4) 태평양의 과소평가의 정도는 남회인이 리마두보다 심하다.

(5) 장정부도 대서양을 과대평가하고 있으나, 그 정도가 가장 작다.

(6) 장정부의 태평양 과소평가 대서양 과대평가가 서로 거의 상쇄되어, 구대륙의 평가는 거의 정확하다.

리마두, 남회인, 장정부와 현행지도의 경도 비교

	Cal	Lon	Afr	Bei	Cal
리마두	260	20	70	130	260
남회인	115	232	295	0(360)	115
장정부	265	20	68	135	265
현행	106W	0	50E	116E	106W(254E)
차이 리마두	120	50	60	130	
차이 남회인	117	63	65	115	
차이 장정부	115	48	67	130	
차이 현행	106	50	66	138	
과대소 리마두	14	0	-6	-8	
과대소 남회인	11	13	-1	-23	
과대소 장정부	9	-2	1	-8	

주: 단위: 도. Cal: 칼리포니아만 남단; Lon: 런던; Afr: 아프리카 동단; Bei: 북경.

3) 緯度추정과 經度추정에 관한 註釋

리마두는 그의 〈곤여만국전도〉에서 위도를 어떻게 추정할 수 있는가에 관하여 자세한 설명을 해주고 있다. 특히 동아시아인들도 잘 알고 있는 북극고가 바로 위도의 값과 같다는 사실을 여러 번 언급하고 있다. 그러나 경도를 어떻게 추정할 수 있는가에 관하여서는 언급이 거의 없다. 다만 같은 월식을 바라보는 두 지점의 시차가 1시진이면, 그 두 지점의 經度差는 30도라는 말이 있을 뿐이다. 현행 단위로 하면 1시간차는 경도 15도차인 것이다. 그런데 북경과 한양의 경도차가 10.5도인 점을 감안하면, 15도차니 30도차니 하는 두 지점간의 거리는 실로 먼 거리인 것이다. 그러므로 경도 1도차라 하더라도 시간차는 4분밖에 안된다. 그러므로 이 방법으로 자세한 경도차를 알아내려면 정밀한 시간차를 알아낼 수 있는 정확한 시계가 있어야 한다. 리마두·남회인의 시대에는 그것이 없었던 것이다. 항해 중에도 사용할 수 있는 정밀한 시계 "크로노미터 시계"는 1730년경에야 사용할 수 있게 되었고, 그후 경도관측의 정확성은 획기적으로 향상되었다.

위도의 기준을 적도로 한다는 데는 이의가 있을 수 없다. 그러나 경도의 기준을 정하는 것은 자의적이다. 현재처럼 영국의 그리니치천문대를 지나는 경선을 本初子午線으로 국제적으로 공인된 것은 1884년 제1회 국제자오선회의에서였다.

3. 장정부 지도의 계량분석

1) 장주/장야 현상의 계량분석

장정부는 고위도 즉 極圈인 66.5도 이상의 특정 위도에서 나타나는 長晝/長夜 현상을 前圖 즉 東半球圖의 가장자리에서 설명하고 있다(장정부는 이 경우에도, 冬夜/夏晝, 夏夜/冬晝라는 용어를 쓰고 있으나, 리마두 용어와의 통일을 위하여 장주/장야의 용어를 쓰기로 한다).

장정부는 장주/장야 현상을 두 가지로 나누어 표시하고 있다. 하나는 특정 위도에서의 장주장/장야장을 표시하는 것이고, 다른 하나는 24절기 각각에 장주/장야 현상이 시작되고 끝나는 위도를 표시하는 것이다.

(1) 특정 위도에서의 장주장/장야장

장정부는 리마두나 남회인처럼, 특정 위도에서의 장주장/장야장을 표시하고 있다. 그 내용은 다음 표와 같다.

장정부 지도의 장주장/장야장

북반구 북위도	장야장	장주장	남반구 남위도	장야장	장주장
90도	178일	187일	90도	187일	178일
80	127	134	80	134	127
70	61	64	70	61*	61

주: 남위 70도의 61*는 64가 맞다.

이 표에서 우리는 남반구의 장야장, 장주장이 각각 대응하는 북반구의 장주장, 장야장과 수치가 같음을 알 수 있다. 그리고 이 표에서 남위 80도의 장주장 127일은 〈지구전후도〉에서는 117일로 誤記되어 있고, 남위 70도의 장야장 61일은 64일의 잘못임을, 북반구와의 비교에 의해서 알 수 있다. 이런 형식적인 잘못의 수정 및 검토를 마친 뒤에, 우리는 북반구의 장주장/장야장에 한정하여 분석을 계속하기로 한다. 장주 장야 현상의 대칭성 때문에 이것으로 충분하기 때문이다.

우리의 "표준모형"에 근거를 둔 장주장/장야장의 계산은 리마두편과 남회인편에서 행한 바 있다. 그리고 그 계산을 위해서는 "半年"의 길이 h를 상정하는 일이 선행되어야 함도 알았다. 리마두편에서는 h=187.26일 및 h=177.89일 둘에 관하여 장주장/장야장을 계산해 본 바 있다. 그런데 장정부의 경우는, h=187일, h=178일 둘에 관한 계산이 필요한 듯이 보인다. 그러나 위의 둘은 앞의 둘을 端數處理한 결과와 동일하므로, 우리는 전자에 의한 계산결과를 가지고, 장정부의 경우를 평가하려 한다. 다음 표는 이 분석작업을 위한 표다.

계산된 장주장/장야장과 장정부 지도의 장주장/장야장 (단위: 일)

북위도	90	85	80	75	70	66.5
대응하는 황경 s	0	12.63	25.82	40.47	59.06	90
계산된 장주장/장야장						
h=187.26일일 때	187.26	160.99	133.55	103.05	64.37	0.00
단수처리	187	161	134	103	64	0
h=177.89일일 때	177.89	152.93	126.86	97.89	61.15	0.00
단수처리	178	153	127	98	61	0
장정부의 장주장/장야장						
장주장	187	–	134	–	64	–
장야장	178	–	127	–	61	–

이 표로부터 우리는 장정부의 장주장/장야장을 다음과 같이 평가할 수 있다.

1) 북반구의 장주장은 h=187.26일로 계산된 장주장의 단수처리결과와 정확히 일치한다.

2) 북반구의 장야장은 h=177.89일로 계산된 장야장의 단수처리결과와 정확히 일치한다.

3) 북극의 장주장 187일과 장야장 178일의 합은 365일은 두 h의 합 365.15일에 대응한다.

따라서 우리는 장정부의 수치가, 우리의 변형된 표준모형의 결과와 완전히 일치함을 확인할 수 있다.

(2) 24절기 각각에 장주/장야 현상이 시작되고 끝나는 緯度값

장정부는 고위도 즉 極圈인 66.5도 이상의 지역에서, 24절기 각각에 장주/장야 현상이 시작되고 끝나는 위도값을, 後圖 즉 서반구도의 가장자리에 표시하고 있다. 24절기 중 망종에 장주장이 시작되는(亡種日出) 위도는 북위 67이고, 소서에 장주장이 끝나는(小暑日入) 위도는 북위 68도라는 식이다. 장정부는 24절기 중 하지와 동지를 제외한 모든 절기에 이 대응관계를 지도 가장자리에 표시하고 있는데, 그 위도값을 目測으로 읽어서 표로 제시하면 다음과 같다.

| 북반구 장주 | | | | 남반구 장주 | | | | | 이론적 계산값 | |
| 시작(일출) | | 끝(일입) | | 시작(일출) | | 끝(일입) | | | 일출입 | 위도값 |
절기	위도	절기	위도	절기	위도	절기	위도	오차	계산값	최대오차
하지	66.5	하지	66.5	동지	66.5	동지	66.5	0.0	66.5	0.0
망종	67	소서	68	대설	66.7	소한	67	0.7	67.3	0.7
소만	70	대서	70	소설	68.7	대한	6	1.1	69.8	1.1
입하	74	입추	74	입동	73.3	입춘	73	0.6	73.6	0.6
곡우	78.5	처서	78.3	상강	78.3	우수	78	0.2	78.5	0.2
청명	84.3	백로	83	한로	84	경칩	84	0.9	84.1	0.9
춘분	88.7	추분	88.2	추분	88.5	춘분	88.5	0.0	90.0	0.0

주: 이론적 계산값은 각절기의 황경을 표준모형에 대입하여 계산한 값이다. "최대오차"는 목측값과 이론값 간의 최대오차다.

여기 제시된 수치들은 지도에서 "읽은 것"이므로, 0.2도 정도의 판독오차가 있을 것이다. 그리고 장정부 〈도설〉의 기술내용을 볼 때, 장정부는 지도와 천문지리의 상수에 대한 이해가 있는 사람으로서, 아마도 〈時憲書〉에 바탕을 두고 위도값을 표시했을 것이다. 그러나 우리는 여기서, 우리의 기본모형에 따라 "理論값"을 계산해 볼 수 있다.

우선, 24절기는 황도의 황경 15도 간격으로 나누어지는 것이므로, 각절기에 대응하는 황경 s와 대응하는 위도 y를 다음 표에 제시한다.

태양은 춘분에 지구의 적도 위를 비추다가 점점 북으로 이동하여, 곡우에는 북위 11.5도에 도달한다. 그러면 해는 북극권 안의 북위 78.5도 상의 지점을 하루 종일 비춘다. 즉 해가 지지 않는 長晝현상이 시작된다.

24절기에 대응하는 황경 s와 위도 y

북반구 장주현상				남반구 장주현상				위도y	이론적 위도값
일출		일입		일출		일입			
절기	황경s(도)	절기	황경s(도)	절기	황경s(도)	절기	황경s(도)		
하지	90	하지	90	동지	270	동지	270	23.5	66.5
망종	75	소서	105	대설	255	소한	285	22.7	67.3
소만	60	대서	120	소설	240	대한	300	20.2	69.8
입하	45	입추	135	입동	225	입춘	315	16.4	73.6
곡우	30	처서	150	상강	210	우수	330	11.5	78.5
청명	15	백로	165	한로	195	경칩	345	5.9	84.1
춘분	0	추분	180	추분	180	춘분	360	0	90.0

주: 이 표의 s와 y의 관계는 $\sin(y)=\sin(23.5\text{도})\times\sin(s)$, 즉 $y=\arcsin\{\sin(23.5\text{도})\times\sin(s)\}$ 로 주어진다.

여기서 78.5라는 수치는

(穀雨에 장주현상이 시작되는 지점의 위도) = 90 - y = 90 - 11.5 = 78.5

라는 계산에 의하여 얻어진 것이다. 여기서 장주현상이 시작된다고 말하는 것은 곡우로부터 해는 지지 않고, 이 현상은 하지를 지나 처서에 이르러, y값이 다시 11.5도가 될 때까지는 북위 78.5도의 그 지점은 해가지지 않는 장주현상이 지속된다는 것이다. 그러므로 곡우에 장주현상이 시작되어(穀雨日出) 처서에 장주현상이 끝나는(處暑日入) 지점의 북위도는 공통적으로 78.5도다. 그러므로 장정부의 지도에서 "곡우일출" "처서일입"이라고 표시한 점의 북위도는 똑같이 북위 78.5도로 작도되어 있어야 한다는 것이 우리의 이론적 귀결이다.

태양이 남행하여 추분에 지구의 적도 위를 비추다가 점점 남으로 이동하여, 상강에는 남위 11.5도에 도달한다. 그러면 해는 남극권 안의 남위 78.5도 상의 지점을 하루 종일 비춘다. 즉 해가 지지

않는 長晝현상이 시작된다. 여기서 78.5라는 수치는, 위에서와 마찬
가지로,

$$-90 - y = -90 - (-11.5) = -78.5$$

라는 계산에 의하여 얻어진 것이다. 여기서 장주현상이 시작된다고
말하는 것은 상강으로부터 해는 지지 않고, 이 현상은 동지를 지나
우수에 이르러, y값이 다시 -11.5도가 될 때까지는 남위 78.5도의 그
지점은 해가지지 않는 장주현상이 지속된다는 것이다. 그러므로 상
강에 장주현상이 시작되어(霜降日出) 우수에 장주현상이 끝나는(雨
水日入) 지점의 남위도는 공통적으로 78.5도다. 그러므로 장정부의
지도에서 "상강일출" "우수일입"이라고 표시한 점의 남위도는 똑같
이 남위 78.5도로 작도되어 있어야 한다.

장정부의 작도는 이 이론적 값들과 차이가 있다. 그러나 有意差
는 없다. 즉 장정부는 우리의 표준모형과 잘 어울린다고 말할 수
있다.

이상의 상황을 종합해 볼 때, 장정부는 장주현상을 지도의 가장
자리에 표현함에 있어서, 황경 15도마다의 24절기를 장주의 일출
또는 일입의 시점으로 하는 위도값을 표현하려고 했다고 보여진다.
즉, 24절기는 같은 위도값을 가지는 12개 쌍으로 이루어지며, 각쌍
은 일출/일입의 쌍이 된다는 것, 따라서 각쌍은 그 위도값에 대응하
는 장주의 길이 즉 장주장을 규정한다는 것, 각 장주장 간의 차이
는 황경 30도 차이의 배수로 된다는 것 등이다. 그리고 황경 30도
차이는 반년의 6분의 1의 차이, 즉 "1개월"의 차이다.

여기서 우리는 황경 30도가 360도의 12분의 1이기 때문에 "1개월"
이란 말을 썼으나, 장주장을 1개월" 단위로 셀 때, 그 날짜는 약간
씩 다르다. 우리의 변형표준모형에 따라 장주장의 날짜를 계산해
보면 다음 표와 같다.

24절기에 따라 시작되고 끝나는 장주장의 날짜

| 북반구 장주현상 (반년=187.26일) | | | | | 남반구 장주현상 (반년=177.89일) | | | | |
| 일출 | | 일입 | | 장주장 (일) | 일출 | | 일입 | | 장주장 (일) |
절기	황경s(도)	절기	황경s(도)		절기	황경s(도)	절기	황경s(도)	
하지	90	하지	90	0	동지	270	동지	270	0
망종	75	소서	105	31	대설	255	소한	285	30
소만	60	대서	120	62	소설	240	대한	300	59
입하	45	입추	135	94	입동	225	입춘	315	89
곡우	30	처서	150	125	상강	210	우수	330	119
청명	15	백로	165	156	한로	195	경칩	345	148
춘분	0	추분	180	187	추분	180	춘분	360	178

2) 하주장/동야장의 계량분석

(1) 일정한 길이의 하주장/동주장에 대응하는 위도의 값

적도에서는 일년 내내 밤낮의 길이가 같다. 그리고 세계 어느 곳에서도 춘분과 추분에는 밤낮의 길이가 같다. 북반구의 하지에는 위도에 따라 일출시각과 일몰시각이 다르다. 이론적으로 말하면, 하지에 卯正(오전 6시)에 해가 뜨고 酉正(오후 6시)에 해가 지는 곳의 위도는 0도, 즉 적도상의 점이다. 그리고 묘정에서 유정까지의 시간은 현행시간으로 12시간이다. 장정부는 묘정에서 한 시간 전인 卯初(오전 5시)에 해가 뜨는(日出) 지점의 위도 값은 북위 30도요, 유정에서 한 시간 후인 戌初(오후 7시)에 해가 지는(日入) 지점의 위도 값은 북위 30도라는 식으로 지도의 가장자리에 표시해 놓았다. 묘초에서 술초까지는 14시간이다. 그러므로 하주장이 2시간씩 차이나는 지점의 위도 값들을 제시한 셈이다. 이를 표로 정리하면 다음과 같다.

북반구 하지					남반구 동지					위도
하주장	일출시	판독위도	일입시	위도	하주장	일출시	위도	일입시	판독위도	계산값
12시간	묘정	적도	유정	적도	12시간	묘정	적도	유정	적도	0.0
14	묘초	30	술초	30	14시간	묘초	30	술초	30	30.8
16	인정	50	술정	50	16	인정	50	술정	50	49.0
18	인초	58.5	해초	58.5	18	인초	58.5	해초	58.5	58.4
20	축정	63.5	해정	63	20	축정	64	해정	62.3	63.3
22	축초	64.3	자초	67	22	(축초	공결)	자초	65	65.8
24	자정	66.5	자정	66.5	24	자정	66.5	자정	66.5	66.5

과거의 시간호칭으로는, 12지 즉 "자-축-인-묘-진-시-오-미-신-유-술-해"에 "初"와 "正"을 붙여서 하루 24시간을 나타냈다. 즉 다음과 같은 시간의 진행과정에서

〉丑初〉丑正〉寅初〉寅正〉卯初〉卯正〉辰初〉辰正〉巳初〉巳正〉午初〉
子正   午正
〈子初〈亥正〈亥初〈戌正〈戌初〈酉正〈酉初〈申正〈申初〈未正〈未初〈

卯初와 戌初 간은 14시간이고, 寅正과 戌正 간은 16시간 …… 등이다.

이 표를 보면, 같아야 할 판독위도가 약간의 표시 및 판독오차가 있지만 有意差는 없다. 더 중요한 것은 계산값과 판독값과의 차이인데, 최대차가 1도 정도여서, 역시 유의차가 없다. 계산값은 우리의 표준모형에 근거를 둔 것이다. 그러므로 장정부가 의존한 모형은 이 경우 우리의 표준모형과 차이가 없다고 볼 수 있다.

(2) 특정 夏晝長 d에 대응하는 위도 y를 구하는 계산절차

우리는 특정 편각 b가 주어졌을 때, 그에 대응하는 위도 y를 구하는 문제를 표준모형에서 다룬바 있다. 그 결과는 다음과 같다.

$$\tan(y) = \sin(b)/\tan(23.5도)$$

그리고 편각 b를 하주장 d로 나타내면 다음과 같다. 즉

$$b = (d - 50각) \times 1.8$$

이 둘을 결합하면, 하주장 d를 알 때 그에 대응하는 위도 y를 구할 수 있다.

우리의 "계산값"은 이 절차를 밟아 계산된 것이다.

예컨대 하주장이 18시간인 지점의 위도를 구해보면 다음과 같다. 먼저 d의 단위는 각이므로, 18시간을 각으로 환산해야 한다. 그리고 나서 편각 b를 구한다. 즉,

$$d = (18시간/24시간) \times 100각 = 75각$$

$$b = (75각 - 50각) \times 1.8 = 45도$$

이를

$$b = \arcsin\{\tan(23.5도) \times \tan(y)\}$$

에 대입하여 정리하면,

$$\sin(45도) = \tan(23.5도) \times \tan(y)$$

즉,

$$y = \arctan\{\sin(45도)/\tan(23.5도)\} = 58.4도$$

이것이 하주장 18시간에 대응하는 지점의 북위도 값이다. 이는 당연히 표의 마지막 열의 해당 값과 일치한다. 이처럼 약간은 복잡한 과정을 거쳐서 구한 것이 위의 표의 마지막 열의 계산값들이다.

3) 장정부 지도의 "黃道"

장정부 지도에도, 남회인의 〈곤여전도〉에서 처럼, "황도"가 그려져 있다. 표준모형에 의하면, 황도는 당연히 천구에 속한다. 황도와 천구의 적도는 둘 다 천구의 대원으로서 그 교점이 춘분점과 추분점이며, 두 대원의 교각은 23.5도다. 그런데 장정부의 지도에서는 이 관계를 천구가 아닌 지구에 그려놓았다라고 보여진다.

우리의 추측대로 장정부 지도에서, 적도와 "황도" 사이의 관계가 천구의 적도와 황도 사이의 관계와 같다면, 황경, 적경 적위 사이의 관계를 우리의 표준모형에 의하여 확인할 수 있다. 이를 확인하기 위하여, 춘분점의 경도를 0도로 할 때, 황도의 주요 좌표 몇 개는 다음과 같다.

장정부 "황도"의 황경, 적경, 적위 (춘분에서 하지까지)

절기	춘분	청명	곡우	입하	소만	망종	하지
황경 s(도)	0	15	30	45	60	75	90
적경 x(도)	0	13.80	27.90	42.52	57.81	73.71	90.00
적위 y(도)	0	5.92	11.50	16.38	20.20	22.65	23.50
적경 x(도)	0	15	30	45	60	75	90
황경 s(도)	0	16.29	32.19	47.48	62.10	76.19	90.00
적위 y(도)	0	6.42	12.26	17.09	20.63	22.78	23.50
"황도"의 목측적위(도)	0	7	12	18	20	23	23.50

장정부 지도에는 "황도" 상에 24절기가 표시되어 있다. 이 24절기에 대응하는 황경, 적경, 적위를 표준모형에 따라 계산한 것이 표의 상반부다. 이 값을 장정부 지도와 대조하는 것은 극히 근사적으로만 가능하다. 작도의 정밀성이 떨어지기 때문이다.

표의 하반부는 적경을 0도에서 90도까지 15도 간격으로 나누어, 그에 대응하는 황경과 적위를 계산한 것이다. 그리고 마지막 행은 장정부 지도를 읽어서 얻은 目測緯度다. 정밀성이 떨어지기는 하지만 계산된 위도값 y와 잘 어울린다.

이상의 검토로부터 우리는 장정부가 우리의 추측대로, 지구상에 "황도"를 그려 넣었다고 말할 수 있다. 그러나 지도에 황도를 그려 넣는 것은 正道가 아니다.

4. 장정부 지도의 지명

1) 특이한 지명들

장정부는 경위도에 예민한 사람이다. 강희/건륭년간에 실측된 청나라 관할구역의 경위도를 도설에 실었을 뿐만 아니라, 중국의 주요 지점들의 배치에 이를 반영하였다.

현재의 일본 北海道는 당시에 일본 땅이 아니고 아이누의 땅이 었다. 이 지역을 일본인들은 "예소" 또는 "에조"로 불렀는데 장정부 지도에서는 이를 音譯하여 "野所"라고 표기하였다.

미국은 독립 직후의 지명들이 보인다. "加洛林"=ka-ro-lin은 Carolina, "未爾日尼亞"=vi-r-gi-ni-a는 Virginia 등이다.

유럽 지명은 매우 혼란스럽다. 포르투갈에 해당하는 이름을 보자. 포르투갈의 위치에는 "波爾杜瓦"=po-r-tu-ga와 "葡萄牙"=po-tu-ga 가 있다. 둘 다 Portugal의 音譯이다. 네덜란드 자리에는 네덜란드 대신 "博爾都噶爾亞"=po-r-tu-ga-l-ya가 있는데, 이는 Portugalia의 음역 이다. 또 독일 자리에는 독일 대신 "路西大尼"=lu-si-ta-ni가 있는데, 이는 Lusitania의 음역으로, 포르투갈의 고지명이다. 南懷仁의 〈곤여전도〉에는 포르투갈을 "路西大泥亞"로 표기하고 있다.

2) 판본에 따라 다른 지명들

(1) 魚皮와 色反

연해주 우수리강 주변의 지명이다. 켐브리지 版本에는 "魚皮"라고 되어있는 지명이 프랑스 국립도서관 판본과 〈지구전후도〉에는 "色反"으로 되어 있다. 그 지역에 사는 나나이族은 중국에서 魚皮韃子라고도 불리웠고 물고기가죽으로 옷을 해 입는 족속으로 알려져 있었다. 당빌 지도에도 어피의 음역인 Yupi로 표기하고 있고, 물고기가죽옷 이야기가 註釋으로 설명되어 있다. 이렇게 본다면, 어피가 맞을 것 같은데, 다른 모든 면에서 善本으로 보이는 프랑스 도서관 판본에 色反으로 되어있는 것은 이상하다. 魚와 色의 字形이 비슷하고, 皮와 反의 자형도 비슷한 점이 移記과정의 오류의 가능성을 열어놓고 있다.

(2) 셰틀란드

스코시아(斯可祭亞) 북쪽에 있는 셰틀란드諸島를, 프랑스 판본은 石德郞島 켐브리지 판본은 石德卽島로 표기하고 있다. 후자가 잘못일 것이다. 이처럼 자형의 유사로 인한 오류가 켐브리지 판본에서 여러 개 발견된다.

5. 國寶 "혼천시계" 地球儀의 지도의 모본이 장정부 지도라는 證據

현재 고려대학교 박물관이 소장하고 있는 국보 "渾天時計"에는 작은 地球儀가 부착되어있다. 혼천시계 자체는 1669년 顯宗 때 송이영이 제작했다는 주장이 강하다.

1) 레드야드와 오상학 교수의 주장

그 지구의의 지도가 세상에 알려진 것은 Rufus and Lee의 1936년 논문에서다. 그들은 그 지구의를 두 반구지도로 모사했는데, 오스트레일리아에 嘉本達利라는 지명이 나온다. 이는 Carpentaria를 의미하는데, 유럽에서 1650년대 이후 등장한 지명이 1669년 조선에서는 사용될 수 없었다는 것을 Ledyard는 1994년에 주장하였다. 오상학 교수는

2011년 책에서 역시 같은 주장을 하면서, 그 지도가 장정부의 지도 또는 〈지구전후도〉와 연관이 있을 것이라는 점을 강력히 시사하였다.

오상학 교수는 그 혼천의의 지구의가 〈지구전후도〉 또는 장정부의 지구도를 기초로 제작되었다는 증거로 세 가지를 들고 있다(p. 201): (1) 대부분의 지명이 일치; (2) 대륙의 윤곽이 매우 유사; (3) 경선간격이 동일.

오상학 교수가, 지구의의 경선 간격이 동일한 것이 장정부 계통 지도와 일치하는 논거가 된다는 주장은 맞는 말이면서도 틀린다. 오교수의 지적은 Rufus and Lee의 "모사도"의 경선 간격이 동일하여, 장정부 지도와 일치한다는 사실을 지적했을 뿐이다. 이러한 오교수의 흠은, 두 개의 구로 된 그 지구의의 模寫圖(오상학(2011, p. 201))를 이용하면서 그 출처를 명확히 밝히지 않은데서 생겨났다고 보여진다. 레드야드는 그 지구의의 실물을 親見하고 찍은 사진 한 장을 제시하면서 利未亞를 利末亞로 잘못 표기한 점을 지적하고 있다. 그러나 대부분의 논의는 앞의 모사도를 이용하면서, 출처가

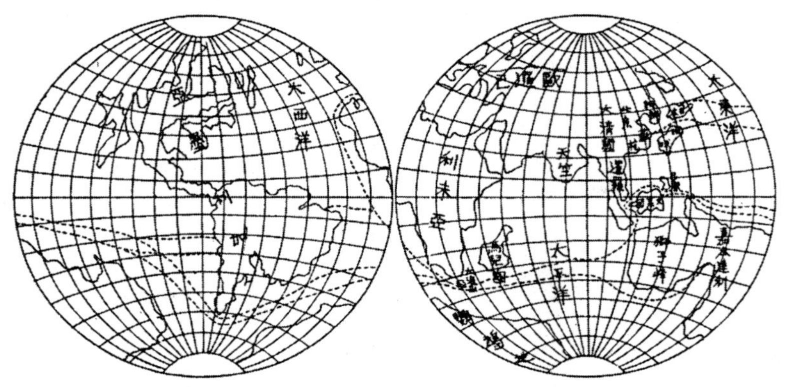

Rufus and Lee(1936)의 혼천시계 지구의 모사도
"大淸國" 이 보이고 인도 남쪽에 太平洋이 보인다. 장정부 지도와 지구의에는
大淸國과 太平海가 있다. 모사도의 태평양은 태평해의 잘못이다.

Rufus and Lee (1936, p. 257) 라고 밝히고 있다. 오교수는 참고문헌의 국외논문목록에 논문 자체만 소개하고 있다. 그러면서도 그 지구의의 지명논의를 전적으로 이 "R&L 모사도"에 의존하여 진행하고 있다. 심지어는 그 지구의와 "R&L 모사도"를 혼동하는 듯한 표현도 있다. 예컨대 "경선 간격이 동일한 점은 〈지구전후도〉와 정확히 일치한다."(p. 201)는 표현이 있는데, 여기서 "경선 간격"이 동일한지 아닌지는 〈지구전후도〉와 "R&L 모사도"의 비교에서는 제기될 수 있는 문제지만, 〈지구전후도〉와 지구의의 비교에서는 문제 자체가 제기될 수 없다. 왜냐하면 지구의에서는 투영법의 문제 자체가 원천적으로 없기 때문이다.

오교수의 주장대로, 〈지구전후도〉와 "R&L 모사도"는 동일한 투영법으로 그려졌다고 볼 수 있고, 대륙의 해안선 윤곽도 매우 흡사하다. 모사도에 등장하는 지명들을 〈지구전후도〉와 비교해 보면, 오상학의 주장대로 거의 같다. 그러므로, 모사도가 지구의를 충실히 모사했다면, 지구의에 그려진 지도의 모본은 〈지구전후도〉라고 볼 수 있는 유력한 근거를 지명의 비교를 통해서 얻은 셈이다.

그러나 지명들은 거의 같지만 차이가 나는 것들도 있다. 〈지구전후도〉의 "嘉本達利亞"가 "R&L 모사도"에서는 "嘉本達利"다. 지구의 제작자의 단순한 실수로 인한 차이로 봐줄 수 있을 것 같다(魏源의 『海國圖志』에도 "嘉本達利"로 되어 있다). 레드야드가 지적한 "利未亞" "利末亞"의 차이도 같은 종류의 단순한 실수다. 레드야드와 오상학의 눈에 잡히지 않은 단순한 실수도 있다. 인도양 남쪽의 바다 "太平海"다. 〈지구전후도〉에 그렇게 나와 있다. 그러나 모사도에는 "太平洋"으로 되어 있다. 이는 지구의 제작자의 실수가 아니다. 모사도 제작자 R&L의 실수다. 레드야드가 지구의의 실물을 찍은 사진을 보면 지구의에 분명히 "太平海"로 나와 있다. 나 자신 최근 고려대학교 박물관을 방문하여, 이를 눈으로 확인했다. 지구의의 모본이 장정부 지도 또는 〈지구전후도〉라는 증거를 보강해 주는 증거가 된다.

2) 지구의의 모본이 〈지구전후도〉일 수 없는 결정적 증거

그러나 그 지구의의 모본이 〈지구전후도〉가 "아니라는" 결정적인 증거가 있다. "大淸國"이라는 지명이 있느냐 없느냐가 그 "리트머스시험지"다. 지구의에는 있고, 〈지구전후도〉에는 없다. 그러면 〈지구전후도〉(1834)의 모본인 장정부의 〈만국경위지구도〉(1800)는 어떠한가? 대청국이란 지명이 있다. 있을 뿐만 아니라, 아시아주 전체를 나타내는듯하게 표기되어 있다. 즉 다른 주들은 "구라파" "리미아" 등을 굵은 글자로 표기하고 아세아주만은 "아세아"의 표기 대신 "대청국"이라고 굵은 글씨로 표기하고 있다. 그러나 〈지구전후도〉에는 "대청국"의 자리에 "아세아"가 굵은 글씨로 표기되어 있다.

"대청국"의 표기 여부는 "이데올로기 싸움" 같다. 최한기/김정호는 장정부의 지도를 〈지구전후도〉의 모본으로 삼으면서도 청국을 받드는 표현인 "대청국"을 쓰지 않으려 했다. 이렇게 생각하면서 〈지구전후도〉를 자세히 보면, "대청국"이 없을뿐 아니라 "청국"도 없다. "대청국"을 빼면서 청국 자체를 아예 표기하지 않은 것이다. 한편 장정부는 〈만국경위지구도〉의 도설에서는 적어도 두 번 "대청국"을 언급하고 있다. "大淸國=亞細亞"의 의미로 말이다("亞細亞一州之域　此圖內　大淸國是也." "曰亞細亞者　爲中土大淸國"). 최한기/김정호는 이것

혼천시계 지구의 속의 "대청국" 부분
(고려대학교박물관 배성환 박사 제공)

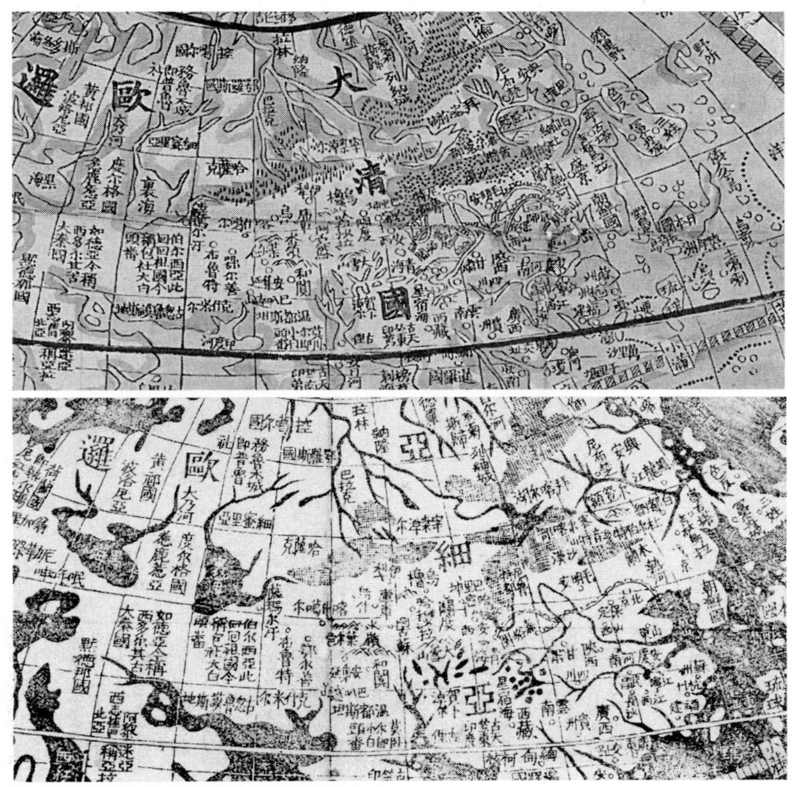

프랑스 국립도서관 장본 장정부 지도의 "大淸國"과
〈지구전후도〉의 "亞細亞" 비교 (사진제공: 오길순 선생)

이 싫었던듯하다. 지도 자체는 마음에 들지만 말이다. 그들이 圖說
이 없는 〈지구전후도〉를 만든 이유가 그것 아닐까? 이규경은 『五洲
衍文長箋散稿』에 이 도설 전문을 전재하면서, "도설 없는 지도"의
不完備性을 강력하게 지적하고 있다. 이규경은 "대청국"이란 표현
을 받아들이기로 마음먹었다. 우리의 혼천시계 지구의 제작자도 그
렇게 마음먹었다. 그리고 장정부 지도를 모본으로 하여 지구의를
제작했다. 그것은 "R&L 모사도"에서 확인된다. 그리고 나는 그것을

실물로부터 재확인 하였다. 그러므로 그 지구의의 제작시기는 1800년 이후일 것이다. 그러나 이 말은 혼천시계 본체의 제작시기가 그렇다는 논거가 될 수는 없다. 지구의는 나중에 첨가한 것일 수 있기 때문이다.

3) 혼천시계 자체의 제작시기와 부착된 지구의의 제작시기 문제

이처럼 現傳의 지구의가 1669년에 제작될 수 없었으므로, 두 가지 가능성이 있다. 하나는, 1669년 제작된 혼천시계에 지구의만 나중에 따로 제작되어 부착되었을 가능성이다. 또 하나는, 전체가 나중에 제작되었을 가능성이다. 오상학 교수는 후자에 무게를 두고 있다. 나는 전자에 무게를 두고 싶다. 왜인가?

1669년에 제작된 혼천시계에 지구의가 없었다는 것에 오교수와 동의한다. 1732년 英祖 때 혼천시계를 重修할 때도 지구의는 설치되지 않고 山河圖가 설치되었다는데도 오교수와 의견을 같이 한다. 그 후에 중수가 있었다고 해도 오교수는, "중수과정에서 지구의만을 따로 제작하여 추가로 설치해야 할 특별한 이유가 있었는지에 대해서도 회의적이다"(p. 199) 라고 말한다. 이 생각 때문에 오교수의 입장은 전체가 나중에 제작되었을 가능성에 무게가 실리는 것이다.

지구의의 지명의 일치에 관해서는 레드야드나 오상학교수가 지적하지 않은 두 가지를 더 지적하고 싶다. 하나는 인도양 남쪽의 "太平海"다. 다른 지도에는 西南海, 小西洋은 있으나, 태평해는 없다(이 바다는 R&f의 모사도에 "太平洋"으로 잘못 쓴 것을 오교수도 따르고 있다). 다만 장정부 지도와 〈지구전후도〉에 그렇게 되어 있다. 또 하나는 "大淸國"이다 지구의에 이렇게 되어 있으나, 〈지구전후도〉에는 없는 지명이다. 물론 장정부 지도에는 있다. "대청국"은,

조선에서는 19세기에 들어와서도 기피할 정도의 지명인데, 1669년 청나라 초기에 반청 정서가 강한 조선에서 버젓이 그 이름을 썼을 리가 없다. 따라서 지구의의 "대청국"은 두 가지 사실을 시사한다:

(1) 지구의는 1669년에 만들어지지 않았다.

(2) 지구의의 지도는 〈지구전후도〉가 아니라 직접 장정부 지도를 기초로 만들어 졌다.

지구의의 지도는 대륙의 윤곽보다도 미세부분에서 더욱 장정부 지도와 일치한다. 나일강, 아마존강, 칼리포니아주 등의 윤곽이 그렇다. 그리고 주요 항로의 윤곽도 그렇다.

6. 장정부의 〈萬國經緯地球圖〉 圖說

이 도설은 이규경의 『오주연문장전산고』에 全文이, 그리고 위원의 『해국도지』에 발췌본이 전재되어 있다. 그러나 둘 다 완전하지 못하다. 켐브리지 판본 역시 오자가 있다. 여기 실린 원문은 프랑스 국립도서관 판본의 것으로, 가장 善本이다. (세 군데 밑줄친 부분은 『오주연문장전산고』에서 누락된 부분이다)

1) 大淸統屬職貢萬國經緯地球式

위대한 청나라에 예속된 조공 바치는 모든 나라들을 그린 경위지구식 지도의 도설

해설: 이 도설의 첫줄을 길게 번역하자면 이런 뜻이 된다. 이 표현에 따라 지도의 명칭을 〈대청통속직공만국경위식〉이라고 부르는 경우도 있다. 그러나 이는 너무 길기도 하지만, 앞부분의 표현은 大淸이데올로기가 너무 강하게 표출되어 있을 뿐 아니라 사실을 기술한 것도 아니다. 그러므로 예전에

오주 이규경이 『오주연문장전산고』에서 부른 대로, 이 지도의 명칭은 〈만국경위지구도〉라고 부르는 것이 타당할듯하다. "경위"와 "지구"란 말은 이하의 도설 내용에서 밝혀지듯이 이 지도의 兩大特徵을 기술하는 말이다. 원 도설의 한문 매 행은 철저하게 擡頭法을 쓰고 있다. 여기서는 이를 무시한다. 그리고 각 문단에 제목을 지어 넣는다

방여고금도폭은 심히 많으나, 성조의 덕이 널리 퍼진 모습을 보이기에는 부족하다. 서북으로는 수만리를 개강하고, 동남으로는 천하의 중양으로 나아가, 군현이 복견하는 모습은 御製〈天球地盤〉이 매우 확실하고 자세히 갖추고 있다. 그러나 오직 全地 중 아시아 한 주의 域만이 갖추어져 있다. 이 지도 안에서 "大淸國"이라고 나타낸 영역이 그것이다. (方輿古今圖幅甚夥, 莫若聖朝德普廣涵. 西北開疆數萬里東南則薄海外重洋而郡縣之伏見御製〈天球地盤〉賅確詳備, 然第全地中亞細亞一州之域此圖內 大淸國是也)

황공하게도 盛化遐被를 만나, 康熙 8년에는 大西에서 아직 중국과 통한 일이 없는 포르투갈리아 두 나라가 와서 조공을 바쳤고, 강희 51년에는 극북에 있는 토르호트의 왕 아유키가 중역을 넘어, 만리 밖에서 도래하여 관문을 두드리며 사신을 보내겠노라고 청하였고, 견사 병과직방 도리침 등은 아라사에 길을 빌려 토르호트에 가서 황제의 명령을 전하였고, 사신 도리침은 이역의 노정의 기록(『異域錄』)을 지어 남겼다. 건륭 35년에 이르러서는, 그 토르호트의 왕 오바시는 마침내 구토를 버리고 수십만중을 이끌고 來歸하니, 恩賞을 내려 하라사라의 자리토스에서 유목을 할 수 있게 해 주었다. 이제 건륭 58년 서북지역 극히 먼 곳에 있어서, 유사 이래 중국과 통교가 없었던 잉글랜드가 뭇 바다를 넘어 내조하였고, 또 서역 멀리 떨어진 하르하가 빙산 설령을 넘어, 근변각부가 그러하듯이,

성의를 다하여 공물을 바쳤다. 번묘이종들이 정성을 다하여 조세를
바치고, 판적(영토)에 들어오는 것은, 이루 헤아릴 수 없을 지경이
다. 연례행사로 대국에 들어와 문안드리고 이미 회동(천자알현)에
열석하고 전상(지켜야할 도리)을 따르는 것은 말할 필요가 없다. 이
대지전도는 이 성대한 모습을 극히 옳게 정성들여 그려내고, 황공
하게도 기록하고자 하는 것이다. 그리하여 현금 직방이 조사하는데
도움이 되고자 하며, 또 후래 직방들이 조사연구해 주기를 기다린
다. (恭逢盛化遐被在康熙八年有大西素未通中國之博爾都噶爾亞二國來貢, 康
熙五十一年有極北之 土爾虎特汗阿玉氣踰重譯萬里外來款關請屬, 遣使兵科
職方圖理琛等. 借徑於鄂羅斯前往宣 諭使臣圖著有異域紀程. 迨乾隆三十五
年其土爾扈特汗烏巴錫終棄舊土率數十萬衆而來歸, 恩賞於哈剌沙拉之著勒
土斯, 以資遊牧. 今乾隆五十八年西北極遠亘古不通中土之英吉利國越重洋來
朝又有西域遠部廓爾喝踰氷山雪嶺以投誠獻貢如近邊各部. 番苗彝種之誠向輸
賦入版籍者不勝計至. 年例入覲諸大國已列會同而隸典常無論矣. 此大地全圖
亟宜繪出恭誌其盛以備覈現今職方而且待攷諸後來者查)

2) 地圖의 특징

지구혼원전도는 명나라 신종 때에 서양인 리마두와 남회인 등이
地球式으로 그려 바친 일이 있고, 아울러 "坤輿地圓說"을 지었다.
그런데 그 지도들의 경위분도를 보면, 정면에 있는 중국의 도선은
협소하게 줄여 그렸고, 반대로 외역 각국도선은 오히려 관대하게
넓혀 그렸다. 그들은 말하기를, 지체가 혼원하다고 하여, 양반구로
나누어 그리면서, 가운데가 높은 모습으로 그려야 한다고 한다. 그
러므로 보는 사람은 정중을 작게 보고, 옆쪽을 넓게 보도록 하는
것이 서양선법에 맞는다고 한다. 그러나 이는 사람이 원구를 바라
볼 때는 정중면을 넓게 측면을 좁게 보는 것이 정리임을 모르고 하

는 소리다. 이제 우리는 어차피 평폭에 원을 그리게 되므로, 정중과 변우를같은 크기로 그리는 것이 합당하다. 그 경위도가 이미 곡선과 직선으로 나뉘었으니, 비록 가운데가 높은 구체라 하더라도, 사람이 어찌 좌우를 함께 보면서도 중선을 보는 것과 같은 법으로 볼 수 없단 말인가? 서양인이 이런 어리석은 견해를 비법이라고 고집하며, 천도와 지면이 한 그림 속에서 대소가 있다는 비루한 주장을 한다해도, 우리는 이를 따를 수 없다. 예전에 서광계 역시 만국경위지구도를 올린 일이 있는데, 일찍이 이 의문을 깨쳤는지의 여부는 알지 못한다. 그리하여 이 지도 안에서는 경위도선은 엄격히 따져서 고르게 뻗게 했고, 그 매도 안의 바다와 육지의 계한을 올바로 얻게 했다. 즉 서양의 방법으로 그린 구지도와 취지가 같고, 네 귀퉁이가 이미 중선과 똑같이 나누어지므로, 대소편파를 논할 여지가 없다.

서양의 구지도들을 보면 그 편폭이 너무 커서 궤짝에 넣어 보관하기가 불편하다. 또 쓰여 있는 국토이름을 보면 아직도 모두 전대의 이름이다. 또 지도 안에는 충어재보 등의 설을 뒤섞어 놓아, 화리존심에까지 미치고 있는데, 이는 지도의 곤상대체와는 무관하므로, 이를 지워버리고 다만 그 바다와 육지의 형국만 본받는 것이 합당할듯하다. 척폭을 줄이면서 우리가 감히, 간략하므로 한 눈에 신유광우를 쉽게 알 수 있다고 말하려는 것은 아니다. 외이의 명칭은 모두 흠정『직방회람』『사이도설』 등의 책에 있는 현금 명칭을 따랐고, 사이에 또는 옆에 舊名을 列入하여, 같고 같지 않음을 고핵하기에 편리하게 했다. (地球渾圓全圖, 於明之神宗時西人利瑪竇南懷仁等進地球式幷著坤輿之說, 但其地球經緯分度以正面中國度線收狹小, 而外域各國度線及放寬大者, 據稱地體渾圓, 分繪作兩半圓, 應作中高之勢, 故閱者視正中則小, 視斜側應寬, 庶合西洋線法云. 不知人視圓球當正中面寬, 偏視側面應狹乃爲正理. 今旣於平幅繪圓, 合當正中與邊隅量作一律勻停規格. 其經

緯度已分曲直線, 雖突面之體, 人豈不可帶左右視卽與視中線法同, 如西人偏執迂俚之見以爲秘法, 致天度地面一圖內有大小之譏, 不可循也. 昔徐光啓亦曾進萬國經緯地球圖, 未識曾破此疑否. 是以此圖內經緯度線覈量勻派其每度內應得水土界限, 則與西法舊圖同祇, 四隅之與中線槩分均平無大小偏跛之議. 至西人舊圖爲幅尋丈未便篋竹笥. 夂所書國土尙俱係前代名目. 又圖中混列蟲魚財寶等說, 究於貨利存心, 無關坤象大體, 擬合删蕪祇仿其水土形局. 縮成尺幅非敢謂簡約易知一擧目而神遊曠宇也. 如外彝名稱, 悉遵欽定〈職方會覽〉〈四彝圖說〉等書之現今名稱, 列入間或旁附以舊名便於夂覈同異)

3) 坤輿地圓說

"坤輿地圓說"은 이미 〈원사〉에서 자마로딘이 말한 바 있다. 즉 하늘에는 360도가 있고, 중계인 적도는 남북극을 갈라, 추보에 편하고, 땅도 마찬가지여서 천도와 상응한다는 것이다. 중국은 마침 적도북에 있다. 고로 천구의 북극은 언제나 보이나, 남극은 안 보인다. 남쪽으로 250리 가면 천구의 북극은 1도 낮아지고, 남쪽으로 250리 가면 북극은 1도 높아진다. 地體는 둥글기 때문에 우리는 全地體의 둘레가 9만리임을 안다. 또 남북위도는 천하의 세로를 정하므로, 북극출지도가 같으면 사시한서가 다를 수 없고, 남극출지도와 북극출지도가 같으면, 주야장단이 다를 수 없다. 다만 시령이 상반하여, 여기의 봄은 저기의 가을이며, 여기의 여름은 저기의 겨울이다. 동서경도는 천하의 가로를 정하므로, 兩地의 경도상거가 30도이면, 땅은 7500리 떨어져 있으며, 시각차는 1진이다. 시각이 4분의 1각이면 하늘은 서쪽으로 1도 가고, 상거가 180도이면 주야가 상반한다. 적도로부터 남으로 23도반이면 남도 즉 동지한이며, 북으로 23도반이면 북도 즉 하지한이다. 중국은 적도 북에 있으므로 해가 남도를 다닐 때 중국의 낮은 짧으며, 북도를 다닐 때 중국의 낮은

길며, 해가 적도를 다닐 때 천하의 주야는 균평하다. (至坤輿地圓之
旨〈元史〉札馬魯丁亦已言之, 天有三百六十度, 中界赤道分南北極以便推步.
地亦如之與天度相應. 中國當赤道北故北極常見南極常隱, 南行二百五十里則
北極低一度, 北行二百五十里則北極高出一度, 地體渾圓是以知地之全周爲九
萬里. 又以南北緯度定天 下之縱, 凡北極出地之度同則四時寒暑靡不同;若南
極出地之度與北極出地之度同則其晝夜長短靡不同, 惟時令相反, 此之春彼爲
秋, 此之夏彼爲冬. 以東西經度定天下之衡, 兩地經度相去三十度, 地隔七千
五百里, 則時刻差一辰. 凡時刻內刻之四分, 天卽西過一度, 相去一百八十度
則晝夜相反. 自赤道南二十三度半爲南道卽冬至限, 赤道北二十三度半爲北道
卽夏至限. 中國在赤道北故日行南道則中國晝短日行北道則中國晝長, 日行赤
道中則普天下晝夜均平)

4) 天勢에 따른 五氣候帶

해가 하늘을 다니는 勢에 따라, 山海는 五帶로 나누인다. 즉, 적
도간은 중대가 되는데, 이 땅은 매우 덥다. 일륜의 주야장단이 균평
하기 때문이다. 북극권에 가까운 일대와 남극권에 가까운 일대의
두 곳의 땅은, 일륜이 멀므로 심랭대다. 북극권과 주장권 사이의 일
대와, 남극권과 주단권 사이의 일대의 두 곳의 땅은, 모두 正帶라
한다. 일년 중 일륜의 고하원근이 冷과 熱을 가고 오고 서로 같게
하기 때문이다. (因以日輪行天之勢, 分山海爲五帶. 卽赤道間爲中帶, 其地
甚熱日輪晝夜長短均平之間故也. 一近北極圈一近南極圈此二處地甚冷帶遠
日輪故也. 一在北極下中國晝長二圈之間卽北道夏至限, 一在南極下中國晝短
二圈之間卽南道冬至限, 此二處皆爲正帶, 一歲中日輪高下遠近得冷熱往還相
均故也)

5) 地勢에 따른 五大州

또, 전지괴가 덮여있는 세에 따라, 輿地는 오대주로 나누인다. 아시아 대주는 중토 대청국의 주이다. 남은 루손, 아제, 갈라파에 이르며, 북은 노바야젬랴, 빙해에 이르며, 동은 일본도에 이르며, 서는 다나이강, 흑해, 서홍해, 소서양 등 여러 곳에 이른다. 유럽 대주는 대서양이라고 불리는 주다. 남은 지중해에 이르고, 북은 백해, 동은 흑해, 서는 대서양의 各海島에 이른다. 리비아 대주는 서남양이라 불리는 주다. 남은 대랑산에 이르고, 북은 지중해에 이르고, 동은 서홍해, 센트로렌스도에 이르며, 서는 산도메도 등 여러 곳에 이른다. 이 리비아 대주의 사방은 모두 바다이나, 다만 동북쪽 서홍해가 끝나는 좁은 곳만이 아시아 대주와 서로 이어져 있다. 대서인들은 말하기를, 만약 이 곳이 대서의 지중해와 상통한다면, 대서의 배들이 여기를 거쳐 소서양에 다달아 중국에 이를 수 있다고 한다. 이렇게 되면 리비아 바다를 돌아 대랑산의 풍파를 맞으며 이삼만 리나 우회할 필요가 없어지는 것이다. 아메리카 대주는 중국 후면의 땅이다. 전체가 바다로 둘러싸여 있다. 역시 유수한 많은 대국이 있다. 적도 가까이에 있는 유카탄이란 곳은 다만 좁은 땅으로 남극하의 땅과 상련하므로, 이에 남북아메리카 이대주로 나누인다. 남쪽 끝 마젤란해협에 이르면, 오직 남극출지가 있을 뿐 북극은 언제나 땅 밑에 숨어 있다고 한다. 여기에는 인과 물이 거의 없어 눈에 띄지 않는다. 여기서 바다를 따라 북(서)방향으로 돌아가면 중토가 속하는 자바의 영역이 된다. (又以全地塊叚之勢, 分輿地爲五大州. 曰亞細亞者爲中土大淸國, 南至呂宋亞齊喝喇巴, 北至新增白臘氷海, 東至日本島, 西至大乃河 黑海 西紅海 小西洋 等處. 曰歐邏巴者爲大西洋, 南至地中海, 北至白海, 東至黑海, 西至大西洋海各島. 曰利未亞者爲西南洋, 南至大浪山, 北至地中海, 東至西紅海 聖老楞佐島, 西至聖多默島 等處, 其利未亞四圍

俱海僅東北區盡西紅海處微地與亞細亞相連.　大西人稱若此處能與大西之地中海相通則西舶可由此達小西洋至中國得近以免繞利未亞之海經大浪山風波而又遠二三萬里也.　曰亞墨利加者是中國後面之地.　全是海圍, 亦有數大國. 於近赤道之宇加單處止微地與南極下地相連遂分南亞墨北亞墨二州.　盡南爲瑪熱辣尼峽惟見南極出地而北極恒藏焉. 人物荒杳. 從海北轉卽中土屬之瓜哇境矣)

6) 地球 經緯度의 모습과 그 用途

대지는 바다와 함께 본래 하나의 원구다. 이를 그림으로 그리려니 양면으로 나누어 그린 것뿐이다. 그러므로 이 지도를 들여다보는 사람은 동서를 이어 하나로 한 다음 돌려 가면서 보면 360도 전체 모습을 볼 수 있다. 이 지도에서는 10度를 1格으로 그려, 보기 쉽게 하였다. 그 중 위도는 주야평선으로부터 시작하여 남북으로 나누어 양극에 이르러 평도가 된다. 이는 극권에 가까울수록 점점 작아져서 90도가 되면 0이 된다. 그 每度의 東西里分은 응당 점점 줄어든다. 그 중 경도는 양극으로부터 접점 성글게 나누어져 적도에 이르러서는 직도가 된다. 그 매도의 남북경선은 응당 250리로 準定되어 줄어들지 않는다. 京師順天府를 지나는 경선은 正中으로 初度다. 그리하여 동방 90도 내에 9 가운데 5은 中土란 뜻이 정해진다. 나머지 경선들은 경사의 편동 편서로 되며, 순환합전하면 360도가 된다. 이제 지도 매폭의 경위는 통틀어 180도가 되며, 바깥 둘레의 대원주 역시 360도다. 각 省府의 정해진 바 도수와 위치는, 곧 御製『數理精蘊』에 좇아서, 北極出地平의 각도 및 日月交食의 각 지방에서 측정한 시각 및 천정 등을 써서 이를 추정한다. 중국의 측험한 바를 가지고 논해보면, 예컨대 해가 적도를 도는 춘분 추분일에, 순천부에서 오정에 해를 측험해 보면, 적도에서 천정까지의 도

수가 40도이며, 최남의 광주부에서 오정에 해를 측험해 보면, 적도에서 천정까지의 도수가 23도다. 이 23을 40에서 빼면 17이 되는데, 여기서 우리는, 광주에서 순천까지의 남북이 서로 떨어진 지면의 거리 역시 17도임을 안다. 또, 하늘들이 겹쳐져서 교식이 생기는 원리로부터, 동서로 서로 얼마나 넓게 떨어져 있는지를 정할 수 있다. 매년 (흠천감에서) 반행되는 월식시간을 보면, 최동의 杭州省城에서 잰 값과 최서의 雲南省城에서 잰 시각을 비교해 보면, 매차는 5각5분(=80분)이다. 이 각분에서 도수를 유도하면, 우리는 양성의 동서상거가 20도임을 안다. 그래서 이 지도는 그 양부가 동서로 20도 떨어지게 그렸다. 여타 성부 및 전지 각국 해도 해면 등이 모두 이런 방법으로 측량된 것이므로, 절대로 그 배열이 뒤섞여서는 안된다. 각 지점의 일출입방위, 주야장단을 나타내는 각분, 및 절기의 늦고 이른 시각이 각지에 같지 않음 등은, 그 스스로 흠천감 반행의 〈시헌〉에 실려 있는데, 이 지도의 외층에 간략히 실은 내용과 의혹을 따져볼 수 있다. 크게 차이나지 않을 것이다. 선성 매문정이 말하기를, "북극고도와 해그림자는 언제나 서로 연관이 있기 때문에, 북극출지의 고도를 알면 각 절기 오정의 해그림자의 길이를 얻을 수 있고, 각 절기 오정의 해그림자의 길이를 알면 북극출지의 고도를 알 수 있다." 라고 하였다. 그러나 이 원리를 이해하는 것은 그리 쉬운 일이 아니다. 그리하여 여기서는 흠천감에서 측정한 경사 省府 등처의 북극출지의 도수와, 경사를 지나는 자오선을 중심으로 산출한 각성회지의 편도를 제시하여, 절후의 늦고 이름과 월식의 앞서고 뒤섬 등을 이로부터 모두 알 수 있게 하는 바이다. (大地同海本一圓球以入圖分繪兩面.　閱者聯東西爲一反覆旋合觀之卽得三百六十度全勢.　今圖內十度作一格, 使簡約易覽.　其緯度自晝夜平線分南北起至兩極係平度.　漸近極圈漸小而盡於九十度.　<u>其每度之東西里分應漸減除.　其經度自兩極疏分至赤道係直度.</u>　其每度之南北經線應準定二百五十里無減.　自京師

順天府爲經線正中初度者. 乃東方九十度內定九五居中之義. 餘經線爲京師偏
東偏西循環合轉乃三百六十度. 今每幅經緯統得一百八十度而外圍之大圓周亦
仍三百六十度也. 其各省府所定度位則遵御製〈數理精蘊〉以北極出地平並日月
交食各方所測時刻天頂推而定之. 以中國所驗而論, 如春秋二分日纏赤道時於
順天府午正所測驗日離赤道天頂四十度, 於最南之廣州府午正所測驗日離赤道
天頂二十三度, 以二十三與四十相減則餘十七度卽知廣州距順天南北隔地面亦
十七度矣. 再以合天交食之理, 定東西相去之廣, 以每年頒行月食於最東杭州
省城所驗較最西雲南省城所驗每差五刻五分, 以刻分覈度數則知兩省東西相距
二十度. 是以輿圖定兩府東西隔二十度. 餘他省府與全地各國及海島海面俱依
方測量, 勿可混列也. 其日出入方位, 晝夜長短刻分, 與夫交節氣遲早時刻, 各
地不同處, 自有欽監頒行〈時憲〉可與斯圖外層之約畧註載考覈惑不甚舛. 宣城
梅文鼎曰極度晷景常相因, 知北極出地之高卽可知各節氣午正之景測得, 各節
氣午正之景亦可知北極出地之高. 然其學非膚淺可窺. 今第以監定所測京省等
處北極出地度幷以京師子午線爲中而較各省會地所偏之度凡節候遲早月食先
後胥視此)

7) 欽天監 頒行의 經緯度表

盛京奉天府北極出地四十三度偏東七度

京師順天府	四十度正度中線
直隸保定府	三十八度五十分偏西一度一十分
山東濟南府	三十六度四十五分偏東一度一十五分
江南江寧府	三十二度二十分偏東一度三十分
安徽安慶府	三十一度偏東三十分
江蘇蘇州府	三十度五十分偏東四度
浙江杭州府	三十度偏東三度三十分
福建福州府	二十六度三分偏東一度三十分

江西南昌府	二十八度四十分偏西一度五十分
河南開封府	三十二度偏西二度五十分
山西太原府	三十八度偏西五度五十分
陝西西安府	三十五度偏西八度二十分
甘肅蘭州府	三十六度二十分偏西十二度四十分
四川成都府	二十九度四十分偏西十二度五十分
雲南雲南府	二十二度二十分偏西十六度三十分
貴州貴陽府	二十四度四十分偏西九度五十分
湖北武昌府	三十一度偏西三度
湖南長沙府	二十八度二十分偏西三度五十分
廣東廣州府	二十三度一十分偏西四度
廣西桂林府	二十五度二十分偏西七度五十分
寧古塔北極出地四十五度偏東十三度二十分	
黑龍江	五十二度四十分偏東二十分
白都納	四十六度二十分偏東八度四十分
尼布楚	五十三度五十分偏西一十分
喀爾喀	四十九度偏西四度
哈密	四十三度偏西二十二度四十分
巴里坤	四十四度偏西二十三度
闢展	四十三度偏西二十五度三十分
烏魯穆齊	四十四度三十分偏西二十八度
伊犁	四十四度五十分偏西三十四度
哈剌沙拉	四十三度三十分偏西二十九度
阿克蘇	四十一度偏西三十五度
庫車	四十一度五十分偏西三十四度
烏什	四十二度偏西三十六度
喀什喝爾	四十一度偏西四十三度

葉爾羌	三十八度五十分偏西三十七度
和闐	三十五度三十分偏西三十四度
安集延	三十七度偏西四十度
吧叽達山	三十五度偏西四十五度
鄂爾鄯	三十六度偏西四十七度
布魯特	三十八度偏西五十度

위의 기록은 새외의 새로 개척한 땅의 대부락 몇 곳이다. 이 지도에 열거한 바는 北에서 西로 各蒙古 등이다. 회부의 정삭을 받들고 판여를 따르는 자는 매우 번다하여, 척폭에 지나지 않는 지도에다 실을 수 없었다. (右錄塞外新疆之大部落數處. 此圖所書列者至於自北而西如各蒙古. 回部之奉正朔隷版輿者甚繁, 尺幅圖間未能盡載)

8) 古典籍에 記載된 이야기들의 虛實

혹 일러, 고전적에 기재된 바에 의하면, 땅이 광대한 것을 표현하는 말에 동서남북을 사방이라 하고, 그 사이를 사유라 하여 총칭 팔방이다. 또 사극 사유, 팔굉이 있고, 그것도 모자라 또 대구주가 있다. 예전에 신농은 사해 안의 땅을 모두 재서, 동서가 90만리, 남북이 81만리, 땅의 두께는 하늘의 두께와 같다는 등의 설을 내놓았다고 한다. 현재 우리가 말하는 지구는 바다와 육지를 겸하는 말인데도, 그 둘레는 9만리밖에 되지 않는다. 어찌 그것을 알 수 있는가? 지구의 둘레가 9만리라는 것은 억견일 수가 없고, 정해진 값이라는 것을 몰랐던 것이다. 왜냐하면 월식의 분초를 측정하고, 리차를 시각으로 자세히 따져보면, 해가 하늘을 따라 하루에 한바퀴씩 지면을 돌 때, 12시간이 걸리므로, 교식의 시분을 비교해 보면 몇리인 줄을 얻을 수 있고, 이 때문에 육지와 바다를 겸한 지구의 둘레가 실은 9만리임을 알 수 있는 것이다. 또, 북극출지가 각지에서 높고 낮음을 남북으로 표준하면, 이 역시 9만리다. 그러나 남북에는 양극이라는 부동의 정위가 있으나, 동서는 각 지방 사람의 거처에 따라서 논하기 때문에, 하늘과 땅은 모두 처음부터 동서의 定位가 없는 것이다.

절대로 옛 이야기에 말려드는 일이 없도록 여기에 예를 들어 적어 놓는 바이다. 이야기에 이르기를, 어떤 나라에서는 일광이 전혀 없어서 오직 촉룡이 불을 입에서 뿜어서 서로 비춘다고 하고, 또, 천방선계가 있어서, 낮만 계속되고 밤이 없다는 등의 이야기가 있는데, 이들은 틀림없이 허탄무빙의 이야기다. 그러나 반대로 믿을 만한 이야기도 있다. 예컨대 이런 이야기다. 즉 명을 받들어 어느 북방에 이르렀더니, 날마다 낮이 길어서, 해가 지고 나서 아직도 어두움이 가시지 않아 멀리까지 보이고, 양고기를 삶다가 아직 어깨뼈가 익기도 전에 벌써 해가 동쪽에서 떠오르니 그렇게 긴 낮이 가히 이상하게 보였다는 것이다. 그러나 그곳에 도착한 때가 다만 여름과 가을 언저리임을 몰랐던 것이다. 만일 겨울이 되면 그곳 사람들이 모두 토굴 속에 엎드려, 긴 밤을 피할 줄을 어떻게 알았겠는가? (或云古典籍記載有言, 地之廣大, 東西南北曰四方, 隅曰四維, 總稱八方. 又有四極四遊八紘之外, 更有大九州. 昔神農度地四海內東西九十萬里, 南北八十一萬里, 地厚如天等之說. 今述地球兼水土, 而圓周止九萬里. 何據乎?不知地體圍圓九萬里, 非可臆見, 所以定里數, 而測月食分秒里差覈以時刻, 如日隨天行一日一周地面有十二時, 較交食時分, 得若干里, 因知地兼海大圍實九萬里, 再以北極出各地高卑南北準則亦九萬里. 但南北有兩極不動之定位, 至東西乃隨各方人居處論, 天與地本無東西定位, 愼勿泥古爲膠鬲之議譬諸記載. 稱有國土從無日光惟燭龍啣火相照. 又有稱天方仙界日長無夜等說, 固虛誕無憑. 更有可據者, 如稱奉使至北方日皆長晝, 卽日入, 尙皆見博, 烹羊胛未熟, 而日又東升, 以爲其長晝可異, 乃不知其時値夏秋間至其地耳. 如遇冬令,

豈知其地之人, 皆伏蟄而避長夜)

　　이와 비슷한 이야기가 『대군잡지』에 실려있다. 바다 가운데에 어두운 요새가 있는데, 오랑캐 배가 처음 그 곳에 당도했을 때, 그 곳 날 역시 장주이고 밤이 없었다. 산이 푸르고 물이 수려하며 온갖 꽃이 편만한데, 다만 아쉬운 것은 사람이 살지 않는다는 점이었다. 그 오랑캐들이 말하기를 이 땅이 아름다우니 번중 200인을 여기에 살도록 남겨놓으면서, 일년 먹을 양식을 주어 농사 경식에 대비하도록 했다. 그 뒤에 그 배가 다시 거기에 이르러 보니, 산중이 長夜처럼 어두웠고, 전에 머물게 했던 번중은 한 사람도 없었다. 그리하여 횃불을 들고 찾아보니. 돌 위에 글귀가 남겨져 있어 이를 보니 다음과 같이 쓰여 있었다. "여름이 지나니 점점 어두워 칠흑같이 되고 산에는 괴매가 많고, 사람들은 하나씩 둘씩 죽어 갔다." 이런 곳은 북극하의 땅으로 극이 가까워서 위도가 80도 이상 되는 곳이다. 그러하기 때문에 여름에는 북은 장주이고 남은 장야이며, 겨울에는 남이 장주 북이 장야다. 심지어는 반년이 낮이고 반년이 밤인 경우도 있다. (猶之〈臺郡雜誌〉載, 海中有暗嶴夷船初柢是處, 見其日亦長晝無夜. 山靑水秀, 萬花遍滿, 惜無居人. 夷人謂其地美, 留番衆二百人住此, 給以歲糧俾爲耕植. 次後原舟至, 値山中如長夜, 前留番衆無一存者. 擧火索之, 見石上遺書, 言:夏後漸成昏黑, 且山多怪魅, 所留人漸沒矣. 此等處所同北極下之地, 皆近極八九十度內, 乃夏則北有長晝而南爲長夜, 冬則南有長晝而北爲長夜, 至半年爲日半年爲夜)

9) 天地에 대한 敬畏心

　　이 이야기를 듣고 믿지 못하겠다는 사람이 있을지 몰라서 나는 이제, 해가 동지와 하지를 계한으로 하는 남북띠 사이를 돌 때, 바깥 지면의 주야시각을 이 지도의 가장자리에 새겨 써 놓았다. 이로 써 우리는 주야장단이 일정하다는 이치를 알 수 있고, 또 이로부터, 태양이 홀로 구중천 안에 머물러 있는 것이 아니라, 남북양극 180도 내를 오르내리며, 사계절을 만든다는 사실을 알 수 있다. 은덕은 또 한 50도 안에 머물러, 또한 응당 宇宙覆載에 참여함에도 있다. 우리 는 다행히 中土에서 태어나, 모두 태양이 건건광을 골고루 비추는 것을 쳐다보며, 군부애육의 아래에 있는 것처럼 머물러 있다. 그 극 북극남의 지면은 광기가 좀 바르지 못하여, 비록 대덕호생이라고 하지만, 빙해 화지 같은 곳은 사람과 생물이 또한 드물다. 이것은 자생지도가 적기 때문이니, 우리가 어찌 경외감을 갖지 않을 수 있 겠는가? (恐聞者疑信未然, 今將日纏南北帶冬夏二至限外地面之晝夜時刻 書列, 以見晝夜長短一定之理, 以悟太陽非獨於九重天內居中而於南北兩極一 百八十度內高卑上下以成歲. 功亦在居中五十度內更須參宇宙覆載, 吾人幸生 中土, 全仰太陽乾健光照均停如君父愛育之下. 其極北極南地面光氣稍偏, 雖 曰大德好生, 而氷海火地人物亦罕, 因少資生之道也, 可不祗敬祗畏乎?)

10)『海洋外國圖編』의 著述 意思

또, 일찍이 보건대, 저술가들이 옛 도적을 고찰하여 피력한 引門 書種의 많음은 이미 다 읽을 수가 없는 처지이지만, 그 제강결령 종휘무루자는 오직 어찬『고금도서집성』32전의 갖춤이 있지만, 그 러나 이는 비각장서이니, 비록 은사가 있다한들, 재외자가 어찌 청 을 넣어 그것을 보겠다고 하겠는가. 비류를 무릅쓰고 나는 일찍이 해양각국 원시고금의 계승되거나 단절된 풍속 토산에 관한 자료를 모으고, 여러 사승을 따오고, 현재 전문과 우연히 들은 바를 주어모 아『해양외국도편』에 담아, 사정이 허락한다면 이를 이어 펴내서, 前圖의 미진함을 보충하여 자세히 설명하고 싶다. (又嘗見著述家致

古圖籍之富披類引門書種之多已不勝讀其提綱挈領綜彙無遺者欽惟御纂〈古今圖書集成〉三十二典之備, 但係秘閣藏書雖有恩賜, 在外者何能貫請捧閱. 不揣鄙謬曾輯有海洋各國原始古今襲替風俗土產采諸史乘及現今撫拾傳聞偶得者爲〈海洋外國圖編〉容另續出以補前圖之未盡縷詳也)

가경 5년 경신(1800) 6월 초하루 진릉사람 장정부 삼가 도설을 씀
(嘉慶五年歲次庚申季夏月旦晋陵莊廷旉, 謹輯圖說)

부록1: 欽天監 자료 및 『淸史稿』 자료의 經緯度 비교

이 표는 황여전람도/건륭십삼배도의 경위도가 장정부(흠천감)의 경위도와 일치하지 않고, 『청사고』의 경위도와는 일치한다는 사실 때문에 제시하였다. 흠천감 자료가 왜 불일치하게 되었는지, 그 이유는 알아내지 못하였다.

지명	북극출지	편동서	장정부(흠천감)		淸史稿	
			위도	경도	위도	경도
盛京奉天府	四十三度	偏東七度	43 00	7 00	41 51	7 15
京師順天府	四十度正度	中線	40 00	00 00	39 55	0 00
直隸保定府	三十八度五十分	偏西一度一十分	38 50	-01 10		
山東濟南府	三十六度四十五分	偏東一度一十五分	36 45	1 15	36 45	2 15
江南江寧府	三十二度二十分	偏東一度三十分	32 20	1 30	32 4	2 18
安徽安慶府	三十一度	偏東三十分	31 00	0 30	30 37	0 34
江蘇蘇州府	三十度五十分	偏東四度	30 50	04 00		
浙江杭州府	三十度	偏東三度三十分	30 00	3 30	30 10	3 41
福建福州府	二十六度三分	偏東一度三十分	26 03	01 30	26 02	2 59
江西南昌府	二十八度四十分	偏西一度五十分	28 40	01 50	28 37	0 37
河南開封府	三十二度	偏西二度五十分	32 00	02 50	34 52	1 56
山西太原府	三十八度	偏西五度五十分	38 00	05 50	37 53	3 58
陝西西安府	三十五度	偏西八度二十分	35 00	08 20	34 16	7 34
甘肅蘭州府	三十六度二十分	偏西十二度四十分	36 20	12 40	36 08	12 36

四川成都府	二十九度四十分	偏西十二度五十分	29	40	12	50	30 41	12 16
雲南雲南府	二十二度二十分	偏西十六度三十分	22	20	16	30	25 06	13 37
貴州貴陽府	二十四度四十分	偏西九度五十分	24	40	09	50	26 30	9 53
湖北武昌府	三十一度	偏西三度	31	00	03	00	30 35	2 17
湖南長沙府	二十八度二十分	偏西三度五十分	28	20	03	50	28 13	3 42
廣東廣州府	二十三度一十分	偏西四度	23	10	04	00	23 10	3 33
廣西桂林府	二十五度二十分	偏西七度五十分	25	20	07	50	25 13	6 15
寧古塔	北極出地四十五度	偏東十三度二十分	45	00	13	20		
黑龍江	五十二度四十分	偏東二十分	52	40	00	20	50 01	10 58
白都納	四十六度二十分	偏東八度四十分	46	20	08	40	45 15	8 37
尼布楚	五十三度五十分	偏西一十分	53	50	-00	10		
喀爾喀	四十九度	偏西四度	49	00	-04	00		
哈密	四十三度	偏西二十二度四十分	43	00	22	40	42 53	22 32
巴里坤	四十四度	偏西二十三度	44	00	23	00	43 39	23 00
闢展	四十三度	偏西二十五度三十分	43	00	25	30		
烏魯穆齊	四十四度三十分	偏西二十八度	44	30	28	00	43 27	27 56
伊犁	四十四度五十分	偏西三十四度	44	50	34	00	43 56	34 20
哈剌沙拉	四十三度三十分	偏西二十九度	43	30	29	00	42 07	20 17
阿克蘇	四十一度	偏西三十五度	41	00	35	00	41 09	37 15
庫車	四十一度五十分	偏西三十四度	41	50	34	00	41 37	43 32
烏什	四十二度	偏西三十六度	42	00	36	00	41 06	-- --
喀什喝爾	四十一度	偏西四十三度	41	00	43	00	39 25	42 25
葉爾羌	三十八度五十分	偏西三十七度	38	50	37	00	38 19	40 10
和闐	三十五度三十分	偏西三十四度	35	30	34	00	37 00	35 52
安集延	三十七度	偏西四十度	37	00	40	00	41 28	44 35
吧叭達山	三十五度	偏西四十五度						
鄂爾鄁	三十六度	偏西四十七度						
布魯特	三十八度	偏西五十度						

부록2: 『元史』의 北極高, 影長, 夏晝長의 계량분석

『元史』에는 7개소의 천문지리관측치가 제시되어 있는데, 이를 표로 정리하면 다음과 같다.

『元史』의 관측내용

지점	北極高	8尺表影長(尺)	夏晝長(刻)
南海	15	-1.16	54
衡岳	25	0.00	56
岳臺	35	1.48	60
和林	45	3.24	64
鐵勒	55	5.01	70
北海	65	6.78	82
大都	40太强	2.36	62

이 표에서 "影長/景長"은 하지 정오에 8尺表의 해그림자의 길이를 말한다. 그러므로 영장을 8로 나눈 값이 태양고도의 탄젠트이고, 그 값의 逆탄젠트 즉,

arctan(영장/8)

가 태양고도다. 그러므로 이 태양고도에 23.5도를 더하면 그 지점의 북위도 값이 된다. 예를 들면, 남해의 경우,

(影長북위도) = 23.5+arctan(-1.16/8)=23.5-8.3=15.2도

이므로, 남해의 위도는 북위 15, 2도이며, 형악의 경우는 북위 23.5도, 악대의 경우는,

23.5+arctan(1.48/8)=23.5+10.5=34.0도

이다. 이런 방법으로 계산한 것이 표의 "影長북위도" 열이다.

이론적으로 북극고를 각도로 나타낸다면 그 값은 북위도의 값과 같다. 그러나 중국에서는 元, 明에 걸쳐서 북극고를 나타내는 경우의 度는 현행의 각도가 아니라 천구의 원주를 365.25度로 파악할 때의 度였다. 그러므로 그 북극고의 값을 북위도의 값으로 환산하려면 약간의 계산이 필요하다. 그 북극고 값에서 계산한 북위도의 값은 다음과 같이 계산된다.

(北極高북위도) = (북극고)×(360/365.25)

하주장은 이론적으로 북위도만의 함수이므로, 북위도의 값으로 부터 이론적 하주장의 값을 계산할 수 있다.

우리의 표준모형에 의하면, 북위도 y인 지점의 하주장은 다음 식에 의하여 계산된다.

$$하주장 = \{50+(b/1.8)\}각$$

단, "편각" b는 다음 식으로 계산된다.

$$b = arcsin\{tan(23.5도)\times tan(y)\}$$

이 방법에 의하여 계산된 2組의 하주장이 다음 표에 제시되어 있다. 한 조는 "북극고북위도"로 계산한 것이고, 다른 한 조는 "影長 북위도"로 계산한 것이다. 『원사』에 제시된 하주장과 비교해 볼 때, 두 조 모두 근사도가 높은데, 다만 邊境인 철륵과 북해, 특히 북해 의 경우 오차가 크다.

『元史』에서 말하는 북해가 어딘지 정확한 고증은 없으나, 북위 64도 언저리라면, 오호츠크해의 북단 어디라고 추정할 수 있다(바 이칼호는 그 북쪽 끝이라도 북위 56도밖에 안되므로, 북해의 후보 가 될 수 없다).

지점	北極高北緯度	北極高 夏晝長(刻)	『元史』 夏晝長(刻)	影長北緯度(度)	影長夏晝長(刻)
南海	14.8	53.7	54	15.2	53.8
衡岳	24.6	56.4	56	23.5	56.1
岳臺	34.5	59.7	60	34.0	59.5
和林	44.4	64.0	64	45.5	64.6
鐵勒	54.2	70.6	70	55.6	71.9
北海	64.1	85.3	82	63.8	84.5
大都	39.9	61.8	62	39.9	61.8

주: 大都의 북극고 "40太强"은 "40.5"로 보고 계산하였다.

전반적으로 『원사』의 관측치들은 매우 정확하다.

Ⅵ. 강희/건륭 地圖편:

〈皇輿全覽圖〉/〈乾隆十三排圖〉

1. 〈황여전람도〉

〈皇輿全覽圖〉는 청나라 강희황제의 30년 집념의 산물이다. 이 〈황여전람도〉 完帙이 중국 상해 외문출판사의 『淸廷三大實測全圖集』(2007) 속에 "實測全圖"의 하나로 들어 있다. 나머지 둘은 〈擁正十排圖〉와 〈乾隆十三排圖〉다. 이 글에서는 이 셋을 모두 수학적으로 분석해 본다.

2. 〈황여전람도〉의 도법

1) 〈황여전람도〉의 도법에 관한 여러 가지 說

〈황여전람도〉와 〈건륭십삼배도〉는 그 圖法이 같다. 그러나 〈옹정십배도〉의 도법은 다르다. 여기서는 우선, 〈황여전람도〉와 〈건륭십삼배도〉의 도법을 분석해 보기로 한다. 그리고 이 도법을 간단히 〈황여전람도〉의 도법이라고 부르기로 한다

〈황여전람도〉의 도법에 관해서는 여러 가지 설이 있다. 첫째 緯線이 모두 등간격의 수평선으로 되어 있고, 각 分幅의 經線은 비스듬한 線分으로 되어 있기 때문에 그 도법이 사다리꼴의 투영법 즉, 梯形投影法 즉 trapezoidal projection이란 설이 가장 널리 유포되어 있다. 그러나 면밀히 관찰해보면 경선이 선분으로 되어 있는 것은 각 分幅 안에서 뿐이다. 수십개의 분폭을 이어 붙여야 全圖가 되는데, 全體圖에서는 동일한 경도의 경선들이 같은 기울기가 아님을 알 수 있다. 그러므로 전도로서는 경선들은 결코 직선이 될 수 없다. 기껏해야 분폭의 경계에서 꺾인 折線을 이룬다고 할 수 있을 뿐이다. 우리는 이 절선이 부드러운 곡선을 작도하는데 따른 어려움 때

문이라고 본다. 그러므로 이하에서는 절선을 부드러운 곡선으로 다듬었다고 보고 논의를 진행하기로 한다.

그런데 이 지도가 경위도의 실측을 포함한 지도제작의 주요 과정에서, 서양인들이 직접 자신들의 지도제작기법을 사용하여 그린 지도임을 감안하면, 그 당시 알려진 서양의 여러 가지 도법의 특징을 고려하여, 이 지도에 가장 적합한 도법을 사용했을 것이라는 짐작을 해 볼 수 있다. 권위 있고 과학적인 근거가 있는 도법을 버리고 족보에 없는 편의적인 도법을 썼을 가능성은 매우 낮은 것이다.

〈황여전람도〉를 관찰해 보면, 위선들 간의 간격은 어디서나 같다. 그러므로 위선들은 等間隔의 平行線群을 이룬다. 또 좀 더 면밀히 관찰해 보면, 동일 위도에서 경선들 간의 간격 역시 등간격이다. 비록 위도가 높아짐에 따라 간격이 좁아지고 있지만 말이다. 이러한 관찰로부터, 우리는 경선들 간의 간격이 수학적으로 위도만의 함수일 것으로 추측할 수 있다. 어떤 함수일까?

우리 표준모형의 "地球說"을 믿는 서양의 지도제작자들은 지구가 완전한 기하학적 球로 본다. 표준 경선을 북경을 지나는 자오선으로 보고 그 경도를 0도로 잡는다. 이 본초자오선은 적도와 수직인 곡면상의 직선이다. 〈황여전람도〉에서는 이 赤道와 이 본초자오선을 평면에서 만나게 하여, 그 만나는 점을 원점으로 삼고 있다(이 지도에서는 포괄범위 때문에 적도는 명시적으로 나타나지 않는다).

본초자오선을 비롯한 모든 자오선은 적도와 직각을 이룬다. 360도로 나누어지는 적도의 둘레는 지구의 둘레이며, 180도로 나누어지는 모든 자오선은 지구 둘레의 반이다. 그러므로 위도 0도인 적도에서, 경도 1도의 거리는 위도 1도의 거리와 같다. 그러나 위도 y도에서의 경도 1도의 거리는 y가 커짐에 따라 작아지고, y=90도일 때 즉 북극 또는 남극에서 경도 1도의 거리는 0으로 퇴화한다. 이 사실을 지도에서는 어떻게 표현할 수 있을까?

실제로 곡면을 이루고 있는 지구 표면을 평면에 완벽하게 나타 내는 일은 원천적으로 불가능하다. 그러므로 평면에 지도로 나타낼 때는 어떤 측면을 살리고 어떤 측면을 희생할 것이냐의 선택이 필 요하다. 그 선택중의 하나는 "等面積의 原則"이다. 즉 모양은 왜곡 됨을 받아들이더라도, 지역의 같은 면적은 지도에서 같은 면적으로 나타내고자 하는 원칙이다. 이 원칙을 충족하려면 우선, 〈황여전람 도〉에서 처럼 위선간의 간격을 등간격으로 하는 것이 편리하다. 그 리고 나서 위도 y도에서의 경선간의 간격을 위도 $\cos(y)$에 비례하게 잡으면, "등면적의 원칙"이 충족되는 것이다(그 이유는 우리의 "표 준모형"에서 이미 설명하였다). 우리는 여기서 〈황여전람도〉의 도 법이 "등면적의 원칙"을 따르고 있다고 가정해 본다.

이 상황에서 이 원칙에 부합하는 성질을 가진 투영법이 바로 "사인곡선 도법"(sinusoidal projection)이다. 경선이 사인곡선을 그리기 때문에 이 이름이 붙었다. 코사인곡선이라고 부를 수 있지만, 두 곡 선은 동일한 형태에 위상만 다르기 때문에 익숙한 이름이 선호된 것이다. 이 가정이 타당한지의 여부를 검토해 보자.

2) 經線을 나타내는 式의 誘導

앞의 〈황여전람도〉의 관찰에서 경선간의 간격이 위도 y가 증가 함에 따라서 감소하는 것을 보았고, 거기서 그 감소하는 모습이 y 의 함수일 것이라는 추측을 한 바 있다. 그 함수가 삼각함수 $\cos(y)$ 와 관계가 있는 것은 아닐까? 삼각함수 $\cos(y)$는 y=0도일 때 1이고, y가 0도에서 90도 까지 증가할 때, 單調減少하여, y=90도일 때 0이 되는 성질을 가진다.

예컨대 경도 90도인 경선의 식을

$$x = x(90, y) = 90 \times \cos(y)$$

로 나타내자. y의 정의구역은 0도에서 90도까지다. y=0일때 x(90,0)=90도이고 y=90도일 때 x(90,90)=0도이다. 이는 x(90)의 좌표값을 고정된 위도 1도를 단위로 평가할 때 그렇다는 말이다. 그러므로 우리의 직교좌표에서는 모든 길이의 단위가 위도 1도의 길이와 같다.

일반적으로 경도 a도의 경선의 식은

$$x = x(a,\ y)) = a \times \cos(y)$$

로 표현된다.

3) 經線의 기울기를 나타내는 式의 誘導

경선의 식

$$x = x(a,\ y)) = a \times \cos(y)$$

를 y에 관하여 미분하면,

$$dx(a,\ y)/dy = a \times \sin(y)/(180/pi)$$

이를 y에 대한 x의 기울기를 나타내는 식으로 바꾸려면 이 식의 逆을 취하면 된다. 즉

$$dy/dx = (180/pi)/\{a \times \sin(y)\} = (180/a)/\{pi \times \sin(y)\}.$$

이것이 경선의 기울기를 나타내는 식이다. 경도 a와 위도 y의 함수다. 그리고 그 기울기는 각도로 나타낼 수 있다.

예: 經度 30도인 經線의 기울기

또, 예컨대, 위도 y도에서 30도 경선의 식은

$$x(30,\ y) = 30 \times \cos(y)$$

로 표현된다. 그리고 이를 y에 관하여 미분하면,

$$dx(30,\ y)/dy = 30 \times \sin(y)/(180/pi) = \sin(y) \times pi/6$$

이다.(이 도함수 演算에서 우리는 弧度로 표시한 cos의 도함수는 sin이며, "y도 = (y×pi/180)호도"라는 관계를 이용하였다. 이를 y에 대한 x의 기울기를 나타내는 식으로 바꾸면 그것은 이 값의 역수가 된

다. 그리고 구체적으로 y=45도에서 그 값을 계산해 보면 다음과 같다. 즉

$$dy/dx = 6/\{\sin(y) \times pi\} = 6/\{\sin(45도) \times pi\}$$

그리고 이를 각으로 나타내면

$$\arctan(6/\{\sin(45도) \times pi\}) = 70도$$

이다. 이를 〈황여전람도〉 또는 〈乾隆十三排圖〉에서 量定한 값 69도와 비교하려고 하니, 지도에는 북위 45도와 50도 사이의 경선이 직선이다. 그러므로 그 직선의 기울기는 그 중간인 북위 47.5도에서의 기울기로 봄이 타당하다. 그리고 그 직선의 기울기는 두 지도 모두 69도다. 그리하여, 북위 47.5도에서의 기울기를 계산해 보면 다음과 같다.

$$\arctan(6/\{\sin(47.5도) \times pi\}) = 69도$$

즉, 계산결과가 양정결과와 정확히 일치한다. 동일한 30도 경선에서 위도 y를 달리하여, 기울기를 계산해서 이를 양정결과와 비교해 보면 다음과 같다.

經度 30도인 經線의 각 위도에서의 기울기

위도 y	계산식	계산각도	〈황여전람도〉	〈건륭도〉
y=27.5도:	dy/dx=6/{sin(27.5)×pi}	76도	76(0)	75(-1)
y=32.5도:	dy/dx=6/{sin(32.5)×pi}	74도	74(0)	75(+1)
y=42.5도:	dy/dx=6/{sin(42.5)×pi}	71도	71(0)	70(-1)
y=47.5도:	dy/dx=6/{sin(47.5)×pi}	69도	69(0)	69(0)
y=52.5도:	dy/dx=6/{sin(52.5)×pi}	67도	68(+1)	67(0)
y=62.5도:	dy/dx=6/{sin(62.5)×pi}	65도	---	65(0)

주: 괄호 안의 값은 계산값으로 부터의 편차

4) 또 하나의 "사인곡선 도법"

〈황여전람도〉/〈건륭도〉의 도법이 사인곡선도법이라는 또 하나의 증거는 위도에 따른 경도의 간격이다. 아래 표의 계산값은, 북위

45도의 양정값, 98, 86을 그 위도에서의 "계산값"의 基準으로 삼아 고정시킨 조건하에서 다른 위도의 값을 계산한 것이다. "西八號"의 계산값의 계산식은 다음과 같다.

(북위 y도의 계산값) = 98×cos(45)/cos(y)

"西七號"는 이 식의 98 대신 86을 대입하여 계산했다.

〈건륭도〉의 緯度에 따른 西七 西八號의 서쪽 끝의 經度의
量定값과 計算값의 비교

북위	양정값	계산값	양정값	계산값
55	--	--	106	106
50	108	108	95	95
45(基準)	98	98	86	86
40	90	90	79	79
35	85	84	74	74
30	80	80	70	70
25	76	76	67	66
20	74	74	65	65

이 표의 양정값과 계산값을 비교해 보면 차이가 거의 없다. 계산의 근거가 된 식의 타당성이 입증되었다고 할 수 있다.

5) 〈건륭십삼배도〉 내지 〈황여전람도〉의 제작자들의 의도

이상의 고찰에서 우리는 〈건륭십삼배도〉 내지 〈황여전람도〉의 제작자들의 의도를 읽어냈다고 생각한다. 즉 그들은 경위도 1도 간격으로 그려지는 각 사각형 즉 格의 넓이가 해당지면의 넓이에 비례하는 성질을 갖게 하려 했던 것이다. 지도의 투영법에서 말하는 "등면적 원칙"에 맞는 지도를 만들고자 했던 것이다. 이 원칙에 부가해서 그들이 그리고자 한 지도는 북경을 지나는 "본초자오선"을

직선으로 하고 모든 緯線은 그와 직각인 직선으로 만들고자 했던 것이다.

3. 〈황여전람도〉의 경선들의 기울기 構造

〈황여전람도〉의 도법이 사인곡선도법을 따른다는 확신을 얻었으므로, 그 경선들의 기울기 구조를 분석해 보기로 하였다. 이 분석을 위한 기본 표를 제시한다.

〈황여전람도〉 경선 기울기의 양정값과 계산값: dy/dx=(180/a)/{pi×sin(y)}

북위	10-15	15-20	20-25	25-30	30-35	35-40	40-45	45-50	50-55
중점위도	12.5	17.5	22.5	27.5	32.5	37.5	42.5	47.5	52.5
a		8배	7배	6배	5배	4배	3배	2배	1배
(1)	(2) (3)	(4) (5)	(6) (7)	(8) (9)	(10)(11)	(12)(13)	(14)(15)	(16)(17)	(18)(19)
50					65 65			56 57	
45				70 70	67 67		63 62	60 60	
40				72 72	69 69	66 67	65 65	62 63	
35				74 74	72 72	70 70	68 68	65 66	
30				76 76	74 74	72 72	71 71	69 69	68 67
25			82 81	79 79	77 77	75 75	73 74	72 72	72 71
20			83 82	81 81	79 79	78 78	77 77	75 76	75 75
15	87	87 85	85 84	83 83	82 82	81 81	80 80	79 79	78 78
10	88	88 87	87 86	85 85	85 85	84 84	83 83	83 83	82 82
5	89	89 88	88 88	88 88	87 87	87 87	86 87	87 86	86 86
0	90	90 90	90 90	90 90	90 90	90 90	90 90	90 90	90 90

주: (1) 왼쪽의 값은 양정값, 오른 쪽의 값은 계산값이다.

(2) 원 지도집에서, 강희3배6호는 강희5배6호와 맞바뀌었다. 이 표는 바로잡은 것이다.(3배와 5배의 a=30, 35, 40이 관련된다.)

(3) 계산값과 양정값의 차이는 1도를 넘지 않는다. 단, 예외가 하나 있다.

(4) 그 예외는 북위 15-20도에 대응하는 강희8배의 열에 있다. 이는 아마도, 〈강희도〉의 포괄범위가 아닌, 북위 10-15도의 "경선형식"을, 과오로, 북위 15-20도의 강희8배에 적용한 때문인 듯하다. 왜냐하면, 강희8배의 양정값의 열(4)와, 북위 12.5도의 계산값의 열(3)이 완전히 합치하기 때문이다.

우리는 이 기본표에서 여러 가지 사실을 알아낼 수 있다.

(1) 〈강희도〉의 경위선망의 정확성이다. 즉, 이 지도는 사인곡선 도법을 충실히 따르고 있음을 알 수 있다. 각 경선의 기울기가 이론적 사인곡선 기울기와 1도 오차범위 내에서 일치한다. 당시로서는 매우 복잡한 계산이었을 터인데도 오차가 거의 없는 것이다. 그 정확성의 정도는 당시 중국의 수준을 뛰어 넘는 것으로, 지도제작을 주도한 서양 전교사들의 노력이 크게 작용하였을 것이다. 강희황제의 각별한 관심이 그 배경에 있었음은 말할 필요가 없다.

(2) 이 지도의 "옥의 티"는 지도집 안에서 3배6호의 도판과 5배6호의 도판이 서로 맞바뀐 것이다. 이는 3배/5배의 漢字, "三"과 "五"의 字形이 비슷하여 판독오류가 발생하였기 때문인 듯하다.

(3) "체계적 오류"로 보이는 8배의 기울기 문제는 이 단계에서는 확실한 판단이 불가능하다. 뒤에서 〈건륭도〉의 분석과 연관지어 다시 검토하게 될 것이다.

4. 〈황여전람도〉의 포괄범위

〈황여전람도〉의 포괄범위는, 남북으로는 북위 18도에서 북위 55도까지이고, 동서로는 북경 편동 31도로부터 편서 45도까지다. 그러나 지도의 이름 〈皇輿全覽圖〉가 암시하듯이, 강희황제의 영향력이 미치는 범위만을 그렸다. 그리하여 동쪽과 동남쪽으로는 사할린섬, 한반도, 대마도 대만도, 해남도가 포함되고, 일본열도, 유구열도는 제외되어 있다. 북쪽으로는 흑룡강, 바이칼호가 포괄된다. 서역의 신강지역은 하미, 투르판, 아크수가 포괄되고 서남쪽 티벳지역은 지금의 카시미르 영역의 라다크까지도 포괄된다. 티벳 남쪽은 세계 최고봉인 초모랑마봉 Qomolangma(에베레스트산)이 만주어로 "초무

랑마 아린"이란 이름으로 기재되어 있다. 영국인이 1861년에 에베레스트란 이름을 붙이기 142년 전이다.

5. 〈황여전람도〉 속의 한반도

〈황여전람도〉 속에, 조선은 들어있고 일본은 빠져 있다. 조선은 병자호란 이후 淸나라의 職方이 되었기 때문에 들어가게 되었다고 보아야 한다. 강희황제는 실측지도 〈황여전람도〉를 완성하기 위하여 조선의 실측을 원했으나, 조선정부의 완강한 반대로 뜻을 이루지 못하고, 대신 1713년 何國柱 등을 보내어 한반도의 지도를 요청하였다.

『숙종실록』에 의하면, 이 때 조선 조정은 어떤 지도를 내어줄 것인가를 논의한 끝에, 당시 조선이 가지고 있던, 東國地圖와 같은 상세한 지도 대신에, 상세하지도 않고 간략하지도 않은 이른바 不詳 不略의 지도를 내주었다. 이것이 〈황여전람도〉의 한반도 지도의 원본이 되었다.

당빌은 〈황여전람도〉의 기본도면을 다시 편집하여『중국신지도집』(Nouvel Atlas de la Chine)을 1737년 네덜란드 헤이그에서 출판하여 〈황여전람도〉를 유럽에 소개하는데 크게 공헌했다.[1] 이 지도집에는 〈조선왕국도〉(Royaume de Coree)가 독립되어 있는데, 지도집 서문에서 그는, 〈조선왕국도〉가 조선에서 제작된 조선 궁내 소장의 지도에 기초를 두고 있음을 밝히고, 그 정확성에 만족을 표시하고 있다.

이처럼 〈황여전람도〉 속의 조선은, 기본적으로 조선에서 그린 것이기 때문에, 조선의 영토관이 반영되어 있다. 울릉도, 우산도(독

---

1) 이 지도집 한 부가 현재 서울대학교 중앙도서관에 소장되어 있다.

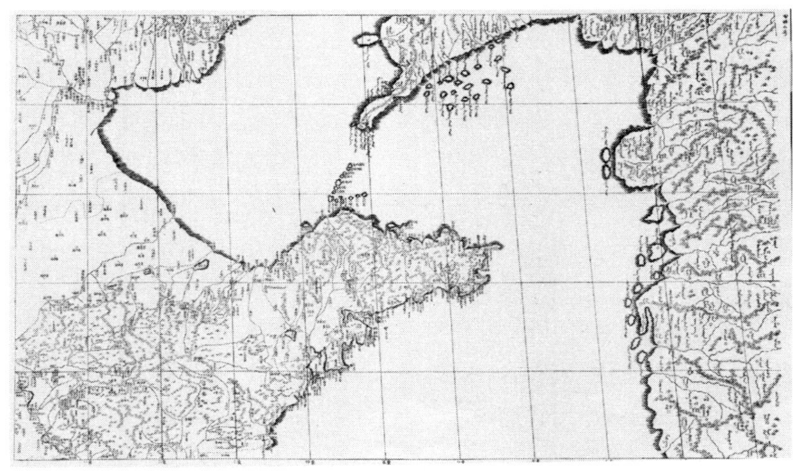

〈황여전람도〉의 부분도 (4排2號)

해설: 〈황여전람도〉의 이 부분은, 남북으로는 북위 35도와 40도 사이를 위도 1도
간격으로 평행선인 위선이 그려져 있고, 동으로는 북경 중선(0도)에서 경도 1
도간격으로 기울기가 점점 작아지는 직선으로 경선을 그렸다. 북경은 중선 상
에 있으면서 위도가 북위 40도이므로 이 부분도의 왼쪽 위 귀퉁이에 있으며,
한양은 당시 관측된 위도가 37도39분이고 경도는 동10.5도였으므로, 이 부분도
의 거의 오른쪽끝 가운데에 있다. 산동반도 중간을 지나는 경선이 동5도인데
그 기울기는 87도이고, 한양 바로 왼쪽의 경선이 동10도인데 그 기울기는 84도
임을 이 그림에서 확인할 수 있다. 우리의 북위 37.5도의 계산된 표의 수치와
완전히 일치한다. 이 부분도에서는 또, 북위 40도에 의주가 있고, 39도에 평양,
38도에 개성이 있는 것을 확인할 수 있다. 현행 관측치와 차이가 별로 없다.
하국주 일행이 사신으로 올 때 "몰래" 그 지점들의 위도를 실측해 가져갔을 것
으로 믿어지는 강력한 증거다.

도), 대마도가 조선의 부속으로 되어 있는 것이다. 다만 중국인들이
鬱陵島와 于山島를 範陵島와 千山島로 잘못 읽었기 때문에 표기의
오류가 있을 뿐이다.

하국주가 조선에서 가져간 不詳不略의 지도가 무엇인지는 모른
다. 그러나 〈황여전람도〉나 당빌의 〈조선왕국도〉에 보이는 한반도
의 윤곽은 우리의 어떤 고지도와도 다르다. 중국인 또는 서양 전교

사들이 손을 댔기 때문일 것이다.

(1) 먼저 국경 부근인 압록강과 두만강은 매우 정확하다. 특히 의주, 백두산, 온성의 위도, 북위 40도, 42도, 43도가 정확하다. 백여 년 뒤의 김정호 지도보다도 정확해 보인다. 이는 중국 측의 실측 정보를 이용했기 때문일 것이다.

(2) 다음 평양, 개성, 한양의 위도 북위 39도, 38도, 37.6도가 정확하다. 하국주 일행이 象限大儀를 휴대했다는 것이 조선인들에게는 신기했던 것같다. 이것을 이용해서 종가에서 한양의 북극고를 관측하여 "37도 39분 15초"라는 값을 얻었다는 사실을 『국조역상고』는 중요하게 다루고 있고, 이를 이용하여 팔도감영의 북극고를 "量定" 하고 있다. 사실, "15초"까지 정확하게 재려면, 象限儀의 반지름은 1m가 넘어야 할 터인데, 서양인들이 중국의 실측에 사용한 상한의의 반지름이 66cm 정도라고 하니, 크기가 그 정도 아니었을까? 그러나 그것도 조선인들에게는 충분히 크게 보였을 것이다. 어쨌든 그 관측치는 5분 정도 오차가 있는데도 불구하고 조선에서는 이 수치가 150년 넘게 "권위를 가지고" 사용되었다. 하국주 일행은 의주에서 한양까지 오는 동안에 기회 있을 때마다 천문을 관측하였다. 조선의 안내원들은 중국 사신의 一擧手一投足을 감시했지만, 중국 사신들은 시간을 관측한다고 속이며, 경위도를 관측하였다. 이렇게 알아낸 것이 평양과 개성의 위도일 것이다.

(3) 한반도 지도의 한양 이남은 위도가 맞지 않을 뿐 아니라, 전체 윤곽도 크게 틀린다. 가장 크게 틀리는 부분은 경기만에서 목포에 이르는 해안선인데, 전체적으로 경도 1.5도 이상 해안선이 동쪽으로 平行移動해야 한다. 아무리 정확하지 않은 不詳不略의 지도를 내주었다고 하더라도 조선에서 이렇게 그렸을 리는 없다고 볼 때, 어떤 이유로 이런 지도가 탄생하게 되었을지가 궁금할 뿐이다. "地磁氣의 偏角" 문제가 있는 것은 아닐까?

6. 〈건륭십삼배도〉의 경선들의 기울기 構造

〈건륭십삼배도〉의 도법 역시 사인곡선도법이다. 〈황여전람도〉의 경우와 마찬가지로, 그 경선들의 기울기 구조를 분석해 보기로 한다. 다음은 이 분석을 위한 기본표다.

〈건륭십삼배도〉의 양정결과(1) (제13배에서 제6배까지)

$$dy/dx = (180/a)/\{pi \times sin(y)\}$$

북위도		10-15		15-20		20-25		25-30		30-35		35-40		40-45		45-50		50-55	
中點위도y		12.5		17.5		22.5		27.5		32.5		37.5		42.5		47.5		52.5	
a+1	a			13배		12배		11배		10배		9배		8배		7배		6배	
(0)	(1)	(2)	(3)	(4)	(5)	(6)	(7)	(8)	(9)	(10)	(11)	(12)	(13)	(14)	(15)	(16)	(17)	(18)	(19)
106	105															36	37	31	32
101	100															37	38	37	36
96	95															39	39	38	37
91	90															40	41	39	39
86	85															42	42	41	40
81	80							54	57	54	53	48	50	45	47	45	44	42	42
76	75							56	59	56	55	50	51	48	49	47	46	44	44
71	70				70	70	65	58	61	58	57	52	53	50	50	48	48	47	46
66	65				71	71	67	60	62	60	59	54	55	52	53	50	50	48	48
61	60				73	73	68	62	64	62	61	56	57	54	55	51	52	50	50
56	55				74	74	70	64	66	64	63	58	60	56	57	54	55	53	53
51	50				75	75	72	65	68	66	65	61	62	58	59	56	57	56	55
46	45				77	77	73	68	70	68	67	63	64	62	62	60	60	58	58
41	40				78	78	75	70	72	70	69	66	67	64	65	63	63	61	61
36	35				80	79	77	72	74	72	72	69	70	67	68	66	66	64	64
31	30				81	81	79	75	76	75	74	71	72	70	71	69	69	67	67
26	25				83	82	81	77	79	77	77	75	75	72	74	74	72	71	1
21	20				84	84	82	80	81	80	79	77	78	75	77	77	76	75	75
16	15	-	87	87	85	85	84	82	83	82	82	81	81	79	80	80	79	79	78
11	10	-	88	88	87	87	86	85	85	85	85	84	84	83	83	83	83	82	82
6	5	-	89	89	88	88	88	87	88	87	87	87	87	86	87	86	86	86	86
1	0	-	90	90	90	90	90	90	90	90	90	90	90	90	90	90	90	90	90

〈건륭십삼배도〉의 양정결과(2) (제5배에서 제1배까지)

$$dy/dx = (180/a)/\{pi \times sin(y)\}$$

	북위도	55-60	60-65	65-70	70-75	75-80
	中點 위도 y	57.5	62.5	67.5	72.5	77.5
a+1	a	5배	4배	3배	2배	1배
(0)	(1)	(20)(21)	(22)(23)	(24)25)	(26)(27)	(28)(29)
96	95	35 36	34 34	33 33	33 32	31 32
91	90	36 37	34 36	34 35	34 34	32 33
86	85	38 39	37 37	35 36	35 35	34 35
81	80	40 40	39 39	37 38	37 37	35 36
76	75	41 42	40 41	39 40	39 39	37 38
71	70	44 44	42 43	41 42	40 41	39 40
66	65	46 46	44 45	43 44	42 43	41 42
61	60	48 49	47 47	45 46	45 45	44 44
56	55	51 51	50 50	48 48	47 48	46 47
51	50	53 54	52 52	50 51	50 50	49 50
46	45	56 56	55 55	53 54	53 53	52 53
41	40	60 60	58 58	57 57	56 56	55 56
36	35	63 63	61 62	60 61	59 60	58 59
31	30	65 66	65 65	64 64	63 63	62 63
26	25	70 70	69 69	68 68	67 67	66 67
21	20	73 74	74 73	72 72	71 72	71 71
16	15	77 78	77 77	76 76	76 76	75 76
11	10	81 82	81 81	80 81	80 81	80 80
6	5	86 86	86 86	85 85	85 85	85 85
1	0	90 90	90 90	90 90	90 90	90 90

주: (1) 왼쪽의 값은 양정값, 오른 쪽의 값은 계산값 이다.

   (2) 〈건륭도〉는 절대값이 a인 경도의 경선에, a+1이라는 번호를 붙였다. a+1은 그 번호를 의미한다. 더욱이 五排의 西三에서 西六까지는 이 원칙에도 어긋나게 경선의 번호가 a+2로 표기되어 있다. 이 표는 이들을 바로잡은 값이다.

   (3) 북위 20-25도에 대응하는 건륭12排의 양정값의 열(6)은 그 계산값의 열(7)과는 잘 어울리지 않으나, 북위 15-50도에 대응하는 13排의 계산값의 열(5)와 잘 어울린다. 이는 〈건륭도〉 제작자들이, 12배의 경선형식에 잘못하여 13배의 경선형식을 적용했다고 밖에는 볼 수 없다고 보여진다. 마찬가지 잘못이 13배에서도 발견된다. 중점위도가 17.5도인 13배의 양정값은 13배

의 계산값과 어울리는 것이 아니라, 중점위도 12.5도에서의 계산값과 완전
히 일치한다.
(4) 건륭11배의 양정값의 열은 10배의 양정값과 완전히 일치한다. 오류다. 건
륭11배에 대응하는 강희6배의 양정값의 열은 그렇지 않다.(다음 표 참조.)

우리는 이 기본표에서 여러 가지 사실을 알아낼 수 있다.

(1) 〈건륭도〉의 경위선망의 정확성은 전반적으로 〈강희도〉보다
떨어진다. 각 경선의 기울기가 이론적 사인곡선 기울기와 5도의 차
이가 나기도 한다. 이는 〈강희도〉 1도의 오차범위 내에서 일치했던
것과 대비된다.

(2) 몇 개의 "체계적 오류"가 발견된다. 먼저, 북위 25-30도에 해당
하는 11배의 기울기들의 열(8)과 북위 30-35도에 해당하는 10배의 경
선의 기울기들의 열(10)이 동일하다. 11배들의 기울기가 10배의 기
울기들보다 체계적으로 작아야 함에도 불구하고 말이다. 잘못은 열
(8)에 있다. 계산값 열(9)와의 차이가 큰 이유다.

(3) 또 하나의 "체계적 오류"는 열(6)에서 발견된다. 북위 20-25도
에 해당하는 12배의 기울기들인 열(6)은 대응하는 계산값들의 열(7)
과는 최대 5도까지의 오차가 있다. 그러나 13배의 계산값들의 열(5)
와의 오차는 최대 1도밖에 안된다. 이는 13배의 계산값들로 12배의
기울기들을 작도했다는 것을 의미한다. 즉, 북위 20-25도인 12배의
기울기를 북위 15-20도인 13배의 기울기에 맞추어서 작도했다는 것
이 된다. 이것은 13배의 기울기 작도에도 영향을 미치지 않았을까?

(4) 13배의 기울기는 13배의 계산값과 최대 2도의 차이가 난다.
그러나 북위 10-15도의 중간위도인 12.5도에 맞추어 계산한 기울기
계산값들과는 완전히 일치한다(열(4)와 열(3)의 비교). 이는, 13배 역
시 체계적인 오류를 범하고 있음을 시사한다. 그리고 이것은 대응
하는 〈강희도〉의 8배와 똑같다는데서, 〈강희도〉 역시 똑같은 오류
를 범하고 있다고 볼 수 있다고 보여진다.

7. 〈건륭도〉의 포괄범위

〈건륭도〉의 포괄범위는, 남북으로는 북위 18도에서 북위 80도까지로서 〈강희도〉에 비하여 북으로 25도가 늘어났다. 지도에서 5도가 1배이므로, 5배가 늘어나서, 전체가 8배에서 13배로 되었다. 시베리안 전체가 포괄되고, 레나강 전체, 캄찻카, 야쿠츠크, 이르쿠츠크 등의 도시도 표기되어 있다. 흑룡강은 만주어로 "사할렌울라"라고 표기되어 있다.

동서 방향으로는, 북위 40도 "中線"을 기준으로 할 때, 동쪽의 한계는 그대로다. 그러나 사인곡선도법의 성질상, 북쪽으로 갈수록 편동도의 포괄범위는 늘어나, 아시아의 동쪽 끝을 포괄하고도 남는다. 일본은 없다.

서쪽은, 역시 북위 40도 "중선"을 기준으로 할 때, 편서 90도까지를 포괄하므로 아라비아의 멕카, 메디나, 오스만 터키의 콘스탄티노플(현재의 이스탄불)까지 모두 포괄한다. 이라크의 바스라도 보이고, 黑海는 만주어로 의역하여 "사할렌무테리"라고 표기하고 있다. 서북쪽으로는 발틱해의 도시 리가까지도 지도에 표시되어 있다.

남쪽 한계는 〈강희도〉와 같다. 그러나 서쪽으로 확장되었기 때문에 포괄범위는 늘어났다. 오만의 무스카트(12배 서7), 파키스탄의 이슬라마바드(10배 서6) 인도의 아그라(11배 서5) 등도 보인다.

이처럼 〈건륭도〉는 중국 황제의 영향력 미치지 않는 지역을 널리 포괄한다. 그러므로 "皇輿全覽圖"가 아니다.

8. 〈건륭십삼배도〉와 〈강희팔배도〉의 비교

이상에서 우리는 〈강희도〉와 〈건륭도〉의 특징을 검토하였다 여

308 고지도의 우주관과 제도원리의 비교연구

기서는 이 둘을 비교해 보자.

우선 圖法을 보자. 이 둘은 기본적으로 같은 투영법 즉 사인곡선도법을 사용하고 있다. 그러나 정밀도에 있어서 차이가 크다.

표기법을 보면, 〈강희도〉는 장성 이남의 명나라 판도의 지명만 한자로 표기하고, 그 이외에는 모두 만주문자로 표기하고 있다. 한반도의 지명도 모두 만주문자 표기뿐이다. 그러나 〈건륭도〉는 모든 지명을 한자로 표기하고 있다. 그러나 중국 이외의 지역은 만주어 내지 만주어 발음을 한자어로 표기한 것이 많다.

계산값과 〈건륭십삼배도〉와 〈강희팔배도〉의 값 비교

북위	10-15	15-20	20-25	25-30	30-35	35-40	40-45	45-50	50-55
·	12.5	17.5	22.5	27.5	32.5	37.5	42.5	47.5	52.5
건륭		13배	12배	11배	10배	9배	8배	7배	6배
강희 / a		8배	7배	6배	5배	4배	3배	2배	1배
(1)	(2) (3)	(4) (5)	(6) (7)	(8) (9)	(10) (11)	(12) (13)	(14) (15)	(16) (17)	(18) (19)
50					66-65			56 57	
45				68#70	68-67		62+62	60 60	
40				70#72	70-69	66 67	64+65	63-63	
35				72#74	72 72	69+70	67+68	66-66	
30				75+76	75-74	71+72	70+71	69-69	67+67
25		83	82 81	77#79	77 77	75 75	72+74	74=72	71+71
20		84	84-82	80+81	80-79	77+78	75#77	77=76	75 75
15	87	87 85	85 84	82+83	82 82	81 81	79+80	80-79	79-78
10	88	88 87	87 86	85 85	85 85	84 84	83 83	83 83	82 82
5	89	89 88	88 88	87+88	87 87	87 87	86 87	86+86	86 86
0	90	90 90	90 90	90 90	90 90	90 90	90 90	90 90	90 90

주: (1) -는 강희가 이 값보다 1작고, =는 2작고, +는 1크고, #는 2크다는 뜻.

(2) 왼쪽의 값은 양정값, 오른 쪽의 값은 계산값

(3) 계산값과 양정값의 차가 있는 경우, 〈강희도〉쪽이 더 작다.

(4) 원 지도집에서, 강희3배6호는 강희5배6호와 맞바뀌었다. 이 표는 바로잡은 것이다.

(5) 북위 20-25도에 대응하는 강희7배는 건륭12배와 동일한 과오를 범하지 않고 있다.

그러나 건륭13배에 대응하는 강희8배는 건륭13배와 동일한 과오를 범하고 있다고 보여진다. 중점위도가 17.5도인 강희8배의 양정값은 대응하는 계산값과 어울리는 것이 아니라, 중점위도 12.5도에서의 계산값과 완전히 일치한다.

(6) 북위 25-30도에 대응하는 강희6배의 양정값의 열은 계산값과 잘 부합한다. 건륭11배의 "경선형식"은 건륭10배의 "경선형식"을 잘못 사용하고 있음이 거듭 확인된다.

VII. 옹정 地圖편: 〈擁正十排圖〉

1. 〈擁正十排圖〉의 地圖史的 위치

강희의 〈皇輿全覽圖〉와 건륭의 〈乾隆十三排圖〉는 둘다 경위도에 의한 지도다. 그런데 그 중간에 方格圖인 〈擁正十排圖〉가 있다. 강희 이후 擁正年間에 바로 〈옹정십배도〉의 方格 지도로 돌아간 것을 보면, 중국인들이 경위도 개념을 인식하는 일이 얼마나 어려웠는지를 알 수 있다. 중국 사대부들에게 서양인들의 주도하에 제작된 강희의 〈황여전람도〉의 경위도 지도는 매우 못마땅하였던 듯하다. 〈강희도〉에서 위선을 등간격의 평행 직선으로 그린 것은 이해하기 쉬웠을 것이다. 그러나 경선은 같은 위도에서는 간격이 같지만 북쪽으로 갈수록 폭이 점점 좁아져 등간격을 유지하지 못하고 게다가 휘어지는 것은 이해하기 어려웠던 것 같다. 하늘은 둥글고 땅은 평평한데, 동서 위선과 남북 경선이 다를 이유가 무엇이며, 동서와 남북은 어디서나 직각을 이루는 것이 당연한데, 위선과 경선이 직각을 이루지 않는 것이 말이 되는가라고 생각했던 것은 아닐까?

이런 생각을 가진 중국인들은, 서양인들을 전적으로 신뢰하던 강희제가 逝去한 이후에, 지도제작의 주도권을 되찾아 자신들이 신봉하는 원칙에 따라 새로 지도를 제작하게 되었던 것 같다. 그 결과물이 〈옹정십배도〉다. 이 지도는 우선 서양식의 경위도망을 버리고 전통적인 方格法을 채택했다. 그러나 서양인들의 실측에 의한 지도의 정확성은 알게 되었기 때문에, 실측의 결과물인 〈강희전람도〉의 윤곽은 그대로 살리는 쪽으로 방향을 잡았다.

중국의 전통적인 방격법은 동서와 남북으로 똑같은 길이의 방격을 사용하는 것이 특징이다. 전통적인 지도제작 원리인 裵秀의 6원칙 즉, 裵秀六體는 이런 전제를 뒷받침한다. 중국의 사상을 그대로 받아들이고 있는 李漢의 『星湖僿說』을 보면, 전통적인 "天圓地方"

의 설이 서양의 지구설에 의하여 바뀐 상황에서도, 地方의 方은 周易에서 말하는 "坤道至靜而德方"의 方이라고 하면서, 또 方은 "方者猶平也"라고 하여, "地面의 平面性"을 고수하고 있다. 삼차원공간 속에서 이런 생각이 어떻게 합리화할 수 있었는지는 알 수 없으나, 당시 사람들이 이렇게 믿었던 것은 분명하다. 이런 믿음 때문에, 중국인들은 중국의 전통을 體로 하고 서양의 학문을 用으로 한다는 "中學爲體 西學爲用"의 기치 아래 전통적 방격법과 서양의 경위도법의 결합이라는 실현불가능한 일을 시도했는데, 〈옹정십배도〉는 바로 그 시도의 결과물이다.

2. 〈擁正十排圖〉의 구조

〈擁正十排圖〉는 우선 지도의 南北基準線을 북경을 지나는 經線으로 하여 여기에 "中"이라는 표지를 붙였다. 〈옹정도〉의 東西基準線은 북위 40도 위선으로 하여 여기에 "中"이라는 표지를 붙였다. 그 두 中線이 경선과 위선인 것은 〈황여전람도〉와의 비교에서 확인될 뿐, 〈옹정도〉 자체에서는 그런 말을 쓰지 않았다.

〈옹정도〉의 방격망은 직교하는 이 두 "中"線이 지배한다. 이 두 중선을 기준으로 하여 동서남북으로 등간격의 평행직선들을 그려 방격망을 완성하는데, 그 평행직선들은 고유번호가 부여된다. 중선에서 떨어진 순서에 따라, 동1, 동2, 동3 ······ ; 서1, 서2, 서3 ······ ; 북1, 북2, 북3, ······ ; 남1, 남2, 남3, ······ 등이다. 동서로 번호를 매기는 방법은 〈강희도〉 즉 〈황여전람도〉와 유사하다. 그러나 같지는 않다. 〈강희도〉에서는 중선 이외의 경선은 북경으로부터의 1도 간격의 偏度를 동1, 동2, 동3, ······, 동32; 서1, 서2, 서3, ······, 서92 등으로 나타내고 있는 것이다.

　　남북으로는 북쪽으로는 중선으로부터의 偏格을 북1, 북2, …… 등으로, 북41까지이며, 남쪽으로는 중선으로부터의 偏格을 남1, 남2, …… 등으로, 남31까지다. 이 남북의 격은 북41로부터 남쪽으로 8개 格씩 묶어서 排를 구성하는데, 第1排는 북41에서 북33 사이, 第2排는 북33에서 북25 사이, ……, 第6排는 북1에서 남7 사이, ……, 第9排는 남23에서 남31 사이, 第10排는 남31에서 남35 사이 등이다.

　　전통적인 중국의 방격지도인 〈옹정도〉는 정방형의 方格網이므로, 그 방격망을 완성하기 위해서는 방격 한 변의 길이를 확정하기만 하면 된다. 〈옹정십배도〉에서는 이 길이를 "200리"로 잡았다고 보여진다. 汪前進은 자신이 편집한 『淸廷三大實測全圖集』(2007)의 序文격인 〈康熙 擁正 乾隆 三朝全國總圖的繪制〉에서 〈옹정도〉의 1 격은 200리라고 못 박고 있다. 그러면 왕전진은 무엇을 근거로 그런 주장을 하는가? 이상한 일이지만, 근거 제시가 전혀 없다.

3. 〈옹정십배도〉의 "1격=200리" 검증

1) 〈옹정도〉 "中線" 근방에서의 "1격=200리"의 확인

　　강희도는 서양지도제작자들의 주도하에 서양식의 투영법이 적용된 지도다. 그들이 채택한 sinusoidal projection은 경선을 수평의 평행선으로 그리고 위선을 사인곡선에 따라 고위도로 갈수록 간격이 좁아지게 되어 있다. 북경 근방을 보면 위선간의 간격은 4도 간격이 25.8cm에서 26.1cm로 평균 25.9cm 또는 26cm로 양정되고, 북위 40도 경선을 따라서 측정한 경선 5도의 간격은 24.8cm에서 24.9cm로 양정된다. 위선 1도의 간격을 6.5cm로 하면, sinusoidal projection의 원리에 따를 때 북위 39도 55분 즉 39.92도에서의 경선 1도의 간격은,

cos(39.92도) = 0.7669 이므로,

(북위 39.92도에서의 경선 1도의 간격) = 6.5cm×cos(39.92도)
= 4.985cm

이고,

(북위 39.92도에서의 경선 5도의 간격) = 24.9cm

이다 이는 위의 양정결과와 일치한다. 〈강희도〉의 도법이 다시 한번 확인 되는 셈이다.

그런데 〈옹정도〉의 도법은 시각적으로 〈강희도〉와 다르다. 작도상의 약간의 오차를 무시하면, 〈옹정도〉의 방격은 정사각형이고, 1격은 4.9cm, 5격은 24.9cm다. 즉 〈강희도〉의 북경에서의 경도와 같다.

〈옹정도〉를 자세히 검토해 보면, 북경을 지나는 자오선을 "중"이라 표현하고, 그로부터 동으로는 동일, 동이; 서로는 서일, 서이, 서삼 등으로 표현한 등간격의 "평행선"들이 그려져 있다. 한편 세로로는 북위 40도의 위선을 "중"이라고 표현하고 북으로는 북일, 북이, 북삼; 남으로는 남일, 남이 남삼 등의 등간격의 "평행선"들이 그려져 있다.

〈옹정도〉는 분명히 〈강희도〉와 같은 윤곽의 지도다. 그 같은 윤곽의 지도에 경위선 대신 가로 세로로 등간격의 평행선을 그렸다고 보여지는 것이다. 汪前進의 해설에 따르면 이 등간격의 평행선들로 이루어지는 각방격은 거리가 200리라고 한다. 그러나 그는 "200리"의 증거를 밝히지는 않고 있다. 밝힐 수 없었을 것이다.

지도에 방격을 그려 넣은 것은 전통적인 중국의 지도제작 기법과 관련이 될 것이다. 그리고 1격을 200리로 했다면 그것은 강희제 때 "경선 1도를 200리"로 하여 거리의 척도를 정비했다는 사실과 관련될 것이다.

그런데 "경선 1도를 200리"로 정한다는 말의 의미를 두고는 여러 가지 해석이 있는 것 같다. 우선 『역상고성』에서는 경도와 위도 똑

같이 200리를 1도로 인식하여 설명하고 있다.[1] 옹정 원년인 1723년
에 간행된 『역상고성』에는 다음과 같은 표현이 나온다.

> "相隔一時 則東西相去六千里,如測南北之緯度 則於兩地測北極出地之
> 度 所差一度 卽相去二百里."(시시차가 1시진이라면 동서로 떨어진 거리는
> 6000리이고, 남북의 위도를 재면 두 지점의 북극출지도를 알 수 있고, 그 차
> 가 1도이면 거리는 200리다.)

1시진차라면 현재 시간으로는 2시간 차이고 이는 두 지점의 경
도차가 30도임을 의미한다. 그러므로 경도 1도의 거리를 200리로 할
때, 그 거리는 6000리인 것이다. 또 두 지점의 북극출지도의 차가 1
도라는 것은 위도차가 1도라는 말인데, 그 거리가 200리라는 것은
위도 1도의 거리가 200리라는 것을 의미한다. 그러나 경도 1도의 거
리가 위도 1도의 거리와 같은 것은 적도에서 뿐이다. 그러므로 이
『역상고성』의 진술은 논리적으로 맞지 않는 진술이다. 틀림없이『역
상고성』의 집필자가 사실을 오해하고 있었다고 보여 진다. 그리고
똑같은 오해가 〈옹정십배도〉의 제작자들에게도 있었던 것 같다. 그
러하기 때문에 그들은 동서와 남북으로 같은 길이의 방격을 그려
넣고, 그것이 똑같이 200리 즉 1도를 나타낸다고 보았을 것이다. 그
리고 2007년에 汪前進도 이와 같은 맥락에서 〈옹정도〉의 각방격이
200리라고 받아들였을 것이다. 그러면 과연 그럴까? 우선 경도 1도
와 위도 1도의 거리가 같다는 관점이 잘못된 관점이라는 것은 말할
필요가 없다. 그러면 무엇이 200리라는 말인가? 경도 1도인가 아니
면 위도 1도인가?

　나는 〈옹정도〉의 "中"이라고 표시된 직교하는 두 직선을 따라서

---

1) 이 『역상고성』의 설명을 그대로 답습하고 있는 『국조역상고』도 마찬가지다.

각방격의 길이를 양정하여 다음 결과를 얻었다.

〈옹정도〉"中" 가로의 8격의 간격 (六排를 따라서 西로부터 mm)

[1]	394	395	397	398	395	397	401	398

〈옹정도〉"中" 세로의 8격의 간격 (각排의 東一을 따라서 北으로부터 mm)

[2]	393	392	391	393	394	394	391	393	392

〈옹정도〉"中" 세로의 8격의 간격 (각排의 西一을 따라서 北으로부터 mm)

[3]	393	393	392	393	393	390	394	394	394

이 세 행의 수치들은 같은 길이를 작도한 것인데 작도 과정의 오차를 포함하고 있다.

다음은 〈강희도〉의 북위 40도선을 따라서 경도 8도의 간격을 양정하여 다음 결과를 얻었다.

〈강희도〉 북위 40도의 경도 8도의 간격 (第五排의 下端을 따라 西로부터 mm)

[4]	398	394	400	395	399	398

〈강희도〉 북위 40도의 경도 8도의 간격 (第六排의 上端을 따라 西로부터 mm)

[5]	400	396	400	398	397	393

이 두 열의 수치들은 북위 40도의 경도 1도의 간격이므로 같은 길이여야 한다. 그러나 작도상의 오차를 포함하고 있다.

실제로 이 수열들의 평균과 표준오차를 계산해 보면 다음과 같다.

수열	도수 n	평균	표준오차
[1]	8	396.9mm	2.1mm
[2]	9	392.6mm	1.1mm
[3]	9	392.9mm	1.3mm
[2],[3] 통합	18	392.7mm	1.2mm
[1],[3] 통합	17	394.8mm	2.7mm
[4]	6	397.3mm	2.3mm
[5]	6	397.3mm	2.7mm
[4],[5] 통합	12	397.3mm	2.4mm

참고로 〈강희도〉에서, 북경을 지나는 "본초"자오선을 따라 각 排에서 위도 4도의 간격을 양정하여 제시하면 다음과 같다.

〈강희도〉 본초자오선의 위도 4도의 간격 (동편 부분도 북으로부터 mm)

[6]	260	262	262	261	261	258	259

〈강희도〉 본초자오선의 위도 4도의 간격 (서편 부분도 북으로부터 mm)

[7]	261	262	260	261	260	261	263

이 두 열의 수치들은 똑같은 위도 1도의 간격이므로 같은 길이여야 한다. 서로 다른 것은 작도상의 오차 때문이다. 그러므로 이 두 열을 통합하여 그 평균과 표준오차를 구해보면 각각 260.8mm와 1.3mm다. 이는 위도 4도의 간격이므로, 위도 8도의 간격은 521.6mm로 추정되는데, 북위 40도에서의 경도 8도의 간격은 이 값에 cos(40도) 값인 0.766을 곱하면 그 추정값을 구할 수 있다. 그 값은 399.6mm다. 이 값은 위의 〈강희도〉 양정값과 〈건륭도〉 양정값 모두와 통계적인 유의차가 없다.

2) 〈옹정도〉 전체에 대한 "1격=200리"의 타당성

　나는 〈옹정십배도〉가 "1격=200리"의 "원칙에 따라 그려졌다는 증거를 내 스스로 찾아보기로 하였다. 우선 우리가 이상에서 확인한 대로, 동서 "中"線을 따라서 관찰해보니 1격의 간격이 〈강희도〉의 북위 40도 상에서의 경도 1도의 간격과 같음을 쉽게 발견할 수 있었다. 그런데 그 간격은 앞에서 누누이 설명한대로, "강희의 200리"가 아니라, "리마두의 200리"다. 그러므로 〈옹정도〉 제작자들은 "강희의 새로운 里"를 안 쓰고, "리마두의 낡은 里"를 사용하여 1격을 200리로 정하였다라고 말할 수 있다. 그러나 이는 성급한 결론일 수 있다. 〈옹정도〉의 거리를 알아보는 데는 〈옹정도〉와 〈강희도〉를 비교하는 것이 유용하다. 〈강희도〉는 천문지리의 원칙에 따른 경위도를 사용하고 있기 때문에, 언제나 그 지도상의 거리를 추정할 수 있기 때문이다. 그러나 그 두 지도는 포괄범위가 다르기 때문에 불편하다. 그런데 〈옹정도〉 이후에 제작된 〈건륭십삼배도〉 즉 〈건륭도〉는 체재가 〈강희도〉와 일치하고, 포괄범위가 〈옹정도〉를 내포하기 때문에, 〈옹정도〉와 〈건륭도〉의 비교로부터, 〈옹정도〉의 거리에 관한 유용한 정보를 얻을 수 있을 것이라고 나는 생각했다.

　〈강희도〉는 위도를 북위 55도로부터 남쪽으로 5도씩 나누어 8개의 排로 이루어져 있기 때문에, "강희팔배도"라고 부를 수 있는 지도다. 〈건륭십삼배도〉는 그 8개의 排에, 북위 55도에서 북위 80도까지의 5개의 排가 추가되어, 13개의 排로 이루어져 있다. 〈옹정십배도〉는 북쪽에서부터 8格씩 나눈 排 10개로 이루어진 지도인데, 중선은 북위 40도가 분명하지만, 북쪽 끝은 북위 81도로 추정된다. 이처럼 〈옹정도〉의 격의 의미는 불분명하기 때문에, 〈건륭도〉와 〈옹정도〉를 계량적으로 비교하기 위하여서는 중선으로부터의 偏度/偏格을 비교하는 것이 좋다, 왜냐하면, 〈옹정도〉의 남북중선은 북경을 지나는 자오선임이 분명하고, 이는 〈건륭도〉에서 확실히 식별할 수 있기 때문이다. 그리고 남북편도는 북경을 지나는 위선이 아니라, 북위 40도임이 분명하기 때문이다.

3) 〈건륭도〉와 〈옹정도〉의 偏度/偏格 비교

다음 표는 〈건륭도〉와 〈옹정도〉에서 동시에 확인 가능한 주요 지점을 선택하여, 편도/편격을 비교하고 있다.

〈건륭도〉/〈옹정도〉의 "中線"으로부터의 편도/편격 비교(中線 부근)

關心地點	〈건륭도〉편도	〈옹정도〉편격	1격당 경도/위도
동서 편도/편격			
카스피海	서58경도	서56격	1.04경도/격
嘉峪關	서17.8경도	서18.4격	0.97경도/격
北靑	동12.5경도	동12.0격	1.04경도/격
남북 편도/편격			
德州	남2.5위도	남3.1격	0.81위도/격=1.05경도/격
蘭州	남4.0위도	남5.4격	0.74위도/격=0.96경도/격
江寧府	남7.9위도	남11.7격	0.68위도/격
杭州府	남9.7위도	남14.7격	0.66위도/격
廣州府	남16.8위도	남25.4격	0.66위도/격
海南島南端	남18.3위도	남32.8격	0.66위도/격
레나江口	북35위도	북35격	1.00위도/격
야쿠츠크	북29.2위도	북29.2격	1.00위도/격
이르쿠츠크	북19.0위도	북19.1격	0.99위도/격
네르친스크	북13.8위도	북14.7격	0.94위도/격
吉林鳥拉	북3.8위도	북4.2격	0.90위도/격
盛京	북2.0위도	북1.8격	1.10위도/격
黑龍江口	북12.9위도	북12.4격	1.04위도/격

주: 경도도를 위도도로 환산하는 공식: "(중선 부근의) 1경도도=cos(40도)x1위도도=0.77위도도"

이 표에서 우리는 몇 가지 흥미 있는 점들을 발견할 수 있다.

첫째, 동서 중선 근방에서 동서로 꽤 멀리 떨어진 지점들(카스피해, 함경도의 北靑 등)을 볼 때, 〈건륭도〉의 경도로 측정한 동서 편도와, 〈옹정도〉의 동서 편격의 값이 거의 일치한다. 이는 〈옹정도〉의 1격은 "리마두의 200리", 즉 북위 40도에서의 1경도 값과 같다는 주장을 뒷받침한다. 즉 이 경우의 "1격=200리"는 里가, 리마두 식으로,

1위도 = 250리

로 정의될 때의 200리다.

둘째, 북경에서 남쪽으로 비교적 가까운 지점들 (德州, 蘭州 등)을 볼 때, 〈건륭도〉위도로 측정한 남북 편도와 〈옹정도〉 남북 편격의 값은 일치하지 않으나, 이 남북편도를 경도로 환산하면, 이는 남북 편격과 거의 일치한다. 이는 〈옹정도〉의 1격은, 동서남북 가릴 것 없이, 북위 40도에서의 1경도 값과 같다는 주장, 즉 "리마두의 200리"와 같다는 주장을 뒷받침한다. 즉 이 경우 역시, "1격=200리"는 里가

1위도 = 250리

로 정의될 때의 200리다.

셋째, 북경에서 비교적 먼 이남의 지점들(항주부, 광주부 해남도 등)을 볼 때, 위도로 측정한 남북 편도와 〈옹정도〉 남북 편격의 값은 일치하지 않는 정도가 심하여 그 비율이 2대3 정도에까지 이른다. 이는 〈옹정도〉의 1격은, "1위도=200리"라는 강희의 200리도 아니고, "1위도=250리"라는 리마두의 200리도 아니다. 오히려 "1위도=300리"라는 별개의 척도로서의 200리인 것이다. 즉 이 경우의 "1격=200리"는 里가

1위도 = 300리

로 정의될 때의 200리다. 그리고 우리의 표는 이러한 별개의 정의가 실재함을 강력히 뒷받침 한다. 〈곤여만국전도〉의 이지조 발문에는

"1위도=약 360리"의 인식이 언급되어 있다. 중국 남부에서 "1위도
=300리"라고 보았다는 좋은 증거가 있다. 『大淸會典』에 의하면, 北
京-江寧府(南京) 간의 最短程里가 2295리라고 되어 있고, 위도는 북
경이 40도, 강녕부가 32도20분으로 되어 있다.[2] 경도차는 1.5도에 불
과하므로, 이 〈대청회전〉의 자료로부터 위도 1도의 거리를 계산하
면, 꼭 "1위도=300리"가 된다. 이 程里를 〈옹정도〉의 11.7격으로 나
누면, "1격=200리"가 된다.

넷째, 북경의 북쪽으로 전통적인 중국 영역이 아닌 지점들 (吉
林, 盛京 등)과, 러시아 지역의 지점들(레나江口, 야쿠츠크, 이르쿠
츠크 등)을 볼 때, 〈건륭도〉 위도로 측정한 남북 편도와 〈옹정도〉
남북 편격의 값이 거의 일치한다. 이는 〈옹정도〉의 1격은 위도 1도
와 같다는 것, 즉 "강희의 200新里"와 같다는 것을 의미한다. 즉 이
경우의 "1격=200리"는 里가

$$1위도 = 200리$$

로 정의될 때의 200리다.

4) 〈옹정도〉 내의 여러 가지 "里"의 공존

나는 처음에 〈옹정도〉의 설계자가 1격을 설계할 때, 거리의 일
관성을 완전히 배제한 것으로 생각했었다. 그러나 한편, 중국의 사
대부들이 아무리 서양의 논리적 사고와 다른 생각을 가지고 있다
고 하더라도, 위대한 문명의 擔持者로서 그럴 수는 없다는 생각이
들었다. 내가 놓친 어떤 측면이 있지 않을까?

위의 사실은 〈옹정도〉의 설계자 내지 제작자들이, "1도=1격=200
리"라는 일관된 의식을 가지고 있었음을 보여준다. 단, 이 경우의 1

---

2) 『淸史稿』志一에 의하면, 북경의 북위도는 39도 55분, 남경의 북위도는 32도4
  분이다.

도는 "위도 1도"와 "경도 1도"의 구별이 없는 개념이다. 실제로는 위도 1도와 경도 1도는 다른 개념임을 인식하지 못했다고 보아야한다. 그들에게 있어서 "1도"란, 경도와 위도의 구별이 없이, 다만 "200리"라는 거리를 나타내는 단순한 "名稱"이 아니었을까? 러시아인이 실측하여 111km를 1도라고 한 것도 200리이므로 1격이고, 중국 남부에서, 1위도=111km를 전통적으로 300리로 보았다면 그 거리는 200리의 1.5배이니 1.5격인 것이다. 북경 근방 사람들이 경도 1도의 거리를 200리로 본다면, 그 경도 1도는 그대로 1격이다. 그러므로 몽골, 만주, 티벳, 신강에서 실측을 통하여 경위도가 있는 신식 지도를 제작하고, 그 거리를 강희의 새로운 리로 표현했을 때도, 〈옹정도〉를 제작한 사람들의 눈에는 그 새로운 리에 의한 200리는 그대로 1격이 되는 것이다. 이 사실로부터 우리는 〈옹정도〉 제작자들의, 1위도, 1경도, 1격 등에 관한 인식을 읽을 수 있다.

〈옹정십배도〉의 구조는 이렇게 여러 가지를 생각하게 해 준다. 그리고 우리는 그 속에서 당시 중국인들이 가지고 있던 경위도에 대한 의식, 거리에 대한 의식을 실감 있게 들여다볼 수 있다. 강희의 〈황여전람도〉를 서양화하는데 성공한 당빌 d'Anville은 이러한 중국인들의 의식을 꿰뚫어보고 있었다. 그리고 그 사실을 자신의 지도집에 명시적으로 반영하였다.

"中國里"에 대한 당빌의 인식

〈강희도〉 즉 강희의 〈황여전람도〉는 서양인들의 주도하에 실측을 바탕으로 제작되었다. 서양의 測量儀器를 동원하여 전국 사십여 군데의 경위도가 측정되고 이를 바탕으로 사인곡선도법이라는 서양의 투영법에 맞게 서양식의 지도가 완성되었다. 이 자료는 그대로 서양으로 보내져서, 당빌은 이를 원추곡선도법으로 훨씬 더 서양화된 지도를 제작하였다.

1734년에 당빌은 한 장짜리 〈중국총도〉(Carte la plus generale et qui comprend la Chine, la Tartarie Chinoise, et le Tibet, 1734)를 공표하였고, 1737년에는 지도집, 『중국신지도집』(Nouvell Atlas de la Chine, de la Tartarie Chinoise, et du Thibet, 1737)을 출판하였다. 이 지도집에는 자세한 구분도들이 포함되어 있고, 〈조선왕국도〉(Royaume de Coree)도 들어 있다. 이 지도집은 19세기까지도 서양인들의 동양 정보의 원천으로서 중요한 가치를 지녀온 지도집인데, 현재 서울대학교 중앙도서관에도 한 부가 존재한다.

그런데 1734년의 당빌의 〈중국총도〉의 축척 설명에는, 위에 1도=250리의 중국리, 아래에 1도=200리의 중국리를 제시함으로써 전자를 더 중요시하는 듯한 모습을 보여주고 있다. "1도=250리"와 "1도=200리" 두 가지 대립되는 명제와 관련해서, 1737년의 〈지도집〉은 더욱 흥미있는 사실을 보여주고 있다. 이 〈지도집〉에서 당빌은 전통적 중화권과 새로 편입된 지역에 상이한 "잣대"를 적용하고 있는 것이다. 전통적 중국영역을 그린 지도, Carte General de la Chine에서는 중국리로서 "1도=250리"를 채택하고 있다. 북경 주변인 北直隷圖, Province de Pe-Tche-Li, 그리고 朝鮮王國圖, Royaume de Coree에서도 마찬가지다. 그러나 몽골지역의 지도, Carte General de la Tartarie Chinoise 그리고 티벳지역의 지도, Carte General du Thibet ou Bou-tan에서는 다르다. 이 지도들에서는 중국리라고 하면서 "1도=200리"를 채택하고 있다.

당빌은 중국에 관한 정보를 주로 예수회 傳教士들로부터 얻었다. 그리고 당빌은 지도에서 특히 Gerbillon 신부(중국명: 張誠, 1654-1707)의 이름을 거명하고 있다. 그는 강희의 최측근으로서, 강희의 대외문제에 관여하고, 정벌활동에 수행했다. 그가 제공한 정보가 당빌 지도의 바탕을 이루고 있음을 말해준다. 당빌의 중국에 관한 정보는 예수회 전교사들의 그것과 일치한다고 볼 수 있을 때,

그들은 "1도=200리" 설이 강희의 지지를 받고 있고, 따라서 그가 추진하는 몽골, 티벳 등 새 강역의 측량에서는 이 척도가 사용되었지만, 전통적 중국 영역에서는 의연히 "1도=250리" 설이 통용되었음을 잘 알고 있었다는 것이 된다.

4. 〈옹정십배도〉에 대한 결론적 평가

〈옹정도〉는 시기적으로는 〈강희도〉와 〈건륭도〉의 중간에 있다. 그러나 지도의 製圖기법으로는 그렇지 않다. 서양의 제도기법에 대하여 반발하며, 전통적인 중국의 기법으로 돌아가고자 하는 시도의 산물이다. 그러나 그 시도가 실패했다는 직접적인 증거가 〈건륭도〉다. 합리적인 지도의 제작이라는 관점에서 地方說에 근거를 둔 제도기법은 중국과 같은 넓은 영역에서는 근사적으로 조차도 성공할 수 없었던 것이다.

그러나 대상을 한반도에 국한한 김정호의 〈대동여지도〉/〈동여도〉는 그러한 전통적인 제도기법을 창조적으로 적용함으로써 일정한 성공을 거둘 수 있었다.

VIII. 김정호 地圖편: 〈大東輿地圖〉/〈東輿圖〉

1. 金正浩의 天文地理模型과 製圖原則

1) 김정호의 천문지리모형

(1) 김정호의 경위도와 리

김정호는 동아시아의 天圓地方說의 영향을 벗어날 수 없었다. 그러므로 우리의 기본모형 중에서 땅이 구형이라는 개념은 김정호의 體質이 될 수 없었다. 김정호에게 땅은 바둑판 같은 방형이고, 지면은 평면이었다.

김정호가 서양인들의 經緯度 논의를 들었을 때, 그것은 자기가 알고 있는 바둑판의 方格과 다르다고 생각하지 않았다. 위선은 바둑판의 가로선과 같은 것이고, 경선은 세로선일 따름이었다.

김정호가 1도는 200리라고 할 때, 그 1도는 경도 1도이기도하고 위도 1도이기도 한 것이지 경도1도와 위도 1도는 다르다든지, 경도 1도의 거리는 위도가 커짐에 따라 줄어든다든지 하는 생각은 그의 머리 속에는 들어있지 않았다. 바둑판의 방격의 간격은 가로나 세로의 구별 없이 똑같은 것이다. 경선들 간의 간격이 위도가 높아짐에 따라 줄어든다는 생각도 없었다. 바둑판의 간격은 위로 올라갈수록 간격이 좁아지는 일이 없는 것이다. 그런데 문제는 서양 사람들의 주장을 받아들이는 과정에서 생겼다.

동아시아 사람들은 북쪽으로 갈수록 북극고가 높아진다는 것을 이미 알고 있었다. 서양 사람들은 북극고가 그 지점의 북위도와 같다고 하였고, 김정호는 이를 받아들였다. 그러므로 위도가 1도 높아지면 북극고 역시 1도 높아진다. 그런데 김정호에게 있어서, 1도는 200리이므로, 정북으로 200리 이동하면 북극고는 1도 높아지는 것이다.

또 서양 사람들은 동쪽으로 경도 30도 이동하면 해시계의 시각은 1시진(=8각=120분) 빨라지고, 경도 1도 이동하면 4분 빨라진다고 하였고, 김정호는 이를 받아들였다. 그런데 김정호에게 있어서, 1도는 200리이므로, 정동으로 200리 이동하면 해시계의 시각은 4분 빨라지는 것이다.

서양 사람에게, 위도 1도와 경도 1도는 그 간격이 다르다. 더욱이, 경도 1도의 간격은 고위도로 갈수록 좁아진다. 그러나 김정호의 개념 속에는 경위도 구별 없이 1도의 간격은 200리다. 게다가 김정호의 리의 개념까지도 서양 사람들과는 달랐으니 어떻게 되겠는가? 땅의 모형에 관한 한, 김정호의 모형은 우리의 표준모형과 달랐다.

(2) 땅과 地圖의 형태에 관한 朝鮮模型

김정호의 모형은 당시 조선의 공통적인 모형이라고 보아, 이를 "朝鮮模型"이라고 부르기로 하자. 그 모형의 특징은 다음과 같다.

1) 땅과 지도는 평평하다.

2) 땅과 지도는 직교하는 동서와 남북 두 中線의 交點을 原點으로 하고 그 두 중선을 축으로 하는 直交座標로 표현할 수 있다.

이 두 특징 외에 김정호의 모형에는 다음 특징을 추가한다.

3) 땅과 지도는 직교하는 두 중선의 교점을 원점으로 하고, 원점에서 북방을 방위각의 0도로 하여 시계방향으로 잰 방위각과, 원점으로부터의 射線의 길이를 좌표로 하는 극좌표로 표현할 수 있다.

(3) 김정호의 製圖原則

김정호는 朝鮮模型 내지 김정호 모형에 따라 지도를 그리면서 합리적인 제도원칙에 따르려 노력한 사람이었다. 그러하기 때문에 그는 후세에 높은 평가를 받는 지도를 남길 수 있었다,

裴秀六體는 김정호가 따르고자한 가장 중요한 제도원칙이었다.

『幾何原本』의 제도에 필요한 부분에 대하여서도, 김정호는 일정한 이해가 있었다. 그 구체적인 창조적 표상의 하나가 極座標 방식의 하나인 "地圖式"의 창안이었다.

2) 김정호에 미친 裵秀六體의 영향

(1) 裵秀六體

김정호는 배수6체 즉 배수의 제도 6원칙을 창조적으로 재해석함으로써 좋은 지도를 그릴 수 있었다. 이 6원칙은 3세기 말 西晉의 배수에 의해서 정립이 된 이래 중국과 조선에서 수많은 지도제작자의 귀감이 되어 온 것으로, 김정호에게 특별한 의미를 부여할만한 사안은 아니다. 그러나 김정호의 지도가, 역시 이 원칙에 입각하였을 그 이전의 지도보다 우수한 지도로 평가되는 이유는, 우선 이 6원칙이 "땅이 평평하다"는 것을 전제로 하는 "조선모형"에 맞는 원칙이며, 더 나아가서 김정호가 이 6원칙을 자기 나름대로 "창조적"으로 해석해서 이를 지도제작에 적용했기 때문이라고 나는 본다.

배수의 6원칙의 해석은 역사적으로 볼 때 통일된 단일의 해석이 없다. 배수 자신의 설명이 너무 간략하기 때문이다. 그러나 이 원칙이 그토록 오래 존중되었다면 그에 상응하는 가치가 있을 것이라고 나는 생각하고 여러 문헌을 섭렵하여 그 의미파악부터 시작하기로 하였다.

먼저 六體란 6개의 원칙이란 뜻인데, 그 중 앞의 세 원칙을 보자. "分率", "準望", "道里"가 그것이다. 나는 이 셋의 앞글자는 동사, 뒷글자는 목적어일 것으로 본다. 배수는 말하는 것이다: "첫째 率을 分하고, 望을 準하고, 셋째 里를 道하라." 우리는 이 표현이 현대 중국어가 아니라 3세기의 한문이라는 점에 유의해야 한다고 본다. 그때는 多音節語가 드물고, 거의 언제나 한 글자가 한 단어였다. 그러므로 "率을 分하라"에서 率은 그 한 글자로 현재의 "비율"이란 개념을 나타낼 수 있었고, 分은 그 한 글자로 "분별"이란 의미를 나타낼 수 있었다.

그러므로 첫때 원칙은 "좋은 지도를 제작하려면 비율을 분별해야 한다." 라고 해석할 수 있다. 지도란 지형을 평면 위에 나타내는 일이므로 그리려는 대상의 크기를 지도에 어떤 크기로 줄여서 나타 나타낼 수밖에 없고, 이때 줄이는 비율이 축척이다. 그러므로 이 첫째 원칙은 그 비율을 얼마로 할 것이냐를 분별하는 것이 지도 제작의 첫째 원칙이 되어야 함을 지적하고 있다고 해석할 수 있는 것이다. 그러므로 지도 제작에서는 먼저 縮尺을 정하라고 요구하는 것이다. 김정호는 〈대동여지도〉, 〈동여도〉에서, "100리=1자"라는 축척으로 표현함으로써, 이 원칙을 준수하고 있다.

둘째 원칙, "望을 準하라"에서 望은 자신의 立地에서의 "방위"를 의미하며, 準은 "표준삼다"라는 의미로 해석할 수 있으므로, 이 원칙은 "좋은 지도를 제작하려면 방위를 표준삼아야 한다." 라고 해석할 수 있다. 이 원칙을 준수하는 방법으로 많은 지도제작자가 채택한 방법은 方格法이었다. 바둑판처럼 가로 세로로 등간격의 방격체계를 만들고, 그중의 한 교차점을 원점으로 삼아, 좌우상하를 서동북남의 방위로 삼는 것이다. 이렇게 하면 방격체계는 기하학적 直交座標體系가 되며, 첫째원칙인 "분률"의 원칙으로 정해진 축척에 따라 "평면"인 지형을 지도에 그려 넣을 수 있는 것이다(그러나 지면을 "곡면"으로 인식하면 문제는 달라진다. 곡면인 지형을 평면인 지도에 나타낸다는 "어려운 문제"가 발생하기 때문이다.) 김정호는 이 원칙의 적용에서 전통적인 방격법을 배격하지는 않았다. 그러나 그는 창조적인 발상으로 일종의 極座標系 "지도식"을 창안하였다. 이는 따로 다루기로 하자.

셋째 원칙 "里를 道하라" 라는 원칙은 무엇을 의미할까에 관해서는 의견통일이 잘 안되어 온 것 같다. 그러나 여기서 里가 里程을 의미하는 것은 분명해 보인다. "里程을 道하라"에서 道란 어떻게 한다는 말일까? 여기서 우리는 이 표현이 3세기의 표현임을 유의할 필요가 있다고 본다. "道"가 導의 의미를 가지고 있을 때인 것이다. "이끌어내다" "이끌다"의 뜻을 가질 수 있다. 하나의 용례로 "道千乘之國"이라는 표현을 보자. 여기서 "도"는 분명히 나라를 "이끌다"의 의미인 것이다. 그렇다면 이 셋째 원칙은, "좋은 지도를 제작하려면 이정을 이끌어내야 한다." 라는 의미로 해석하는 것이 가능하다.

배수의 6원칙중 이상의 세 원칙은 "基本 3原則"이라고 부를 수 있다. 나머지 세 원칙은 "補助 3原則"이다. 어떤 의미에서 "보조원칙"인가? 주로 道里의 원칙을 보조하는 역할을 하기 때문이다.

高下, 方邪, 迂直이라는 세 보조원칙의 의미해석에 관해서는 의견이 분분하다. 나는 세 기본원칙의 표현구조가 동사-목적어 관계라고 보고 해석했다. 그러나 세 보조원칙의 표현구조는 동사-목적어 관계일 수가 없는 것으로 보인다. 高下, 方邪, 迂直 세 원칙 모두 서로 대립되는 글자의 조합처럼 보인다. 그런데 Wikipedia의 中文 "裵秀" 항목의 필자는 재미있는 해석을 내놓고 있다. 그 보조 3원칙의 의미는, 高取下, 方取斜, 迂取直으로 해석할 수 있다는 것이다. "高이면 下를 취하고, 方이면 斜를 취하고, 迂이면 直을 취하라" 라고 해석될 수 있는 표현이라는 것이다.

나는 이 해석이 일단 타당한 것으로 본다. 왜 그럴까? 이는, 자기 스스로가 실제로 지면을 대면해서 이를 지도로 표현해야하는 사람의 입장이 되어보는 思考實驗을 해보면 이해할 수 있다. 高度差가 있는 두 지점간의 里程, 직각으로 꺾인 길로 가야할 두 지점간의 이정, 에둘러 갈 수밖에 없는 두 지점간의 이정, 이 세 가지 이정을 지도에 나타내려면 어떻게 해야 할지를 생각해 보면 이 보조 3원칙의 의미를 이해할 수 있지 않을까?

3) 김정호에 미친 『幾何原本』의 영향

김정호는 지도를 축소하고 확대하는 방법을 설명하는 과정에서, 『幾何原本』을 언급하고 있다. 유클리드의『기하원본』에 나오는 방법을 쓴다는 의미로 해석될 수밖에 없다. Euclid의 *Elements*는 마테오 리치(리마두)와 서광계에 의하여 번역되었다. 그런데 리마두는 유클리드의 *Elements* 자체가 아니라, 그의 스승인 클라비우스의 解說本 총 15권 가운데 앞의 6권을 한문으로 번역하여, 1607년에 〈幾何原本〉이란 이름으로 출간하였다. 김정호가 말하는 책이 바로 이것이다.

(1) 相似形에 관한 『기하원본』의 설명

나는 김정호가 참고했을 부분이 그 책의 어디일까에 관심을 가지고 찾아보았다. 내용은 닮은 도형을 차질 없이 그리는 방법을 제시하는 것이어야 한다. 내가 찾아본 바에 의하면, 이 내용과 가장 관계가 깊은『기하원본』의 명제는 第6卷의 第18題였다. 그 내용은 다음과 같다.

> "直線上 求作直線形 與所設直線形 相似而體勢等."
> 직선상에 직선형을 작도하되, 주어진 직선형과 상사이며 체세가 같도록 한다.

의미가 잘 떠오르지 않는다. 이 명제의 의미를 분명히 이해하기 위하여, 대응하는 영어표현을 찾아보았다.

"On a given straight line to describe a rectilineal figure similar and similarly situated to a given rectilineal figure."

좀 더 알기 쉬운 영어표현은 다음과 같다.

"To describe a rectilinear figure similar and similarly situated to a given rectilinear figure on a given straight line."
주어진 하나의 직선상에 하나의 직선형을 작도하되, 주어진 직선형과 상사형이 되도록 그리고 그 직선형과 체세가 같도록 한다.

명제의 뜻을 좀 더 분명히 알 수 있다. 그런데 이 명제를 정확히 이해하려면, 직선, 직선형, 작도, 상사형, 같은 체세 등의 의미를 올바로 알아야 한다. 특히 상사형의 의미를 정확히 아는 것이 필요하다. 『기하원본』 제6권 第1界에는 다음과 같이 그 의미가 정의되어 있다.

"凡形相當之各角等　而各等角旁兩線之比例俱等　爲相似之形."
직선형들이 대응하는 각들이 각각 같고, 각각의 같은 각 양쪽의 변들이 모두 비례한다면, 그 직선형들은 상사형이다.
"Similar rectilinear figures are such as have their angles severally equal and the sides about the equal angles proportional."

이 정의는 상사형의 의미를 완전히 전달하기가 어렵게 표현되어 있다. 『기하원본』에서 사용하는 상사형의 의미에 비추어 볼 때, 상사형의 개념은 직선형들의 꼭지점들과 변들에 관하여 특별한 대응관계를 요구하고 있다. 예컨대 두 개의 오각형 ABCDE와 FGHKL이 상사형이려면 다음 요건이 충족되어야 한다. 먼저 대응하는 각들은, 순서대로, 서로 같아야 한다. 즉, A = F, B = G, C = H, D = K, E = L. 또 같은 각 양옆의 변들은, 역시 순서대로, 서로 그 비가 같아야 한다. 즉,

$$EA:AB = LF:FG, \quad AB:BC = FG:GH, \quad BC:CD$$

$$= GH:HK, CD:EF = HK:KL, \quad EA:AB = KL:LF.$$

순서가 바뀌어서 서로 같아도 안된다. 비례항들의 순서가 바뀌어도 안된다. 예컨대 두 번째 비례식이

$$AB:BC = GH:FG$$

이어도 안된다.

(2) 지도의 확대와 축소

지도의 확대 축소는 상사형을 작도하는 일이다. 김정호는 과연 『기하원본』에서 설명하고 있는 상사형의 이런 엄밀한 정의를 이해했을까?

『기하원본』은 전체가 하나의 일관된 논리서이기 때문에, 제6권의 내용을 이해하려면 그 앞의 모든 권의 내용을 알고 있어야 한다. 그리고 그 내용이란 모두가 동양의 지식인이 접해보지 못한 엄밀한 논증의 연쇄로 이루어져 있다. 동양의 수학서는 레시피의 나열인데, 『기하원본』은 사소한 과정이라도 모두 이유 내지 所以然을 밝히고 있다. 그러므로 서양의 수학선생으로부터 직접 강의를 들으며 『기하원본』을 공부하지 않은 김정호가 그 내용을 이해하는 것은 至難한 일이었을 것이다.

그러나 다행히 김정호가 『기하원본』의 방법으로 지도의 확대 축소 문제를 풀었다고 할 때의 직선형은 직사각형이다. 네 각이 모두 직각이고, 마주 보는 두 변이 서로 같은 직사각형 말이다. 그러므로 두 직사각형의 상사조건은 매우 간단하다. 각들은 모두 직각이므로 대응하는 각이 같다는 조건은 자동으로 충족된다. 같은 각을 낀 대응하는 두 변들 끼리의 비가 같다는 조건은, 직사각형에는 길이가

다른 변이 둘 뿐이므로, 이 두 변의 비가 두 직사각형에서 같기만 하면 충족된다. 이처럼 상사형의 조건이 간단하기 때문에, 김정호가 기하원본의 방법을 지도의 확대 축소에 이용하는 데는 아무 문제가 없었다. 상사형의 일반적 조건 모두를 지실하고 있을 필요가 없었다.

김정호가 〈靑丘圖凡例〉에서 보여주고 있는 축소의 예를 보자. 原圖는 가로가 8개, 세로가 6개의 방격으로 나누어진 지도다. 가로와 세로의 비가 8대6인 것이다. 이 지도를 가로가 반절밖에 안 되는 작은 지도로 축소하려 하면, 우선 원하는 작은 지도의 가로의 총 길이가 원도의 절반이 되는 선분을 지도의 밑변으로 삼는다. 다음으로는 원도의 밑변의 방격의 수인 8에 따라서 그리려는 작은 지도의 밑변을 8등분하여, 그 길이를 작은 지도의 방격의 길이로 삼는다. 이 小方格의 길이의 6배를 작은 지도의 세로의 길이로 한다. 가로 세로로 평행선들을 그려 정방형인 소방격 8곱하기 6개 즉 48개의 방격도를 완성한다. 그러면 원도의 48개 방격은 작은 지도의 48개 방격과 1대1의 대응을 이룬다. 그리고 나서 원도의 각방격 내의 지형지물의 모양을 작은 지도의 대응하는 방격 내에 축소해서 옮겨 그리면 원도와 상사형인 작은 지도가 완성된다. 이때 각지도의 가로 세로의 비는 8대6으로 같고, 원도와 작은 지도의 대응하는 변의 길이의 비는 2대1이다.

김정호는 이때 크기의 비가 4대1이라고 하고 있는데 그것은 상사형의 넓이의 비는 길이의 비인 2대1의 제곱의 비가 되기 때문이다. 『기하원본』에서는 넓이의 비가 그렇게 되는 이유도 설명하고 있다. 제6권의 第19題와 第20題가 그것이다. 즉,

第19題: "相似三角形之比例 爲其相似邊再加之比例."

상사삼각형의 넓이의 비는 상사변의 제곱비와 같다.

Proposition 19: "Similar triangles are to one another in the duplicate ratio of the corresponding sides."

第20題: "以三角形 分相似之多邊直線形 則分數必等 而相當之各三角形 各相似 其各相當三角形之比例 若兩元形之比例 其元形之比例 爲兩相似邊再加之比例."

두 상사다변직선형을 삼각형으로 나누어 그 개수가 같아지게 하되, 또 대응하는 삼각형 각각이 상사형이 되게 하면, 그 대응하는 상사삼각형의 넓이의 비는 양 다변직선형의 넓이의 비와 같고, 또 그 비는 양 대응상사변의 제곱비와 같다.

Proposition 20: "Similar polygons are divided into similar triangles, and into triangles equal in multitude and in the same ratio as the wholes, and the polygon has to the polygon a ratio duplicate of that which the corresponding side has to the corresponding side."

즉 이 두 명제를 통하여, "상사직선형의 넓이의 비는 상사변의 제곱비와 같다" 라는 명제가 논증되고 있는 것이다. 그러나 김정호는 그 정도로 엄밀한 논증을 시도하지는 않았을 것이다. 다만 시각적 직관에 호소해서 큰 지도와 작은 지도의 길이의 비가 2대1이 되게 줄이면, 넓이의 비는 4대1로 줄어든다고 말하고 있는 것이다.

(3) 김정호의 "地圖式"과 『기하원본』의 클라비우스

『기하원본』은 리마두의 스승인 클라비우스의 해설서의 번역이라고 말한 바 있다. 그런데 클라비우스는, 자신의 해설 속에, 원래의 *Elements*에는 없는 내용을 추가하고 있다. 그런데 그것은 두 도형의 "닮음의 중심"에서 방사상으로 뻗은 선분의 길이의 비가 모두 같으면, 그 두 도형은 상사형이라는 것을 보여주고 있다.

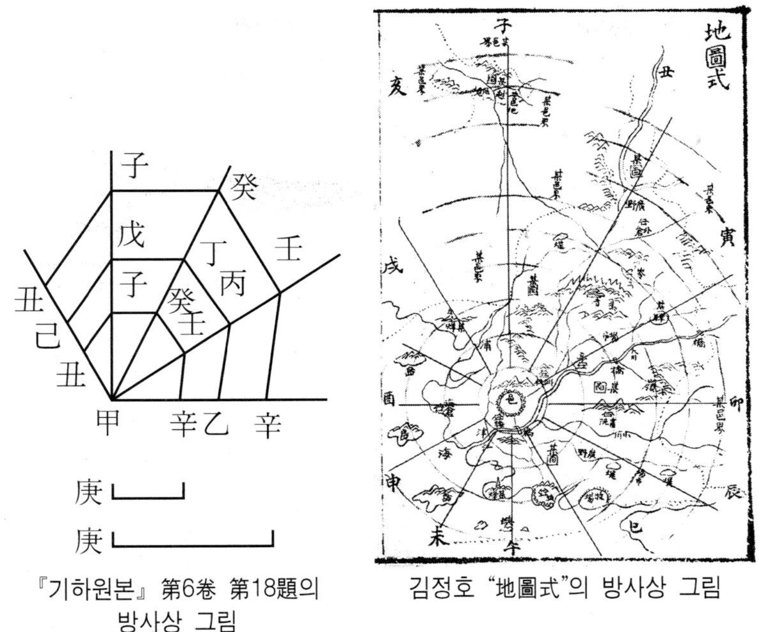

『기하원본』 第6卷 第18題의
방사상 그림

김정호 "地圖式"의 방사상 그림

김정호가 『기하원본』의 第6卷 第18題에서 지도의 확대와 축소에
관한 원리를 터득하게 된 것이 사실이라면, 같은 명제 속에 있는,
"두 도형의 닮음의 중심에서 방사상으로 뻗은 선분의 길이의 비가
모두 같으면, 그 두 도형은 상사형"이라는 내용을 보지 않았을 리가
없다. 그리고 다분히 여기서 힌트를 얻어 "地圖式"을 창안할 수 있
었을 것이다.

4) 김정호 地圖의 座標體系

(1) 極座標적 製圖法式: "地圖式"

김정호는 중심지점을 동심원들의 공통중심으로 잡고, 반지름이
10리씩 차이 나는 동심원들을 그렸다. 그리고 그 중심으로부터 뻗

어나는 12방위의 방사선을 그렸다. 이 그림에서 우리는 쉽게 클라비우스의 "두 도형의 닮음의 중심에서 방사상으로 뻗은 선분의 길이의 비가 모두 같으면, 그 두 도형은 상사형"이라는 명제를 떠올리게 된다. 이 명제는 앞에서 설명한『기하원본』의 第6卷 第18題에 리마두의 스승 클라비우스가 추가한 명제다.

지도란 무엇인가? 지형과의 상사형이다. 그리고 두 상사형의 "닮음의 중심"에서 보면, 거기서 뻗은 방사상의 선분 상에 각지점과 그 지점의 지도상의 점이 놓이게 되며, 따라서, 각지점의 지도상의 위치는 그 중심으로부터의 거리와 방위라는 두 요소에 의해서 위치가 정해진다. 이것이 바로 그의 "地圖式"이다. 이 방법을 따랐기 때문에 김정호의 지도는 〈청구도〉, 〈동여도〉, 〈대동여지도〉를 가릴 것 없이, 방위의 정확성에 있어서는 그 이전의 지도에 비해서 획기적인 개선을 이룩하였다.

(2) 直交座標와 極座標의 互換

김정호는 방격식의 직교좌표도 유용하게 이용하였다. 동서남북을 모두 10리간격의 방격으로 규격화하여, 거리의 정확성을 기하고자 노력했다. 그러나 김정호지도의 방위가 정확한 이유는 무엇보다도 극좌표 때문이다.

김정호가 이해한 극좌표와 직교좌표 간의 호환성의 예는 김정호 자신의 〈輿圖備志〉의 자료에서 확인할 수 있다. 다음 표는 경기도의 예다.

김정호가 이해한 "극좌표"와 "직교좌표"의 호환 (경기도의 예)

지명	방위각 a(도)	거경직거(리) R R^	도리(리)	편남북(분) y^ y	편동서(분) x^ x
한양	중심 --	0	0	0 0	0 0
광주	손3 130	43 40	40	-8 -8	10 9

죽산	사11 153	168	170	170	-45	-46	23	22
양근	진3 115	115	110	120	-15	-14	31	30
지평	을14 111	140	136	160	-15	-15	39	38
양지	사2 144	110	108	120	-27	-27	19	18
인천	선11 243	68	73	70	-9	-9	-18	-20
통진	술2 294	90	97	100	11	11	-25	-27
김포	신1 278	55	45	60	2	4	-16	-30*
진위	오2 174	115	120	120	-34	-36	4	3
양천	유1 263	29	27	30	-1	0	-9	-8
양성	병11 168	135	143	150	-40	-39	8	18*
강화	술1 293	110	115	120	13	13	-30	-32
고양	해5 327	43	39	40	11	10	-7	-6
가평	갑7 74	122	134	130	10	10	35	39*
포천	간1 38	94	93	100	22	22	17	17
파주	임1 338	70	73	80	19	20	-8	-9
장단	해10 332	110	103	120	29	27	-15	-15
마전	자11 3	115	117	130	34	35	2	3
수원	오6 178	68	70	70	-20	-21	1	1
여주	손2 129	165	163	160	-32	-31	39	38
이천	손6 133	120	123	120	-25	-26	26	26
과천	오8 180	29	27	30	-9	-8	0	1
음죽	사1 143	160	155	180	-38	-38	29	27
남양	정14 201	89	93	100	-25	-26	-10	-10
부평	경14 261	49	51	50	-2	-3	-15	-15
안산	미8 210	55	54	60	-14	-14	-8	-8
안성	병11 168	155	155	160	-45	-44	10	15*
용인	사13 155	75	82	80	-20	-22	10	11
시흥	미15 217	29	24	30	-7	-7	-5	-2*
개성	건10 317	140	135	160	31	30	-29	-27
양주	계3 10	57	48	60	17	14	3	3
교하	건11 318	68	68	70	15	15	-14	-14
영평	축12 34	125	132	130	31	33	21	22
적성	자2 354	90	94	120	27	28	-3	-2
교동	신10 289	150	154	160	15	14	-43	-44
삭녕	자9 1	160	167	210	48	50	1	2
연천	계7 14	125*	143*	140	36	39	9	18*

주: (1) 김정호의 경위도 거리 환산규칙: 10리=3분.

   (2) 오차: 계산값 x^과 양정값 x의 차가 큰 경우

    1) 김포: 계산값 $x^\wedge$은 -16분인데 x는 -30분이다. 〈동여도〉의 판독결과는 -16분이다. x=-30분이 틀렸다고 본다.
    2) 양성: 계산값 $x^\wedge$은 8분인데 x는 18분이다. 〈동여도〉의 판독결과는 8분이다. x=18분이 틀렸다고 본다.
    3) 가평: 계산값 $x^\wedge$은 35분인데 x는 39분이다. 〈동여도〉의 판독결과는 36분이다. x=39분이 틀렸다고 본다.
    4) 안성: 계산값 $x^\wedge$은 10분인데 x는 15분이다. 〈동여도〉의 판독결과는 11분이다. x=15분이 틀렸다고 본다.
    5) 시흥: 계산값 $x^\wedge$은 -5분인데 x는 -2분이다. 〈동여도〉의 판독결과는 -4분이다. x=-2분이 틀렸다고 본다.
 (3) 오차: 복합적인 경우
    1) 연천: 계산값 $x^\wedge$은 9분인데 x는 18분이다. 〈동여도〉의 판독결과는 12분이다. x=18분이 틀린 것은 확실하다. 또, x와 y로부터 계산한 $R^\wedge$은 143리다. 이는 R=125리보다 클 뿐 아니라, 도리 140리보다도 더 크다. 이는 있을 수 없는 일이다. y=39분과 $y^\wedge$=36분의 차도 너무 크다. 잘못은 거경직거 R=125리에 있는듯하다. 〈동여도〉를 판독하면, 연천의 좌표는 (x, y)=(39, 12)인데, 이로부터 계산되는 거경직거는 136리다. 그러므로 〈여도비지〉의 거경직거 125리는 135리로 보는 것이 옳다. R=135리일 때, $x^\wedge$=10분, $y^\wedge$=39분이다.
 (4) "거경직거"는 "도리"보다 클 수가 없다. 광주와 고양의 경우 이 원칙에 위배되는 것은 〈여도비지〉의 오류다.

    이 표의 자료는 김정호의 〈여도비지〉이며, 직교좌표와 극좌표 간의 변환은 다음과 같은 절차에 따랐다.
    〈여도비지〉에는 한양에서 본 방위각을 전통적인 방법으로 표기하고 있는데, 예컨대 개성의 "건10"은 현행의 방위각 a로는 317도다.(부록 2 참조.) 개성의 거경직거 R은 140리다(도리는 이보다 20리면 160리다). 그러므로 개성을 극좌표로 표시하면 다음과 같다:
        개성의 극좌표: (R, a) = (140리, 317도)
    한편, 개성의 한양편남북 y는 30분이며, 한양편동서 x는 -27분이다. 즉, 한양으로부터 북쪽으로 30분 떨어져 있고, 서쪽으로 27분 떨어져 있다. 그러므로 개성을 직교좌표로 표시하면 다음과 같다:

개성의 직교좌표: (x, y) = (-27분, 30분)

이론적으로 두 좌표계 사이의 변환은 다음과 같다.

R^ = {SQRT(x^2 + y^2)}×10/3

x^ = {R×sin(a)}×3/10

y^ = {R×cos(a)}×3/10.

김정호가 직교좌표와 극좌표 사이의 관계를 올바로 운용했다면, 이 계산값들의 오차,

R^-R, x^-x, y^-y

등의 절대값은 충분히 작을 것으로 기대된다. 개성의 경우를 예시하면 다음과 같다.

R^ = {SQRT($(-27)^2$ + $(30)^2$)}×10/3 = 135(리)

x^ = {140×sin(317도)}×3/10 = -29(분)

y^ = {140×cos(317도)}×3/10 = 31(분).

따라서 오차는 다음과 같다.

R^-R = 135-140 = -5(리)

x^-x = (-29)-(-27) = -2(분)

y^-y = 31-30 = 1(분)

김정호의 관측오차를 감안할 때, 이 정도의 오차는 허용할만한 범위 내에 있다.

위의 표를 검토해 보면, 거의 모두 허용오차 범위 안에 있다. 즉 김정호는 두 좌표계 사이의 변환을 올바로 운용하고 있다.[1]

2. 김정호 지도의 計量分析의 기초자료

김정호 지도의 계량분석을 위한 기초자료는, 『여도비지』 등 그

---

1) 그 범위를 벗어나는 소수의 경우에 대해서는 표 아래에 주석을 달았다.

의 저작에서도 얻을 수 있다. 그러나 그의 지도자체로부터 우리는 여러 가지 기초적인 계량분석의 자료를 얻을 수 있으며, 이 이를 분석함으로써 유용한 정보를 찾아낼 수 있다고 나는 믿는다. 그리하여 우선 내가 다루기 쉬운 〈동여도〉를 이용하여 이 작업을 수행하려 한다. 〈동여도〉는 위치정보를 얻는 데는 〈대동여지도〉와 실질적 차이가 없다.

나의 계량분석의 기초자료는 〈동여도〉의 팔도감영의 한양으로부터의 편동서 및 편남북의 거리를 里를 단위로 측정한 값이다. 팔도감영을 택한 것은 김정호가 지도를 제작함에 있어서 가장 많은 지리정보를 가지고 있는 지점이 팔도감영일 것이기 때문이다. 즉 가장 정보가 풍부한 지점들의 위치정보들을 〈동여도〉로부터 얻어서 이를 분석해보자는 것이 나의 의도다.

나의 계량분석의 또 하나의 자료는 『國朝曆象考』의 팔도감영 "경위도" 자료다. 김정호와 『국조역상고』는 모두 경도, 위도에 관계없이, "1도=200리"의 명제를 받아들이고 있다. 그리고 1도는 60분이므로, "3분=10리" 즉 "1분=10/3리" 그러므로, "경위도"만 알면 우리는 언제나 위치정보를 완전히 알 수 있기 때문에 팔도감영의 위치정보 분석에 부족함이 없다. 특히 이 자료는 〈동여도〉에 그대로 轉載되어 있기 때문에 〈동여도〉와 함께 분석하는데 안성맞춤이다.

이 두 자료의 분석은 현행지도와 비교할 때 더욱 흥미있는 결과를 얻을 수 있다. 현행 지도의 분석은 현행 경위도 자료를 사용한다.

1) 〈동여도〉의 팔도감영 거리정보

구체적으로 내가 사용한 지도는 규장각에서 2006년에 간행한 80%로 축소된 원색〈동여도〉다. 이 축쇄판에서 한 圖葉의 동서 거리는 320리이고, 남북거리는 240리다. 한양에서 각 감영까지의 거리는 다음과 같이 산출하였다. 각 감영이 속해있는 도엽 내에서, 감영과 도엽경계간의 거리는 비례산출하였다. 그리고 한양과 감영 사이의 도엽의 수에 320리 또는 240리를 곱하여 얻은 값에 도판내의 해당 거리를 더하여, 里를 단위로 하는, 한양과의 동서거리 및 남북거리를 얻었다. 그 결과가 다음 표다.

〈동여도〉에서 얻은 한양에서 팔도감영까지의 거리정보 (단위:리)

	함흥	평양	해주	한양	원주	공주	대구	전주	합계
편동서(+-)거리	186	-209	-272	--	199	10	344	14	
편남북(-+)거리	687	409	141	--	-87	-289	-477	-459	
한양 직선거리	712	459	306	--	217	289	588	459	3030
〈참고 : 김정호의 5리 단위 거리들의 비교〉									
〈동여도〉	710	460	305	--	215	290	590	460	3030
〈여도비지〉	715	460	305		225	결락	595	460	--
〈청구도〉	720	460	305	--	230	285	595	460	3055
(합계 조정)	715	455	305	--	225	280	590	460	3030

주: (1) 편동서 편남북 한양거리는 〈동여도〉에서 측정하여 얻었다.
　(2) 한양직선거리는 $sqrt(186^2+687^2)$의 값 등을 구하여 얻었다.
　(3) 〈여도비지〉의 한양직선거리는 5리 단위로 되어있고, "공주"가 결락되었다 (이상태(1999), p. 206).

　이 표에서 〈동여도〉의 한양 직선거리를 김정호의 〈여도비지〉에 나온 거리와 비교하면, 최대 相差가 10리 밖에 되지 않는다. 또 김정호의 〈청구도〉에서 얻은 정보 역시 〈동여도〉, 〈여도비지〉에서 얻은 정보와 사실상 같다. 그러므로 우리는 이 직선거리를 〈동여도〉에 한정하지 않고, "김정호의 거리"라고 말할 수 있을 것이다.

2) 『국조역상고』의 팔도감영 거리정보

김정호는 〈동여도〉에 팔도감영의 "경위도" 값을 『國朝曆象考』에서 인용하여 싣고 있다. 『국조역상고』는 정조 15년(1791)에 편찬된 책으로, 김정호로 보면 약 70년 전의 자료다. 이 자료가 인용된 것으로부터, 김정호가 지도제작에 경위도의 정보를 이용했을지 여부에 관해서 설왕설래가 있다. 과연 김정호는 현대적 의미의 경위도를 자신의 지도제작에 이용했을까? 결론부터 말하면, 답은 "아니다"다. 왜 아닐까? 우선 그 경위도 자료의 검토로부터 시작하자.

『국조역상고』의 경위도 표시는, 우선 경도는 "한양 편동서 몇도 몇분"의 형태로 주어지고, 위도는 "북극고 몇도 몇분"의 형태로 주어져 있다. 북극고는 위도와 같다. 그 가운데 한양의 북극고는 청나라의 何國柱 일행이 1713년에 한양 鐘街에서 관측한 37도 39분 15초를 인용하고 있다.[2] 한양의 북극고를 端數處理하면 37도 39분이다. 이 값을 기준으로 남북편도를 계산하여, "분"단위로 재작성한 것이 아래 표에 제시되어 있다. 동서편도도 "분"단위로 제시하였다.

『국조역상고』의 한양편도 경위도 값

	함흥	평양	해주	한양	원주	공주	대구	전주
동서(+-)편도 "분"	60	-75	-84	0	63	-9	99	-9
남북(-+)편도 "분"	198	114	39	0	-33	-93	-138	-144

이 표에서 우리는 재미있는 사실 하나를 발견한다. 즉 이 값들이 모두 "3의 배수"라는 사실이다. 이는 무엇을 의미할까? 이 값들이 관측치가 아니라 가공된 수치라는 것을 의미한다. 과연 『국조역

---

2) 『國朝曆象考』卷之一 〈北極高度〉: 肅宗三十九年 淸使何國柱 用象限大儀 測北極高 于漢城鐘街 得三十七度三十九分一十五秒.

상고』에서는 이 사실을 다음과 같이 언급하고 있다.

> 『국조역상고』 권지일 북극고도: 聖上辛亥 以八道輿圖直道準漢陽極高度
> 量定 關北北極高四十度五十七分 …… 湖南北極高三十五度一十五分
> 皆以觀察營所治爲據.[3]
> 『국조역상고』 권지이 동서편도: 聖上辛亥 以八道輿圖直道準漢陽子午線
> 量定 關北偏東一度 …… 湖南偏西九分 皆以觀察營所治爲據.

즉 "八道輿圖"에서 量定했다는 것이다. "팔도여도"는 당시에 존재했던 어떤 우수한 지도일 것이고, "量定"이란 "길이를 재서 동서 한양편도의 값 또는 북극고의 값을 정했다"라는 뜻일 것이다. 결코 實測이 아니다.[4] 『증보문헌비고』(1908)의 北極高條에서도 이에 관한 전후사정을 이야기하고 있었다. 조선시대에 세종조에서는 주요 지점의 북극고를 실측한 일이 있으나, 그 자료는 남아있지 않고, 그 후에는 실측에 필요한 儀器가 갖추어져 있지 않아 실측에 어려움이 있었다는 것이다. 솔직히 말하여 세종 이후에는 실측한 일이 없다는 것이다.[5]

영조 15년의 경위도 양정에 사용했다는 "八道輿圖"는 과연 어떤 지도일까? 당시 이용할 수 있는 가장 우수한 지도임에 틀림없다. 그리고, 제시된 편동서 편남북의 값들이 모두 "3의 倍數"라는 사실로부터, 나는 그 지도로부터 편동서 편남북의 직선 거리를 잴 때, 10리 단위로 읽었을 것이라고 추정한다. 그 이유는 다음과 같다.

---

3) 聖上辛亥는 영조 15년으로, 1791년이다.

4) 김정호의 『大東地志』 권 27에서 김정호는 量定에 사용된 지도를 "備邊司所藏 輿地圖"라고 표현하고 있다.

5) 세종조에 실측한 것으로 믿어지는 수치 하나는 세종조에 만들어지고 그 후에 복제된 〈앙부일구〉의 솥 가장자리에 새겨진 銘文에 남아있다: "漢陽北極高三十七度二十分". 그러나 이 값이 언제 어떻게 측정된 것인지 확실하지는 않다.

3) 『국조역상고』의 "3의 倍數"의 비밀

　『國朝曆象考』의 편찬자들과 김정호는 "경도"와 "위도"는 모두 1도의 거리가 200리라는 정보를 믿고 있는 사람들이었다.(그러나 이것은 옳은 정보가 아니다. 뒤에 다시 논의할 기회가 있을 것이다.) 그러므로 그들에게 1도는 60분이므로 1분은 200/60리 즉 10/3리인 것이다. 즉,

　　　　　200리=1도=60분　　　10리=60/20분=3분

　　　　　1도=60분=200리　　　1분=200/60리=10/3리

　그리하여 10리를 단위로 하는 거리를 읽어 경위도를 量定하면, 그 偏度의 값들은 "3분"의 倍數로 표현되는 것이다. 그리고 이 추론을 근거로, 한양에서 팔도감영까지의 거리정보를 다음 표와 같이 얻을 수 있는 것이다.

"八道輿圖"에서 얻은 한양에서 팔도감영까지의 거리정보 (단위: 리)

	함흥	평양	해주	한양	원주	공주	대구	전주	합계
편동서(+-)거리	200	-250	-280	--	210	-30	330	-30	
편남북(-+)거리	660	380	130	--	-110	-310	-460	-480	
"팔도여도"직거리	690	455	309	--	237	311	566	481	3049
〈동여도〉직거리	712	459	306	--	217	289	588	459	3030
10리 단위 한양직선거리									
"팔도여도"	690	450	310	--	240	310	570	480	3050
〈동여도〉	710	460	310	--	220	290	590	460	3040

　이 표에서 우리는 한양 편동서 편남북 거리가 과연 10리 단위로 표현됨을 확인할 수 있다. 그리고 이 수치들로부터 한양 직거리를 구해서 이를 우리가 앞에서 〈동여도〉에 근거해서 구한 직거리와

비교해 보자.

위의 표의 마지막 두 행을 보자. 비교를 위해서 모두 10리 단위로 端數處理해 보면, 이 두 組의 한양 직거리들의 차이가 20리를 넘지 않을 정도로 가깝다는 것을 알 수 있다. 그러므로 김정호 이전에 제작된 이 미지의 "팔도여도"는 거리 정보에 있어서 김정호 지도 못지않은 우수한 지도라고 판단할 수 있다.(여기서 우리는 그 지도가 어떤 지도였을까 라는 궁금증이 일지만, 아직 미확인이다.)

4) 현행 지도의 경위도에서 얻는 팔도감영 거리정보

현재의 과학 기술로 우리는 정밀한 위치정보를 얼마든지 얻을 수 있다. 특히 과거 팔도감영의 위치정보는 그 지점의 경도와 위도의 값에 다 들어 있다. 우리가 지금 원하는 대로, 〈동여도〉 및 미지의 "팔도여도"의 위치정보와 현행 지도의 위치정보를 비교할 목적에서는, 현행 지도의 경위도 값을 아는 것으로 충분하다. 그 경위도의 값은 예컨대 Google Earth에서 읽어 얻을 수 있다. 그 결과가 다음 표다. 즉 다음 표는 Google Earth에서 얻은 경위도 값과, 그로부터 유도되는 정보들이다.

이 표의 경위도 자료로부터 거리정보를 얻기 위해서는 경도 및 위도의 단위를 거리(km)로 환산해야 한다. 우선 "海里"라는 단위가 원래 "緯度 1分"의 거리로 정의되었음을 상기하자. 물론 그 뒤에 위도 1분의 거리가 전지구상에서 같은 것이 아니고 미세한 차이가 있음이 밝혀지고 나서는, 현재 1해리는 1.852km로 "정의"되고 있다. 그러나 우리의 현재 목적으로는 그렇게 정밀한 "거리"를 요구하는 것이 아니므로, 우리의 분석에서는

$$(\text{위도 1분의 거리}) = 1.852\text{km}$$

라고 보고 논의를 진행하려 한다.

352 고지도의 우주관과 제도원리의 비교연구

"經度 1分의 거리"는 적도상에서는 1.852km이지만 위도 즉 북극고가 높아짐에 따라 점점 줄어들어서, 북위 90도에서는 0km가 된다. 그 줄어드는 방법은,

(경도 1분의 거리) = (cos(그 지점의 위도))×1.852km

로 주어진다. 예컨대 한양(서울)의 위도는 북위 37도 34분이고, cos(37도34분)=0.793이므로, 한양에서의 경도 1분의 거리는

(한양의 경도 1분의 거리)=0.793×1.852km=1.469km

로 된다.

다음 표는 이런 방법으로 만들어졌다. 예컨대 함흥의 경우, 북위 39도 55분의 cos값은 0.767이므로 함흥의 경도 1분의 거리는 0.767×1.852km=1.420km다. 그런데 함흥은 한양편동 34분이므로, 34×1.420km=48.3km다. 이것이 함흥의 偏東거리다. 함흥의 偏北거리는 편북 141분에 1.852km를 곱해서 261.1km가 얻어진다. 한양까지의 직선거리는 직각삼각형의 빗변을 구하는 방법을 쓴다.

현행지도의 경위도 값과 그로부터 유도되는 위치정보들

	함흥	평양	해주	한양	원주	공주	대구	전주	합계
경도 동경(도 분)	127 32	125 45	125 43	126 58	127 55	127 7	128 36	127 9	
편동서(+-) 분	34	-73	-75	--	57	9	98	11	
배율=cos(위도)	0.767	0.777	0.788	0.793	0.795	0.805	0.810	0.811	
경도1분 거리 km	1.420	1.439	1.459	1.469	1.472	1.491	1.500	1.502	
편동서 거리 km	48.3	-105.0	-109.5	--	83.9	13.3	147.0	16.5	
편동서(+-)거리 리	119	-259	-270	0	207	33	363	41	
위도 북위(도 분)	39 55	39 1	38 2	37 34	37 20	36 26	35 52	35 49	
편남북(-+) 분	141	87	28	--	-14	-68	-102	-105	
편남북 거리 km	261.1	161.1	51.9	--	-25.9	-125.9	-188.9	-194.5	
편남북(-+)거리 리	644	398	128	0	-64	-311	-466	-480	
한양직선 거리 km	265.5	192.3	121.2	0	87.8	126.6	239.4	195.2	1228
한양직선 거리 리	655	474	299	--	217	312	591	482	3030

주: km의 리로의 변환은 한양 직선거리 1228km=3030리에 맞추어 계산했다. 즉 리
는 "〈동여도〉리"다.

3. 세 지도의 거리정보 비교분석

1) 한양 직거리 정보의 비교분석

동일한 대상인 팔도감영에 관하여, 세 지도 즉, 〈동여도〉, "팔도
여도", 현행지도에서, 우리는 "독립적"으로 거리정보를 얻었다. 이
정보들을 비교해 보자. 우선 〈동여도〉와 미지의 "팔도여도"에서 얻
은 거리 정보는 다 같이 "리"로 표현되므로, 우리는 이미 이 두 정
보집합을 단순비교해 본 바 있다. 그리고 개별적인 한양거리의 상
차가 20리를 넘지 않음을 보았다. 그리고 그 두 지도에서 얻은 한양
직거리의 합을 보면, 〈동여도〉는 3030리이고, "팔도여도"는 3049리로
그 상차는 1%에도 미치지 않을 정도로 작다. 이 두 거리정보가 서
로 독립적으로 얻어진 것을 감안하면 놀라운 "一致"다.

〈동여도〉, "팔도여도", 현행지도의 한양 직거리 비교 (원래 단위)

	함흥	평양	해주	한양	원주	공주	대구	전주	합계
〈동여도〉 리	712	459	306	--	217	289	588	459	3030
"팔도여도" 리	690	455	309	--	237	311	566	481	3049
현행 지도 km	265.5	192.3	121.2	0	87.8	126.6	239.4	195.2	1228

다음으로 〈동여도〉와 현행지도의 거리정보를 비교해 보자. 비교
의 방법은 〈동여도〉의 거리의 합 3030리가 현행지도의 거리의 합
1228km와 같다고 놓고, "〈동여도〉里"를 구하는 것이다. 즉 김정호가
3030리라고 본 거리가 km를 단위로 표현하면 1228km가 된다고 보자
는 것이다. 그러면 우선 우리는 김정호가 말하는 1리의 거리를 km

또는 m로 다음과 같이 나타낼 수 있다. 즉

〈동여도〉의 1리 = 1228km/3030리 = 0.405km = 405m.

마찬가지로 미지의 "팔도여도"를 써서 『국조역상고』의 1리도 알아볼 수 있다. 즉

"팔도여도"의 1리 = 1228km/3039리 = 0.403km = 403m.

이 두 수치는 우리 보통 사람들이 일상적으로 알고 있는 "10리=4km" 라는 생각이 적어도 수백년 전 이래 이 땅에서 살았던 사람들이 생각했던 것과 같다는 것을 보여주는 "놀라운 실증자료"다.

이로부터 우리는 다음 관계도 얻을 수 있다.

1km = 3030리/1228km = 2.468 〈동여도〉리.

1km = 3049리/1228km = 2.483 "팔도여도"리.

그런데 이처럼 동일한 1km를 상이한 리로 표현하는 것은 불편하다. 그러므로 이하에서는, 별다른 설명이 없는 한, "〈동여도〉리"를 "리"로 사용하기로 한다. 우선 "팔도여도"의 거리와 현행지도의 거리를 〈동여도〉리로 변환한 표를 제시한다.

〈동여도〉, "팔도여도", 현행지도의 한양 직거리 (통일단위:〈동여도〉리)

	함흥	평양	해주	한양	원주	공주	대구	전주	합계
〈동여도〉	712	459	306	--	217	289	588	459	3030
"팔도여도"	686	451	308	0	236	308	564	478	3030
현행지도	655	474	299	--	217	312	591	482	3030

주: 1〈동여도〉리=405m.

2) 〈동여도〉와 "팔도여도"의 한양과 팔도감영간 거리의 오차

(1) 〈동여도〉의 한양과 팔도감영간 거리의 오차

김정호가 〈동여도〉에서 1리를 405m로, 또는 1km를 2.467리로 인

식했다는 사실로부터, 현행지도의 거리를 〈동여도〉리로 환산해서 〈동여도〉의 관측치와 비교해 보기로 하자. 현행지도의 값을 "정확" 하다고 보아, 현행지도와 〈동여도〉의 차이를 "오차"라고 표현하기로 한다.

〈동여도〉와 현행지도의 팔도감영 거리비교 (단위: 〈동여도〉리)

	함흥	평양	해주	한양	원주	공주	대구	전주	합계
〈동여도〉 거리	712	459	306	--	217	289	588	459	3030
현행지도 거리	655	474	299	--	217	312	591	482	3030
오차	+57	-15	+7	--	0	-23	-3	-23	128
상대오차 %	+8.7	-3.4	+2.3	--	0.0	-7.4	-0.5	-4.8	

이 표에 의하면, 〈동여도〉의 거리의 상대오차는 모두 10% 미만이고, 함흥과 공주를 제외하면, 상대오차는 5%미만이다. 즉, 100리를 잴 때, 현재의 측정기술에 비해서 5리 미만의 정확도를 가지고 거리를 측정했다는 것이 된다.

(2) "팔도여도"의 한양과 팔도감영간 거리의 오차

다음은, 현행지도의 거리를 "팔도여도" 즉, 『국조역상고』의 "경위도" 값에서 유도한 거리정보와 비교해 보기로 하자(단위는 모두 〈동여도〉리).

"팔도여도"와 현행지도의 팔도감영 거리비교(단위: 〈동여도〉리)

	함흥	평양	해주	한양	원주	공주	대구	전주	합계
"팔도여도"거리	686	452	307	--	236	309	562	478	3030
현행지도 거리	655	474	299	--	217	312	591	482	3030
오차	+31	-22	+8	--	+19	-3	-29	-4	116
상대오차 %	+4.7	-4.9	+3.0	--	+8.8	-1.3	-4.6	-0.8	

이 표에 의하면, "팔도여도"의 절대오차의 합은 〈동여도〉의 경우보다 작다. 그리고 이는 함흥 거리를 평가함에 있어서, 〈동여도〉가 "팔도여도"에 비해서 과대평가한 사실에 기인한다. 따라서 "팔도여도"는 〈동여도〉에 뒤지지 않는 우수한 거리정보를 담고 있다고 평가할 수 있다.

3) 현행지도와 비교한 팔도감영 각지점의 벡터거리 오차 분석

(1) 팔도감영의 벡터거리 분석

지금까지 우리는 팔도감영의 위치 중에서 한양까지의 거리와 한양을 중심으로 하는 방위각을 분리하여 검토하였다. 여기서는 이 두 정보를 종합하여 보자.

두 정보를 종합한다는 것은, 한양에서 각 감영을 잇는 선분을 수학적 의미에서의 벡터로 보고, 각 지점에 대하여 〈동여도〉가 가리키는 벡터와 현행지도가 가리키는 벡터를 비교하는 것이다. 그 비교의 가장 간단한 방법은 두 벡터의 끝점 간의 거리, 즉 벡터거리를 계산해 보는 것이다. 현행지도의 벡터의 끝점에서, 비교대상 지도의 벡터의 끝점까지의 거리가 가깝다면 그 지도는 우수한 지도로 평가될 수 있을 것이기 때문이다. 이 비교의 절차를 함흥을 예로 들어 설명해 보자.

(2) 현행지도와 비교한 〈동여도〉의 벡터거리 오차

함흥의 한양 편동서 거리와 한양 편남북 거리는, 〈동여도〉 상에서 각각 186리와 687리임을 우리는 표에서 찾아볼 수 있다. 이 좌표 (+186, +687)이 〈동여도〉에서의 함흥의 "벡터"다. 그에 대응하는 거리는 현행지도 상에서 각각 119리와 644리임을 표에서 찾아볼 수 있고, 이 좌표 (+119, +644)가 현행 지도상의 함흥의 "벡터"다. 편의상 이를 아래 표에 옮겨 싣고 평가작업을 진행한다.

〈동여도〉와 현행지도에서 함흥의 좌표는 각각 (186, 687)과 (119, 644)이다. 이는 직교좌표이므로, 두 지도에 나타나는 함흥의 벡터거리 오차를 다음과 같이 계산할 수 있다.

(함흥의 벡터거리 오차) = $SQRT((186\text{-}119)^2+(687\text{-}644)^2)$ = 80(리)

이런 방법으로 계산한 것이 아래 표다.

〈동여도〉와 현행지도의 팔도감영 위치자료 (단위: 〈동여도〉리)

	함흥	평양	해주	한양	원주	공주	대구	전주	합계
〈동여도〉									
(한양 직선거리)	712	459	306	--	217	289	588	459	
편동서(+-) 거리	186	-209	-272	0	199	10	344	14	
편남북(+-) 거리	687	409	141	0	-87	-289	-477	-459	
현행지도									
(한양 직선거리)	655	474	299	--	217	312	591	482	
편동서(+-) 거리	119	-259	-270	0	207	33	363	41	
편남북(+-) 거리	644	398	128	0	-64	-311	-466	-480	
(단순거리 오차)	57	15	7	--	0	23	3	23	128
백터거리 오차	80	51	13	--	24	31	22	34	255
백터거리-단순거리	23	36	6	--	24	8	19	11	127

주: 방위 오차율 = (벡터거리 – 단순거리)/단순거리=127/128=99%

위의 표에서, "단순거리 오차"는 두 지도에 나타난 한양까지의 직선거리의 차를 나타내므로, 방위의 불일치까지 고려한 "벡터거리 오차"는 그 "단순거리 오차"보다 작을 수 없다. 그러므로 그 둘의 차이는 "방위의 불일치로 인한 오차 성분"이라고 해석할 수 있다. 이 성분이 차지하는 비율을 알아보기 위하여 벡터거리 오차의 합을 구해보면 이는 255리이고, 단순거리 오차의 합은 128리다. 이는 바로

편차거리합의 하한이 되므로, 255리에서 128리를 뺀 127리가 "방위 불일치로 인한 오차"이며, 방위 오차율은 127/128 = 99%가 된다.

(3) 현행지도와 비교한 "팔도여도"의 벡터거리 오차

위의 〈동여도〉의 경우와 마찬가지 방법으로 "팔도여도"에 관해서 벡터거리 오차를 계산한 것이 아래 표다.

'팔도여도"와 현행지도의 팔도감영 위치자료 (단위: 〈동여도〉리)

	함흥	평양	해주	한양	원주	공주	대구	전주	합계
"팔도여도"									
(한양 직선거리)	686	452	307	0	236	309	562	478	3030
편동서(+-) 거리	199	-248	-278	--	209	-30	328	-30	
편남북(+-) 거리	656	378	129	--	-109	-308	-457	-477	
현행지도									
(한양 직선거리)	655	474	299	--	217	312	591	482	3030
편동서(+-) 거리	119	-259	-270	0	207	33	363	41	
편남북(+-) 거리	644	398	128	0	-64	-311	-466	-480	
(단순거리 오차)	31	22	8	--	19	3	29	4	116
백터거리 오차	81	23	8	0	45	63	36	71	327
백터거리-단순거리	50	1	0	--	26	60	7	67	211

주: 방위 오차율 = (벡터거리-단순거리)/단순거리=211/116=182%

위의 표에서도 역시, "단순거리 오차"는 두 지도에 나타난 한양까지의 직선거리의 차를 나타내므로, 방위의 불일치까지 고려한 "벡터거리 오차"는 그 "단순거리 오차"보다 작을 수 없다. 그러므로 그 둘의 차 211리는, "방위 불일치로 인한 오차 성분"이라고 해석할 수 있다. 따라서 방위 불일치로 인한 방위 오차율은 211/116 = 182%가 된다. 이는 〈동여도〉의 99%에 비하여 크다.

4. 팔도감영의 방위각 비교분석

우리는 위에서 거리정보를 주로 보았으나, 위치를 분석하는 데는 방위정보도 중요함을 벡터거리 오차의 분석을 통하여 알 수 있었다.

팔도감영의 위치정보를 편동서 편남북 한양거리로 나타내는 것은 기하학적으로는 直交座標에 의한 표현이다. 기하학적으로 또 하나 가능한 방법은 極座標로 나타내는 것이다. 이는 한양까지의 직선거리와 한양을 중심으로 하는 방위각으로 위치를 표현하는 것이다. 이 두 표현방법은 대립적인 것이 아니라 편의적일 뿐이다. 연구 내지 분석의 목적에 따라서 편의적으로 선택하면 그만이다.

김정호는 이 두 표현방법을 다 알고 있었다. 〈동여도〉 자체는 직교좌표의 방법을 썼다고 보이지만, 〈청구도범례〉 중의 "地圖式"이란 지도제작방법의 설명은 전형적인 극좌표의 방법이다. 그리고 김정호의 〈輿圖備志〉에는 극좌표의 두 요소인 팔도감영의 "직선거리"와 "방위각"이 제시되어 있다. 우리는 앞서 〈표〉에서 이미 한양까지의 직선거리를 보았는데, 여기서는 방위각을 보기로 하자.

우선 한양을 원점으로 하는 직교좌표 (x, y) 로부터 극좌표 (R, a)로 변환하는 문제를 다루어 보자. 여기서 R은 원점에서 점 (x, y)까지의 거리이며, 다음과 같이 계산됨은 이미 설명하였다. 즉,

$$R = SQRT(x^2 + y^2)$$

방위각 a는

$$\tan(a) = x/y$$

의 관계를 충족하는 각이다. 그러므로 a가 0도인 방위는 정북이며, a가 90도인 방위는 정동, 180도는 정남, 270도는 정서다.

방위 회전변환의 효과 (함흥의 예)

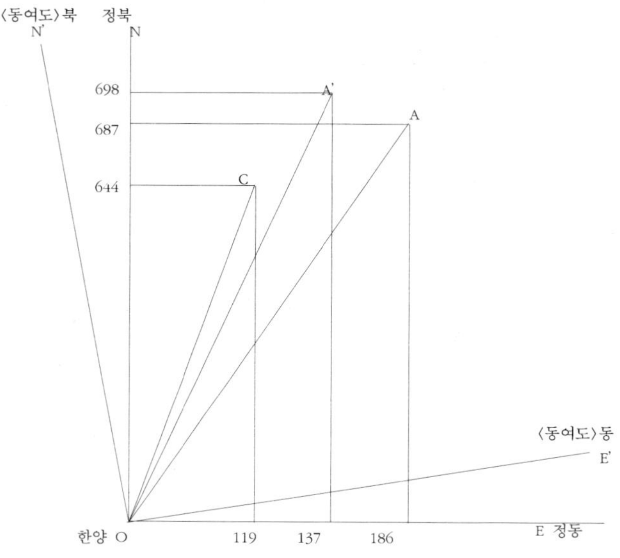

설명: 〈동여도〉를 -4.06도 회전 변환한다는 것은, 한양 O를 중심으로 하여, (E, A, N)을 (E', A', N')로 회전 이동함을 의미한다. 이로 인하여, 함흥의 극좌표의 각 a는 NOA'=11.09도로 된다.

한양직거리	〈동여도〉 변환전	OA = 712리
	변환후	OA' = 712리
	현행지도	OC = 655리

단순거리오차　　OA - OC = 712 - 655　　= 57리

변환전: 벡터거리오차 = CA = 80리;　(벡터거리오차 - 단순거리오차) = 80 - 57 = 23리
변환후: 벡터거리오차 = CA' = 57리;　(벡터거리오차 - 단순거리오차) = 57 - 57 = 0리

함흥의 직교좌표와 극좌표

함흥 위치		x	y	R	a
변환전 〈동여도〉	A	186리	687리	712리	15.15도
변환후 〈동여도〉	A'	137리	698리	712리	11.09도
현행지도	C	119리	644리	655리	10.48도

1) 〈동여도〉의 팔도감영 방위각 유도

〈동여도〉의 방위각을 계산해 보자. 다음 표는 이 계산절차를 보여주는 표다. 그 방위각은 직각을 낀 두 변의 길이가 x, y인 직각삼각형에서 빗변과 y가 이루는 각이다. 그러므로 그 각의 탄젠트 tan는 x/y이다. 그러므로 x/y의 역탄젠트 arctan(x/y)를 구하면 된다.[6] 방위각을 유도하는 방법을 구체적으로 설명하면 다음과 같다.

〈동여도〉의 도면으로부터 함흥의 위치를 추정하면, 함흥은 한양 동쪽 186리, 한양북쪽 687리 떨어져 있다. 그러므로 한양을 원점로 하는 함흥의 방위각의 탄젠트는 186/687이다. 즉

$$\tan(\text{함흥의 방위각}) = 186/687$$

그러므로 함흥의 방위각은 그 역함수를 취하면 얻어진다. 즉

$$(\langle\text{동여도}\rangle\text{에서의 함흥의 방위각}) = \arctan(186/687) = 15.15\text{도}$$

〈동여도〉의 한양을 원점으로 하는 방위각

	함흥	평양	해주	한양	원주	공주	대구	전주
편동서 거리 x리	186	-209	-272	--	199	10	344	14
편남북 거리 y리	687	409	141	--	-87	-289	-477	-459
방위각 a도	15.15	332.93	297.40		113.61	178.02	144.20	178.25
〈여도비지〉방위	癸8도	亥12도	戌6도	--	辰2도	(결락)	巳3도	午8도
〈여도비지〉방위각	15	334	298	--	114	(결락)	145	180
〈동여도〉단수처리각	15	333	297	--	114	178	144	178
편차	0	+1	+1	--	0	--	+1	+2

〈여도비지〉에는 전통적인 "24방위"의 개념을 써서 방위를 나타내고 있다. 이를 현행의 방위각으로 환산하여 비교하는 것이 위 표의 아래 부분이다(환산하는 방법은 "부록"으로 미룬다).

이 비교에서 우리가 알 수 있는 것은, 〈동여도〉와 〈여도비지〉 두

---

6) 이 계산은 Google의 검색창에 "arctan(x/y) in degrees"라고 쳐 넣으면 답이 나온다.

소스의 방위각의 편차가 2도를 넘지 않는다는 사실이다. 그러므로 우리는 김정호가 〈여도비지〉에서 전달하려는 방위정보 역시 우리가 〈동여도〉에서 "관측"한 방위정보 속에 다 들어있음을 확인할 수 있다.

2) "팔도여도"와 현행지도의 팔도감영 방위각 유도

우리는 여기서 『국조역상고』에 "경위도"로 표현된 "팔도여도"의 거리정보를 이용하여 팔도감영의 방위각을 유도한다. 그리고 현행지도로부터 역시 팔도감영의 방위각을 유도한다. 거리자료는 〈표〉에 제시된 것을 이용하면 된다. 구하는 방법은 〈동여도〉의 경우와 같다. 그 결과가 다음 표다.

"팔도여도"와 현행지도의 한양을 원점으로 하는 방위각

	함흥	평양	해주	한양	원주	공주	대구	전주
"팔도여도" (단위:"팔도여도"리)								
편동서(+-)거리 리	200	-250	-280	--	210	-30	330	-30
편남북(-+)거리 리	660	380	130	--	-110	-310	-460	-480
방위각	16.86	326.66	294.90	--	117.65	185.53	144.34	183.58
현행지도 (단위:km)								
편동서(+-)거리 km	48.3	-105.0	-109.5	--	83.9	13.3	147.0	16.5
편남북(-+) 거리km	261.1	161.1	51.9	--	-25.9	-125.9	-188.9	-194.5
편동서(+-)거리 리	119	-259	-270	0	207	33	363	41
편남북(-+)거리 리	644	398	128	0	-64	-311	-466	-480
방위각	10.48	326.90	295.36	--	107.15	173.97	142.11	175.15

주: 계산과정의 오차를 줄이기 위하여 원래의 거리단위를 썼다.

3) 〈동여도〉 및 "팔도여도"의 방위각 비교 및 분석

위에서 유도한 팔도감영의 방위각 정보를 종합하면 다음 표와 같다. 이 표에서는 우선 현행지도로부터의 방위각편차를 구하고 그 편차를 분석한다.

〈동여도〉 "팔도여도"의 현행지도로부터의 방위각 편차: 비교 및 분석

	함흥	평양	해주	한양	원주	공주	대구	전주	합계
현행지도의 방위각	10.48	326.90	295.36	--	107.15	173.97	142.11	175.15	
〈동여도〉									
방위각	15.15	332.93	297.40	--	113.61	178.02	144.20	178.25	
방위각 편차	+4.67	+6.03	+2.04	--	+6.46	+4.05	+2.09	+3.10	28.44
(편차-평균각편차)	+0.61	+1.97	-2.02	--	+2.40	-0.01	-1.97	-0.96	9.94
각편차의 합=+28.44도, 평균각편차=+28.44도/7=+4.06도, 각편차의 표준오차=1.64도, 평균오차=1.42도									
"팔도여도"									
방위각	16.86	326.66	294.90	--	117.65	185.53	144.34	183.58	
방위각편차	+6.38	-0.24	-0.46	--	+10.50	+11.56	+2.23	+8.43	38.40
(편차)-(평균각편차)	+0.90	-5.72	-5.94	--	+5.02	+6.08	-3.25	+2.95	29.86
각편차의 합=+38.40도, 평균각편차=+38.40도/7=+5.48도, 각편차의 표준오차=4.63도, 평균오차=4.27도									

(1) 〈동여도〉의 방위각편차 분석

이 표에 의하면, 〈동여도〉의 방위각편차는 모두 플러스의 부호를 가진다. 〈동여도〉의 방위각은 예외 없이 현행지도보다 과대평가되어 있다는 뜻이다. 예컨대 현행지도의 함흥의 방위각은 약 10도인데, 김정호 지도에서는 약 15도이며, 평양의 방위각은 약 327도인데 김정호는 약 333도인 것이다. 이는 〈동여도〉가 "체계적으로" 방위각을 과대추정하고 있다는 말이 된다. 평균각편차가 4.06도라는 것은, 방위각 추정의 기준선인 한양으로부터 "정남북"으로 그은 세로선이 반시계 방향으로 평균 4.06도 기울어져 있다는 것을 시사한다. 즉 "방위편각"이 -4.06도인 것이다.

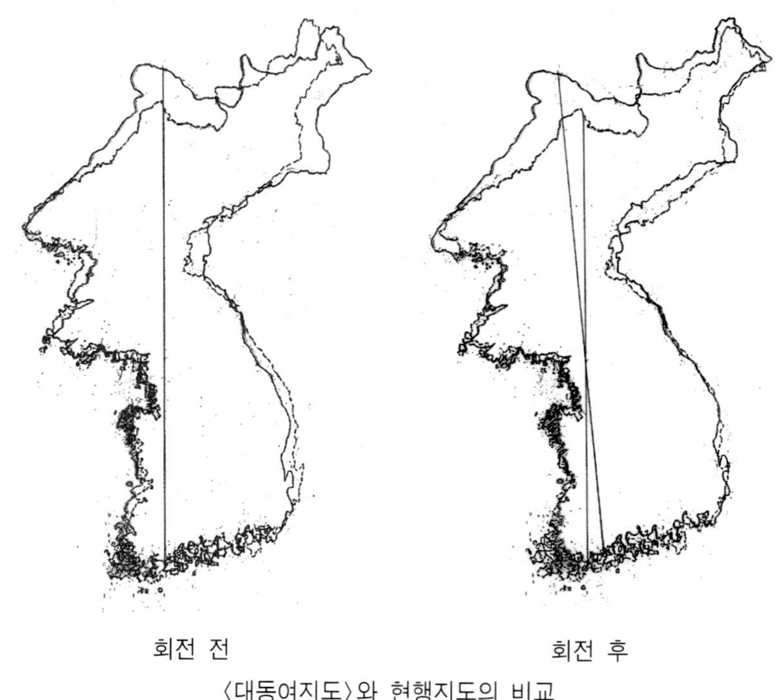

〈대동여지도〉와 현행지도의 비교

그런데 각편차의 표준오차는 1.64도로 비교적 작다. 이 값이 작다는 것은 방위각이 "안정적"이란 뜻이다. 즉 상대적 방위각이 현행지도에 가깝다는 뜻이다. 이것은 〈동여도〉의 장점이다. 절대합이 9.94도, 평균오차가 1.42도라는 것도 같은 의미다.

(2) "팔도여도"의 방위각편차 분석 및 비교

또 이 표에 의하면, "팔도여도"의 방위각 역시 대체로 과대평가되어있다. 그리고 평균각편차가 5.48도라는 것은 "팔도여도"가 "체계적으로" 방위각을 그만큼 과대추정하고 있다는 말이 된다. 그리고 이 값은 〈동여도〉보다 약간 더 크다.

그런데 그 각편차의 표준오차는 5.48도로, 〈동여도〉의 1.64도보다 3배 이상 크다. 그리고 크다는 것은 방위각이 "불안정적"이란 뜻이다. 즉 상대적 방위각이 현행지도에 비해서 들쭉날쭉이 심하다는 뜻이다. 절대합이 29.86도, 평균절대오차가 4.27도로 큰 것도 같은 의미다. 즉, 〈동여도〉의 방위가 그만큼 정확하고, "팔도여도"의 방위는 그렇지 못함을 보여준다.

4) 방위각 편향의 제거와 그 효과

이렇게 방위정보가 우수한 〈동여도〉의 방위가 현행지도에 비해서 평균 4도 이상, 또는 "팔도여도"가 5도 이상, 편향을 보이는 것은 무엇 때문일까? 나는 이것이 한반도의 地磁氣場의 편각 때문이라고 본다. 그러나 이 설명은 뒤로 미룬다. 여기서는 우선 이 편향을 제거하면 어떤 효과가 나타나는가를 보고자한다.

(1) 〈동여도〉로부터 평균각편차 4.06도를 제거한 효과

〈동여도〉의 "평균각편차"가 4.06도라는 것은 한양을 중심으로 지도 전체가 그만큼 돌아가 있다는 뜻이다. 구체적으로 예를 들어 설명하기로 하자. 예컨대 함흥은 〈동여도〉에서 한양편동 186리, 편북 687리다. 즉 〈동여도〉에서

(함흥의 동쪽 성분) = 186리

(함흥의 북쪽 성분) = 687리

그러나 그 방위는 정동, 정북이 아니므로, 그 편각 4.06도로 수정해 주어야 정동 정북의 진정한 편동 편북을 구할 수 있다.

우선 편동 186리를 고려하면, 이를 4.06도 수정한다는 것은, 기하학적으로는 한양에서 동쪽으로 186리인 벡터를 한양을 중심으로 하여 북쪽으로 4.06도 회전시킨다는 의미다. 그러면 이 벡터는 (동쪽

성분)과 (북쪽 성분)으로 분해되는데, 그 크기는 다음과 같다.

(동쪽 성분) = $186 \times \cos(4.06\text{도})$리

(북쪽 성분) = $186 \times \sin(4.06\text{도})$리.

다음으로, 편북 687리를 고려하면, 이를 4.06도 수정한다는 것은, 기하학적으로는 한양에서 북쪽으로 687리인 벡터를 한양을 중심으로 하여 서쪽으로 4.06도 회전시킨다는 의미다. 그러면 이 벡터는 (북쪽 성분)과 (서쪽 성분) 즉 -(동쪽 성분)으로 분해되는데, 그 크기는 다음과 같다.

(북쪽 성분) = $687 \times \cos(4.06\text{도})$리

(동쪽 성분) = $-687 \times \sin(4.06\text{도})$리

그러므로 변환된 함흥의 (동쪽 성분)과 (북쪽 성분)은 이 둘을 결합하여 다음과 같이 얻어진다. 즉

(함흥의 변환된 동쪽 성분)

= $\{186 \times \cos(4.06\text{도})\} + \{-687 \times \sin(4.06\text{도})\}$ = 137리

(함흥의 변환된 북쪽 성분)

= $\{186 \times \sin(4.06\text{도})\} + \{687 \times \cos(4.06\text{도})\}$ = 698리

이 변환된 좌표로부터 한양까지의 거리를 구해보면, 단지 방위각을 변환했을 뿐이므로, 그것은 변환 전의 712리와 같다. 즉

$SQRT(137^2+698^2) = SQRT(186^2+687^2) = 712(\text{리})$

그리고 변환후의 방위각은 원래의 방위각 15.15도에서 4.06도를 뺀 값 11.09도와 같아야 할 것인데, 직접 변환된 좌표에서 계산해도 그 사실이 확인된다. 즉

(변환 후 방위각) = $\arctan(137/698)$ = 11.09.

이런 방법으로 팔도감영의 자료를 변환한 과정을 보여주는 것이 다음 표다.

〈동여도〉의 방위각 4.06도 변환 전후의 한양리차와 방위각 (단위: 〈동여도〉리)

	함흥	평양	해주	한양	원주	공주	대구	전주	합계
한양거리(불편)	712	459	306	--	217	289	588	459	3030
(단순거리 오차)	57	15	7	--	0	23	3	23	128
방위각 변환 전									
"경도" 거리	186	-209	-272	--	199	10	344	14	
"위도" 거리	687	409	141	--	-87	-289	-477	-459	
벡터거리 오차	80	51	13	--	24	31	22	34	255
벡터거리-단순거리	23	36	6	--	24	8	19	11	127
방위각 변환 후									
"경도" 거리	137	-237	-281	--	205	30	377	46	
"위도" 거리	698	393	121	--	-73	-288	-451	-457	
벡터거리 오차	57	23	13	--	9	23	20	24	169
벡터거리-단순거리	0	8	6	--	9	0	17	1	41
변환 전 방위각	15.15	332.93	297.40		113.61	178.02	144.20	178.25	
(변환후 방위각)	11.09	328.91	293.30	--	109.60	174.05	140.11	174.25	

주: 변환 전 오차율 = (벡터거리-단순거리)/단순거리=127/128=99%
　　변환 후 오차율 = (벡터거리-단순거리)/단순거리=41/128=32%

　　위 표에서 우리가 알 수 있는 것은, 우선, 방위각 변환에도 불구하고, 〈동여도〉의 "한양 거리"와 단순거리 오차는 변하지 않는다는 사실이다. 그러나 "벡터거리 오차"는 크게 변한 사실을 볼 수 있다. 그 오차의 합을 보면, 변환전의 255리에서 변환후에는 169리로 대폭으로 줄어들었다. 그리하여 방위 불일치로 인한 오차는 127리에서 41리로 줄어들어, 방위 불일치로 인한 오차율 역시 99%에서 32%로 즉 3분의 1 아래로 떨어졌다. 이 사실이 바로 〈동여도〉의 방위가 우수하다는 것을 나타내는 특징적인 지표다.

(2) "팔도여도"로부터 평균각편차 5.48도를 제거한 효과

　　"팔도여도"의 "평균각편차"가 5.48도라는 것은 한양을 중심으로 지도 전체가 그만큼 돌아가 있다는 뜻이다. 앞의 〈동여도〉에서와 마찬가지 요령으로 그 角偏向 효과를 제거해 본다.

"팔도여도"의 방위각 5.48도 변환 전후의 한양리차와 방위각

(단위: 〈동여도〉리)

	함흥	평양	해주	한양	원주	공주	대구	전주	합계
한양거리(불편)	686	452	307	0	236	309	562	478	3030
(단순거리 오차)	31	22	8	--	19	3	29	4	
방위각 변환 전									
"경도" 거리	199	-248	-278	--	209	-30	328	-30	
"위도" 거리	656	378	129	--	-109	-308	-457	-477	
벡터거리 오차	81	23	8	0	45	63	36	71	327
벡터거리-단순거리	50	1	0	--	26	60	7	67	211
방위각 변환 후									
"경도" 거리	135	283	289	--	218	-0	370	+16	
"위도" 거리	672	352	102	--	89	310	424	478	
벡터거리 오차	32	52	32	0	27	33	43	25	244
벡터거리-단순거리	1	30	24	--	8	30	14	21	128
변환 전 방위각	16.86	326.66	294.90	0	117.65	185.53	144.34	183.34	
(변환후 방위각)	11.38	321.18	289.42	--	112.17	180.05	138.86	178.10	

주: 변환전 오차율 = (벡터거리-단순거리)/단순거리=211/116=182%
　　변환후 오차율 = (벡터거리-단순거리)/단순거리=128/116=110%

　　위의 표에서 우리가 알 수 있는 것은, 우선, 이 경우에도 "한양 거리"와 "단순거리 오차"는 변하지 않는다는 사실이다. 그러나 지도의 방위 회전에 의해서 "벡터거리 오차"는 크게 변한 사실을 볼 수 있다. 그 오차의 합을 보면, 변환전의 327리에서 변환후에는 244리로 줄어들었다. 그리하여 방위 불일치로 인한 오차는 211리에서 128리로 줄어들어, 방위 불일치로 인한 오차율 역시 182%에서 110%로 떨어졌다. 그러나 이 하락의 정도는 〈동여도〉의 경우에 못 미친다.

즉 "팔도여도"의 방위의 우수성은 〈동여도〉에 크게 뒤진다.

5. 〈동여도〉와 〈東國大全圖〉의 비교 분석

정상기 계통의 지도인 〈동국대전도〉는 어떤 의미에서 김정호 지도 못지 않은 우수한 지도로 평가된다. 우리가 위에서 〈동여도〉와 "팔도여도"를 분석한 것과 같은 방법으로 〈동국대전도〉를 분석하여, 우리가 사용한 기준에 의하여 이 지도와 〈동여도〉를 비교 평가해 보기로 하자. 이는 김정호 지도가 정상기 지도에 비하여 어떤 면에서 발전을 보였는지를 확인하는데 도움을 줄 것이다.

1) 〈동국대전도〉의 분석을 위한 기초자료

우리의 분석을 위한 〈동국대전도〉의 기초자료는 그 지도 자체의 실측에 의존할 수밖에 없다. 국립중앙박물관 소장의 〈동국대전도〉의 양호한 寫本을 실측하여, 우리는 다음 표에 제시된 자료를 얻었다.

〈동국대전도〉의 실측에서 얻은 "측정치"

	함흥	평양	해주	한양	원주	공주	대구	전주	합계
동서(+-)거리 mm	53	-87	-101	--	76	-5	128	+1	
남북(-+)거리 mm	245	151	48	--	-36	-116	-178	-177	
한양직선거리 mm	250.7	174.2	111.8	--	84.1	116.0	219.2	177.0	1133

이 표에서 한양직선거리의 합 1133mm는 〈동여도〉의 3030리에 대응한다. 즉, 1mm는 2.6743리에 대응한다. 이 축척에 따라 거리를 〈동여도〉리로 환산한 것이 다음 표다.

〈동국대전도〉의 실측에 근거한 거리 (단위: 〈동여도〉리)

	함흥	평양	해주	한양	원주	공주	대구	전주	합계
동서거리(+-)	142	-233	-270	--	203	-13	342	3	
남북(-+)거리	655	404	128	--	-96	-310	-476	-473	
한양직선거리	671	466	299	--	225	310	586	473	3030

2) 〈동국대전도〉의 한양과 팔도감영간 거리의 오차

다음은, 현행지도의 거리를 〈동국대전도〉에서 유도한 거리정보와 비교해 보기로 하자(단위는 모두 〈동여도〉리).

〈동국대전도〉와 현행지도의 한양과 팔도감영 간의 거리비교 (단위: 〈동여도〉리)

	함흥	평양	해주	한양	원주	공주	대구	전주	합계
〈동국대전도〉 거리	671	466	299	--	225	310	586	473	3030
현행지도 거리	655	474	299	--	217	312	591	482	3030
한양거리 오차	+16	-8	0	--	+8	-2	-5	-9	48
상대오차 %	2.4	1.7	0.0	--	3.6	0.6	0.9	1.9	1.6

이 표에 의하면, 〈동국대전도〉의 한양거리 단순오차는 전체적으로 놀라울 정도로 작다. 최데 상대오차가 3.6% 밖에 안되며, 평균도 1.6%에 불과하다. 이는 〈동여도〉를 비롯한 김정호의 어느 지도도 따라올 수 없는 단순 직선거리의 정확성이다.

3) 현행지도와 비교한 〈동국대전도〉의 벡터거리 오차

위의 〈동여도〉, "팔도여도"의 경우와 마찬가지 방법으로 〈동국대지도〉에 관해서 벡터거리 오차를 계산한 것이 다음 표다.

표에서도 역시, "단순거리 오차"는 두 지도에 나타난 한양까지의 직선거리의 차를 나타내므로, 방위의 불일치까지 고려한 "벡터거리 오차"는 그 "단순거리 오차"보다 작을 수 없다. 그런데 〈동국대전도〉의 경우는 단순거리 오차가 워낙 작으므로, 그 둘의 차 118리가 상대적으로 크게 느껴진다. 따라서 방위 불일치로 인한 오차율은 118/48 = 118%가 된다. 즉, 〈동여도〉에 비하여 방위불일치로 인한 성분이 상대적으로 큼을 알 수 있다.

〈동국대전도〉와 현행지도의 팔도감영 위치자료 (단위:〈동여도〉리)

	함흥	평양	해주	한양	원주	공주	대구	전주	합계
〈동국대지도〉									
(한양 직선거리)	671	466	299	--	225	310	586	473	3030
편동서(+-) 거리	142	-233	-270	--	203	-13	342	3	
편남북(+-) 거리	655	404	128	--	-96	-310	-476	-473	
현행지도									
(한양 직선거리)	655	474	299	--	217	312	591	482	3030
편동서(+-) 거리	119	-259	-270	0	207	33	363	41	
편남북(+-) 거리	644	398	128	0	-64	-311	-466	-480	
(단순거리 오차)	16	8	0	--	8	2	5	9	48
벡터거리 오차	25	27	0	--	32	20	23	39	166
벡터거리-단순거리	9	19	0	--	24	18	18	30	118

주: 오차율 = (벡터거리-단순거리)/단순거리=118/48=246%

4) 〈동국대전도〉의 팔도감영 방위각 유도

우리는 여기서 〈동국대전도〉의 거리정보를 이용하여 팔도감영의 방위각을 유도한다.

구하는 방법은 〈동여도〉의 경우와 같다. 그 결과가 다음 표다.

〈동국대전도〉의 한양을 원점으로 하는 방위각

	함흥	평양	해주	한양	원주	공주	대구	전주
편동서(+-)거리 mm	53	-87	-101	--	76	-5	128	+1
편남북(-+)거리 mm	245	151	48	--	-36	-116	-178	-177
방위각	330.05	295.42	--	115.35	182.47	144.28	179.51	

주: 계산과정의 오차를 줄이기 위하여 원래의 지도측정의 자료를 썼다.

5) 방위각 비교 분석

아래 표는 위의 방위각을 이용하여, 현행지도로부터의 방위각편차를 구하고 그 편차를 분석한다.

〈동국대전도〉의 현행지도로부터의 방위각 편차 분석

	함흥	평양	해주	한양	원주	공주	대구	전주	합계
현행지도 방위각	10.48	326.90	295.36	--	107.15	173.97	142.11	175.15	
〈동국대지도〉방위각	12.21	330.05	295.42	--	115.35	182.47	144.28	179.51	
방위각편차	+1.73	+3.15	+0.006	--	+8.20	+8.50	+2.17	+4.36	28.17
(편차-평균각편차)=	-2.29	-0.87	-3.96	--	+4.18	+4.48	-1.85	+0.34	

각편차의 합=+28.17도, 평균각편차=+28.17도/7=+4.02도, 각편차의 표준오차=2.99도, 평균오차=2.57도

이 표에 의하면, 〈동국대전도〉는, 〈동여도〉의 경우처럼, 방위각 편차는 모두 플러스의 부호를 가진다. 〈동국대전도〉의 방위각 역시 예외 없이 현행지도보다 과대평가되어 있다는 뜻이다. 평균각편차 4.02도 역시 〈동여도〉의 4.06도와 거의 같다. 평균각편차가 4.02도라는 것은, 방위각 추정의 기준선인 한양으로부터 "정남북"으로 그은 세로선이 시계 방향으로 평균 4.02도 기울어져 있다는 것을 시사한다. 즉 "방위편각"이 -4.02도인 것이다.

그런데 각편차의 표준오차는 2.99도로, 〈동여도〉의 1.64도보다는 크고, "팔도여도"의 5.48도보다는 작다. 따라서 방위각의 "안정성"도

그 중간이다.

6) 방위각 편향을 제거한 효과의 비교 분석

〈동국대전도〉의 "평균각편차"가 4.02도라는 것은 한양을 중심으로
지도 전체가 그만큼 돌아가 있다는 뜻이다. 앞의 〈동여도〉 및 "팔도
여도"에서와 마찬가지 요령으로 그 角偏向 효과를 제거해 본다.

〈동국대지도〉의 방위각 4.02도 변환 전후의 한양리차와 방위각

(단위: 〈동여도〉리)

	함흥	평양	해주	한양	원주	공주	대구	전주	합계
한양거리(불편)	671	466	299	--	225	310	586	473	3030
(단순거리 오차)	16	8	0	--	8	2	5	9	48
방위각 변환 전									
"경도" 거리	142	-233	-270	--	203	-13	342	3	
"위도" 거리	655	404	128	--	-96	-310	-476	-473	
벡터거리 오차	25	27	0	--	32	20	23	39	166
벡터거리-단순거리	9	19	0	--	24	18	18	30	118
방위각 변환 후									
"경도" 거리	95	-260	-278	--	210	+8	375	36	
"위도" 거리	664	386	109	--	82	-310	-451	472	
벡터거리 오차	31	12	21	--	18	25	19	9	135
벡터거리-단순거리	15	4	21	--	10	23	14	0	87

주: 변환전 오차율 = (벡터거리-단순거리)/단순거리=118/48=246%
　　변환후 오차율 = (벡터거리-단순거리)/단순거리=87/48=188%

위의 표에서 우리가 알 수 있는 것은, 우선, 이 경우에도 "한양
거리"와 "단순거리 오차"는 변하지 않는다는 사실이다. 그러나 지도
의 방위 회전에 의해서 "벡터거리 오차"는 크게 변한 사실을 볼 수
있다. 그 오차의 합을 보면, 변환전의 166리에서 변환후에는 135리

로 줄어들었다. 그리하여 방위 불일치로 인한 오차는 211리에서 128리로 줄어들어, 방위 불일치로 인한 오차율 역시 118%에서 87%로 떨어졌다. 그러나 이 하락의 정도는 〈동여도〉의 경우에 못 미친다. 즉 〈동국대지도〉의 방위의 우수성은 〈동여도〉에 크게 뒤진다.

요컨대 〈동국대지도〉는, 단순거리 정보에 있어서는 〈동여도〉에 비하여 크게 우수하다. 그러나 방위정보는 〈동여도〉에 크게 뒤진다.

6. 方位의 偏向과 地磁氣偏差

〈동여도〉를 포함하여, "팔도여도"와 〈동국대전도〉가 모두, -4 내지 -5도의 방위의 전체적 편향을 보여준다. 이는 어떤 체계적인 요인 때문이라고 볼 수밖에 없다. 나는 이것이 한반도의 지자기 편차 때문이라고 본다.

1) 韓末 地磁氣偏差 認識의 증거

韓末인 1899년 대한제국 學部는 〈大韓全圖〉라는 신식 지도를 간행하였다. 이 지도는 그리 정밀하지는 못하나, 경선과 위선이 모두 갖추어져 있다. 그런데 서울을 지나는 경선이 동경27도로 되어있는 것이 특이하고 이해가 안된다. 1899년이면 이미 그리니치 천문대를 지나는 경선이 국제협약에 의하여 본초자오선으로 확정된 뒤이기 때문에, 서울은 동경 127도여야 하는 것이다. 무슨 이유에선지 이 값에서 100을 뺐단 말인가?

이 지도에서 재미있는 점은, 경선이 있는데도 불구하고 방위가 별도로 표시되어 있다는 점이다. 즉 경선을 기준으로 할 때 -5도정도의 방향을 북쪽으로 표시하고 있는 것이다. 이는 경위선이 자동

적으로 방위를 나타낸다는 것을 아는 사람에게는 의아한 일임에
틀림없다. 왜 이런 별도의 방위표시를 했을까?

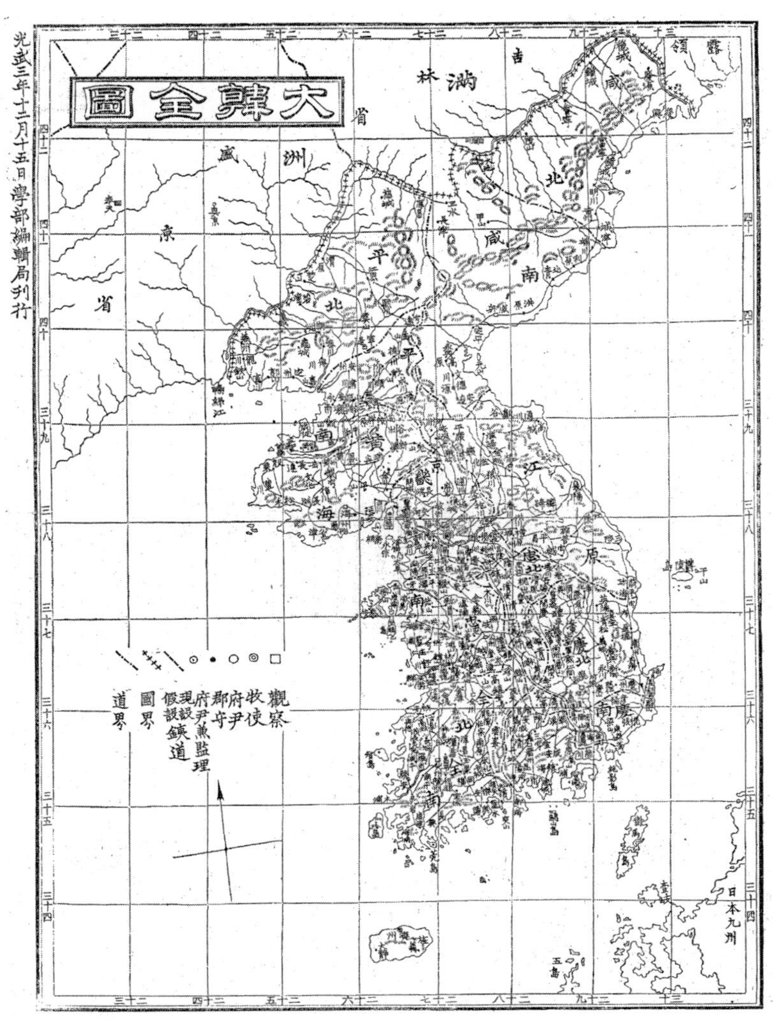

方位가 별도로 표시되어 있는 韓末의 지도[7]

7) 대한제국 학부의 〈대한전도〉 (1899), 이찬(1991, p.191).

나는 김정호 지도 등의 방위편향을 인식하기 전에는 〈대한전도〉의 별도의 방위표시를 이해할 수 없었다. 그러나 이제는 이해할 수 있다. 한말까지도 조선에서는 지남침의 방위를 진정한 방위로 인식했던 것이다. 그리고 김정호 등은 이런 인식에 부합하는 지도를 그렸던 것이다. 그러므로 국내적으로는 방위에 대한 인식의 차이가 없었는데, 서양식 지도가 소개되면서 문제가 달라졌다. 서양식의 경위도는 자침에 의해서 측정되는 방위가 아니라 지구과학적 측지학적 방위를 나타내도록 고안된 것이다. 이 경위도를 기준으로 할 때, 김정호 지도의 방위는 -4도 정도, 한말에는 -5도 정도 차이가 났던 것이다.

2) 변화하는 지자기편차

이 지자기편차는 지역적으로 시간적으로 변한다. 우리 한반도는 과거 수백년 간에 마이너스 방향으로 조금씩 편차가 커지고 있다. US/UK World Magnetic Model에 의하면, 2010년 한반도의 자기편각 (magnetic declination)은 -8도 가량이다. 1861년 〈대동여지도〉가 만들어질 때는 편각이 이보다 작았음을 김정호 지도는 보여주고 있는 것이다.

『국조역상고』의 "팔도여도"에서, 공주와 전주의 편동서 값은 둘 다 편서 9분이다. 그러나 현행지도에서는, 공주는 서울 편동 9분이고 전주는 서울 편동 11분이다. 이 현상 역시, 적어도 부분적으로는, 지자기편향으로 설명할 수 있다.

7. "里"에 대한 斷想

1) 버려진 단위 "里"

"리"는 거리의 단위로 너무나 우리에 익숙한 단위다. 애국가에도 나오는 단위다. 그러나 어느 사전을 찾아봐도 만족스러운 "정의"가 없다. 가장 확실한 정의 하나는 일본식 정의다. 1리가 약 3927m라는 정의다. 이는 1909년 9월 통감부 하의 대한제국에서 채택된 일본식 리인데 이는 우리 정서에 맞지 않기 때문에 어느 틈에 그 10분의 1인 393m가 1리 행세를 하다가, 현재는 공식적으로 구제도가 개정되지 않은 채 폐기되었기 때문에, 구제도를 이야기하게 되면 어정쩡한 자세를 취할 수밖에 없게 되고 말았다.

2) 主權國 大韓帝國의 定義: 1里=420m

그에 앞서서, 1905년 3월, 을사조약 이전에 대한제국에서 제정된 도량형법에서는 1리를 420m로 정의하였다. 즉 1척은 일본처럼 (10/33)m로 정의하면서 1리=1386척으로 정의했기 때문에 그리고 1386=42×33임을 감안하면, 1리는 정확히 420미터인 것이다.

나는 이 정의에서 1386이라는 "부자연스러운" 수에 신경이 쓰였다. 무엇에 맞추기 위하여 만들어낸 수처럼 보이는 것이다.

『증보문헌비고』에 의하면, 광무 6년에 平式院을 만들어 도량형을 개정했는데, 이는 平式院總裁 李載完의 건의를 받아들인 것이라 하면서, 길이의 原器는 白金棒이며, 그 棒面에 쓰여진 두 標線사이의 섭씨 0.15도 때의 길이의 33분의 10을 尺으로 하며, 이 척이 길이의 기본이라고 설명하고 있다. 나는 좀 더 자세한 내용을 알아보기 위하여, 표준과학연구원의 길이 전문가 서호성 박사에게 문의하였다. 서박사에 의하면 그 백금봉은 프랑스에 있는 미터원기의 복제품들 중의 하나인데, 이는 우리나라에 있는 것이 아니라 일본에 있는 것이라 했다. 일본식으로 척을 새로 정의하면서, 그 표준 역시 일본의 것을 썼던 것이다.

『증보문헌비고』는 이 척의 정의에 이어, "測量尺"을 설명하는데, 이는 1周尺이며, 1주척은 6寸6分이라고 註記하고 있다. 이는 곧 1주척은 0.66척이며, 뒤의 척은 문맥으로 보아, 앞에서 정의한 (10/33)m의 길이를 의미한다. 그러므로

$$1周尺 = 0.66 \times (10/33)m = 0.20m = 20cm$$

이라는 관계가 얻어진다. 그리고 과연 그 설명 다음에 "一米突準我五尺"이란 말이 나온다. 즉 1m는 "우리의 5자"와 같다는 말인데, 周尺을 "우리 자"라고 생각하는 의식이 깔려 있음을 볼 수 있다. 이 주척을 표준으로 하는 설명이 이어지는데, "六尺爲一步, ... 二千一百尺爲一里 卽三百五十步"라는 설명은,

$$1보 = 6척, \qquad 1리 = 350보 = 2100척$$

으로 표현되며, 여기서의 척은 주척이므로 20cm다. 따라서,

$$1리 = 2100주척 = 2100 \times 0.2m = 420m$$

의 관계가 얻어진다. 즉 1905년 도량형법에서 정의한

$$1리 = 1386新尺 = 1386 \times (10/33)m = 420m$$

와 똑같은 결과가 얻어진 것이다.

3) 관행적 리: 십리=4km

김정호의 "1리=405m"는 평식원의 정의인 420m보다 4%정도 짧고, 관행적인 "10리=4km"보다는 1%정도 길다. 그러나 조선시대의 관념으로는 이 셋이 차이가 있다고는 볼 수 없다. 정부의 표준을 약간 "에누리"하여 일반 민중들은 썼던 것이다.

4) 여러 가지 "리"의 종합

조선과 중국의 "里" 내지 "十里"에 관한 여러가지 논의를 정리해 표를 만들면 다음과 같다.

	리의 종류	공식적 정의	사실상의 거리	사실상의 관계
조선의 리	평식원의 리	1리=420m	십리=4.2km	1위도=260리
	김정호의 리		십리=4.0km	1위도=270리
	"팔도여도"의 리		십리=4.0km	1위도=270리
중국의 리	리마두의 리	1위도=250리	십리=4.4km	1위도=250리
	강희의 리	1위도=200리	십리=5.5km	1위도=200리
	중국남방의 리		십리=3.7km	1위도=300리
	중화민국의 리	1市里=0.5km	십리=5.0km	1위도=220리

5) 洪大容의 複數의 尺/里 개념의 受容

洪大容은 『湛軒書 外集』 "籌解需用" 卷6 地測에서, 몇 개의 수학 문제 및 그 답을 제시하고 있다.

첫째 문제: 갑 을 양 지점이 동일 자오선 상에 있고, 측정결과, 갑지의 북극 출지는 37도, 을지의 북극출지는 36도 30분을 얻었다. 진자오선의 직도를 따라 記里車로 측정하니, 북이 12번 울리고, 종이 125번 쳤다. 그러면 지구 1 도의 거리, 지구의 둘레 지구의 지름은 각각 얼마인가?

답: 지구 1도의 거리 = 250리

  지구의 둘레 = 9만리

  지구의 지름 = 28648리弱(참고: 113×90000/355=28647.89리)

여기서 우리는 홍대용이 "1위도=250리"로 정의되는 리마두 리를 사용하고 있는 것을 볼 수 있다. 즉 홍대용의 10리는 4.4km인 것이다. 또 그는 圓周率의 값으로 355/113을 사용하고 있음을 알 수 있다. 리마두가 사용하고 있는 22/7보다는 매우 정밀한 값이다. 즉, 홍대용은 祖沖之의 密率을 쓰고, 리마두는 約率을 쓰고 있는 것이다.

둘째 문제: 자오선을 따라, 위도 1도차의 두 지점간의 직선거리가 450048.3척이다. 지구의 반지름은 얼마인가?
답: 지구의 반지름 = 14324리 약 (참고: 1리=1800척)

이 문제의 풀이에서 우리는 홍대용이 "1리=1800척"의 환산공식을 사용하고 있음을 알 수 있다.

셋째 문제: 자오선을 따라, 위도 1도차의 두 지점의 직선거리를, 時憲尺의 기리거로 재니 200리인데, 다시 步天尺의 기리거로 재니 250리였다. 양 척의 차는 얼마인가?
답: 시헌척 1척 = 보천척 1.25척; 보천척 1척 = 시헌척 0.8척

이 문제에서 홍대용은 강희의 신리를 시헌척에 의한 리, 리마두의 리를 보천척에 의한 리라고 부르고 있음을 알 수 있다. 두 종류의 서로 다른 리가 존재함을 인정하고 있는 것이다. 전자는 1리가 555m이고 후자는 444m인데, 홍대용은 후자를 선호하고 있음을 첫째 문제에서 알 수 있다.

여기서 우리는 홍대용의 인식체계 속에, 길이의 단위인 척에 보천척과 시헌척이 있음을 알 수 있고 그 길이를 추론할 수 있다. 즉, 위도 1도의 거리는 111,120m라는 사실로부터 우리는 다음 명제를 유도할 수 있다.

보천척 = 111,120m / 250리 / 1800 = 24.693 cm

시헌척 = 111.120m / 200리 / 1800 = 30.866 cm

이렇게 보면, 시헌척은 영조척(=31.24cm 또는 31.7cm)과 비슷하고, 보천척은 횡서척(=26.40cm)과 비슷하다.

6) 伊世同의 量天尺과 曲安京의 唐尺/唐里

Needham et a.(1986), p.90에 의하면, 伊世同은 "量天尺考"〈文物〉 1978. 2. pp.10-17의 내용을 다음과 같이 소개하고 있다.

[I]n the light of a recent Chinese study, I Shih-t'ung 伊世同 has shown that a bronze gnomon formerly at Peking and now at the Purple Mountain 紫禁山 Observatory in Nanking was scaled to the 'celestial foot' of the Ming Cheng-t'ung 正統 reign period (1436-49). That measure , 24.525 cm in length, was ultimately derived from the iron foot 鐵尺 of the Later Chou dynasty 北周 (557-80). (correctly, 557-581.)

여기서 北周는 남북조시대의 北朝의 마지막 나라로, 隋(581-618)에 의하여 581년 사라진 나라다. 이때의 기준척인 量天尺이 24.525cm라는 것이다.

曲安京에 의하면, 唐代의 大地子午線 측량 결과가 "351里80步 極差一度"라고 한다.8) 이는 『신당서』『구당서』 모두에서 확인된다. 그리고 〈곤여만국전도〉의 李之藻의 발문에도 이 수치가 제시되어 있다. 곡안경은 당대에, 1리=300보, 1보=5척, 1唐尺=24.75cm라는 환산 비율도 제시하고 있다. 당척 24.75cm는 북주의 철척에 기초를 두었다는 양천척 24.525cm와 2mm 정도의 차이밖에 나지 않는 사실과,

---

8) 曲安京, 『中國曆法與數學』, 과학출판사(북경), 2005, p.346.

북주와 당의 시차도 오십년 미만으로 극히 짧다는 사실에 비추어 볼 때 이 둘은 사실상 같다고 해석할 수 있다.

곡안경의 환산비율에 따라 계산해 보면, 1唐里는 371.25m가 된다. 이는 〈옹정십배도〉에서 중국 남부에 적용한 1리의 거리와 사실상 같다. 이 환산값에 따라 351리 80보를 계산해 보면, 130.41km가 되며, 이는 현재 1위도를 132km로 평가하는 것과 같다. 실제 거리 111km와 비교해 보면, 매우 훌륭한 실측값이라고 평가할 수 있다.

7) 여러 가지 里가 생기는 메카니즘

전통적인 거리 단위 리에 여러 가지가 생기는 이유는, 1리를 몇 보로 보느냐, 1보를 몇 척으로 보느냐, 무슨 척을 쓰느냐의 차이 때문이다. 그 조합은 다음과 같다.

1리	1보	1척
300보	5척	주척1=20cm
350보	6척	주척2=20.81cm
360보		당척=24.75cm
		영조척=31.7cm

	결합의 예	
唐里	(300보 5척 당척) = 1500척×24.75cm =	371m
平式院里	(350보 6척 주척1) = 2100척×20cm =	420m
朴興秀里	(360보 5척 주척2) = 1800척×20.81cm =	
강희里	(360보 5척 영조척) = 1800척×31.7cm =	555m
리마두里	(360보 5척 0.8영조척) = 1800척×0.8×31.7cm =	444m

부록1: 裴秀의 "制圖六體"를 둘러싼 여러 논의에 관한 자료 모음

裴秀의 制圖六體는 중국과 조선의 전통적 지도제작의 중요한 원칙이 되어왔다고 하지만 그 내용을 올바로 이해하기는 쉽지 않다. 김정호는 이 원칙을 중시하여, 그의 〈地圖類說〉에서 裴秀의 原文을 직접 인용하고 있다. 그러나 인용문을 자세히 검토해 보면 오자 탈자가 많고, 그 인용문대로는 의미가 순통하지 않다. 이 부록에서는 그 글을 직접 인용하면서 국내외 여러분들의 해석을 비판적으로 비교 검토해 보고자 한다. 원문 인용의 출처는 〈晉書〉卷35 列傳第5이고, 영문 인용은 Cordell D. K. Yee, "Taking the World's Measure: Chinese Maps between Obsrvation and Text." pp.110ff에 주로 의존했다.

製地圖之體有六焉.

지도를 만드는 원칙에는 여섯 가지가 있다. 〈地圖類說〉에는 다음과 같이 되어 있다: 制地圖之體有六(즉 끝의 焉이 없다).

一曰分率 所以辨廣輪之度也.

첫째 원칙은 분률이니, 이 원칙을 통해서 동서남북의 거리를 알 수 있기 때문이다(이런 뜻이므로, 분률은 현대용어로는 "縮尺준수의 원칙"이라고 해석할 수 있는 개념이다).

The first principle, proportional measure分率, seems to involve map scale. It 分率 is "a means by which the units of measurement [in the map] are determined 所以辨廣輪之度" and preserves "the actualities of distance 遠近之實." If a map is made without proportional measure 有圖像而無分率, it will not distinguish between what is far and near 無以審遠近之差."

二曰準望 所以正彼此之體也.

둘째 원칙은 준망이니, 이 원칙을 통하여 彼此의 體를 바르게 할 수 있기 때문이다(이런 뜻이 되려면, 준망은 "방위준수의 원칙"이라고 해석할 수 있다).

The second principle, standard or regulated view 準望, has to do with directional orientation: it deals with the positions of points on the map and their relation to one another 所以正彼此之體. In other words, it 準望 preserves "the actualities of relative positions 彼此之實. If the principle is correctly applied, the curved and straight and the far and near can conceal nothing of their form 曲直遠近無所隱其形."

三曰道里 所以定所由之數也.

셋째 원칙은 도리이니, 이 원칙을 통하여 진정한 [두 지점간의] 거리(所由之數)를 자리매김할 수 있기 때문이다(이런 뜻이 되려면, 도리는 "里程도출의 원칙"이라고 해석할 수 있다).

The third principle, road measurement 道里, is a means of determining distance from a point of origin" along a given route 所以定所由之數: it 道里 preserves "the actualities of paths and roads 度數之實."

四曰高下 五曰方邪 六曰迂直, 此三者 各因地而制宜, 所以校夷險之異也.

넷째 원칙은 고하, 다섯째 원칙은 방사, 여섯째 원칙은 우직이니, 이 세 원칙은, 각각 땅의 모양에 따라 제한을 가하여 바로잡아 주는 원칙인데, 이 원칙을 통하여 땅이 험하냐 험하지 않으냐의 차이를 바로 잡아 줄 수 있기 때문이다. 〈地圖類說〉에는 此六者 各因地而制形, 所以校夷險之故也 로 되어있다.

The other three principles -- leveling of heights 高下, determination of diagonal distance 方邪, and straightening of curves 迂直 -- are explained even more concisely. Instead of dealing with them individually, Pei Xiu explaines them collectively: "The last three principles are applied according to the nature of the terrain 此三者 各因地而制宜, so that differences between hills and plains are taken into account 所以校夷險之異."

p.111 left

These three rules seems to deal with the problem of converting actual ground distances, which may be curved in both horizontal and vertical dimensions, to straight-line distances and depicting them on a flat map. Pei Xiu does not provide any information on the way these conversions are to be performed, but he does list the benefits of following them: "The actualities of distance measure are preserved by the leveling of heights, the determination of diagonal distances, and the straightening of curves 度數之實 定於高下,方邪,迂直之算. Although there are obstacles of steep mountains and vast seas, distant places in inaccessible and strange lands, routes that climb and descend and twist and turn, and difficult curves and slopes, all these can be taken into account and determined 故雖有峻山巨海之隔 絶域殊 方之迥 登降詭曲之因 皆可得舉而定者."

p.111 right

From this passage one can infer that the method of leveling heights 高下 seem to be a way of adjusting distances on a map for variations in elevation, "routes that climb and descend 登降之因." The determination of diagonal distance 方邪 seems to be a way of calculating the straight-line distance between points separated by natural obstacles such as mountains and seas

峻山巨海之隔. Finally, the method of straightening curves 迂直 seems to be a means of adjusting distances for routes that "twist and turn 詭曲之因."

有圖像而無分率 則無以審遠近之差;

지도를 그리면서 분률(축척준수)의 원칙을 따르지 않는다면, 우리는 지도에서 원근의 차를 알 수 없다.

有分率而無准望 雖得之於一隅 必失之於他方;

지도를 그리면서 분률(축척준수)의 원칙은 따르지만 준망(방위준수)의 원칙을 따르지 않는다면, 우리는 지도에서 한 지역의 실상은 알 수 있으나 다른 지역의 정확한 실상은 알 수 없게 된다.

有準望而無道里 則施於山海絶隔之地 不能以相通;

지도를 그리면서 준망(방향준수)의 원칙은 따르지만 도리(里程도출)의 원칙을 따르지 않는다면, 산과 바다로 서로 떨어져 직접 잴 수 없는 땅들은 서로 통하게 그려낼 수 없다. 〈地圖類說〉에는 다음과 같이 되어 있다: 雖有準望而無道里 則施於山海絶隔之地 不能以相通. 즉 앞에 한 자 "唯"가 첨가 되어있다.

有道里而無高下,方邪,迂直之校 則徑路之數 必與遠近之實相違 失准望之正矣.

지도를 그리면서 도리(리정도출)의 원칙은 따르지만 고하, 방사, 우직의 원칙들을 적용하여 바로잡지 않는다면, 각종 徑路의 거리는 원근의 실질과 서로 맞지 않을 것이며, 준망(방향준수)의 원칙이 올바로 적용될 수 없게 할 것이다. 『地圖類說』에는 다음과 같이 되어 있다: 有道里而 無高下,方邪,迂直之校 則徑路之數 必與遠近之實 相違 失准望之正. (끝의 矣가 없다.).

故以此六者參而考之然後 遠近之實定於分率 彼此之實定於道里 度數之實定於高下,方邪,迂直之算

그러므로 이 여섯 원칙들은 [따로따로가 아니라]함께 고려된 연후에야, 원근의 실상이 분률(축척준수의 원칙)에 따라 정해질 수 있고; 피차의 실상이 도리(里程도출의 원칙)에 따라 정해질 수 있고; 도수의 실상이 고하,방사,우직의 계산에 따라 정해질 수 있다. 『地圖類說』에는 다음과 같이 되어 있다: 故必以此六者參以考之然後 遠近之實 定於分率 彼此之實 定於道里 度數之實 定於高下,方邪,迂直之算. 그리고 인터넷 『晉書』에는 다음과 같이 되어 있다: 故以此六者參以考之. 然遠近之實定於分率 彼此之實定於道里 度數之實定於高下, 方邪,迂直之算.

나는 이 문장을 다음과 같이 바꿔보면 더 논리정연하지 않을까 라고 생각했다.

"故以此六者參而考之然後, 遠近之實定於分率, 彼此之實[定於準望, 所由之實]定於道里, 度數之實定於高下,方邪,迂直之算."

그러므로 이 여섯 원칙들은 함께 고려된 연후에야, 원근의 실상이 분률(축척준수의 원칙)에 따라 정해질 수 있고; 피차의 실상이 준망(방위준수의 원칙)에 따라 정해질 수 있고; 소유의 실상이 도리(리정도출의 원칙)에 따라 정해질 수 있고; 度數의 실상이 고하, 방사, 우직의 계산에 따라 정해질 수 있다.

내가 이 생각을 가진 뒤 얼마 안 되어 나는 갈검웅의 『中國古代的地圖測繪』를 입수하여 그곳에 이 구절이 다음과 같이 표현된 것을 발견하고 기뻤다. 내가 "소유"라고 추측한 것이 "경로"로 바뀐 것을 제외하고는 내 추측과 일치하였으며, 서로 다른 두 단어의 의미도 따지고 보면 같은 것이다.

葛劍雄(1998, p.56)을 인용하면 다음과 같다.

"故以此六者參而考之, 然後, 遠近之實定於分率, 彼此之實定於準望, 徑路之實定於道里, 度數之實定於高下,方邪,迂直之算."

徑路=所由 임을 감안하면 이는 위의 수정내용과 동일하다. 갈검웅은 그 출처로『진서 배수전』당나라 때의『藝文類聚』와『初學記』를 들고 있다. 아마도 이 출처는 뒤의 둘 중의 하나일 것이다.『晉書』의 내용은 그렇지 않기 때문이다.

"故以此六者參而考之然後, 遠近之實定於分率, 彼此之實[定於準望, 徑路之實]定於道里, 度數之實定於高下,方邪,迂直之算."

그러므로 이 여섯 원칙들은 함께 고려된 연후에야, 원근의 실상이 분률(축척준수의 원칙)에 따라 정해질 수 있고; 피차의 실상이 준망(방위준수의 원칙)에 따라 정해질 수 있고; 徑路의 실상이 도리(리정도출의 원칙)에 따라 정해질 수 있고; 度數의 실상이 고하, 방사, 우직의 계산에 따라 정해질 수 있다.

故雖有峻山巨海之隔 絶域殊方之迥 登降詭曲之因 皆可得擧而定者. 准望之法既正 則曲直遠近無所隱其形也.

그러므로 비록 준산 거해가 우리를 가로막고 있고, 멀리 떨어져 낯선 지역이 아무리 멀다고 해도, 그리고 오르내려야 하는 땅, 이상하고 굽은 땅이 있다고 해도, 이 장애들은 모두 우리 힘으로 극복할 수 있다. 그리고 준망의 원칙(즉 방위준수의 원칙)이 올바로 적용되고 나면, 지형의 곡직과 원근의 실상이 우리에게 그 모습을 드러내지 않고는 못 배길 것이다. 『地圖類說』에는 다음과 같이 되어 있다: 故雖有峻山巨海之隔 絶域殊方之迥 登降詭曲之因 皆可得擧而正者. 准望之法既正 則曲直遠近無所隱其形也.

p.111 right middle

What survives of Pei's preface does not specify how one is to realize these principles. If Pei Xiu deliberately refrains from providing those details, he may have believed that the means of appling his rules were common knowledge. In any case, literary sources, predating Pei Xiu, do provide enough information about mensurational and mathematical methods to enable one to reconstruct how he might have applied his principles of indirect measurement. (See figs. 5.10 to 5.12.)

p.111 right below

Pei Xiu stresses that the six principles form a coherent whole. Failure to observe one vitiates the quality of the map, no matter how scruplously a cartographer has adhered to the others:

If a map has a standard or regulated view 準望 but no road measurement 道里, then in extending [the map] to lands cut off by mountains and seas, one will be unable to make connections. 雖有準望而無道里 則施於山海絕隔之地 不能以相通. If a map shows road distance without leveling heights 高下, determining diagonal distance 方邪, and straightening curves 迂直, then the figures for distance shown on paths and roads 徑路之數 will contradict the facts about what is far and near 遠近之實, and the accuracy of the standard view 准望之正 will be lost 有道里而 無高下,方邪,迂直之校 則徑路之數 必與遠近之實相違 失准望之正矣. Thus one must verify a map using these six principles in association. 故以此六者參而考之.

　　이하는 위키中文 "裵秀"에서의 인용이다. "制圖六体"即分率, 准望, 道里, 高下, 方邪, 迂直, 現代對前三者意見基本一致, 分率指比例尺, 准望指標定的方向, 道里指地于地之間的距离, 即裴秀自己說的

"所以定所由之數也." 對高下, 方邪, 迂直的解釋則莫衷一是, 一般認爲此指高取下, 方取斜, 迂取直之意, 卽測量時由于地形的高低和道路曲折的關系只能求得曲線距离的, 需要把它們換算成直線距离再標到圖上. 卽"有道里而无高下·方邪·迂直之校, 則徑路之數必与遠近之實相違, 失准望之正矣."(有道路里程却不通過高下·方邪和迂直法的校正, 那么里程和眞實的直線距离是不相等的, 會導致方向和位置的偏差)

　　이하는 최선웅의 배수제도육체의 인용이다(작은 글씨는 나의 의견이다).

　　지도제작에는 여섯 가지 요소가 있는데, 첫 번째가 분율, 즉 면적의 크기광륜지도 즉 동서남북의 바른 도수를 나타내는 축척이고, 두 번째가 준망, 즉 지역 간의 위치피차의 실체를 정하는 방위이고, 세 번째가 道里, 즉 지역 간의 거리소유지수 즉 경로이며, 네 번째가 高下(즉 경사진 토지에서 수평거리를 구하는 것이고), 다섯 번째가 方邪(즉 교차하는 각도를 바로 잡는 것이며), 여섯 번째가 迂直(즉 곡선구간에서 직선거리와 방위를 구하는 것)으로, 뒤의 세 가지는 지형에 관한 것으로 지형의 특성에 따라 적절한 방법을 골라 자칫 틀리기 쉬운 요소들이다. 지세에 따른 차이를 바로잡는 것이다.

　　지도에서 분율이 정확하지 않으면 원근의 차이를 표현할알 수 없고, 분율이 정확해도 준망이 없으면 어느 지점은 파악돼도할 수 있어도 다른 곳은 알파악할 수 없고, 준망이 있으되 도리가 정확하지 않으면 산과 바다에 막힌 곳도 지날 수 있는 듯 보인다. 산해로 서로 떨어져 직접 잴 수 없는 땅들은 서로 통하게 그려낼 수 없다. 또 도리가 정확해도 고하, 방사, 우직이 바르지 우직의 원칙으로 바로잡지 못하면 경로의 거리가 정확하지 원근의 실질과 맞지 않고 준망원칙의 피차의 실체를 바로잡는 기능을 잃기 때문에때문이다. 이 여섯 가지 요소를 원칙을 함께 잘 검토해야 한다. 검토한 연후에야 비로소 실제 원근은 원근의 실체를 분율로 산출할 수 있고, 위치 관계는 피차의 실체를 도리로 알 수 있으며, 준망으로 알 수 있으며, 경로의 실체를 도리로 알 수 있으며, 지형의 모습은 도수의 실체를 고하·방사·우직으로 산출할 바로잡을 수 있다. 그러므로 險山鉅海에 길이 막혀도 우회 답파할 수 있는 이유는 지도로 지형을 파악할 수 있기 때문이다. 그러므로 비록 준산 거해가 우리를 가로막고 있고, 멀리 떨어져 낯선 지역이 아무리 멀다고 해도, 그리고 오르내리는 땅, 이상하고 굽은 땅이 있다고 해도, 이 장애들은 모두 우리 힘으로 극복하여 지도에 나타낼 수 있다. 준망이 정확해야 曲直遠近을 잃지 않는 지형을 표현해 낼 수 있다. 그리고 준망의 원칙이 이미 피차의 실체를 바로잡은 다음에는, 지형의 곡직과 원근의 실상이 지도상에서 우리에게 그 모습을 드러내지 않고는 못 배길 것이다.'

부록2: 전통적 방위명 및 방위각에 관한 주석

한중일 삼국의 전통적 방위에는 12지를 사용한 12방위와 팔괘를 쓴 8방위가 기본이다. 그러나 김정호는 24방위 나아가서 360방위를 전통적인 방법으로 표기하고 있다. 이 부록은 이를 정리해본 것이다.

12방위	자	축	인	묘	진	사	오	미	신	유	술	해
통상의 방위명	북			동			남			서		

8방위	감	간	진	손	리	곤	태	건
통상의 방위명	북	북동	동	남동	남	남서	서	북서

이 가운데에서 북(子, 坎) 동(卯, 震), 남(午, 離) 서(酉, 兌)를 四方이라 하고, 북동(艮), 남동(巽), 남서(坤), 북서(乾)를 四維라 한다. 十二支의 방위명을 우선하면서 십이지와 팔괘의 방위명을 결합하면, 16방위명이 얻어지는데, 24방위명은 여기에 十干 가운데 戊와 己

둘을 뺀 8개를 보충적으로 더하여 얻어진다. 즉 다음과 같다(둘을 빼는데 戊와 己를 뺀 것은 十二支의 두 글자 戌과 巳의 모양이 너무 비슷한 때문이 아닐까?). 김정호는 이 24방위명을 사용하고 있다. 24방위는 각각 15도씩이다

김정호는 24방위 각각을 15등분하여, 戌6도 등으로 나타내고 있다. 戌方 15개 도를 15등분하므로 각 도는 1도 간격이 된다. 그러므로 "戌8度"가 戌方의 중심방위각인 300도를 나타내는 각이다. 『여도비지』에서는 평양의 방위각을 "술6도"로 나타내고 있는데, 이는 戌方의 중심방위각 300도에서 2도를 뺀 298도를 나타낸다.

24방위와 그 중심방위각

24방위명	子	癸	丑	艮	寅	甲	卯	乙
중심방위각	0(北)	15	30	45(北東)	60	75	90(東)	105
24방위형 각도	자8	계8	축8	간8	인8	갑8	묘8	을8
24방위명	辰	巽	巳	丙	午	丁	未	坤
중심방위각	120	135(南東)	150	165	180(南)	195	210	225(南西)
24방위형 각도	진8	손8	사8	병8	오8	정8	미8	곤8
24방위명	申	庚	酉	辛	戌	乾	亥	壬
중심방위각	240	255	270(西)	285	300	315(北西)	330	345
24방위형 각도	신8	경8	유8	신8	술8	건8	해8	임8

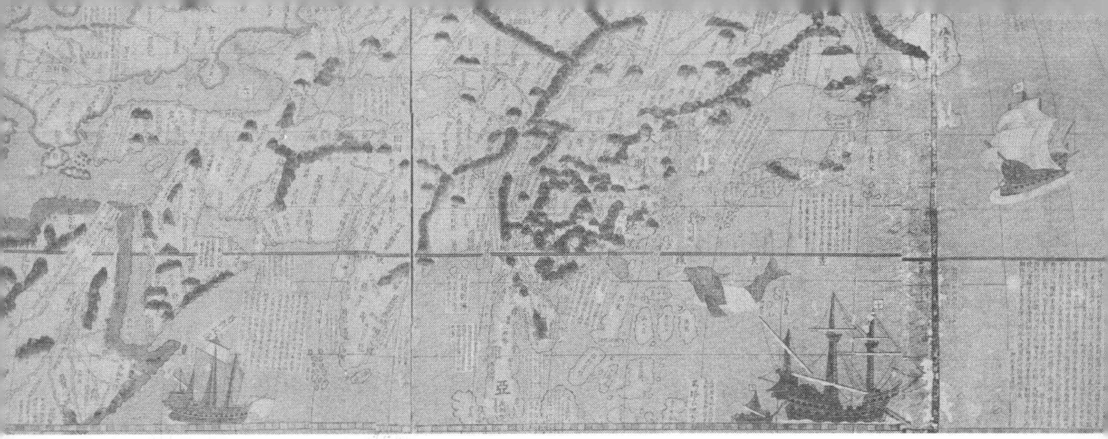

Ⅸ. 斷想

1. 바다와 "地球"

나는 백령도, 거문도를 배를 타고 여행하면서, 지나온 육지가 조금씩 수평선 아래로 잠기는 것을 본다. 그리고 外海로 나가면 수평선이 둥글다는 것을 확실히 알 수 있다. 그리고 등대처럼 높은 데를 올라가면, 수평선이 멀어져서 희미해짐을 알 수 있다. 이것이 모두 바다가 둥글다는 증거들이다. 그리스 문명은 지중해 문명이기 때문에, 항상 바다를 보며 산 그리스 문명의 건설자들은 바다와 땅이 둥글다는 것을 몸소 느끼며 살았다. 알렉산드리아를 활동무대로 한 프톨레미가 기원 2세기에 지구경위도를 바탕으로 하는 지도를 그린 것은 놀라운 일이 아니다.

2. 평원과 "地方"

한편 중국문명은 바다에서 멀리 떨어진 황하에서 발생하였고, 그 문명의 엘리트들에게 익숙한 지형은 황하의 범람으로 인한 끝없는 평원이었다. 나는 금년 여름 하남성의 鄭州와 開封 사이의 수백 킬로미터를 버스로 달리며, 끝없이 평평한 중원의 퇴적평야를 보았다. 이런 땅을 보고 산 사람들이 땅이 평평하다고 생각하는 것은 극히 자연스럽다. "天圓地方"이란 이데올로기가 아니라 생활임을 나는 실감할 수 있었다.

3. 리마두의 끊임없는 緯度觀測과 범위

리마두의 글을 보면 그는 어디를 가나 그곳의 북극고 즉 위도를 관측하였다. 배를 타고 적도를 지날 때도 그곳이 적도라는 것을 아는 것은 관측의 결과다. 즉 그 곳에서는 북극과 남극이 동시에 수평선/지평선에 나타나는 것이다. 아프리카 남단의 대랑산에서는 남극출지 36도임을 관측하였고, 중국에서도 가는 곳마다 북극고를 관측하였다. 중국에서 원나라 때, 남해 15도에서 북해 65도까지 넓은 범위에 걸쳐 북극고를 실측하였다고 하나, 리마두의 범위와는 비교가 안된다. 또 원나라 때의 관측은 땅이 球形임을 전제하지 않고 관측했다.

4. 둥근 평면도형과 둥근 입체도형

사람들은 평면도형이 둥근 것과 입체도형이 둥근 것을 모두 둥글다고 한다. 어린이들이 즐겨 부르는 동요, "앞으로 앞으로"에 다음과 같은 구절이 있다.

"지구는 둥그니까 자꾸 걸어 나가면, 온 세상 어린이를 다 만나고 오겠네."

나는 이런 비논리적인 가사가 어떻게 아무런 반감 없이 받아들여지고 있는가에 대해서 혼자 의아하게 생각한다. 지구가 둥글다는 것은, 지구가 3차원 도형인 球體라는 것이 첫째 뜻이고, 둘째 뜻은, 우리가 살고 있는 곳은 그 표면이므로, 그 지구의 표면을 역시 둥글다고 말하는 것이다. 위의 동요 가사는 구면이 둥근 것과 원이 둥근 것을 혼동하고 있다. 우리가 지구의 한 대원을 따라 자꾸 걸어 나가서 답파할 수 있는 것은 그 대원의 둘레뿐이다. 온 세상 어린이는 구면 어디라도 살 수 있는 것이지, 한 대원을 따라 한 줄로 늘어서서 살고 있는 것은 아니다. 그러므로 한 대원을 따라 세계를 일주한다고 해도 온 세상 어린이를 다 만난다는 것은 어림없는 일이다.

5. 天地의 中心

구중천적 우주관에서는 구중천의 중심은 지구이며, 지구의 중심은 지심이므로 결국 지심이 천지의 중심이다. 천원지방의 우주관에서는 하늘은 둥글며, 둥근 하늘의 중간에 방형의 땅덩어리가 있다. 중국인들은 중국이 이 땅덩어리의 중심에 있다고 생각하였다. 더 범위를 좁혀서 말하면, 중국의 중심은 五嶽중의 중심인 嵩山이 된다. 즉 숭산이 천지의 중심이 된다. 도시로는 숭산의 남쪽 기슭에 있는 登封이 그 중심이다.

등봉시에는 원나라 때인 1279년 경에, 천지의 중심에 만든 천문관측 시설인 觀星臺가 아직 남아 있다. 등봉시는 이 관성대를 포함한 고적군을 "天地之中"(The Center of Heaven and Earth)이란 이름으로 2010년 유네스코 세계문화유산의 지정을 받았다. 나는 2013년 여름, 현지를 방문하여 이를 확인하였다. 해그림자를 측정하기 위한 높이 40척(약 10m)의 관성대의 表는, 세종 때인 1432년 경에 경회루 북서쪽 에 설치했던 첨단적 천문관측시설의 하나인 40척의 銅表의 원조임을 생각하니 감회가 새로웠다.

둥근 지구의 표면에서는 어디가 특별히 중심이 되어야 하는 것은 아니라고 할 수도 있다. 그리하여 洪大容은 朝鮮도 땅의 중심이 될 수 있다고 생각하였다. 그러나 지구에는 중심이라고 볼 수밖에 없는 적도가 있다. 적어도 위도의 중심 내지 기준은 적도여야하고, 따라서 적도의 위도를 0도로 삼는 데는 아무도 이의를 제기하지 않는다. 그러나 경도의 중심을 어디로 하면 좋을까에 대해서는 객관적인 답이 없다. 그러므로 이는 협정에 의해서 국제적 세력관계에 의해서 영국의 그리니치 천문대를 지나는 자오선으로 정해졌던 것이다.

6. "彈丸" 같은 땅덩어리

땅덩어리를 둥근 구형으로 파악하는데 장애가 되었던 것은, 생활 주변에 적당한 크기의 구형이 없었던 것도 한 요인일 듯하다. 『성호사설』에서 이익은 땅덩어리의 모양을 "地如彈丸"이라고 표현하고 있다. 탄환의 모양을 끝이 뽀족한 형태로 알고 있는 나에게는 이 말이 무슨 뜻인지 얼른 이해가 되지 않았다. 드디어 史劇에 나오는 대포 알이 공처럼 둥글다는 것을 떠올리고 나서야 그 의미를 이해할 수 있었다. 공 모양의 탄환의 모형은 실학박물관의 옥외 전시물 중에도 있다.

7. 리마두와 클라비우스의 〈星盤〉

리마두는 우리의 "표준모형"의 관점에서 볼 때, 이 모형에 충실하고자 했던 사람임에 틀림없다. 그리고 튼튼한 수학적인 배경도 갖추고 있었다. 이 책의 집필과정의 마지막 단계에서 내가 알게 된 사실이지만, 리마두는 그의 스승인 클라비우스가 1593년의 저서 *Astrolabium*을 1596년 또는 1597년에 받아보게 되었다. 그 책 속에서 클라비우스는 리마두가 필요로 하는 天文관련의 數表와 그림과 계산방법을 제시하고 있다. 〈곤여만국전도〉의 내용은 이 책으로 말미암아 풍부한 최신 정보를 담을 수 있었다. "아날렘마"라는 말도 이 책에서 얻었을 것이다.

그 책은 〈星盤〉이라고 번역되는 天文儀器 Astrolabium을 해설한 책이다. 이 의기는 당시 유럽에서 "儀器중의 王, the king of instruments"라는 이름을 듣던 천체관측 및 계산기이고, 19세기 조선에서 제작한 실물 하나가 현재 실학박물관에 所藏 展示되고 있다. 리마두의 그림 중에 특히 〈곤여만국전도〉/〈양의현람도〉의 "看北極法"의 설명

간단한 〈星盤〉의 전면과 후면

간북극법의 그림

*위 그림의 왼쪽은 星盤의 전면이
고 오른 쪽은 후면이다. 이 후면
을 그린 것이, 왼쪽의 리마두의
"간북극법" 그림이다. 둘레에 周
天度의 눈금이 매겨져 있고, 아
래에는 추가 매달려 있어, 수평과
수직을 잡을 수 있게 되어 있다.
窺衡인 量天尺이 왼쪽에 따로
그려져 있으나, 작동할 때는 위의
성반에서처럼 설치된다.

이 들어있는 둥근 그림은, 내가 象限儀라고 했으나, 더 정확하게는
간략화한 〈星盤〉의 그림이 틀림없어 보인다. 그 왼쪽에 부속품으로
그린 "量天尺"은 그 의기의 窺衡 alidade다. 이는 중국에서 望筒 玉
衡 등으로 불리웠던, 천체를 바라보는 鏡筒이다.

8. 방위와 準望

이 글에서 계량적으로 논증한 것 중의 하나는 한국의 고지도가 일률적으로 특정방향으로 방위의 편향이 있다는 사실이다. 그 편향의 정도는 -4도에서 -5도 정도였다. 내가 호주의 시드니에서 몇 달 지내면서 안 사실은 시드니는 우리와는 반대방향으로 12도 정도의 지자기 편각이 존재한다는 것이었다. 그러나 도시설계는 자침의 방향에 따랐기 때문에, 시드니는 시가지의 지도에 지리상의 방위와 지자기 방위를 모두 표시한다.

나는 내 아지트인 관악산 생명경제연구실에서 먼 산들을 바라본다. 비록 높이가 해발 이백미터 정도에 지나지 않지만, 서북쪽이 확 트여있기 때문에, 서쪽으로부터, 부평의 계양산, 강화의 고려산, 파주의 감악산, 북서울의 삼각산, 도봉산, 수락산, 불암산 등이 보인다. 날이 아주 좋을 때는 개성의 송악산도 보인다. 나는 이 산들을 보면서 김정호의 "지도식"을 떠올린다. 관악산에서 우리는, 특별한 관측장비가 없어도, 위에 열거한 산들의 방위를 정확히 관측할 수가 있다. 이를 지도제작에 이용한다면, 관악산에서 바라본 이 산들의 방위를 정확하게 지도에 표시할 수 있다. 다른 봉우리에서 얻은 유사한 정보와 두 봉우리 사이의 거리 정보가 있다면, 삼각측량법을 모르는 사람이라도, 이 정보가 정확한 지도를 만드는데 얼마나 중요한 정보인지를 모를 리가 없을 것이다.

9. "漢陽北極高 37度20分"과 "高麗北極高 38度少"

실학박물관이 소장하고 있는 조선시대의 星盤에는 "北極高三十八度"라는 글씨가 새겨져 있다. 그 성반이 중국의 것이 아니라는 중요한 증거가 이 글씨이기도 하다. 중국의 것이라면, 북경의 북극고 40도 아니면 지중의 북극고 36도가 새겨져 있었을 것이기 때문이다.

이처럼 "北極高"는 중요한 것인데, 現傳의 〈앙부일구〉에 새겨진, "漢陽北極高 37度20分"의 출처는 아는 사람이 없다. 『세종실록』에는 簡儀를 설치하려고 북극고를 정하니 이는 『元史』의 "三十八度少"와 부합했다는 구절이 있다. 그런데 『元史』에는 "高麗北極高三十八度少"라는 표현이 있을 뿐이다. 여기서 고려는 개성일 수밖에 없고, "三十八度少"는 38.25도를 의미한다. 이를 현행도와 같은 시헌력 이후의 도로 환산하면 37.7도 즉 37도42분이 되는데, 이 수치에서 37도 20분을 얻은 것은 아닐까? 현재 서울의 위도는 37도 34분이고, 개성은 37도57분정도이니, 그 차이가 비슷하다.

10. 김정호가 몰랐던 것

김정호는 한국의 전통적 지도제작의 제일로 꼽힌다. 그러나 김정호는 그의 선행자들과 마찬가지로, 서양의 지도제작 기법을 몰랐다. 경위도 개념도 제대로 이해하지 못했다. 지도 제작을 위하여 간단한 위도의 실측도 해본 일이 없었다. 위도에 관해서 그가 이해하고 있던 내용은, 남북으로 200리 거리 차는 위도 1도에 해당한다는 것과 그것은 북극고 1도차와 같다는 것이 전부였다. 그리고 경도에 관해서 김정호가 이해하고 있던 내용은, 동서로 200리 거리 차는 경도 1도에 해당한다는 것과 그것은 시간 4분차와 같다는 것이 전부였다. 그는 위도 1도차와 경도 1도차가 다르다는 것을 이해하지 못했다. 그는 위도 1도차가 그의 "1리=405m"로 환산하면, 200리가 아니라 270리임을 몰랐다. 그래서 함경도 끝의 온성은, 실제로 북위 43도에 불과한데도, 45도로 보았다. 그는 한양보다 4분 빠른 편동 1도의 지점은 한양에서 정동으로 88km되는 지점으로 이를 그의 리로 환산하면 200리가 아니라, 220리라는 사실을 몰랐다. 김정호에게 경도1도의 거리는 위도 1도의 거리와 똑같이 200리일 뿐이었고, 따라서 그것은 또 하나의 거리 단위에 불과했다.

그러나 경위도에 관한 김정호의 이런 오해는 김정호가 좋은 지도를 만드는데 그리 큰 장애는 아니었다. 김정호는 준망의 원리가 좋은 지도를 만드는데 중요함을 누구보다도 잘 알았다. 『국조역상고』에서 "경위도"를 量定하는데 사용한 "팔도여도"와 정상기 계통의 〈동국대전도〉를 김정호 지도와 비교하면, 지도의 거리정보는 김정호 지도가 더 낫다고 볼 요소가 없다. 그러나 방위정보는 김정호 지도가 단연 뛰어나다. 김정호의 특징적 장점은 방위에 있음을 이 글은 계량적으로 논증하고 있는 것이다.

11. 『기하원본』과 徐光啓

김정호의 지도제작에도 영향을 미친 『기하원본』은 유클리드의 *Elementa*를 번역한 책이다. 리마두가 口譯하고 서광계가 筆受하였다. 그 원제목 *Elementa*는 "原本" 또는 "原論"이란 뜻인데, 앞에 "기하"를 첨가한 것은 리마두의 뜻이 반영된 것이다. 일본 東京大學 出版會는 『에우클레이데스全集』을 내면서 2007년 그 첫째 권인 *Elementa*를 『原論』이란 제목으로 출판했다. 그 책 15권은 당시 수학 전반을 다루고 있고, 따라서 "數學"의 원론임을 분명히 하고 싶었을 것이다. 『기하원본』의 서두에서 리마두는 이 책이 "十府" 중에서 "幾何府"를 다루고 있다고 분명히 말하고 있다. 그런데 이 말의 뜻이 밝혀진 것은 최근의 일이다. "십부"란 아리스토텔레스의 "10 카테고리"를 의미하고, "기하부"란 그 중의 두 번째 카테고리인 "수량 카테고리"를 의미하는 것이다. 그리고 수량 속에는 크기를 재서 알 수 있는 "연속수량 continuous quantity"와 세어서 알 수 있는 "離散수량 discrete quantity"이 포함된다. 서광계가 이 말을 들었을 때, 그는 전자를 "度", 후자를 "數"로 번역했다. 『기하원본』에는 "度數"란 복합어가 자주 나오는데, 이는 바로 이 두 종류의 수량을 말하는 것이다. 그리고 그것을 다루는 학문분야는 현대 용어로 "수학 일반"일 수밖에 없다. 그러므로 『기하원본』의 서문에서 서광계는 "『기하원본』은 度數의 으뜸이다 幾何原本者 度數之宗也"라고 말하고 있는 것이다. 그런데 그들이 번역한 『기하원본』은 15권 중에 앞의 6권뿐이고 이 부분은 모두 우리가 현재 쓰는 의미의 "幾何"geometry만을 다루고 있기 때문에, "기하"라는 말은 "수학 일반"이란 의미가 아니라 geometry란 뜻으로 의미가 한정되고 말았다. 나는 이 이야기를 2011년 "幾何는 geometry의 역어가 아니었다"라는 제목으로 대한수학회에서 발표한 바 있다.

서광계는 『기하원본』의 번역으로 서양의 논증법을 소개했다. 일본인은 logic을 "論理"라고 번역했고, 우리도 이를 그대로 따라 쓰지만, 중국에서는 "邏輯" luoji라고 음역해서 쓴다. 중국의 유구한 전통 속에 logic의 개념은 없었음을 인정하고 더 나아가서 이를 論과 理의 복합어로 나타내는 것도 부당하다고 생각하는 것이다.

나는 몇 년전에 上海의 徐家滙에 있는 徐光啓의 墓를 찾았다. 묘비에는 "幾何原本者 度數之宗 ……"이라는 『기하원본』의 서문 발췌문이 集字된 서광계 자신의 글씨로 새겨져 있다.

참고문헌

1. 葛劍雄, 『中國古代的地圖測繪』, 北京 商務印書館, 1998.

2. 曲安京, 『中國曆法與數學』, 科學出版社, 北京, 2005.

3. 金良善, 「明末淸初예수회선교사제작의 世界地圖」 『梅山國學散稿』, 숭전대학박물관, 1972.

4. 朴興秀, 「李朝尺度에 關한 硏究」 『박흥수박사논문집: 도량형과 국악논총』, 문방문화사, 1980.

5. 艾儒略 原著, 謝方 校釋, 『職方外紀校釋』, 北京 中華書局, 2000.

6. 安大玉, 『明末 西洋科學 東傳史 - 『天學初函』器編의 硏究 - 』일본 知泉書館.

7. 오상학, 『조선시대 세계지도와 세계인식』, 창비, 2011.

8. 利瑪竇, 徐光啓, 『幾何原本』, 『徐光啓全集』四, 上海 古籍出版社, 2010.

9. 汪前進, 「康熙 擁正 乾隆 三朝全國總圖的繪制」 『淸廷三大實測全圖集』, 북경 外文出版社, 2007.

10. 이기봉, 『김정호의 꿈, 대동여지도의 탄생』, 국립중앙도서관, 2011.

11. 이병도, 「『大東地志』 解題」 『대동지지』영인본(1974) 수록.

12. 이상태, 『한국 고지도 발달사』, 혜안, 1999.

13. 이성규, 『조지프 니덤, 조선의 서운관』(살림출판사, 2010). Needham et al. (1986)의 번역본.

14. 李燦, 『韓國의 古地圖』 汎友社 1991.

15. 장상훈, 『한국 고지도의 역사』(소나무, 2011). Ledyard(1994)의 번역본.

16. 張芝聯 主編, 『世界歷史地圖集』, 北京 中國地圖出版社, 2002.

17. 齋藤憲, 三浦伸夫, 『原論I-VI』, 에우클레이데스全集 第1卷, 東京大學出版會, 2007.

18. 鄭基俊, 「기하(幾何)는 geometry의 역어(譯語)가 아니었다 - 한중일 삼국(韓中日 三國)에서의 4백년간의 오해(誤解)」 『대한수학회소식』, 대한수학회, 2011.

19. 鄭基俊, 「奎章閣再生本 『坤輿萬國全圖』(2010)의 原本은 옛 奉先寺藏本이

다」『규장각』38, 서울대학교 奎章閣韓國學硏究院, 2011.

20. 鄭基俊, 「마테오 리치(利瑪竇)의 『坤輿萬國全圖』/『兩儀玄覽圖』에 表出된 地球의 計量學」『韓國基督敎博物館誌』 제7호, 숭실대학교 한국기독교박물관, 2011.

21. 鄭基俊, 「『곤여만국전도』에 표츌된 리마두의 천문지리체계」『문화역사지리』 제 24권 제2호, 2012. 8.

22. 주원준, 『마테오 리치, 기억의 궁전』 (이산, 1999). Spence(1983)의 번역.

23. 朱維錚 主編, 『利瑪竇中文著譯集』, 上海 復旦大學出版社, 2001.

24. 黃時鑒 龔纓晏 著, 『利瑪竇世界地圖硏究』, 上海 古籍出版社, 2004.

25. 李圭景, 「萬國經緯地球圖辨證說」『五洲衍文長箋散稿』, 권38, 서울대학교 규장각 자료.

1. Cordell D. K. Yee, "Traditional Chinese Cartography and the Myth of Westernization," in *Cartography in the Traditional East and Southeast Asian Societies*, ed. J. B. Harley and David Woodward (Chicago & London; The University of Chicago Press, 1994).

2. Hawking, Stephen and Leonard Mlodinow, *The Grand Design* (New York, Bantam Books, 2010).

3. Heath, Sir Thomas L., *The Thirteen Books of Euclid's Elements*, in 3 Vols., Second Edition, (New York, Dover Publications, 1956).

4. Ledyard, Carl, "Cartography in Korea," in *Cartography in the Traditional East and Southeast Asian Societies*, ed. J. B. Harley and David Woodward (Chicago & London; The University of Chicago Press, 1994).

5. Needham, Joseph, et al., *The Hall of Heavenly Records, Korean astronomical instruments and clocks*, 1380-1780, (London, Cambridge Univ. Press, 1986).

6. Rufus, W. C., and Won-chul Lee, "Marking Time in Korea," (*Popular Astronomy*, vol.44, 1936.)

7. Spence, Jonathan D., The Memory Palace of Matteo Ricci, (Penguin Books, 1983, 1985).

자료

1. 『大東地志』 영인본, 한양대학교 국학연구원 편, 1974.

2. 『輿圖備志』 영인본, 이상태 편, 한국인문과학원, 1991.

3. 『國朝曆象考』: 한국과학기술사자료대계(영인본), 천문학편 중, 여강출판사, 2001.

4. 『曆象考成』: 서울대학교 규장각 소장자료.

5. 『晉書』,『宋史』,『元史』,『明史』,『淸史稿』 등 중국 史書: 인터넷 온라인.

6. 『增補文獻備考』: 서울대학교 규장각 소장자료.

7. 『五洲衍文長箋散稿』, 권38, 서울대학교 규장각 자료.

8. 李瀷,『星湖僿說』, 서울대학교 규장각 자료.

9. 『옛지도 속의 하늘과 땅』, 숭실대학교 한국기독교박물관 소장 자료집, 2013.

10. 魏源『海國圖誌』: 서울대학교중앙도서관 소장 자료.

11. 서울역사박물관 편,『이찬 기증 우리옛지도』, 2006

12. 김정호『대동여지도』,『동여도』,『청구도』: 서울대학교 규장각 장본.

13. 『東國大全圖』: 국립중앙박물관 소장본.

14. 리마두『곤여만국전도』: (1) 서울대학교 규장각 장본 (사진); (2) 서울대학교 박물관 장본; (3) 실학박물관 봉선사본 복원『신곤여만국전도』; (4) 일본 京都 大學 장본; (5) 미국 미네소타대학 장본

15. 리마두『양의현람도』: 숭실대학교 한국기독교박물관 장본

16. 남회인『곤여전도』, 북경판, 광동판, 해동판: 규장각 장본; 서울대학교중앙도 서관 장본;규장각 장본; 숭실대학교 한국기독교박물관 장본.

17. 장정부『만국경위지구도』: 프랑스 국립도서관 장본, 영국 켐브리지대학 장본,

18. 최한기/김정호『지구전후도』: 실학박물관 제공본.

19. 汪前進등 整理,『淸廷三大實測全圖集』(북경 外文出版社, 2007). 서울대학 교중앙도서관 소장본.

20. 『朝鮮古地圖展觀目錄』(1932): 京城帝國大學. 서울대학교중앙도서관 고문헌 자료실 소장.

21. d'Anville, Nouvel Atlas de la Chine, Tartarie Chinoise, et du Thibet, (Henri Scheurleer, 1737). 서울대학교중앙도서관 고문헌자료실 소장본.

찾아보기

아 ...

자 ...

정 기 준 鄭基俊

전 서울대학교 경제학부 교수
현 서울대학교 명예교수
　 대한민국학술원 회원

고지도의 우주관과 제도원리의 비교연구

초판 1쇄 발행 2013년 12월 16일
초판 2쇄 발행 2014년 09월 15일

저 자 정기준
기 획 경기문화재단 실학박물관
　　　 472-871 경기도 남양주시 조안면 다산로 747길 16

펴낸이 한정희
펴낸곳 경인문화사
편 집 신학태 김지선 문영주 노현균 김인명
영업 관리 최윤석 하재일 정혜경
등 록 제10-18호(1973.11.8)
주 소 서울시 마포구 마포동 324-3
전 화 (02) 718-4831
팩 스 (02) 703-9711
홈페이지 http://kyungin.mkstudy.com
이메일 kyunginp@chol.com

ISBN 978-89-499-1002-4 93910
정가 30,000원